全国电力职业教育规划教材
职业教育电力技术类专业培训用书

# 输配电线路运行和检修

## （第四版）

主编　曾昭桂

编写　金龙哲　曾晓丹

中国电力出版社
CHINA ELECTRIC POWER PRESS

## 内 容 提 要

本书为全国电力职业教育规划教材。

本版教材是根据输配电线路运行和检修的最新规程规范和电力行业技能鉴定的要求进行修订的，主要讲述输配电线路的运行和检修，并适当介绍有关电气计算和过电压保护等知识。全书内容包括：电力网的功率和电能损耗计算，降低线损的措施，功率的分布，电压计算与电压调整方法，导线截面的选择，电力系统中性点接地，防雷保护，过电压与绝缘配合等基本知识；输配电线路的运行要求，巡视和运行中的测试及事故预防；输配电线路的检修和带电作业等。本书理论联系实际，论述深入浅出，通俗易懂；每章后附有习题，便于读者自学。

本书为高职高专院校电力技术类专业教材，也可作为电力行业的培训教材，还可供从事输配电线路方面的技术人员参考。

## 图书在版编目（CIP）数据

输配电线路运行和检修/曾昭桂主编．—4 版．—北京：中国电力出版社，2013.4（2020.11重印）

全国电力职业教育规划教材

ISBN 978 - 7 - 5123 - 3450 - 2

Ⅰ.①输… Ⅱ.①曾… Ⅲ.①输配电线路运行－高等职业教育－教材②输配电线路－检修－高等职业教育－教材 Ⅳ.①TM732②TM755

中国版本图书馆 CIP 数据核字（2012）第 205948 号

中国电力出版社出版、发行

（北京市东城区北京站西街 19 号 100005 http://www.cepp.sgcc.com.cn）

三河市百盛印装有限公司印刷

各地新华书店经售

\*

1982 年 11 月第一版

2013 年 4 月第四版 2020 年 11 月北京第二十九次印刷

787 毫米×1092 毫米 16 开本 19.75 印张 478 千字

定价 45.00 元

# 前　言

　　本书第四版是根据输配电线路运行和检修的最新规程规范，并结合电力行业技能鉴定的要求进行修订的。本书主要讲述输配电线路运行和检修，并适当介绍有关电气计算和过电压保护等知识，内容包括电力网的基本知识，输配电线路主要元件及要求，电力系统中性点接地方式，电力网的参数计算，电力网的功率和电能损耗计算，降低线损措施，功率分布，电压计算与电压调整方法，导线截面的选择；防雷保护，过电压和绝缘配合等基本知识；输配电线路事故预防，线路巡视和运行中的测试；输配电线路检修及带电作业等。本书理论联系实际，论述深入浅出，计算简易，通俗易懂。每章后附有习题，便于读者自学。

　　本书第四版由牡丹江电力工业学校曾昭桂主编，牡丹江电力工业学校金龙哲、牡丹江电业局曾晓丹参加编写。在编写过程中，参阅了有关资料，并得到国家电网公司人力资源部、黑龙江电力公司、牡丹江电业局等单位的热情支持。在此，一并致以衷心地感谢。

　　由于编者水平有限，书中的缺点和错误在所难免，欢迎读者批评指正。

编　者

2012 年 12 月

# 目 录

# 第 一 章

# 电力系统和电力网的基本知识

## 第一节 电能生产过程

电能是输送、分配和使用都很方便的能源，因此在国民经济各个部门和人民日常工作中被广泛应用。电能主要来自火力发电厂、水力发电厂和核能发电厂，此外还有风力、太阳能、地热等发电厂。下面将分别叙述火力发电厂、水力发电厂和核能发电厂的生产过程。

**一、火力发电厂生产过程**

火力发电厂主要以煤作为燃料，此外还有以石油、天然气等作燃料的。根据能量转换定律，火力发电厂生产过程可简述为：燃料在锅炉中燃烧时的化学能被转换为热能，使水变成蒸汽，借助于汽轮机将热能变换为机械能，再由汽轮机带动发电机将机械能变换为电能。总之，电能的生产过程为：化学能—热能—机械能—电能。

1. 火力发电厂分类

火力发电厂按照用户的需要可分为凝汽式发电厂和供热式发电厂。

凝汽式发电厂只生产供给用户的电能。由于将电能输送到远距离的用户，要比运输燃料经济、方便。因此，凝汽式发电厂一般应建设在靠近燃料的产地，特别应建设在靠近低质煤的产地，如矿口发电厂。

供热式电厂（简称热电厂）既供给用户电能又供给热能。国民经济中某些部门（如纺织、化工等）在生产产品时，不仅需要消耗电能，也需要消耗热能；城市公用事业和居民取暖也需要消耗热能。为此这些部门都要自备锅炉设备。为了提高燃料利用的经济性和改善凝汽式火电厂的效率，往往在用户的附近修建热电厂，不仅对用户供给电能，而且还可以实行集中供热。供给用户两种能量，可使总效率提高，从而节约燃料。

2. 火力发电厂主要设备及基本生产过程

火力发电厂的主要设备是锅炉、汽轮机和发电机，其他设备是为主要设备服务的辅助设备，如风机、水泵等。

图 1-1 所示为凝汽式火力发电厂的生产过程示意图，其生产过程简述如下。燃料在锅炉 7 的炉膛中燃烧并放出热量，使炉膛四周的水冷壁管加热，水冷壁管中的水受热蒸发产生蒸汽，蒸汽流经过热器 8 时由于进一步吸收热量而变成具有一定压力和温度的过热蒸汽。过热蒸汽通过主蒸汽管道被送入汽轮机 1，进入汽轮机的蒸汽膨胀做功，使汽轮机转子转动，汽轮机带动发电机 2 旋转而产生了电能。

在汽轮机内做完功的蒸汽将进入凝汽器 3，蒸汽在凝汽器被水冷却为凝结水，凝结水再由凝结水泵 4 打至除氧器 5，经加温除氧后，由给水泵打入锅炉 6 内。

这里需要指出，在凝汽器中，冷却水吸收了蒸汽的热量后排出，从而带走了很大一部分热量。因此，一般

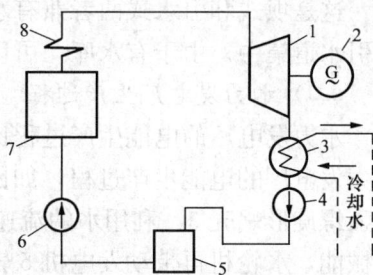

图 1-1  凝汽式火力发电厂生产过程
1—汽轮机；2—发电机；3—凝汽器；
4—凝结水泵；5—除氧器；
6、7—锅炉；8—过热器

凝汽式发电厂的效率不高，目前比较先进的指标只达到37%～40%。

热电厂可以提高热效率，减少热能损耗，把做过功的蒸汽所含的热能充分利用起来。热电厂的生产过程与凝汽式发电厂相同，所不同的只是在汽轮机中段抽出部分做过功的蒸汽，再把这些蒸汽引到给水加热器加热，供热力用户的热水。这样，进入凝汽器的蒸汽量大为减少，冷却水带出的热量也就减少了，从而提高了热效率。

**二、水力发电厂的生产过程**

利用水利资源来发电的电厂称水力发电厂。我国的水利资源相当丰富，水电机组生产效率较高，大、中型水力发电厂的发电效率为80%～90%，小型水力发电厂的发电效率为60%～70%。而火力发电厂的发电效率仅为35%左右。水力发电厂的生产过程简单，运行维护人员少，易于实现自动化。水力发电厂发电成本低，一般为火力发电厂的1/3～1/4。水力发电厂不产生污染，还可以收到防洪、灌溉、航运等综合效益，因此应尽可能多开发水电。

（一）水力发电厂的类型

水力发电厂的容量大小取决于河流上的水位差和流量大小。因此，建设水力发电厂必须根据不同的条件，采用不同方法，将河道上分散水位差（落差，又称水头）集中起来，形成所需要的水头。水力发电厂的类型有以下三种。

1. 坝式水力发电厂

在河道上修建较高的堤坝拦河蓄水，形成水库，提高上游的水位，集中落差，调节经流，利用水能发电。这类坝式水力发电厂又可分为河床式和坝后式两种。

河床式水力发电厂，厂房建在河床上，与堤坝布置在一条直线上，承受水的压力，如我国长江上的葛洲坝水电厂。

坝后式水力发电厂，厂房建在坝后（堤坝的下游），厂房和堤坝分开，不承受水的压力，如我国长江上的三峡水电厂。

2. 引水式水力发电厂

在河流坡度较徒又弯曲的河段上游，修筑较低堤坝拦河取水，通过人工建造的引水渠道、隧洞、压力水管等将水引至河段下游，用以集中落差发电。此类水电厂落差较大，综合效益较差，工程量较少，造价低，可利用天然地形条件。

3. 混合式

这是坝式和引水式两者兼有水力发电厂，其中一部分落差由拦河坝集中，另一部分落差由引水道集中。由于有水库，可以调节经流，又具备引水式的特点。

（二）水力发电厂生产过程

水力发电厂的电能生产过程比火力发电厂简单很多，下面以坝后式水力发电厂为例说明水力发电厂的电能生产过程，如图1-2所示。由拦河坝1维持高水位的水，经压力水管2进入螺旋形蜗壳3，利用水的流速和压力冲击水轮机叶轮4，推动转子转动，将水能转换成机械能，水轮机再带动发电机5转动，将机械能转换为电能。做过功的水由尾水管6排往下游，发电机发出的电能，除了供给厂用外，大部分经变压器升压后由输电线路7送到系统。

总之，水力发电厂的电能生产过程为：水能—机械能—电能。

**三、核能发电厂电能生产过程**

核能发电厂通常称核电站，又称原子能发电厂，它是利用原子核烈变反应放出烈变能来

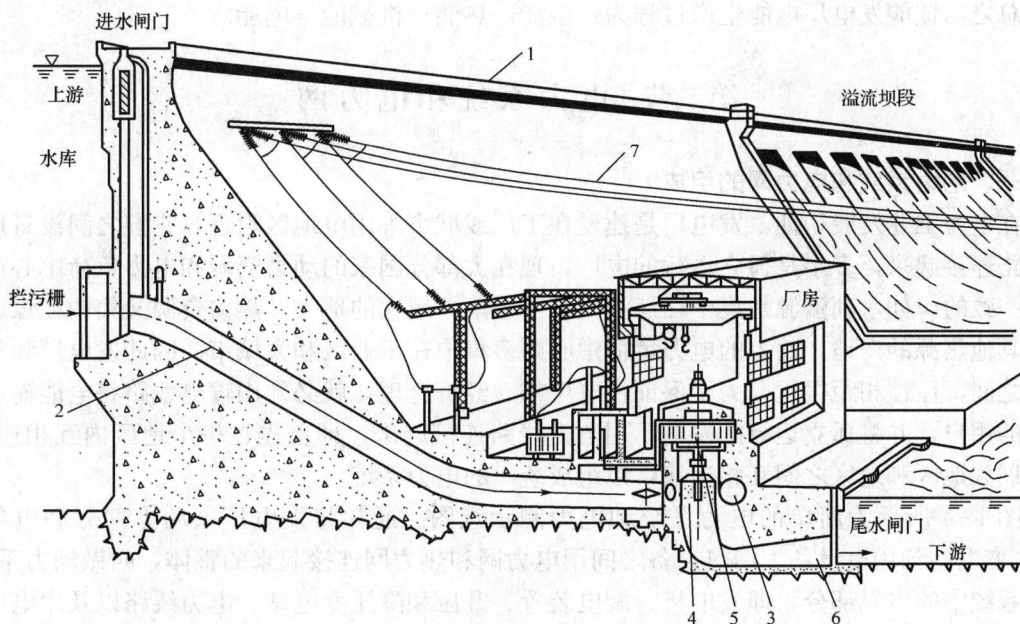

图 1-2　坝后式水力发电厂电能生产过程示意图

1—拦河坝；2—压力水管；3—螺旋形蜗壳；4—叶轮；5—发电机；6—尾水管；7—输电线路

生产电能。其生产过程和火力发电厂基本相同，只是核能发电厂以核反应堆代替火力发电厂的燃煤锅炉，以少量核燃料代替大量的煤炭，其电能生产过程如图 1-3 所示。核反应堆由核堆心 5（核燃料）和压力容器 6 组成，堆心是装在压力容器中间，在容器的顶部设置了控制驱动机构 4，用驱动控制棒在堆心内上下移动，以控制反应堆核反应的快慢，如果反应堆发生故障，立即将控制棒插入堆心，反应堆可在很短时间内停止工作。反应堆必须用冷却剂把裂变能带出堆心。冷却剂由轻水（普通水）、重水、二氧化碳、氮气组成，一般保持 120～160 大气压。冷却剂由主泵 7 送入反应堆，并将裂变能带出反应堆，进入蒸汽发生器 3，通过传热管使蒸汽发生器中水沸腾，产生高温、高压的蒸汽，推动汽轮发电机 8、9 发电，冷却剂流经蒸汽发生器后，再由主泵送入反应堆。做过功的蒸汽在凝汽器 10 中凝结成水，再由凝结泵 11 送入蒸汽发生器。

由反应堆、蒸汽发生器和稳压器 2 组成一回路系统，装在一个称为安全壳 1 的密封厂房内，这样，无论在正常运行或发生事故时都不影响安全。由汽轮发电机组，组成二回路系统。一回路系统和二回路系统是完全隔离的。

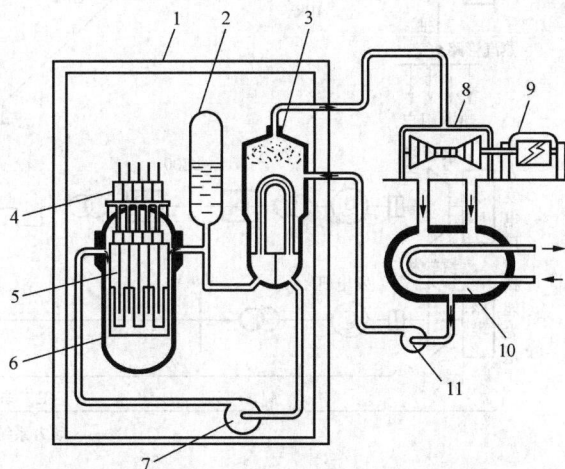

图 1-3　核能发电厂电能生产过程示意图

1—安全壳；2—稳压器；3—蒸汽发生器；4—控制驱动机构；
5—核堆心；6—压力容器；7—主泵；8、9—汽轮发电机；
10—凝汽器；11—凝结泵

总之，核能发电厂电能生产过程为：核能—热能—机械能—电能。

# 第二节　电力系统和电力网

### 一、电力系统和电力网的组成

在电力工业发展初期，发电厂是建设在工厂或城市等用电地区附近，它们之间没有用电力线路连接起来，多半是孤立运行的电厂。现在大部分国家的动力资源和电力负荷中心往往是不一致的。如水利资源是集中在江河流域水位落差较大的地方，热力资源又集中在煤、石油和其他热源的产地，而大的电力负荷中心则多集中在工业区和大城市。因此发电厂和负荷中心之间，往往相距很远，为了保证供电可靠、经济合理，就必须用输电线路将电能输送到很远的用户，并将孤立运行的发电厂用电力线路连接起来，即首先在一个地区内互相连接，再发展到地区和地区之间互相连接，以组成统一的电力系统。

图1-4所示为简单的电力系统和电力网示意图。通常将发电厂（动力部分和电气部分）、变电站到用电设备、用热设备之间用电力网和热力网连接起来的整体，叫做动力系统。动力系统中的电气部分，即发电机、配电装置、升压和降压变电站、电力线路以及用电设备所组成的部分，就叫做电力系统。电力系统中，由送变电设备及各种不同电压等级的电力线路所组成的部分，叫做电力网。

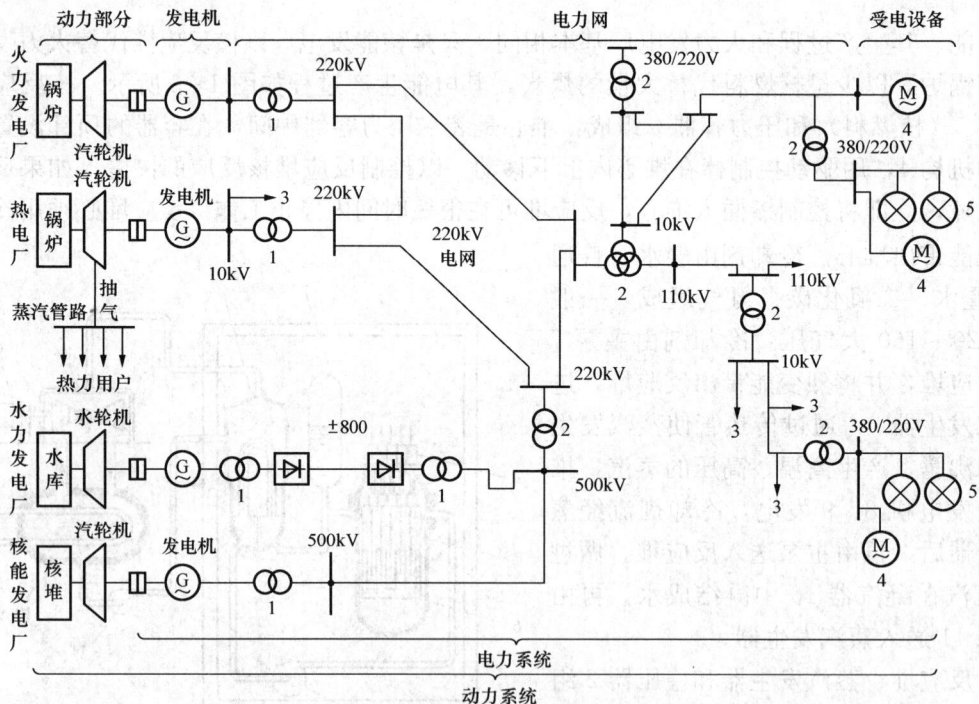

图1-4　电力系统和电力网示意图

1—升压变压器；2—降压变压器；3—负荷；4—电动机；5—电灯

电力线路是电力系统的重要组成部分，它担负着输送和分配电能的任务。由电源向电力负荷中心输送电能的线路，称为输电线路或送电线路。主要担负分配电能任务的线路，称为配电线路。

为了研究和计算方便，通常将电力网分为地方电力网和区域电力网。一般将电压在110kV以上，供电范围较广，输送功率较大的电力网称为区域性电力网；电压在110kV及以下，供电距离较短，输送功率较小的电力网称为地方电力网；对于电压在10kV及以下的电力网，则称为配电网。但这种划分，其间也不存在严格的界限。

按电力网本身的结构方式，又可分为开式电力网和闭式电力网。凡用户只能从单方向得到电能的电力网称为开式电力网；凡用户可以从两个及两个以上方向同时得到电能的电力网就称为闭式电力网。

根据电压等级的高低，一般可将电力网分为低压、高压、超高压和特高压几种。电压在1kV以下的电力网称低压电网；电压在1～330kV之间的电力网称高压电网；330～1000kV之间的电力网称为超高压电网；1000kV及以上的电力网称为特高压电网。

**二、联合电力系统的优越性**

区域电力系统互相连接组成联合电力系统，在技术上和经济上具有很大的优越性，归纳起来有以下几个方面。

1. 提高供电可靠性和电能质量

由于联合电力系统容量大，可建立足够的备用容量，备用机组较多。这样，单个元件，如发电机组、输电线路发生故障影响相对较小。还可以提供紧急事故的支援，使整个系统运行可靠性得到提高，安全更有保证。

由于联合电力系统容量大，若系统内负荷变动，即使较大的冲击负荷，对整个系统容量来说相对较小，引起系统电压和频率波动较小，从而提高了电能质量。

2. 减少系统的装机容量，提高设备利用率

由于不同地区之间，东西有时差，南北有季差，再加上负荷性质不同，所以电力系统中用户最大负荷出现的时间不同。在联合电力系统中，综合的最大负荷将小于各个用户最大负荷相加的总和。为此，系统中最高负荷降低了，相应减少系统中总的装机容量。

为了确保电力系统安全运行和向用户连续不断地供电，电力系统无论大小都必须有运行备用、检修备用、事故备用，其数值等于总容量的10%～15%，且不小于系统中一台最大机组容量。而在联合电力系统中整个备用容量按尖峰负荷一定比例安排的。系统内单一元件检修时，可以错开时间，并分别享受系统的备用容量。当单一元件发生事故，可相互支援，从而减少备用容量。这样，联合电力系统总备用容量，比各区域电力系统备用容量总和减少了。

因此，联合电力系统在用电量一定时，可以减少总的装机容量；在总的装机容量一定时，提高设备利用率，增加供电量。

3. 便于安装大型机组，降低造价

系统中火电机组的经济装机容量与系统的总容量及负荷增长速度有关，为了电力系统的安全运行，确保连续、可靠供电，其单台机组和单个电厂的容量占系统容量比例应保持在一定的范围内，一般保持在10%范围内。由于联合电力系统容量大，按照这个比例可安装容量较大的机组。而大型机组每千瓦设备投资和生产每千瓦小时电能的燃料消耗及维修费用，都比小机组低，因而节约了基建投资，减少了煤耗，降低了电厂运行、维护和管理成本，提高了劳动生产率。

4. 充分利用各种动力资源，更经济合理地开发一次能源，提高运行经济性

联合电力系统可实现水电和火电资源互补。水利资源取决于河流的水文情况，受气候条件影响较大，若水力发电厂孤立运行，水利资源不能充分利用。在联合电力系统中，有很多火力发电厂和核能发电厂及其他能源发电厂，这样在丰水期可让水力发电厂满发，从而减少了火力发电厂的负荷，减少了煤耗；在枯水期则让火力发电厂担负基本负荷，而让水力发电厂担负尖峰负荷。此外，在联合电力系统中，可以在煤炭丰富的矿区建立高效率、低成本的大型、特大型容量，超临界汽轮发电机组的坑口电厂，向能源缺乏、中心负荷地区送电。在水利资源极丰富的地区，建设具有调节能力的大型或特大型容量的水力发电厂，充分发挥水电和火电在系统中的互补作用。

另外，还有很多一次能源，如风力、太阳能、潮汐和核能等都可以用于发电，如果这些发电厂与系统连接，将被充分利用。

综上所述，说明了建立联合电力系统的必要性。随着我国电力工业的发展，我国已成立了两大电网公司，形成了交流 500kV 或 750kV 和 ±500kV 骨干网架的东北、华东、华中、华南、华北、西北较大的电力系统，并建设了直流 ±800kV 和交流 1000kV 的特高压的输电线路。在此基础上，我国将逐步形成直流 ±800kV 和交流 1000kV 骨干网架的全国统一的电力系统。

## 第三节　电力系统的基本要求

### 一、电能在生产技术上的主要特点

（1）电能的生产、输送、分配和使用是在同一瞬间完成的。电能不能储存，也不容许间断，发电厂的发电量，决定于用户的需求，发电和用电是平衡的。正因为如此，电力系统每个环节中，任何一部分或任何一点发生故障或运行方式发生变化，都会破坏局部供电，甚至影响整个电力系统电能的生产和供应。

（2）电力系统的电磁过渡过程（例如发生突然短路、稳定运行破坏等过程）非常迅速，因而电能的生产靠人工操作和调整达不到满意的效果，甚至是不可能的。必须采取专用的自动装置才能迅速而准确地完成电能生产的任务，因而对电力系统自动化的程度要求要高。

（3）电力工业和国民经济各部门以及人民生活关系极其密切，电能的不足或停止供应，会直接影响国民经济的发展和人民的正常生活，甚至造成生产停顿和生产设备的损坏。

### 二、电力系统的基本要求

#### （一）保证供电的可靠性

为了保证电力系统对用户供电的可靠性，首先必须保证电力系统每个设备和元件运行可靠。因此，要求对电力系统中各个设备均要经常进行监视、维护、定期进行试验和检修，使设备处于完好的运行状态，并应在系统中建立必要的备用容量以备急需。

由于电力工业与国民经济各个部门紧密相连，供电的停顿将会引起生产的停顿和人民生活秩序的破坏，甚至会造成人身和设备的损伤。因此，电力系统应尽可能保证对用户连续不断的供电。

衡量供电可靠性指标，一般以全部用户平均供电时间占全年时间（8760h）的百分数来表示。例如用户每年平均停电（包括事故和检修停电）时间为 17.52h，则停电时间占全年

的 0.2%，即供电可靠率为 99.8%。

目前我国电力工业还不能满足国民经济发展的需要，因此必须实行计划用电。为了实行计划用电，根据用户对供电可靠性的要求，将电力负荷分为三类。

Ⅰ类：突然停电，将造成人身伤亡和重大设备损坏，给国民经济带来重大损失和造成严重政治影响的用户。

Ⅱ类：突然停电，将引起主要设备损坏，产生大量废品、大量减产的用户。如纺织厂、化工厂等。

Ⅲ类：所有不属于Ⅰ、Ⅱ类负荷的用户。

对于Ⅰ类负荷，应由两个独立电源供电，以保证供电持续性，其中一个应为备用电源，备用电源可以是柴油发电机、蓄电池组等。对于Ⅱ类负荷，应尽量由不同变压器或两段母线供电。对于Ⅲ类负荷则无特殊要求。如果由于某些原因，电力系统稳定运行，与对用户的持续供电发生矛盾时，为了保证电能质量，应根据负荷性质，采取适当措施，有计划地将部分不十分重要的用户或负荷加以切除。

（二）保证电能质量

电压和频率是衡量电能质量的重要指标。电压和频率的过高或过低将影响工厂企业正常生产，影响电力系统的稳定，下面将讨论电压和频率变化时的危害。

1. 电压变动超出容许范围时的危害性

经验证明，电压在额定电压 ±5% 内变化，不会给电力系统和用户带来不利的影响。若超出额定电压 ±5% 的范围，将给电力系统和用户带来极大的危害。

电压过高将使发电机、变压器以及其他带铁芯的电气设备铁芯中的磁通密度增大，铁芯损耗增加，造成铁芯发热，无功损耗增加；电压过高，使发电机、电动机等电气设备绝缘老化，甚至击穿；电压过高，使白炽灯寿命缩短，若电压升高 5%，灯泡寿命缩短一半。

电压过低，使电动机运行情况恶化。因为电动机的电磁转矩正比于电压的平方，当电压下降，转矩降低更为严重。当电压降低至额定电压的 30%～40%，经 1s 转矩崩溃，电动机自动停转；正在启动的电动机，由于电源电压降低可能启动不起来，使电动机定子电流增加，运行中温度升高，甚至将电动机烧毁。

电压过低使照明设备不能正常发光。若电源电压降低 5%，白炽灯的发光效率约降低 18%；电源电压降低 10% 时，发光效率约降低 35%。

电压过低使电力网中的功率损耗和电能损耗增加。当线路输送功率不变时，由于电压降低，使电流增大，网损也相应增大。

电压过低使电力设备容量不能充分利用。若电压降低到额定值的 80% 时，线路和变压器的电能输送的容量只为额定值的 64%。

为此，规程规定电力系统电压变动的范围为：

（1）35kV 及其以上的电力网为 ±5%；

（2）10kV 及其以下高压供电和低压电力用户为 ±7%；

（3）低压照明用户为 +5%、−10%。

2. 频率变动超出允许范围的危害性

频率的变化，不仅严重影响电力用户的正常工作，而且对发电厂和电力系统本身也有严重危害。

频率过高使发电机转速增加，这是因为发电机转子的转速与频率成正比。由于转子的转速增加，使其离心力增加，转子机械强度受到威胁，对安全运行十分不利。

频率过低，发电机的出力就要受到限制，影响电力系统安全运行，这是因为：

（1）发电机的通风是靠转子端部的风扇来进行的，当频率过低时，转子转速降低，风扇转速随之下降，使发电机的通风量减少，因而造成铁芯和绕组的温度升高，这样只能用减负荷的办法使温度降低。

（2）发电机的感应电动势与频率和磁通成正比。如果频率降低，要保持母线电压不变，就必须增加磁通，也就是增加励磁电流，势必使转子绕组温升增加。为了避免转子过热也只有减负荷。

（3）汽轮机在低速下运行时，若发电机输出功率不变，汽轮机叶片就要过负荷。当叶片过负荷严重时，机组会产生较大的振动，影响叶片的寿命。特别是当叶片振动频率接近或等于叶片的固有频率时，可能产生共振，致使叶片折断。为了保证叶片安全也只有减负荷。

（4）当频率降低时，发电厂中水、风、煤系统中的电动机转速都降低，严重影响发电机功率，影响电力系统安全运行。

由于频率降低，用户所有电动机转速降低，因而所带动的机械的生产率降低，这将会影响冶金、化工、机械、纺织等行业的产品质量和产量。

根据有关规定，我国电力系统额定频率为 50Hz，其变化范围：电网容量在 300 万 kW 及以上的系统中，不得超过 ±0.2Hz；电网容量在不足 300 万 kW 的系统中，不得超过 ±0.5Hz。

电能质量标准、除电压和频率外，还有电压波形。由于现代用电设备，如轧钢机、电弧炉、电焊机、可控硅控制的电动机、整流装置、电气化铁路、彩电等，都是电网的谐波源，对电网的电能质量影响很大，会造成电网电压的畸变，也就是谐波对电网的污染。根据傅立叶变换，非正弦电压可以分解为基波电压（50Hz）和一系列高次谐波电压（频率为基波的整倍数）。当谐波超过规定的极限值时，将对发供电设备、继电保护及自动装置、用户的用电设备、通信线路都会产生不同程度的危害，严重影响用户的正常生产，并危及电力系统的安全、经济运行。因此，电网电压正弦波形畸变率均不得超过表 1-1 规定的极限值。

表 1-1　　　　　　　　　　　　电网电压正弦波形畸变率极限值

| 用户供电电压<br>（kV） | 总电压正弦波形畸变率极限值<br>（%） | 各奇、偶次谐波电压正弦波形畸变率极限值（%） | |
| --- | --- | --- | --- |
| | | 奇次 | 偶次 |
| 0.38 | 5.0 | 4 | 2.00 |
| 6 或 10 | 4.0 | 3 | 1.75 |
| 35 或 63 | 3.0 | 2 | 1.00 |
| 110 | 1.5 | 1 | 0.50 |

3. 保证电力系统运行的经济性

提高电力系统运行的经济性，就是使电力系统在运行中耗费少、效率高、成本低，其主要以如下三个经济指标来衡量：

（1）标准耗煤量：指每千瓦时电能所消耗的标准煤量（按规定发热量为 29 310kJ/kg 的

煤为标准煤）。

（2）厂用电率：指发电厂在电力生产过程中耗用的电量与发电量之百分比。目前我国火电厂的厂用电率在 6%～10% 之间。

（3）线路损耗率：指电能在各级电网环节中的损耗量占供电量之百分比。目前我国各级电网的线损率约在 3%～10% 之间。

在运行中应该力争将全电力系统的各项经济指标降低到最小。

为保证向用户提供可靠、优质、经济的电能，首先要做到安全生产和安全用电。

## 第四节　电力网的额定电压及选择

### 一、电力网的额定电压

能使发电机、变压器以及各种电力设备正常工作的电压叫做这些电力设备的额定电压。各种电气设备在额定电压下运行时，其技术性能和经济效果最好。国家根据国民经济发展的需要，为了使电力设备生产实现标准化和系列化，规定了电力设备的统一额定电压等级。现将输配电线路中常用的交流电力设备的额定电压列入表 1-2 中。

表 1-2　　　　　　　　　　　电力设备的额定电压

| 电力网和用电设备额定电压（kV） | 额定端电压（线电压）（kV） | | |
|---|---|---|---|
| | 发电机 | 变压器 | |
| | | 一次绕组 | 二次绕组 |
| 0.22 | 0.23 | 0.22 | 0.23 |
| 0.38 | 0.40 | 0.38 | 0.40 |
| 3 | 3.15 | 3 及 3.15 | 3.15 及 3.3 |
| 6 | 6.3 | 6 及 6.3 | 6.3 及 6.6 |
| 10 | 10.5 | 10 及 10.5 | 10.5 及 11 |
| 35 | | 35 | 38.5 |
| 60 | | 60 | 66 |
| 110 | | 110 | 121 |
| 220 | | 220 | 242 |
| 330 | | 330 | 363 |
| 500 | | 500 | 550 |
| 750 | | 750 | 800 |
| 1000 | | 1000 | 1100 |

注　1. 变压器一次绕组栏内 3.15、6.3、10.5kV 电压适应和发电机端直接连接的升压变压器及降压变压器；

2. 变压器二次绕组栏内 3.3、6.6、11kV 电压适应于短路电压值在 7.5% 以上的降压变压器。

电力线路的正常工作电压应该与线路直接相连的电力设备的额定电压完全相等。但由于线路中有电压损耗，所以线路首端电压高而末端电压低，沿线路各点的电压也就不相等，如图 1-5 所示。

由于电力设备的生产必须标准化，不可能按照图 1-5 中斜线 AB 上各点的电压值来制

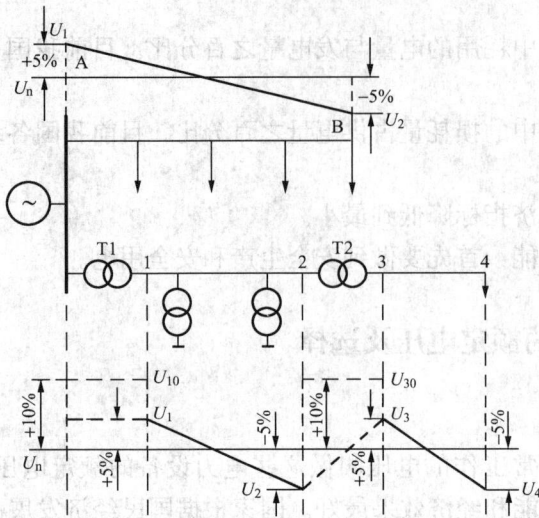

图 1-5　电力网中电压的变化

造设备，还由于电力线路中各点的电压是随着负荷变化而变化的，所以要使所有受电设备运行正常，只能力求使所有电力设备的端电压与电网额定电压尽可能地接近。显然，若取线路首端 A 的电压 $U_1$ 和末端 B 的电压 $U_2$ 的平均值 $U_{av}$〔即 $U_{av}=(U_1+U_2)/2$〕作为受电设备的额定电压，就能满足上述要求。因此，电压 $U_{av}$ 就是电力线路的额定电压 $U_n$，或称电力网的额定电压。

一般同一电压等级电力网的电压损失应不大于 10%。由于发电机处于线路首端，因此，发电机额定电压比电力网额定电压高 5%。例如，额定电压为 10kV 的电力网中，发电机的额定电压为 10.5kV。如果线路首端电压比电力网的额定电压高 5%，则末端电压比电力网额定电压低 5%，这样就保证了电力设备的端电压不超出额定电压±5%的允许变化范围。

变压器的一次绕组接受电能相当于受电设备，它的额定电压应等于受电设备的额定电压（即等于电力网的额定电压 $U_n$）。但是有些直接与发电机连接的变压器，它的一次绕组的额定电压与发电机相同，即比电力网额定电压高 5%；变压器的二次绕组，是处于下一级送电线路的首端，相当于发电机，它的额定电压 $U_1$、$U_3$ 比电力网的额定电压高出 5%。由于变压器二次绕组的额定电压是指空载情况的电压值，故当变压器有载运行时，其二次绕组将产生 5%的电压损耗。为了使二次绕组的实际输出电压比电网额定电压高出 5%，因而对短路电压较大的变压器（包括高压侧电压为 35kV 以上的变压器和 35kV 以下而其短路电压为 7.5%以上的变压器），其二次绕组的额定电压 $U_{10}$、$U_{30}$ 应比电力网额定电压 $U_n$ 高出 10%。这样，即可保证线路首端 1、3 的电压比电力网额定电压高 5%，末端电压 $U_2$、$U_4$ 比电力网额定电压低 5%，以满足电能质量的要求。

此外，在变压器的高压绕组上具有改变变压比的分接头，可根据电力网电压损耗的大小及变电站对实际电压的要求，进行电压调整。

**二、电压选择的基本原则**

在进行电力网电气计算时，首先应确定电力网的额定电压。已知，三相交流电的线电流 $I$、功率 $P$ 和线电压 $U$ 的关系为

$$P=\sqrt{3}UI\cos\varphi$$

所以

$$I=\frac{P}{\sqrt{3}U\cos\varphi}$$

上式表明，当输送容量一定时，线路电压越高，电流就越小。电压高不仅可以使用较小的导线截面，而且可以降低线路的功率损耗和电能损耗。这样看来，似乎线路的电压越高就越节省，实际不然，若电压过高，线路的绝缘就越要加强，用于绝缘方面的投资也就越大。

因此，电力网电压的选择是一个涉及面很广的综合性问题，除考虑输送容量、输送距离、运行方式等各种因素外，还应根据一次能源的分布，电源及工业布局等远景发展情况，进行全面的技术经济比较，其选择基本原则是：

（1）选定的电压等级应符合国家电压标准，我国目前现行的电力网额定电压标准为：

$$3、6、10、35、60、110、220、330、500、750、1000（kV）$$

（2）电压等级的选择应满足近期过渡的可能性，同时也能适应远景规划发展的需要。故在选择电压等级时，应了解一次能源的分布和工业布局，考虑电力负荷的增长和新建的电厂容量。

（3）同一地区，同一电力网内，电压等级应少，以减少重复容量；各级电压间的级差不宜太小，按国内外的经验，电压等级差一般为2～3倍。例如，110kV及以上的电力网电压等级为110/220/500kV或110/330/750kV；110kV及以下的电力网电压等级为10/35/110kV。

（4）在选择电力网电压等级时应考虑到与主系统及地区系统联网的可能性。在选择大容量发电厂向系统送电电压时，应考虑是采用单回线还是采用多回线送电。若采用单回线送电时，应选择高一级电压；采用多回线送电时，可采用低一级电压。

（5）在实际应用中，照明电力网及容量为50～100kW的动力设备，其电压采用380/220V；对于厂矿企业大型动力设备，如200kW及以上的电动机可由6～10kV电网供电；大城市及矿区电力网采用的电压为35～110kV。

### 三、输送容量和输送距离的关系

在表1-3中，列出由实际经验所得到的各级电压输电线路的输送容量和距离。

**表1-3　　　　各级电压输电线路的输送容量和距离**

| 线路电压（kV） | 输送容量（MW） | 输送距离（km） | 线路电压（kV） | 输送容量（MW） | 输送距离（km） |
|---|---|---|---|---|---|
| 0.38 | 0.1以下 | 0.6以下 | 110 | 10～50 | 50～150 |
| 3 | 0.1～1.0 | 1～3 | 220 | 100～500 | 100～300 |
| 6 | 0.1～1.2 | 4～15 | 330 | 200～1000 | 200～600 |
| 10 | 0.2～2.0 | 6～20 | 500 | 1000～1500 | 150～850 |
| 35 | 2.0～10 | 20～50 | 750 | 2000～3500 | 550以上 |

用负荷距（即线路有功负荷和线路长度的乘积）的方法，根据负荷大小、功率因数、导线型号、电压等级、电压损耗即可自附表1中计算出相应的输送距离。

例如，已知线路的额定电压为60kV，导线为LGJ-70型，功率因数 $\cos\varphi=0.85$，输送容量为12.4MW。从附表1，$U_e=60$kV表中，查得负荷距为496MW·km，则输送距离（线路长度）为

$$\frac{496}{12.4}=40（km）$$

对于35～220kV的各电压等级，当电压损失为10%，$\cos\varphi=0.9$，导线电流密度为1A/mm² 时，不同输送距离下的输送容量也可直接从图1-6查得。

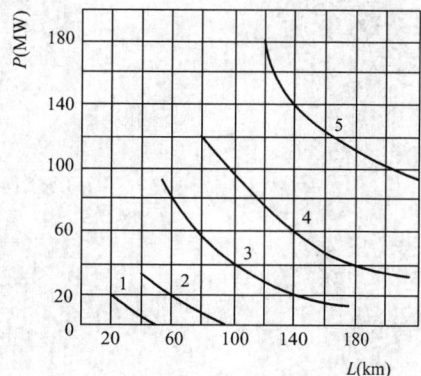

图1-6　输送容量与线路长度的关系
1—35kV；2—60kV；3—110kV；
4—154kV；5—220kV

例如，已知输送距离 $L=200\text{km}$，由图 1-6 查得输送容量 $P=100\text{MW}$。

## 习　　题

1. 火力发电厂基本类型有哪几种？
2. 火力发电厂主要设备是什么？简述火力发电厂的电能生产过程。
3. 简述水力发电厂的电能生产过程。
4. 什么叫做动力系统、电力系统和电力网？
5. 什么线路称为输电线路和配电线路？
6. 联合电力系统有哪些优越性？
7. 电力网的额定电压是如何确定的？为什么短路电压较大的变压器，其二次绕组的额定电压比电力网额定电压高出 10%？
8. 试标出图 1-7 中各元件的额定电压。

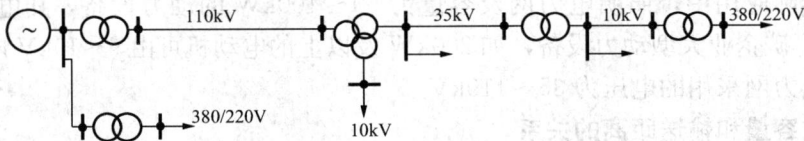

图 1-7　习题 8 图

9. 电能在生产技术上有哪些特点？
10. 电力系统有哪些基本要求？
11. 什么叫做供电可靠率、厂用电率？
12. 电压和频率超出允许范围有何危害？
13. 选择电力网电压等级的基本原则是什么？
14. 已知额定电压为 110kV，导线为 LGJ-185 型，功率因数 $\cos\varphi=0.85$，电力负荷为 28.6MW，用负荷距方法确定最大输送距离。

# 第 二 章

# 输配电线路的主要元件及要求

输配电线路按其结构来分，可分为架空线路和电缆线路。架空线路结构简单、施工周期短、建设费用低、技术要求不高、维护检修方便、散热性能好、输送容量大；电缆线路不受自热条件影响，事故几率少，在城市和不能架设架空线路的地区常采用电缆线路。

输配电线路按其功能来分，可分为输电线路（又称送电线路）和配电线路。由发电厂向电力负荷中心输送电能的线路以及电力系统之间的联络线路称为输电线路；由电力负荷中心向电力用户分配电能的线路称配电线路。通常把 1kV 以下的线路称为低压配电线路，110kV 线路称为中压配电线路，35、66、110kV 线路称为高压配电线路；110、220kV 线路称为高压输电线路；330、500、750kV 及 ±500kV 的线路称为超高压输电线路；±800kV 和 1000kV 以上的线路称为特高压输电线路。

架空线路主要元件有导线、避雷线、绝缘子、杆塔、杆塔基础、拉线、接地装置和各种金具等，如图 2-1 所示。由于架空线路长相处于露天状态，使得线路的杆塔、绝缘子和导线等不仅经受正常机械荷载和电力负荷的作用，

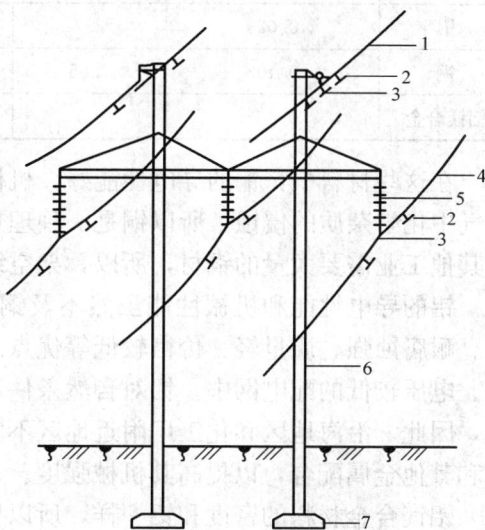

图 2-1 架空线路的构成

1—避雷线；2—防振锤（金具）；3—线夹（金具）；4—导线；5—绝缘子；6—杆塔；7—底盘（基础）

还得经受风、雨、冰、雪、雷电、大气污染等各种自然条件的影响。这些影响将会促使各元件趋于损坏甚至造成严重事故。因此，应对线路各元件提出具体要求，并在线路建设、运行和检修时达到其要求，以确保安全供电。

## 第一节 架空线路的导线和避雷线及要求

### 一、架空线路的导线及要求

导线是架空线路上的主要元件之一，它的作用是从发电厂或变电站向各用户输送电能。导线不仅通过电流，同时还承受机械荷载，任何导线故障，均能引起或发展为导线断线事故。

（一）导线的材料

架空线路的导线材料应满足以下要求：

（1）电导率高，以减少线路的电能损耗和电压损耗。

（2）耐热提高，以提高输送容量。

（3）机械强度高、弹性系数大，有一定柔软性、容易弯曲，便于加工制造。

（4）耐腐蚀性强，能适应自然条件和污秽的影响，使用寿命长。

（5）有良好的防振性能。

（6）质量轻、耐磨、价格低。

常用的导线材料有铜、铝、铝镁合金和钢，其物理性能见表 2-1。

表 2-1　　　　　　　　　　　　导线材料的物理性能

| 材料 | 20℃时的电阻率<br>（Ω·mm²/m） | 密度<br>（g/cm³） | 抗拉强度<br>（MPa） | 腐蚀性能及其他 |
|---|---|---|---|---|
| 铜 | 0.0182 | 8.9 | 390 | 表面易形成氧化膜，抗腐蚀能力强 |
| 铝 | 0.029 | 2.7 | 160 | 表面氧化膜可防继续氧化，但易受酸碱盐的腐蚀 |
| 钢 | 0.103 | 7.85 | 1200 | 在空气中易锈蚀，须镀锌防锈 |
| 铝镁合金 | 0.033 | 2.7 | 300 | 抗腐蚀性能好，受振动时易损坏 |

在这些材料中，铜的导电性能好，机械强度高，耐腐蚀性强，能抵抗自然条件的影响和空气中化学杂质的侵蚀，所以铜是一种理想的导线材料。但是，铜的质量大，价格昂贵，而且其他工业需要大量的铜材，所以，架空线路的导线，除特殊情况外，一般不采用铜线。

铝的导电性能和机械性能虽然不及铜，但是，铝具有导热性能好、质地柔韧、容易加工、耐腐蚀强、质量轻、价格较低等优点。由于铝导线机械强度小，所以一般只用在档距较小、电压较低的配电网中。铝对自然条件影响抵抗性也较强，但对化学作用方面的抵抗性很弱，因此，沿海地区和化工厂附近地区不宜采用。对于档距较大、电压较高的线路，必须用铝和其他金属配合，以提高其机械强度。

铝镁合金材料的密度和铝一样，所以质量轻，其拉张强度很大，几乎比铝高一倍，电导率比铝材料低 10% 左右，所以铝镁合金也是制造导线的较好材料。但是，镁铝合金受振动而断股现象严重，使其使用受到限制。随着断股问题的解决，镁铝合金将成为有前途的导线材料。

钢导电性很低，但其机械强度大，价格比上述材料便宜。

为了充分利用铝和钢两种材料的优点而弥补其缺点，把它们结合在一起制成了钢芯铝绞线，其导线内部是钢芯，外部为铝线。由于交流电的集肤效应，钢芯铝导线的钢芯中通过的电流可以认为等于零，全部电流都通过外部的铝导线，因此导电系数较高。而导线上承受的机械应力，都由钢线和铝线共同分担，并以钢线为主。由于钢线和铝线各取其长组合成的钢芯铝导线，满足了架空线路的要求，因此广泛用于高压架空线路中。

（二）导线的构造和型号

架空输电线路和部分配电线路一般都是用裸导线架设的，其结构基本上都由多股圆线同心绞合而成，如图 2-2 所示。

根据 GB 1179—2008，架空导线的型号规格由材料、结构和标称载流截面三部分组成。如 T—铜线；L—铝线；G—钢线；J—多股绞线；TJ—铜绞线；LJ—铝绞线；GJ—钢绞线；HLJ—铝合金绞线；LGJ—钢芯铝绞线。截流截面以 mm² 单位表示。如 LJ-240 表示标称截面为 240mm² 的铝绞线；LGJ-300/25 表示标称截面铝 300mm²、钢 25mm² 的钢芯铝绞线。常用导线的型号和规格见附表 2。

为了减小电晕以降低损耗和对无线电、电视、通信的干扰以及减小电抗以提高线路输送

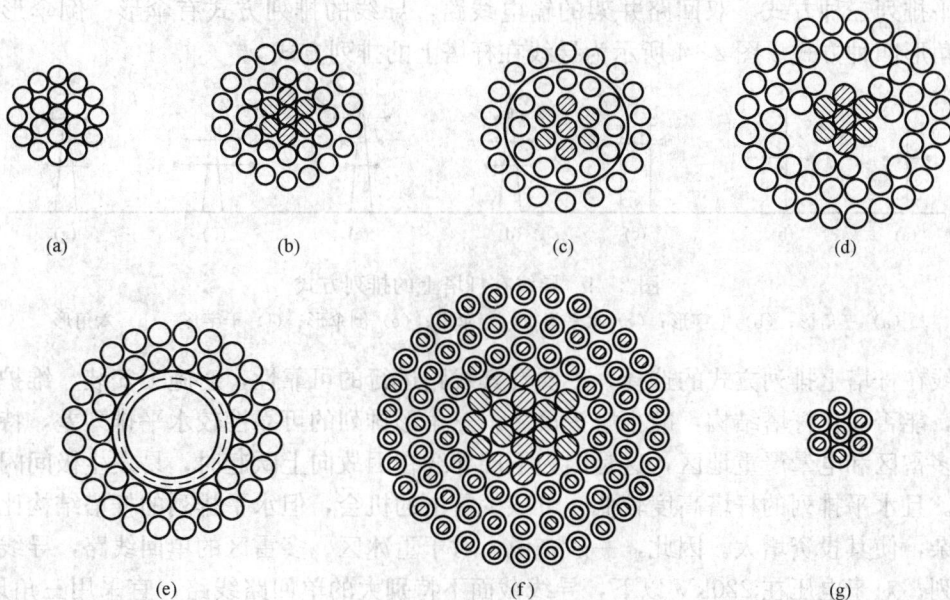

图 2-2　各种导线截面的结构

（a）单金属绞线；（b）钢芯铝绞线；（c）防腐铜芯铝绞线；（d）扩径铜芯铝绞线；

（e）空心导线；（f）钢芯铝色钢绞线；（g）铝包钢绞线

电能的能力，高压及以上的输电线路的导线，应采用扩径导线、空心导线或分裂导线，由于扩径导线和空心导线制造和安装不便，故输电线路多采用分裂导线。分裂导线每相分裂的根数一般为 2～4 根，如图 2-3 所示。近几个投运的 ±800kV 特高压直流输电线路采用了 6×720 分裂导线，1000kV 特高交流输电线路采用了 8×500 分裂导线。

分裂导线由数根导线组成一相，每一根导线称为次导线，两根次导线间的距离为次线间距离。一个档距中，一般每隔 30～80m 安装一个间隔棒，使次线间保持距离，两相邻间隔棒间的水平距离为次档距。

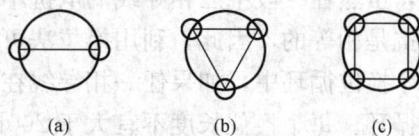

图 2-3　分裂导线

（a）双分裂导线；（b）三分裂导线；（c）四分裂导线

500kV 输电线路，多采用 LGJQ 型和 LH-GJT、LHGJJ 型导线。LGJQ 型为轻型钢芯铝线，导线的钢芯比正常 LGJ 型钢芯铝线的钢芯略细一点，而铝的截面略大一些，虽然承受的拉力略小些，但质量较 LGJ 型导线轻。

LHGJT、LHGJJ 型均为稀土铝合金导线，是一种新型导线。这种导线的材料为铝、锌、硅合金，并添加了少量的稀土金属。其电气性能与铝导线相近，机械强度比相同截面的钢芯铝导线高 30%，且抗腐蚀性强，耐磨，适用大跨越或高海拔的重冰区，交流 500kV 和直流 ±500kV 输电线路跨越长江就用此导线。LHGJJ 型为加强型。

近年来，耐热铝合金导线、钢芯软铝绞线、碳纤维复合绞线等新型架空导线，由于有较多优越性，也得到广泛应用。

（三）导线的排列与换位

架空输电线路分为单回路、双回路并架或多回路并架输电线路。由于线路回路数不同，导线在杆塔上的排列是多种多样的。一般单回路输电路线，导线的排列方式有三角形、上字形、水平排列三种方式。双回路并架的输电线路，导线的排列方式有伞形、倒伞形、干字形、六角形四种方式。图 2-4 所示为导线在杆塔上的排列方式。

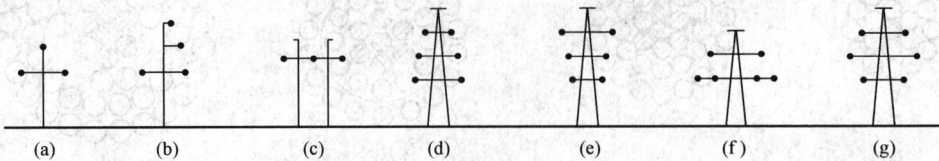

图 2-4　导线在杆塔上的排列方式

(a) 三角形；(b) 上字形；(c) 水平形；(d) 伞形；(e) 倒伞形；(f) 干字形；(g) 六角形

导线在杆塔上排列方式的选择，主要看其线路运行的可靠性，对施工安装、维护检修是否方便，能否简化杆塔结构，减小塔头尺寸。三角形排列的可靠性较水平排列差，特别在重冰区、多雷区和电晕严重地区，这是因为下层导线在因故向上跃起时，易发生极间闪络和短路故障。且水平排列的杆塔高度较低，可减少雷击的机会，但水平排列的杆塔结构比三角形排列复杂，使其投资增大。因此，一般来说，对于重冰区、多雷区的单回线路，导线应采用水平排列；对于电压在 220kV 以下，导线截面不特别大的单回路线路，宜采用三角形排列。对于双回线路的导线，倒伞形排列的优点是便于施工和检修，但它的缺点是防雷差，故多采用六角形排列。

导线的各种排列方式（包括等边三角形），均不能保证三相导线的线间距离或导线对地距离相等，所以各相的电感就不相同，电抗也不相同，因而线路电压降不等，造成线路末端电压严重不平衡，这种不平衡对发电机、电动机和电力系统的运行以及对线路附近的通信线路均会带来一系列不良影响，为此，规程规定，在中性点有效接地电网中，长度超过 100km 的线路均应换位，换位就是将全线路分成若干段，每一段的布置如图 2-5 所示。换位后，虽然在一段中三相导线的电抗不等，但是三相导线在各段中电抗分别串联相加得到的总电抗是相等的，因此，利用换位法可使线路末端电压对称。图 2-5 所示为一个换位循环，在一个换位循环中，如果任一相导线在三个架设位置上的长度相等，称为整换位循环或完全换位循环。每个换位长度不宜大于 200km。

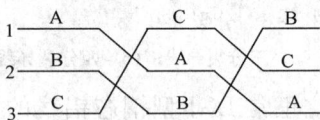

图 2-5　输电线路换位示意图

中性点非有效接地电网中，为了降低中性点长期运行的电位，可用换位或变换各回输电线路相序排列方法来平衡不对称电流。

一个变电站某级电压的每回出线虽小于 100km，但其总长度超过 200km，可采用换位或变换各回输电线路的相序排列措施来平衡不对称电流。

（四）对导线的要求

1. 导线间的水平距离

正常状态，电力线路在风速和风向都一定的情况下，每根导线都同样地摆动着。但在风向，特别是风速随时都在变化的情况下，如果线路的线间距离过小，则在档距中央导线间会过于接近，因而发生放电甚至短路。

对 1000m 及以下的档距，其水平线间距离可由下式决定

$$D = 0.4L_k + \frac{U_n}{110} + 0.65\sqrt{f} \qquad (2-1)$$

式中　$D$——水平线间距离，m；

　　　$L_k$——悬垂绝缘子串长，m；

　　　$U_n$——线路额定电压，kV；

　　　$f$——导线最大弧垂，m。

一般应结合运行经验确定其水平距离，在缺少运行资料时，可采用表 2-2。

表 2-2　　　　　　　　电力线路水平线间距离（m）与档距（m）关系

| 水平线距 | | 1.1 | 2.5 | 3 | 3.5 | 4 | 4.5 | 5.5 | 6 | 6.5 | 7 | 7.5 | 8 | 8.5 | 10 | 11 |
|---|---|---|---|---|---|---|---|---|---|---|---|---|---|---|---|---|
| 电压<br>(kV) | 10 | 150 | | | | | | | | | | | | | | |
| | 35 | | 200 | 300 | | 400 | | | | | | | | | | |
| | 110 | | | | 300 | 375 | 450 | | | | | | | | | |
| | 220 | | | | | | | 440 | 525 | 615 | 700 | | | | | |
| | 330 | | | | | | | | | | | 525 | 600 | 700 | | |
| | 500 | | | | | | | | | | | | | | 525 | 650 |

导线垂直排列时，其线间距离（垂直距离）除了应考虑过电压绝缘距离外，还应考虑导线积雪和覆冰使导线下垂以及覆冰脱落时使导线跳跃的问题。

导线垂直排列的垂直距离可采用 $\frac{3}{4}D$。使用悬垂绝缘子串的杆塔，其垂直线间距离不得小于表 2-3 的规定数值。

表 2-3　　　　　　　　导　线　最　小　垂　直　距　离

| 电压（kV） | 35 | 60 | 110 | 154 | 220 | 330 | 500 |
|---|---|---|---|---|---|---|---|
| 距离（cm） | 2 | 2.5 | 3.5 | 4.5 | 5.5 | 7.5 | 10.0 |

在覆冰地区导线垂直排列时，上、下层导线间或导线与避雷线间的水平偏移，按不同覆冰条件应保持表 2-4 中所列的数值。

表 2-4　　　　　　　导线间或导线与避雷线间的水平偏移　　　　　　　（m）

| 电压（kV） | 35 | 60 | 110 | 154 | 220 | 330 | 500 |
|---|---|---|---|---|---|---|---|
| 设计冰厚 10mm | 0.2 | 0.35 | 0.5 | 0.7 | 1.0 | 1.5 | 1.75 |
| 设计冰厚 15mm | 0.35 | 0.5 | 0.7 | 1.0 | 1.5 | 2.0 | 2.5 |

注　5mm 及其以下的覆冰地区，可按 10mm 覆冰地区要求数值适当减少。

导线三角排列时，斜向线间距离按下式化为等值水平线间距离考虑，即

$$D_x = \sqrt{D_p^2 + \left(\frac{4}{3}D_z\right)^2} \qquad (2-2)$$

式中　$D_x$——导线三角排列时的等值水平线间距离，m；

　　　$D_p$——导线水平投影距离，m；

$D_z$——导线垂直投影距离，m。

多回路杆塔上，不同回路的不同相导线间的水平或垂直距离应比式（2-1）和表2-4的要求增加0.5m，并不应小于表2-5所规定的数值。

**表 2-5　　　　　　　　　　　多回路线间距离**

| 电压（kV） | 35 | 60 | 110 | 154 | 220 | 330 |
|---|---|---|---|---|---|---|
| 距离（cm） | 300 | 350 | 400 | 500 | 600 | 800 |

**2. 导线的弧垂**

导线架设在杆塔上，由于导线的自重及紧线的拉力，紧起后形成弧垂，如图2-6所示。图中的 $f$ 称为导线的弧垂（或弛度），表示为：当导线悬挂点等高时，连接两悬挂点之间的水平线与导线最低点之间的垂直距离。

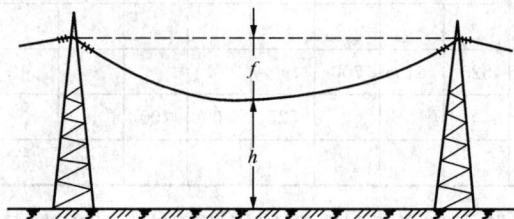

图 2-6　导线的弧垂和限距

弧垂的大小直接关系线路的安全运行。弧垂过小，导线受力增大，当张力超过导线许可应力时会造成断线；弧垂过大，导线对地距离过小而不合要求，在有剧烈摆动时，可能引起线路短路。

弧垂大小和导线的质量、空气温度、导线的张力及线路档距等因素有关。导线自重愈大，导线弧垂愈大；温度高时弧垂增大；温度低时，弧垂缩小；导线张力愈大，弧垂愈小；线路档距愈大，弧垂愈大。

弧垂的大小和各因素的关系可表示为

$$f = \frac{l^2 g}{8\sigma_0} \tag{2-3}$$

式中　$f$——导线弧垂，m；

　　　$l$——线路档距，m；

　　　$g$——导线的比载，kg/（m·mm²）；

　　　$\sigma_0$——导线最低点的应力，kg/mm²，$\sigma_0 = \dfrac{T_0}{A}$；

　　　$T_0$——导线最低点的张力，kg；

　　　$A$——导线的截面，mm²。

工程上根据上述公式计算，制作了弧垂表。导线的弧垂应符合设计规定，如果大于规定值，最大不得超过规定值的5%，若小于规定值，最小不得小于规定值的2.5%。最大容许误差应不超过0.5m。

三相导线的弧垂在一档内应力求一致，其允许误差：水平排列不大于0.2m；垂直排列不大于0.3m。

**二、导线对地距离及交叉跨越**

为了保证电力线路运行可靠，防止发生危险，因此规定了导线最低点对地面或建筑物之间的距离 $h$，称为安全距离或限距，如图2-1所示。

在导线最大弧垂时，导线对地面最小容许距离见表2-6。

**表 2-6　　　　　　　　　　导线对地面最小容许距离　　　　　　　　　　（m）**

| 地区类别 | 线 路 电 压 （kV） | | | | |
| --- | --- | --- | --- | --- | --- |
| | 35～110 | 220 | 330 | 500 | 750 |
| 居民区 | 7.0 | 7.5 | 8.5 | 14.0 | 20.0 |
| 非居民区 | 6.0 | 6.5 | 7.5 | 11.0（10.5） | 16.0 |
| 交通困难地区 | 5.0 | 5.5 | 6.5 | 8.5 | 12.0 |

注　1. 居民区是指工业企业地区、港口、码头、火车站、城镇、村庄等人口密集地区，以及已有上述设施规划的地区。

　　2. 非居民区是指除上述居民区以外，虽然时常有人、车辆或农业机械到达，但未建房屋或房屋稀少的地区。
500kV 线路对非居民区 11m 用于地线水平排列，10.5m 用于导线三角排列。

　　3. 交通困难地区是指车辆、农业机械不能到达的地区。

导线在最大风偏时，与房屋建筑的最近凸出部分间的距离，不应小于表 2-7 的数值。

线路经山区，导线距峭壁、突出斜坡、岩石等的距离不能小于表 2-8 的数值。

当架空送电线路与通信线、电车线或其他管索道交叉时，电力线应从上方跨越。当电力线路互相交叉时，电压高的线路应在上方通过，其安全距离不应小于表 2-9、表 2-10 的数值。

**表 2-7　　　　　导线在最大风偏时和房屋建筑的容许距离　　　　　（m）**

| 线路电压（kV） | 35～110 | 220 | 330 | 500 | 750 |
| --- | --- | --- | --- | --- | --- |
| 垂直距离 | 5.0 | 6.0 | 7.0 | 9.0 | 11.0 |
| 水平距离 | 4.0 | 5.0 | 6.0 | 8.5 | 10.0 |

**表 2-8　　　　　　导线风偏时与突出物的容许距离　　　　　　（m）**

| 线路经过地区 | 线路电压（kV） | | | | |
| --- | --- | --- | --- | --- | --- |
| | 66～110 | 220 | 330 | 500 | 750 |
| 步行可以到达的山坡 | 5.0 | 5.5 | 6.5 | 8.5 | 10.0 |
| 步行不能到达的山坡、峭壁和岩石 | 3.0 | 4.0 | 5.0 | 6.5 | 8.0 |

**表 2-9　　　　输电线路与铁路、公路、电车道交叉或接近的基本要求　　　　（m）**

| 项　目 | | 铁　路 | | 公　路 | 电车道（有轨及无轨） | |
| --- | --- | --- | --- | --- | --- | --- |
| 导线或避雷线在跨越档内接头 | | 不得接头 | | 高速公路，一级公路不得接头 | 不得接头 | |
| 最小垂直距离（m） | 线路电压（kV） | 至轨顶 | 至承力索或接触线 | 至路面 | 至路面 | 至承力索或接触线 |
| | 66～110 | 7.5 | 3.0 | 7.0 | 10.0 | 3.0 |
| | 154～220 | 8.5 | 4.0 | 8.0 | 11.0 | 4.0 |
| | 330 | 9.5 | 5.0 | 9.0 | 12.0 | 5.0 |
| | 500 | 14.0 16.0 （电气铁路） | 6.0 | 14.0 | 16.0 | 6.5 |
| | 750 | 20.0 | 7.0 | 18.0 | 20.0 | 8.0 |

**表 2 - 10**　　输电线路与河流、弱电线路、电力线路、管道、索道交叉或接近的基本要求　　　　（m）

| 项　目 | | 通航河流 | | 不通航河流 | | 弱电线路 | 电力线路 | 管道 | 索道 |
|---|---|---|---|---|---|---|---|---|---|
| 导线或避雷线在跨越档内接头 | | 不得接头 | | 不限制 | | 一级不得接头 | 220kV 及以上不得接头 | 不得接头 | 不得接头 |
| | 线路电压（kV） | 至 5 年一遇洪水位 | 至遇高航行水位最高船桅顶 | 至 5 年一遇洪水位 | 冬季至冰面 | 至被跨越线 | 至被跨越线 | 至管道任何部分 | 至索道任何部分 |
| 最小垂直距离 | 66～110 | 6.0 | 2.0 | 3.0 | 6.0 | 3.0 | 3.0 | 4.0 | 3.0 |
| | 154～220 | 7.0 | 3.0 | 4.0 | 6.5 | 4.0 | 4.0 | 5.0 | 4.0 |
| | 330 | 8.0 | 4.0 | 5.0 | 7.5 | 5.0 | 5.0 | 6.0 | 5.0 |
| | 500 | 10.0 | 6.0 | 6.5 | 11.0 | 8.5 | 8.5 (6) | 7.5 | 6.5 |
| | 750 | 12.0 | 8.0 | 9.0 | 14.0 | 12.0 | 12.0 | 11.0 | 11.0 |

### 三、避雷线

避雷线（又称架空地线）一般多采用钢绞线，但近年来，在超高压输电线路上有采用良导体作避雷线的趋势。避雷线一般通过杆塔接地，但也有采用绝缘地线的。绝缘地线采用有放电间隙的绝缘子把地线和杆塔绝缘起来，雷击时利用放电间隙引雷电流入地，这样对防雷作用毫无影响，而且还能利用避雷线作载流线，用于避雷线溶冰；还可作为载波通信的通道；在检修时，可作为电动机的电源线。对超高压线路和特高压线路，为了减小其对邻近的通信线路的危险影响和干扰，常用铝包钢绞线或其他有色金属线作绝缘地线。

目前，对双避雷线的架空线路，大多采用一根是钢绞线，另一根是复合光缆。复合光缆的外层铝合金绞线起到防雷保护，芯部的光导纤维起通信作用。

### 四、导线、避雷线的连接和配合

架空输电线路的每个耐张段长度均不相同，导线和避雷线架设过程中，除少数作连引外，大部分在耐张段杆塔处都采用断引的方式，此外，导线和避雷线在制造时，每轴线都有一定的长度，所以导线和避雷线在架设中，接头是不可避免的。导线和避雷线连接时，容易造成机械强度和电气性能的降低，因而带来某种缺陷。由于这种缺陷，经过长期运行，会发生故障，所以在线路施工时，应尽量减少不必要的接头。

导线和避雷线接头非常重要，接头的机械强度不应低于原导线和避雷线机械强度的 95%，接头处的电阻值或电压降值与等长度导线和避雷线的电阻值或电压降值之比不得超过 1.0 倍。

导线与避雷线型号规格配合见表 2 - 11。

**表 2 - 11**　　　　　　　　　　　　　　导线与避雷线型号规格配合

| 导线型号 | LGJ - 35 | LGJ - 95 | LGJ - 210 | LGJ - 400 |
|---|---|---|---|---|
| | LGJ - 50 | LGJ - 120 | LGJ - 240 | |
| | | LGJ - 150 | LGJ - 300 | LGJQ - 500 |
| | | | LGJ - 400 | |
| | LGJ - 70 | LGJ - 185 | LGJQ - 400 | 及以上 |
| 避雷线型号 | GJ - 25 | GJ - 35 | GJ - 50 | GJ - 70 |

### 五、导线和避雷线其他要求

（1）导线和避雷线不准有摩擦、断股、破股、严重锈蚀、闪络烧伤、松动等情况。导线和避雷线在同一截面处损伤占总截面不足 5%，可不处理（但有断股时应用相同金属缠绕）。若损伤占总截面的 5% 以上应处理，在同一个耐张段内，导线和避雷线的材料、规格、捻回方向都应相同，不同时只能在耐张杆塔的跳线处连接。在重要的交叉跨越档不准有接头。导线和避雷线由于断股、损伤造成强度损失或截面积减少的处理规定见表 2-12。

**表 2-12    导线和避雷线断股、损伤造成强度损失或截面积减少的处理规定**

| 线 别 | 处 理 方 法 | | | |
|---|---|---|---|---|
| | 金属单丝、预绞式补修条补修 | 预绞式护线条、普通补修管补修 | 加长型补修管、预绞式接续条 | 接续管、预绞丝接续条、接续管补强接续条 |
| 钢芯铝绞线 钢芯铝合金绞线 | 导线在同一处损伤导致强度损失未超过总拉断力的 5% 且截面积损伤未超过总导电部分截面积的 7% | 导线在同一处损伤导致强度损失在总拉断力的 5%～17%，且截面积损伤在总导电部分截面积的 7%～25% | 导线损伤范围导致强度损失在总拉断力的 17%～50%，且截面积损伤在总导电部分截面积的 25%～60%；断股损伤截面超过总面积 25% 切断重接 | 导线损伤范围导致强度损失在总拉断力的 50% 以上，且截面积损伤在总导电部分截面积的 60% 及以上 |
| 铝绞线 铝合金绞线 | 断损伤截面积不超过总面积的 7% | 断股损伤截面积占总面积的 7%～25%；断股损伤截面积占总面积的 7%～17% | 断股损伤截面积占总面积的 25%～60%；断股损伤截面积超过总面积的 17% 切断重接 | 断股损伤截面积超过总面积的 60% 及以上 |
| 镀锌钢绞线 | 19 股断 1 股 | 7 股断 1 股；19 股断 2 股 | 7 股断 2 股；19 股断 3 股切断重接 | 7 股断 2 股以上；19 股断 3 股以上 |
| OPGW | 断损伤截面积不超过总面积的 7%（光纤单元未损伤） | 断股损伤截面占面积的 7%～17%，光纤单元未损伤（补修管不适用） | | |

注 1. 钢芯铝绞线导线应未伤及钢芯，计算强度损失或总铝截面损伤时，按铝股的总拉断力和铝总截面积作基数进行计算。
   2. 铝绞线、铝合金绞线导线计算损伤截面时，按导线的总截面积作基数进行计算。
   3. 良导体架空地线按钢芯铝绞线计算强度损失和铝截面损失。
   4. 如断股损伤减少截面虽达到切断重接的数值，但确认采用新型的修补方法能恢复到原来强度及载流能力时，亦可采用该补修方法进行处理，而不作切断重接处理。

（2）导线和避雷线表面腐蚀，外层脱落或呈疲劳状态时，应取样进行强度试验。若试验结果小于原破坏值的 80% 应换线。

（3）一般情况下弧垂允许偏差：110kV 及以下线路为 +6%、-2.5%；220kV 及以上线路为 +3.0%、-2.5%；线路各相弧垂允许偏差最大值：110kV 及以下线路为 200mm；220kV 及以上线路为 300mm。

（4）分裂导线同相次导线的弧垂允许偏差值：垂直排列双分裂导线为 +100mm，0；其他排列形式分裂导线，220kV 为 50mm，330kV、500kV 为 50mm。垂直排列两次导线的间距宜不大于 600mm。

（5）接地引下线不允许出现松动或对地放电。

## 第二节　杆塔、基础和拉线及要求

### 一、杆塔的结构型式

杆塔是架空输电线路的主要部件，用以支持导线和避雷线，且能在各种气象条件下，使导线对地和对其他建筑物，有一定的最小容许距离，并使输电线路不间断地向用户供电。

杆塔的结构型式主要取决于电压等级、线路回数、地形、地质情况及使用条件等。在满足上述要求下应进行综合技术经济比较，择优选用。

按杆塔结构所用的材料来分，有木杆、钢筋混凝土电杆、钢管杆和铁塔，木杆基本不采用了。

按其回路数来分，有单回路、双回路和多回路杆塔。

按杆塔受力性质和用途来分，有悬垂型和耐张型杆塔。悬垂型杆塔又分为悬垂直线和悬垂转角杆塔；耐张型杆塔又分为耐张直线、耐张转角和终端杆塔。

#### （一）钢筋混凝土电杆

1. 35～110kV 单回路悬垂直线杆

此类电杆由于承受的荷载较小，一般可采用单杆，导线为三角形排列；当杆塔荷载较大时，也可采用等径双杆或带拉后腿线单杆，如图 2-7 所示。

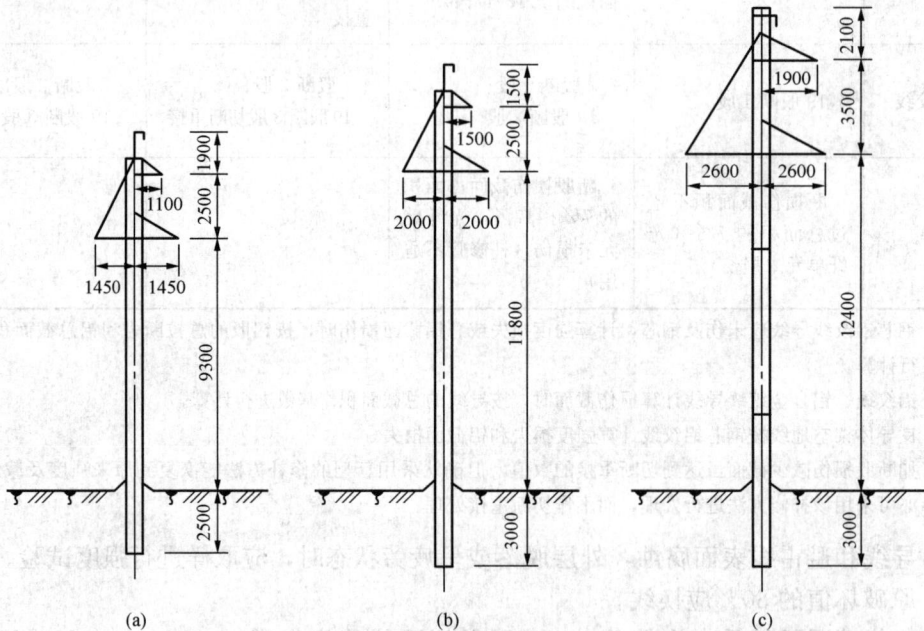

图 2-7　35～110kV 钢筋混凝土悬垂直线杆
(a) 35kV 单杆；(b) 110kV 单杆；(c) 110kV 带拉线单杆

2. 220～330kV 单回路悬垂直线杆

由于杆塔荷载较大，目前大多采用叉梁的双杆，如图 2-8 所示。为了增加由杆塔的纵向稳定和承受纵向荷载，有时在电杆平面外设置 V 型拉线。

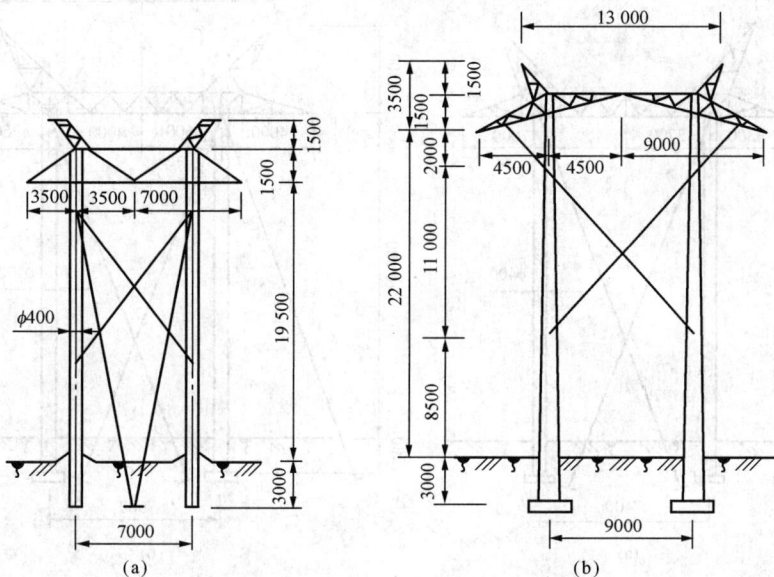

图 2-8 200～330kV 钢筋混凝土直线杆
(a) 220kV 直线杆；(b) 330kV 直线杆

3. 单回路承力杆

承力杆（指耐张杆、转角杆和终端杆）所承受的荷载较大，一般均需设立拉线，其外形有 A 字型式门型，35～110kV 单回路承力杆如图 2-9 所示。拉线布置方式在小转角的可用 V 型交叉型，大转角时可用八字型。

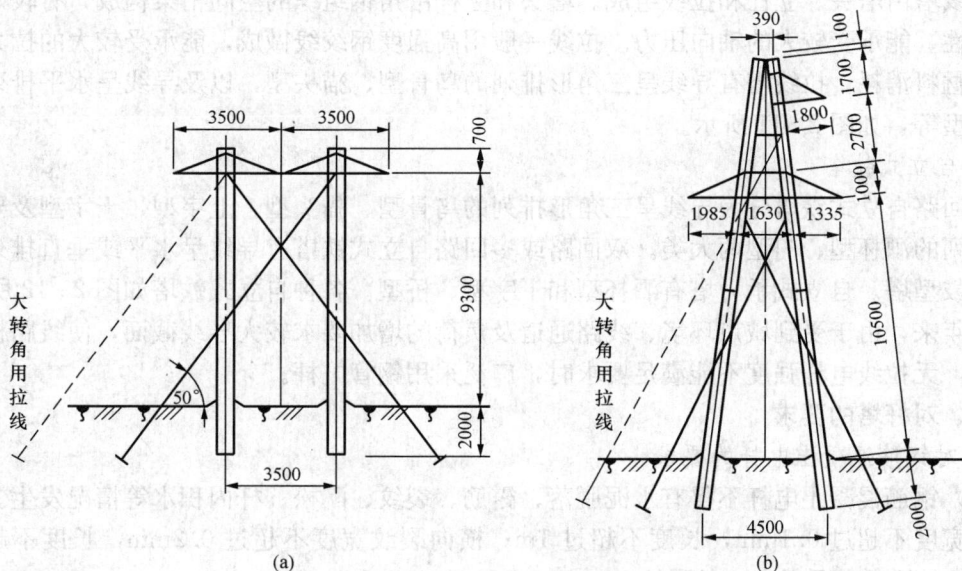

图 2-9 35～110kV 单回路钢筋混凝土承力杆
(a) 门型承力杆；(b) A 字型承力杆

220kV 承力杆一般都采用双杆，拉线布置成交叉拉线或地字型拉线，如图 2-10 所示。

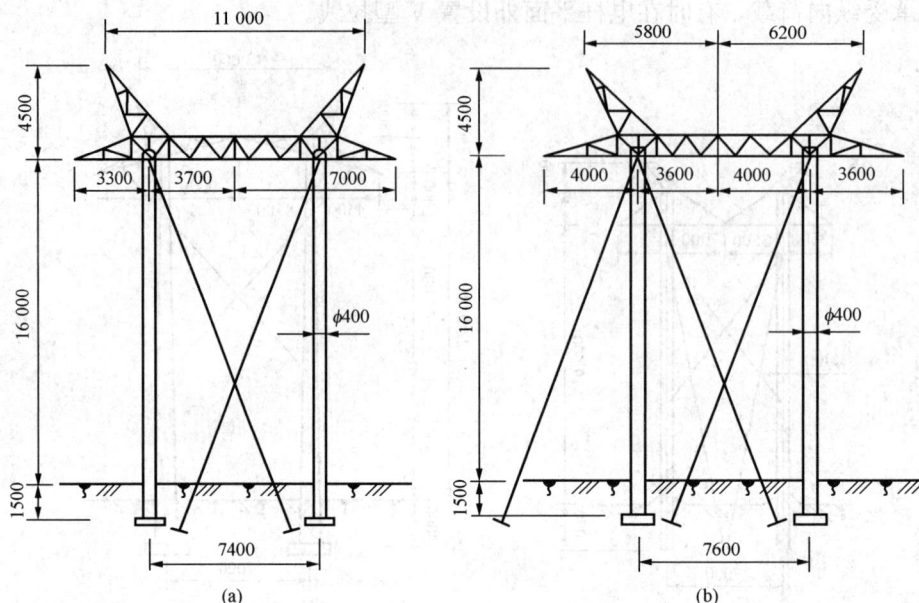

图 2-10　220kV 单回路钢筋混凝土承力杆
(a) 耐张杆；(b) 5°～30°转角杆

**（二）铁塔**

铁塔大多采用热轧等角钢制造、螺栓组装的空间桁架结构，根据结构形式和受力特点分为拉线塔和自立塔两大类。

1. 拉线塔

拉线塔由塔头、立柱和拉线组成。塔头和立杆由角钢组织的空间桁架构成，有较好的整体稳定性，能承受较大的轴向压力。拉线一般用高强度钢绞线做成，能承受较大的拉力，因而减少材料消耗。拉线塔有导线呈三角形排列的鸟骨型、猫头型，以及导线呈水平排列的门型、V 型等，如图 2-11 所示。

2. 自立式铁塔

单回路自立式铁塔分为导线呈三角形排列的鸟骨型、猫头型、上字型、干字型及导线呈水平排列的酒杯型、门型两大类。双回路或多回路自立式铁塔有导线呈水平或垂直排列的干字型或鼓型塔。自立式承力塔有酒杯型和干字型、桥型。各种自立式铁塔如图 2-12 所示。

近年来，由于受到城市环境、线路通道及负荷的增加要求较大导线截面，使线路机械负载加大，无拉线电杆强度不能满足要求时，广泛采用钢管电杆。

**二、对杆塔的要求**

1. 对钢筋混凝土电杆的要求

（1）钢筋混凝土电杆不得有水泥脱落、露筋、裂纹、酥松、杆内积水等情况发生。纵向裂纹的宽度不超过 0.1mm，长度不超过 1m；横向裂纹宽度不超过 0.2mm，长度不超过圆周的 1/2，每米内不得有三条裂纹。

（2）钢筋混凝土电杆上端应封堵，放水孔应打通。如果发生上述缺陷，不超过下列范围时可以进行补修：

1）在一个构件上只允许露出一根立筋，深度不得超过立筋直径的 1/3，长度不得超

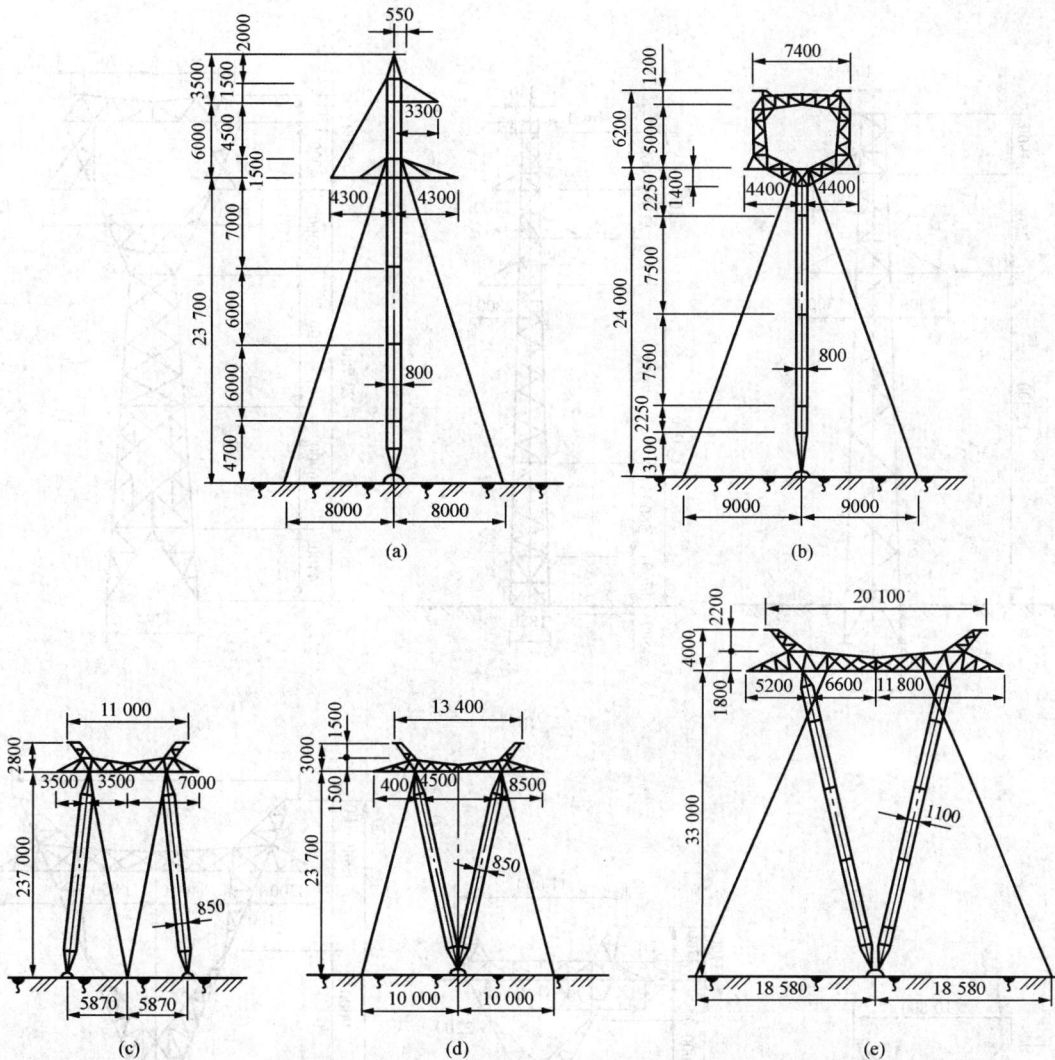

图 2-11　导线呈三角形和水平排列的拉线铁塔

（a）220kV 上字型塔；（b）220kV 猫头型塔；（c）220kV 门型塔；（d）220kV V 型塔；（e）500kV V 型塔

过 300mm。

2）在一个构件上只允许露出一圈钢箍，其长度不得超过 1/3 周长。

3）在一个钢圈或法兰盘附近只允许有一处混凝土脱落和露筋，其深度不得超过立筋直径的 1/3，宽度不得超过 20mm，长度不得超过 100mm（周长）。

4）在一个构件内，表面上的混凝土脱落不得多于 2 处，其深度不得超过 25mm。

2. 对铁塔的要求

（1）不准有铁件变形和严重锈蚀情况发生。铁塔一般每 3～5 年要求检查一次锈蚀情况。

（2）铁塔主材相邻结点弯曲度不得超过 0.2%，保护帽的混凝土应与塔角板上部铁板结合紧密，不得有裂纹。

（3）铁塔基准面以上两个段号高度塔材连接螺栓应用防盗螺母（铁塔地面 8m 以下必须进行防盗）。

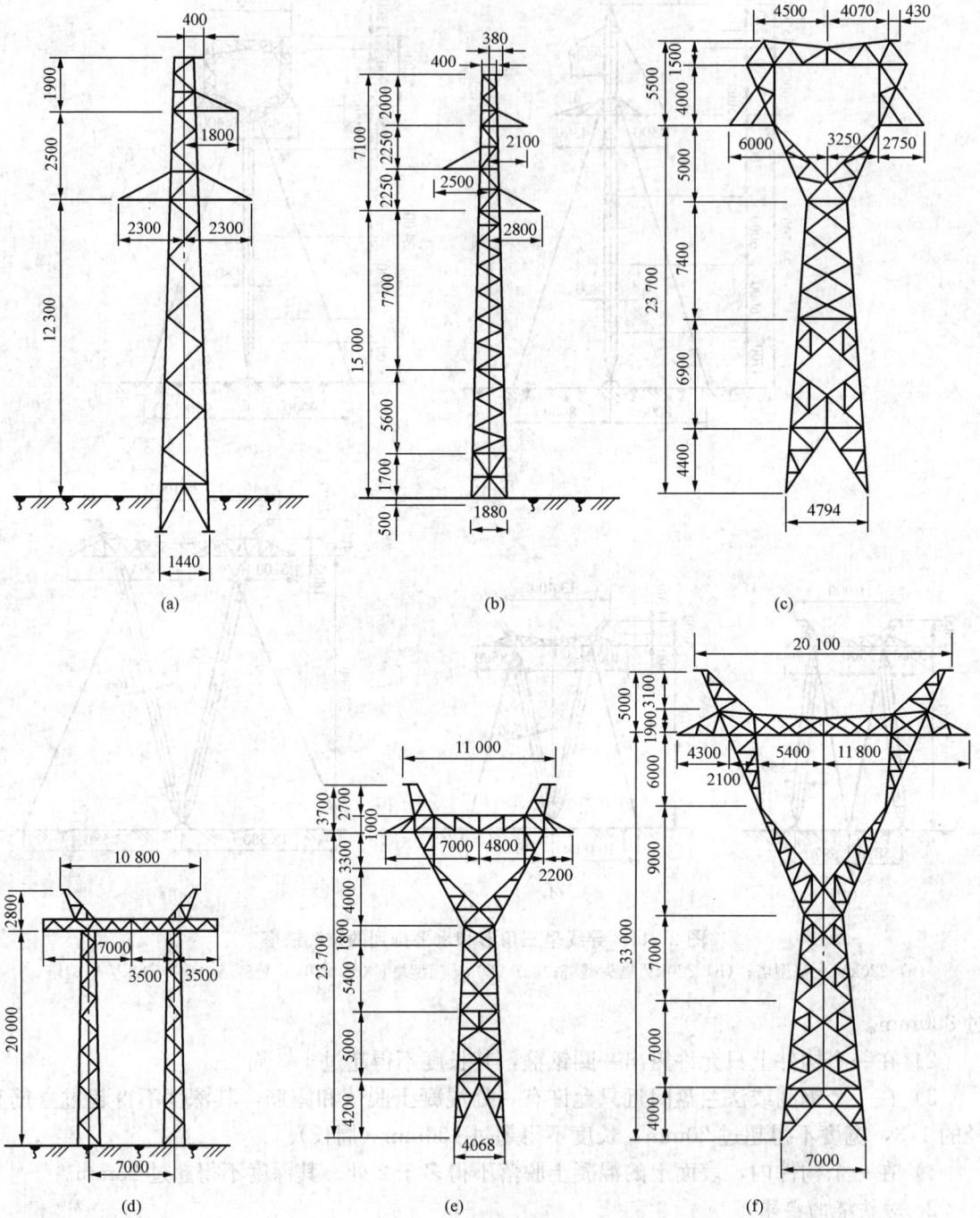

图 2 - 12　自立式铁塔（一）
（a）上字型；（b）鸟骨型；（c）猫头型；（d）门型；（e）220kV 酒杯型；（f）500kV 酒杯型

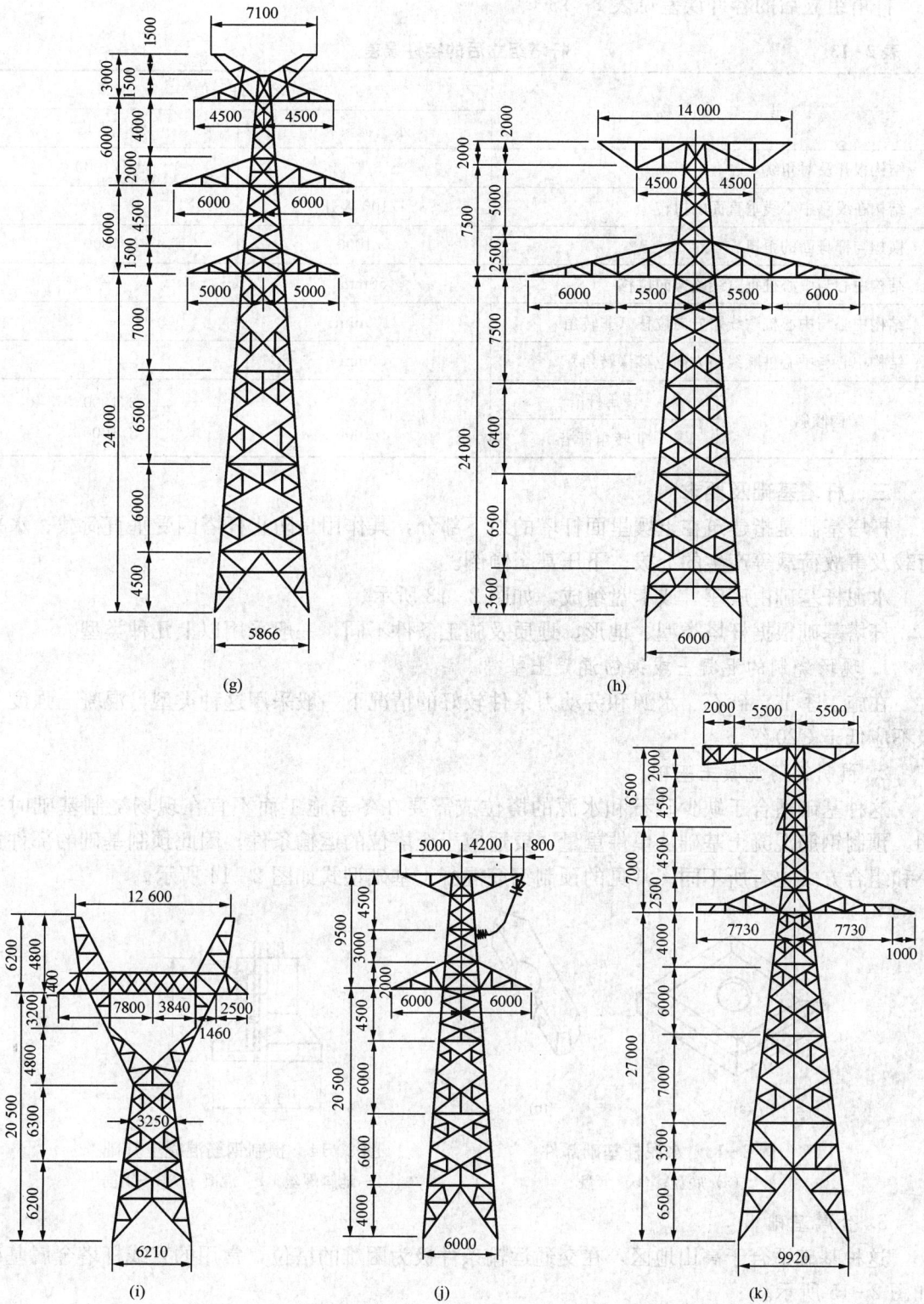

图 2-12 自立式铁塔（二）

（g）鼓型；（h）干字型；（i）酒杯型承力塔；（j）220kV干字型承力塔；（k）500kV干字型承力塔

杆塔组立后的容许误差见表 2-13。

表 2-13 杆塔组立后的容许误差

| 误差名称 | | 容许值 | |
|---|---|---|---|
| | | 水泥杆 | 铁塔 |
| 结构根开及对角线 | | ±5/1000 | ±1/1000 |
| 结构在线路中心线垂直面的扭转 | | 1/100 根开 | — |
| 横担与杆身面的歪扭 | | 5/1000 | 5/1000 |
| 结构中心与中心桩垂直线路方向位移 | | 50mm | — |
| 结构中心与中心桩顺线路方向位移（非转角） | | 100mm | — |
| 结构中心与中心桩顺线路方向位移（转角） | | 50mm | — |
| 结构倾斜 | 转角杆塔 | — | 3/1000 |
| | 非转角杆塔 | 3/1000 | 3/1000 |

### 三、杆塔基础及要求

杆塔基础是指建筑在土壤里面杆塔的地下部分，其作用是防止杆塔因受垂直荷载、水平荷载及事故荷载等产生的上拔、下压甚至倾倒。

水泥杆基础由底座、或卡盘组成，如图 2-13 所示。

杆塔基础根据杆塔类型、地形、地质及施工条件不同，一般采用以上几种类型。

1. 现场浇制的混凝土或钢筋混凝土基础

在施工季节，砂石、水源和劳动力条件较好的情况下一般采用这种类型，混凝土强度等级不应低于 C20 级。

2. 预制钢筋混凝土基础

这种基础适合于缺少砂石和水源的塔位或需要在冬季施工而不宜在现场浇制基础时采用。预制钢筋混凝土基础从单件重量，要适应于至塔位的运输条件，因此预制基础的部件大小和组合方式也有所不同。常见的预制钢筋混凝土基础型式如图 2-14 所示。

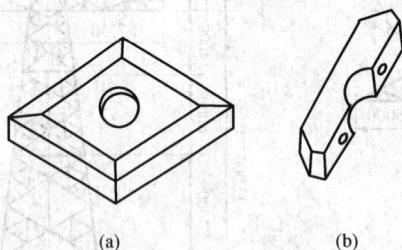

图 2-13 水泥杆基础部件
(a) 底盘；(b) 卡盘

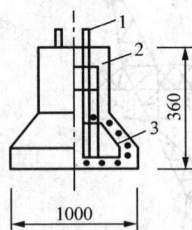

图 2-14 预制钢筋混凝土基础
1—地脚螺丝；2—混凝土；3—钢筋

3. 金属基础

这种基础适合于高山地区，在交通运输条件极为困难的塔位，常用的直线杆塔金属基础如图 2-15 所示。

4. 灌注桩式基础

灌注桩式基础可分为等径灌注桩式和扩底灌注桩式两种，如图 2-16 所示。当塔位处于河滩时，考虑到河床冲刷及防止漂浮物对杆塔的影响，常采用等径灌注桩深埋基础，如图 2-16（a）所示。

扩底短桩基础适用于粘性大或其他坚实土壤的塔位。由于后埋置在近原状土壤中，基础变形小，抗拔能力强，而且能节约土石方，改善了施工条件，如图 2-16（b）所示。

5. 岩石基础

这种基础应用在山区岩石地区，利用岩石整体性和坚固性代替混凝土基础，根据岩石风化程度不同，一般采用图 2-17 所示形式。

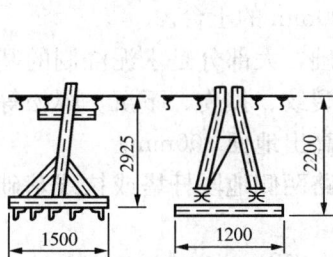

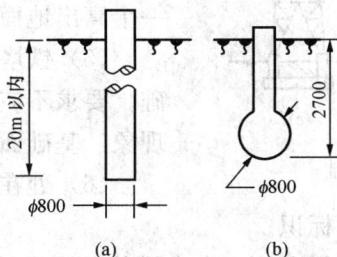

图 2-15 金属基础　　　　　图 2-16 灌注桩式基础　　　　图 2-17 岩石基础

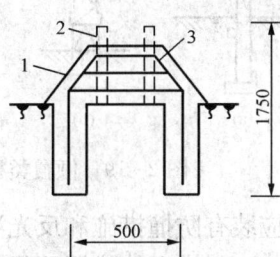

1—岩石；2—地脚螺丝；3—钢筋

除上述基础形式外，目前还广泛采用板式基础、台阶式基础、掏挖式基础和装配式基础等。

按基础受力情况不同，杆塔基础可分为上拔、下压类基础和倾覆类基础两大类型。上拔、下压类基础主要承受的荷载为上拔力或下压力，兼受较小的水平力，如图 2-18 所示。倾覆类基础系指埋置于经夯实的回填土壤中，主要承受倾覆力矩，如图 2-19 所示。

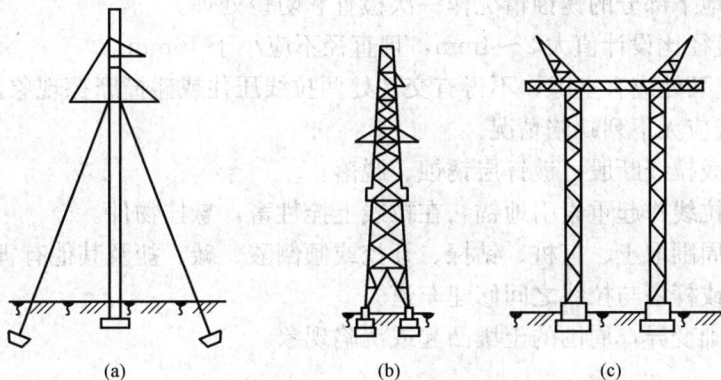

图 2-18 上拔、下压类杆塔基础

对杆塔基础的要求如下：

（1）对杆塔基础，除根据荷载和地质条件确定其经济、合理的埋深外，还须考虑水流对基础土的冲刷作用和基本的冻胀影响，埋置在土中的基础，其埋深应大于土壤冻结深度，且应不小于 0.6m，配电线路电杆埋深，一般采用表 2-14。

表 2-14　　　　　　　　　　　　　　钢筋混凝土杆埋深

| 杆高（m） | 8.0 | 9.0 | 10.0 | 11.0 | 12.0 | 13.0 | 15.0 |
|---|---|---|---|---|---|---|---|
| 埋深（m） | 1.5 | 1.6 | 1.7 | 1.8 | 1.9 | 2.0 | 2.3 |

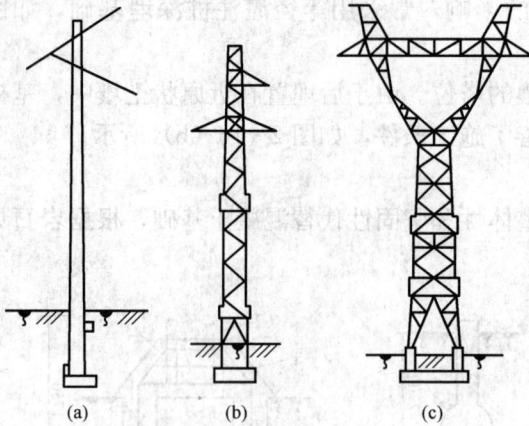

图 2-19　倾覆类杆塔基础

（2）基础表面不应有水泥脱落、钢筋外露、基础锈蚀，基础周围保护土层流失、凸起、塌陷（下沉）等现象。

（3）钢筋混凝土电杆根部，要求不应出现裂纹、剥落、露筋缺陷，横向裂纹的宽度不超过 0.2mm，长度不容许超过周长的 1/3。

（4）杆根的回填土一定夯实，并应填出一个高出地面 300mm 的土台。

（5）铁塔基础，大部分是水泥浇制的基础，要求不应有裂纹、损伤、下沉、酥松等现象，基础面应高出地面 300mm。

（6）处在道路两侧地段杆塔或拉线基础等，应装有防撞措施和反光漆警示标识。

（7）杆塔和拉线周围保护区不得有挖土失去覆盖土壤或平整土地掩埋金属部件现象。

**四、拉线及要求**

拉线的主要作用是加强杆塔的强度，确保杆塔的稳定性，同时承担外部荷载的作用力。拉线一般应采用镀锌钢绞线，其截面积不得小于 35mm²，拉线与杆塔的夹角一般采用 45°，如受地形限制可适当减小，但不应小于 30°。对拉线的要求如下：

（1）拉线不得有锈蚀、松动断股，张力分配不均等现象。

（2）拉线金具及调整金具不应有变形、裂纹或缺少螺栓和锈蚀现象。根据地区不同，可每 3～4 年对拉线地下部分的锈蚀情况作一次检查和防锈处理。

（3）拉线棒直径比设计值大 2～4mm，且直径不应小于 16mm。

（4）X 拉线交叉处应有空隙，不得有交叉处两拉线压住或碰撞摩擦现象。

（5）检查拉线应无下列缺陷情况。

1）镀锌钢绞线拉线断股，镀锌层锈蚀、脱落。

2）利用杆塔拉线作起重索引地锚，在拉线上拴牲畜，悬挂物件。

3）拉线基础周围取土、打桩、钻探、开挖或倾倒酸、碱、盐及其他有害化学物资。

4）在杆塔内或杆塔与拉线之间修建车道。

5）拉线的基础变异，周围的土壤凸起或沉陷现象。

# 第三节　绝缘子和金具及其要求

架空电力线路的导线，是利用绝缘子和金具连接固定在杆塔上的，用于导线与杆塔绝缘的绝缘子，在运行中不但承受工作电压的作用，还要受到过电压的作用，同时还要承受机械力的作用及气温变化和周围环境的影响，所以，绝缘子必须有良好的绝缘性能和一定的机械强度。

**一、绝缘子的类型**

架空输电线路上所用的绝缘子有针式、悬式和棒式三种。按绝缘子所用材料可分为陶瓷、钢化玻璃和硅橡胶复合绝缘子。

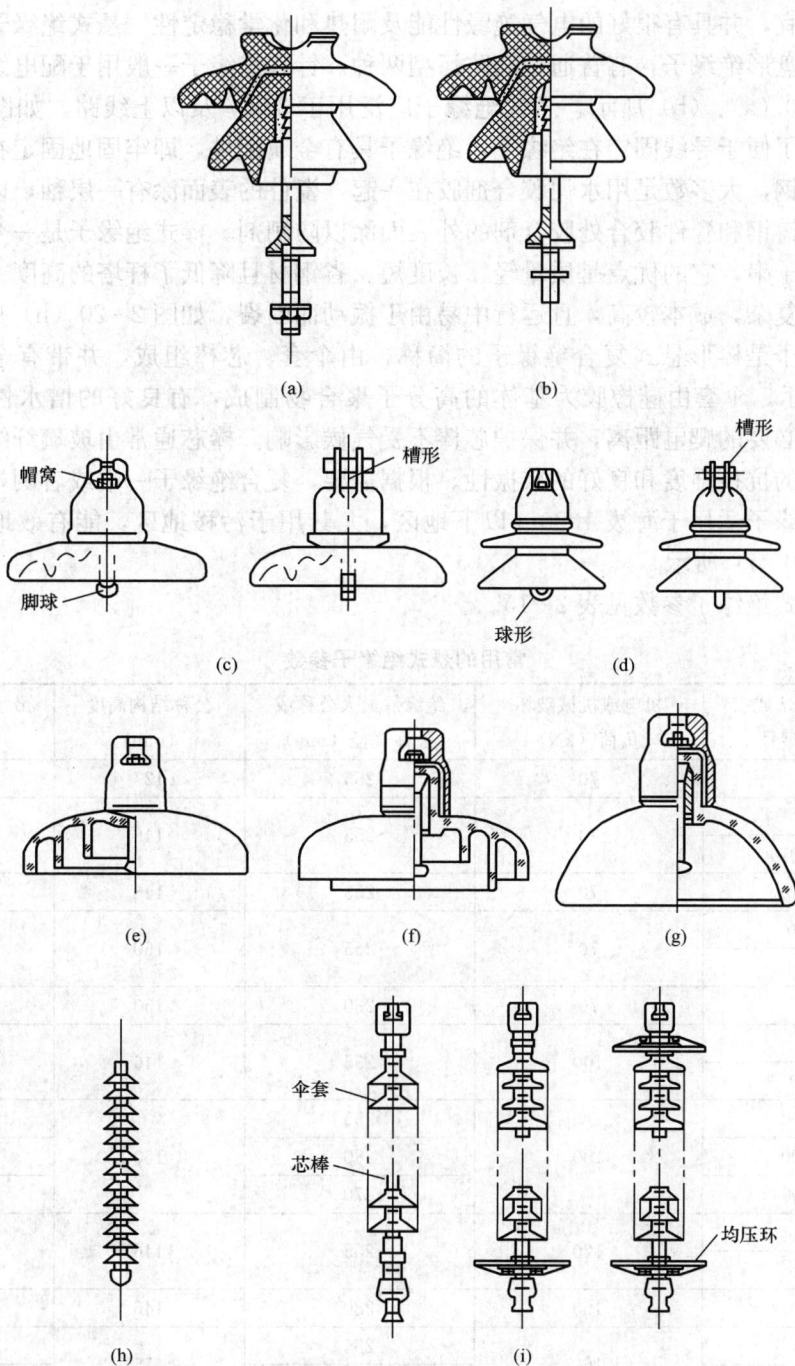

图 2-20　绝缘子类型

（a）长杆针式绝缘子；（b）短杆针式绝缘子；（c）悬式绝缘子；（d）耐污悬式绝缘子；

（e）钟罩防污绝缘子；（f）直流悬式绝缘子；（g）球面悬式绝缘子；

（h）棒形悬式绝缘子串；（i）棒形复合绝缘子

陶瓷绝缘子能够满足绝缘子的绝缘强度和机械强度的要求。钢化玻璃绝缘子尺寸小、质量轻、价格便宜，并具有很好的电气绝缘性能及耐热和化学稳定性。悬式绝缘子形状多为圆盘形，故又称盘形绝缘子，有普通型和防污型两种。针式绝缘子一般用于配电线路的直线杆上，如图 2-20（a）、（b）所示。悬式绝缘子广泛用于 35kV 及以上线路，如图 2-20（c）、（d）所示。为了便于导线固定在绝缘上，绝缘子具有金属配件，即牢固地固定在瓷件上的铸钢。瓷件和铸钢，大多数是用水泥胶合剂胶在一起，瓷件的表面涂有一层釉，以提高绝缘子的绝缘性能，铸钢和瓷件胶合处胶合剂的外表面涂以防潮剂。棒式绝缘子是一个整体，可以代替悬垂绝缘子串，它的优点是质量轻、长度短、省钢材且降低了杆塔的高度。但棒式绝缘子制造工艺较复杂，成本较高，且运行中易由于振动而断裂，如图 2-20（h）所示。

复合绝缘子是棒形悬式复合绝缘子的简称，由伞套、芯棒组成，并带有金属附件，如 2-20（g）所示。伞套由硅橡胶为基体的高分子聚合物制成，有良好的憎水性，抗污能力强，用来提供必要的爬电距离，并保护芯棒不受气候影响。棒芯通常由玻璃纤维浸树脂后制成，具有很高的抗拉强度和良好的减振性。根据需要，复合绝缘子一端或者两端可以装制均压环。复合绝缘子适用于海拔 1000m 以下地区，尤其用于污秽地区，能有效地防止污闪发生，如图 2-20（i）所示。

常用的悬式绝缘子参数见表 2-15。

表 2-15　　　　　　　　　　　常用的悬式绝缘子参数

| GB/T 7253—1987 或 JB 9681—1999 型号 | 机电或机械破坏负荷 (kN) | 绝缘件最大公称或公称直径 (mm) | 公称结构高度 (mm) | 最小公称爬电距离 (mm) |
|---|---|---|---|---|
| XP-70 | 70 | 255 | 127 | 295 |
| XP1-70 | 70 | 255 | 146 | 295 |
| LXP1-70 | | | | |
| XWP2-70 | 70 | 255 | 146 | 400 |
| XWP1-70 | 70 | 255 | 160 | 400 |
| XHP1-70 | | | | |
| XWP3-70 | 70 | 280 | 160 | 450 |
| XP-100 | 100 | 255 | 146 | 295 |
| LXP-100 | | | | |
| XWP1-100 | 100 | 255 | 160 | 400 |
| XWP2-100 | | 280 | | 450 |
| XHP1-100 | | 270 | | 400 |
| XP-120 | 120 | 255 | 146 | 295 |
| LXP-120 | | | | |
| XP2-160 | 160 | 280 | 146 | 330 |
| XP-160 | 160 | 255 | 155 | 305 |
| LXP-160 | | 280 | | 330 |
| XWP1-160 | 160 | 280 | 160 | 400 |
| XWP6-160 | | | | |
| XHP1-160 | | | | |
| XAP1-160 | | 300 | | |

GB/T 7253—1987 绝缘子型号说明如下：

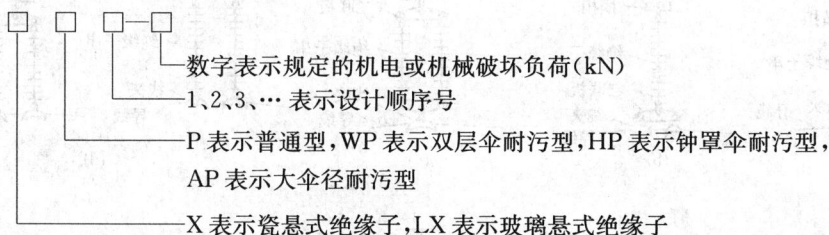

数字表示规定的机电或机械破坏负荷(kN)

1、2、3、… 表示设计顺序号

P 表示普通型，WP 表示双层伞耐污型，HP 表示钟罩伞耐污型，
AP 表示大伞径耐污型

X 表示瓷悬式绝缘子，LX 表示玻璃悬式绝缘子

悬式瓷质绝缘子、悬式钢化玻璃绝缘子和棒形复合绝缘子的优、缺点见表 2-16 所示。

表 2-16　　　　　　　　　　　　　几种类型绝缘子优缺点比较

| 绝缘子类型 | 优　点 | 缺　点 |
|---|---|---|
| 盘形悬式瓷质绝缘子 | 瓷质绝缘子使用历史悠久，介质的机械性能、电气性能良好，产品种类齐全，使用范围广。盘形悬式瓷质绝缘是输电线路最早使用的一种绝缘子 | 在污秽潮湿条件下，绝缘子在工频电压作用时绝缘性能急剧下降，常产生局部电弧，严重时会发生闪络；绝缘子串或单个绝缘子的分布电压不均匀，在电场集中的部位常发生电晕，产生无线电干扰，并容易导致瓷体老化 |
| 盘形悬式玻璃钢绝缘子 | 成串电压分布均匀，玻璃的介电常数为7～8，比瓷的介电常数5～6大一些，因而玻璃绝缘子具有较大的主电容。自洁能力好，积污容易清扫，耐污性能好。耐电弧性能好。机械强度高，钢化玻璃的机械强度可达到80～120MPa，是陶瓷的2～3倍。长期运行后机械性能稳定。由于玻璃的透明性。外形检查时容易发现细小裂纹和内部损伤等缺陷。玻璃钢绝缘子零值或低值时会发生自爆，无需进行人工检测。耐弧性能好，老化过程缓慢 | 早期产品运行初期自爆率高，现在的产品已基本克服这缺点。自爆后的残锤必须尽快更换，否则会因残锤内部玻璃受潮而烧熔，发生断串掉线事故 |
| 棒形悬式复合绝缘子 | 质量轻、体积小，质量只有瓷质或玻璃钢绝缘子的10%～15%，方便安装、更换和运输。复合绝缘子属于棒形结构，内外极间距离几乎相等，一般不发生内部绝缘击穿，也不需要零值检测。绝缘子表面具有很强的憎水性，防污效果好，延长了清扫周期，大大降低了劳动强度 | 投运时间短，使用寿命有待确定。抗弯、抗扭性能差，承受较大横向压力时，容易发生脆断。伞盘强度低，不允许踩踏、碰撞。早期产品老化速度快于瓷质或玻璃钢绝缘子。积污不易清扫，长期下去会逐步丧失憎水性。芯棒与护套、护套与伞盘、芯棒与金属端头、金属端头与伞盘多次形成结合面，每一界面空气未排干净就会留有气泡或水分，在强电场作用下会首先放电炭化，并逐步扩大直至形成贯穿通道而击穿 |

　　悬式绝缘子在直线型杆塔上组成悬垂串。悬垂串在正常运行时仅支承导线自重、冰重和风力；在断线时，还要承受断线张力。大跨越档距或重冰区导线的荷载很大，可采用双联悬垂串或多联悬垂串，如图 2-21 所示。

　　悬垂绝缘子在耐张杆塔上也组成耐张串，耐张串除支撑导线自重、冰重和风力外，还要承受正常情况和断线情况下顺线路方向导线的张力。当大跨越档距中的导线张力很大时，可采用双联或多联耐张串，如图 2-22 所示。

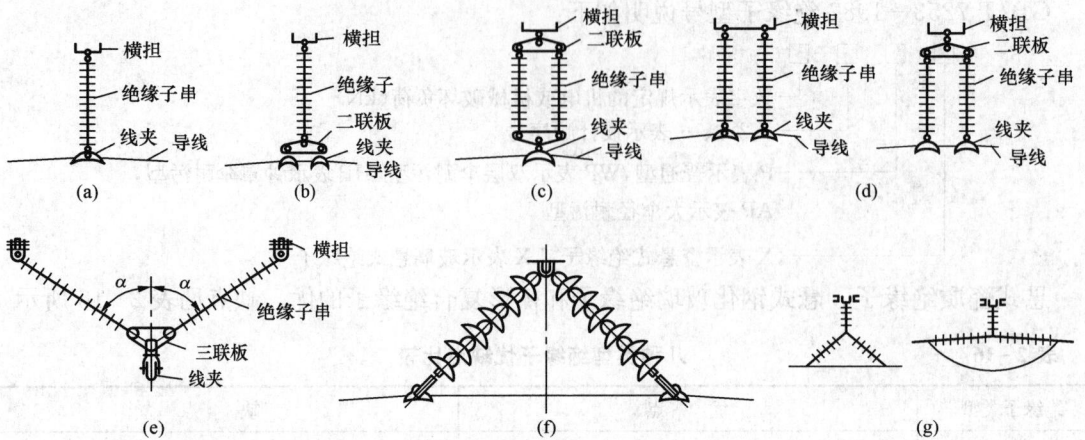

图 2-21　悬垂串的形式

(a) 单线夹单联悬垂串；(b) 双线夹单联悬垂串；(c) 单线夹双联悬垂串；(d) 双线夹双联悬垂串；

(e) "V" 型悬垂串；(f) "人" 字型悬垂串；(g) "人" 型组合悬垂夹

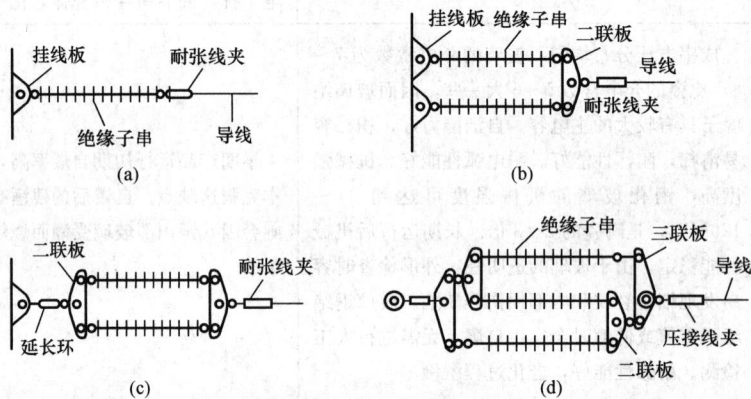

图 2-22　耐张串形式

(a) 单联耐张串；(b) 双联耐张串之一；(c) 双联耐张串之二；(d) 三联耐张串

## 二、对绝缘子的要求

运行中的各种绝缘子，均不应出现裂纹、损伤、表面过分脏污和闪络烧伤等情况。若出现下述情况，应进行处理：

（1）瓷质绝缘子伞裙破损、瓷质有裂纹、瓷釉烧坏。

（2）钢化玻璃绝缘子自爆或表面裂纹。

（3）棒形复合绝缘子（伞裙、扩套）破损或龟裂、断头密封开裂、老化。

（4）绝缘子偏斜角。直线杆塔的绝缘子顺线路方向的偏移角大于 7.5°，且其最大偏移值大于 300mm。

绝缘子质量不允许出现下列情况：

（1）绝缘子钢帽，绝缘件、钢脚不在同一轴线上，钢帽、钢脚浇筑混凝土有裂纹、歪斜、变形或严重锈蚀。

（2）悬式绝缘子绝缘电阻，330kV 及以下线路小于 300MΩ；500kV 及以上线路小于

500MΩ，且悬式绝缘子分布电压为零或低值。

### 三、金具的种类及要求

在输电线路上，将杆塔、绝缘子、导线及电气设备按设计要求，连接组装成完整的送电体系所用的零件称为金具。

按照线路金具的重要性能和用途，大致可分为支持金具、紧固金具、连接金具、持续金具、保护金具和接线金具等六大类，每一类又可分为若干型式，如表 2-17 所示。

表 2-17　　　　　　　　　　　　　　　　线 路 金 具 类 型

| 按性能用途分类 | 金具名称 | 型　式 | 用　途 |
|---|---|---|---|
| 支持金具 | 悬垂线夹 | 固定型——U 形螺丝式<br>释放型——U 形螺丝式（淘汰中） | 支持电线，使其固定在绝缘子串上<br>用于直线杆塔、跳线绝缘子串上 |
| 紧固金具 | 耐张线夹 | 螺栓型——倒装式、爆炸型、压接型 | 紧固导线的终端并使其固定于耐张绝缘子串上，用于非直线杆塔 |
| 接线金具 | 并沟线夹<br>钳接管<br>压接管 | 螺接式<br>钳压式<br>压接式、爆压对接式、爆压搭接式 | 接续不受拉力的导线<br>接续承受拉力之导线<br>接续承受拉力之导线或作导线破损补修用 |
| 连接金具 | 专用连接金具 | 球头挂环、碗头挂板 | 与球型绝缘子连接起来 |
|  | 通用连接金具 | U 形挂环、U 形挂板、直角挂板<br>平行挂板、二联板、延长环、其他 | 绝缘子串相互间的连接，绝缘子串与杆塔及绝缘子串与其他金具间之连接 |
| 接续金具 | 拉线紧固线夹 | 模型 | 紧固杆塔拉线上端并可用作避雷线耐张线夹 |
|  |  | UT 型可调式<br>UT 型不可调式 | 紧固杆塔拉线下端并可调整拉线松紧。不可调式用于上端 |
| 保护金具 | 拉线连接金具 | 拉线二联板 | 双根组合拉线用 |
|  | 防振金具 | 防振锤、护线条、铝端夹<br>预绞丝 | 对导线或避雷线进行防振保护用<br>代替护线条对导线进行防振或作补修用 |
|  | 保护金具 | 均压环、保护角<br>重锤、其他 | 保护绝缘子串<br>解决塔头间隙不足或导地线上拔 |

所有金具一般都是由铸钢或可锻铸铁制成，并要求镀锌好、无毛刺、无砂眼、无裂纹、无变形、规格适合、不缺件、无锈蚀。其强度安全系数为：线路正常状况应不小于 2.5；线路事故情况应不小于 1.5。

500kV 及以上线路对金具提出了更高的要求，首先是防止电晕，减少电晕损耗和对邻近通信的影响；另外为了减少金具的磁滞损耗而采用铝合金代替部分钢铁件。图 2-23 所示为 500kV 线路分裂导线用悬垂线夹，型号

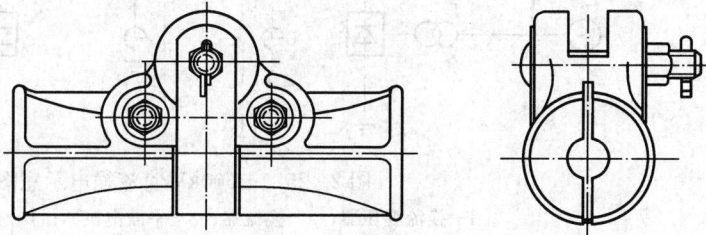

图 2-23　XGF 型悬垂线夹

为 XGF，F 表示防晕，线夹的本体和压板是采用铝合金制造的。

　　间隔棒用来保持分裂导线子导线间的距离，防止子导线间发生鞭击，或防止各子导线因电动力作用相互吸附在一起而减低分裂导线的电气性能，间隔棒还具有抑制导线微风振动的作用。间隔棒有双线、三线、四线等不同的结构形式，并有单绞式和阻尼式，如图 2-24 所示。为了减少磁滞损耗，间隔棒导线夹持部分用铝合金制造。

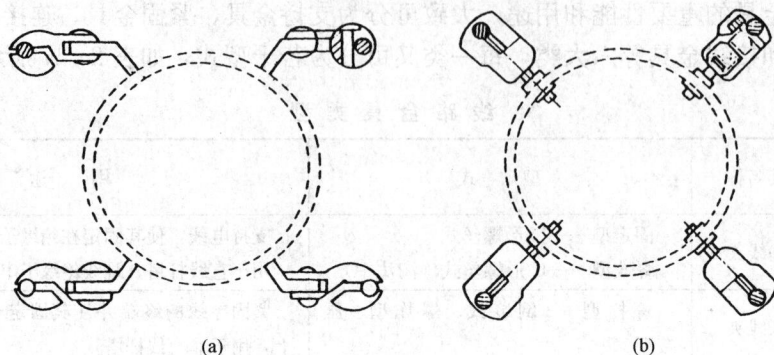

图 2-24　间隔棒
(a) 单绞式；(b) 阻尼式

## 第四节　直流输电和特高压输电线路

　　直流输电是以直流电形式实现电能的输送。发电厂中的发电机生产的电能是交流电，电力系统中的用户绝大部分也是应用交流电。因此要采用直流输电，必须在线路的首端将交流电转换为直流电，这过程称为整流；在线路的末端必须将直流电转换为交流电，这过程称为逆变；在线路的首端进行整流的场所称为整流站，在线路的末端进行逆变的场所称为逆变站，整流站和逆变站统称为换流站。实现整流和逆变的装置，分别称整流器和逆变器，它们统称为换流器。

　　换流器在运行中交流侧和直流侧都产生谐波，使波形发生畸变，为此在交流侧和直流侧分别安装交流滤波器和直流滤波器，分别与平波电抗器承担滤波的任务。

　　$\pm 500\text{kV}$ 直流输电的示意图如图 2-25 所示。

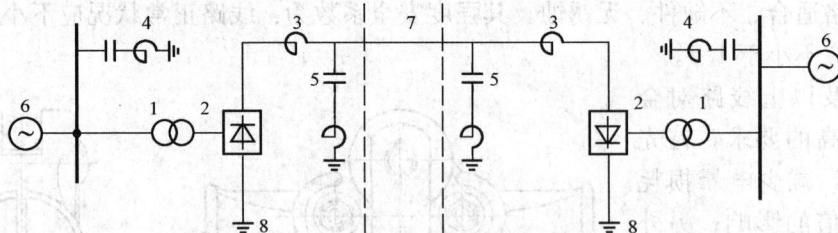

图 2-25　$\pm 500\text{kV}$ 直流输电示意图
1—换流变压器；2—换流器；3—平波电抗器；4—交流滤波器；
5—直流滤波器；6—交流系统；7—直流输电线路；8—接地极

　　直流输电主要应用于大功率、中间无支架系统，它可将大量的电能输送到大负荷中心，其主要特点如下：

（1）直流输电架空线路只有两根导线，杆塔结构简单、造价低、损耗小。

（2）直流输电线路不存在电容电流，因此远距离海底电缆和地下电缆大多数采用直流输电。

（3）直流输电可用大地（或海水）为回路，因此直流输电线路在运行中，若一根导线出现故障，可用大地为回路，这样大大地提高输电可靠性。

（4）直流输电线路两端交流系统无需同步运行，这样输送容量和距离不受两端交流系统同步运行的限制，这样有利于远距离大容量输送电能。

（5）直流输电换流站比交流系统的变电站设备多、结构复杂、造价高、损耗大、运行费用高，可靠性也相应降低了。

（6）直流输电用大地为回路时，给接地极附近的金属结构带来了电腐蚀。

我国已建成±800kV 和交流 1000kV 输电线路的特高压输电系统。特高压直流输电线路具有以下特点：

（1）特高压直流输电系统中间不落点、可点对点、远距离将电能送往负荷中心。在送受关系明确的情况下，可实现交直流并联输电或非同步联网，这样电网结构比较松散、清晰。

（2）特高压直流输电可以减少或避免大量过网潮流，按照送受两端运行方式变化而改变潮流，其潮流方向和大小均能方便地进行控制。

（3）特高压直流输电的电压高、输送容量大、线路走廊窄，适合大功率、远距离输电。±800kV 特高压线路的输电能力是±500kV 超高压线路输电能力的两倍多，这一点对我国水力资源多集中在西南、西北；煤炭资源多集中在西北、华北，而负荷中心却集中在东南沿海地区，实行"西电东送，南北互供"的电力流向是十分重要的。

（4）在交直流并联输电的情况下，利用直流有功功率调制，可以有效抑制与其并联的交流线路的功率振荡，明显提高交流系统的暂态、动态稳定性能。

（5）大功率直流输电，当发生直流系统闭锁时，两端交流系统将承受较大的功率冲击。

±800kV 特高压输电仍采用±500kV 超高压输电基本相同的接线方式。由于特高压直流输电，其输送并非容量大、电压高、要求具有高可靠性，其接线方式通常均采用双极两端中性点接地方式。双极直流输电结构示意如图 2-26 所示。

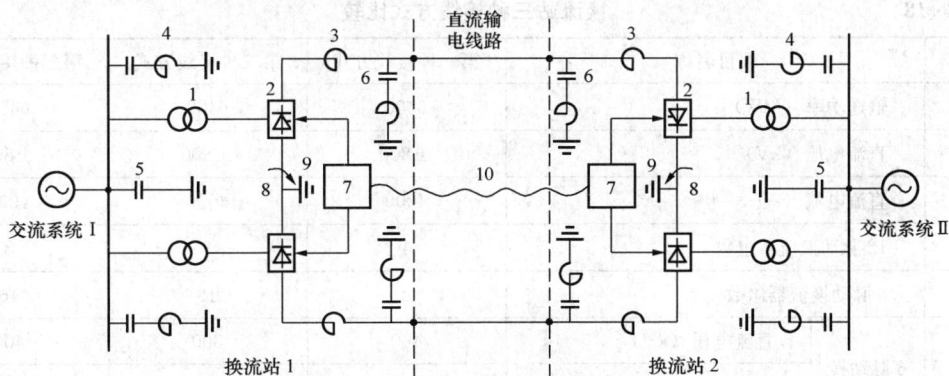

图 2-26　双极直流输电结构示意图

1—换流变压器；2—换流器；3—平波电抗器；4—交流滤波器；5—静电电容器；6—直流滤波器；
7—控制保护系统；8—接地极线路；9—接地极；10—远动通信系统

±800kV 特高压直流输电系统换流站的接线方式如图 2 - 27 所示。

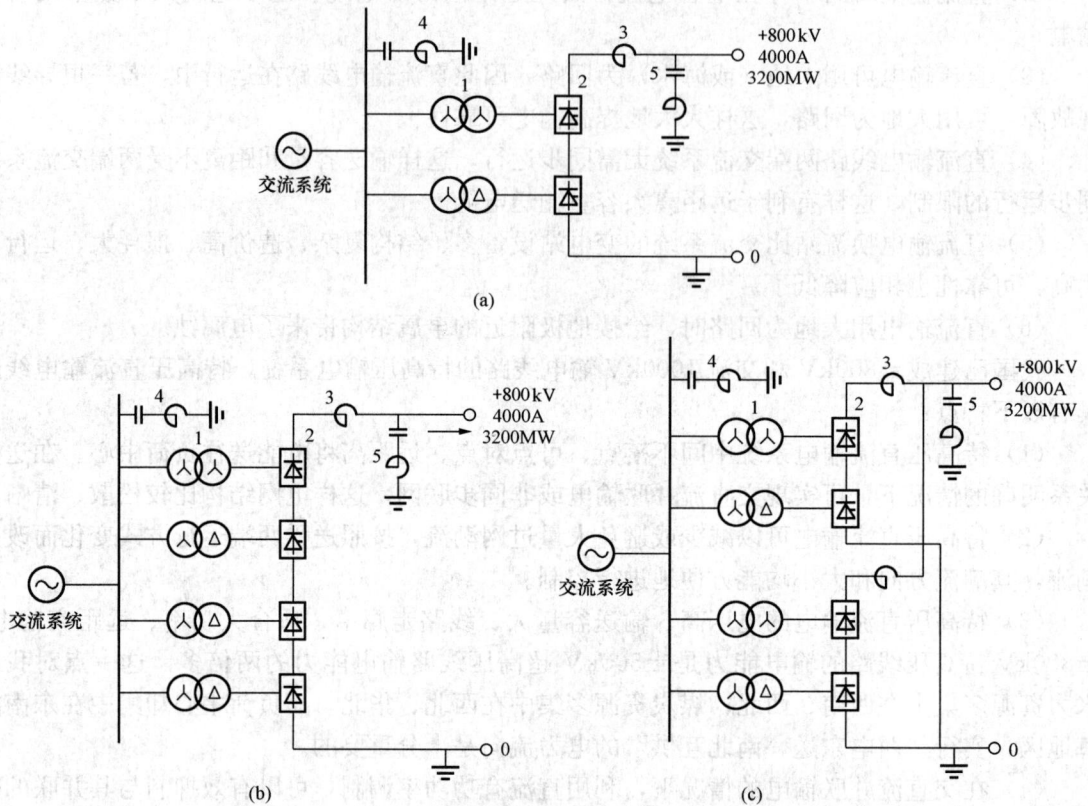

图 2 - 27　特高压直流输电系统换流站接线方式

(a) 每极一组换流器；(b) 每极两组换流器串联；(c) 每极两组换流器并联

1—换流变压器；2—换流器；3—平波电抗器；4—交流滤波器；5—直流滤波器

图 2 - 27 所示换流站三种接线方式性能比较见表 2 - 18。

表 2 - 18　　　　　　　　　　　　换流站三种接线方式比较

| 序号 | 项目名称 | | 第一种接线方式 | 第二种接线方式 | 第三种接线方式 |
|---|---|---|---|---|---|
| 1 | 输送功率（MW） | | 6400 | 6400 | 6400 |
| 2 | 直流电压（kV） | | ±800 | ±800 | ±800 |
| 3 | 直流电流（A） | | 4000 | 4000 | 4000 |
| 4 | 12 脉动换流器组数 | | 4 | 8 | 8 |
| 5 | 6 脉动换流器组数 | | 8 | 16 | 16 |
| 6 | 6 脉动换流器参数 | 直流电压（kV） | 400 | 200 | 400 |
| | | 直流电流（A） | 4000 | 4000 | 2000 |
| | | 功率（MW） | 1600 | 800 | 800 |
| 7 | 单相双绕组换流变压器台数 | | 12 | 24 | 24 |

| 序号 | 项目名称 | 第一种接线方式 | 第二种接线方式 | 第三种接线方式 |
|---|---|---|---|---|
| 8 | 单相双绕组换流变压器容量（MVA） | 640 | 320 | 320 |
| 9 | 单相三绕组换流变压器台数 | 6 | 12 | 12 |
| 10 | 单相三绕组换流变压器容量（MVA） | 1280 | 640 | 640 |
| 11 | 可靠性 | 高 | 稍差 | 稍差 |
| 12 | 换流站造价（％） | 100 | 120 | 150 |

## 1. 换流变压器

换流变压器阀侧绕组（直流侧绕组），承担有交流电压和直流电压的叠加，这对变压器的绝缘均有特殊的要求。对图 2-27（a）所示接线方式可采用 640MVA 的单相双绕组变压器或 1280MVA 的单相三绕组变压器。

## 2. 换流器

换流器通常采用由 12 个（6 个）换流阀组成的 12 脉动换流器（或 6 脉动换流器），换流阀是许多个晶闸管元件串联而成的。其电压取决于单个晶闸管元件的电压以及元件串联的个数。其电流取决于晶闸管的通流能力，即取决于晶闸管的截面。目前晶闸管元件参数为800kV、4000A。采用这种元件组成 400kV、4000A 换流阀，如图 2-27（a）所示，不需元件并联，所需元件串联数约为 138 个。

## 3. 平波电抗器和直流滤波器

平波电抗器和直流滤波器共同承担直流侧滤波任务，以降低直流侧的谐波。平波电抗器有干式和油浸式两种类型。干式电抗器无铁芯，在任何电流下其电感值均保持不变。干式电抗器对地绝缘简单，其他绝缘由支柱绝缘子承担，因此结构简单，质量轻，易于运输；无辅助系统，运行维护方便。油浸电抗器有铁芯，其电感易于变化，在大电流下，由于铁芯饱和使电感值减小。油浸电抗器的绝缘由油纸复合绝缘系统提供，相对较复杂。以上两种平波电抗器在直流输电中均得到广泛应用。

直流滤波器采用电容、电感和电阻组成的谐波型滤波器，并联在换流站直流母线上，直流滤波器上所加的直流电压，主要由高压电容器来承担。高压电容器由许多电容器单元串联而成，当直流输电电压升高时串联电容器单元数目随之增加。

交流 1000kV 特高压输电线路的输送功率约为交流 500kV 线路的 5 倍，即 1 条交流 1000kV 特高压输电线路可代替 5 条交流 500kV 线路，这样可减少铁料材 1/3，导线材料1/2，节约包括变电站在内的电网造价 10％～15％。同时，特高压输电线路在输送相同功率的情况下，可将最远输电线路延长 3 倍，而线路损耗只有 500kV 线路的 25％～40％；交流 1000kV 线路与交流 500kV 线路相比，对于输送相同功率来说，交流 1000kV 线路走廊宽度约为交流 500kV 线路的 40％左右，即节约了 60％土地资源。这对人口稠密、土地宝贵或走廊困难的地区将带来重要的经济和社会效益。我国特高压骨干网架形成后由于大幅度提高了输电能力，可以减少装机容量，减少发电煤耗，降低了发电成本，减少线路和变电站占用土地面积，其经济效益明显提高。

交流 1000kV 特高压输电线路，均采用多根分裂导线，如 8、12、16 分裂等，每根分裂导线的截面大多在 600mm² 以上，这样可以减少电晕放电引起的损耗以及无线电干扰、电视干扰、可听噪声干扰等不良影响。

## 第五节　对架空配电线路的要求

配电线路是指电压在 10kV 及以下的电力线路。按其电压高低可分为高电压（1～10kV）和低电压（1kV 以下）两种。目前高压配电线路额定电压以 10kV 为标准。随着电力网的发展，35kV 或 110kV 也为高压配电线路的额定电压；低压配电线路则以 380/220V 为额定电压。

配电线路是电力系统的重要环节，它直接联系着每一个用户，它的运行是否可靠，会直接影响供电的可靠性，直接影响工农业生产和人民日常生活，所以必须十分重视。

**一、对架空导线的要求**

导线截面，可根据第七章所讲的按长期容许载流量和容许电压损耗来选择，但导线最小容许截面和直径应不小于表 2-19 中所列数值。高压配电线路不应采用单股铜线；低压线路不应使用单股铝线和铝合金线。

表 2-19　　　　　　　　　导线最小容许截面（mm²）或直径（mm）

| 导线种类 | 高压 | | 低压 |
|---|---|---|---|
| | 居民区 | 非居民区 | |
| 铝及铝合金 | 35 | 25 | 16 |
| 钢芯铝线 | 25 | 16 | 16 |
| 铜线 | 16 | 16 | 3.2（直径） |

配电线路的档距值可参考表 2-20 所列数值；耐张长度不宜大于 2km。

表 2-20　　档　距　值　　（m）

| 电压等级 | | 高压 | 低压 |
|---|---|---|---|
| 地区 | 城镇 | 40～50 | 40～50 |
| | 郊区 | 60～100 | 40～60 |

架空输电线路导线一般采用三角排列或水平排列。多回路导线应采用三角、水平混合排列或垂直排列。低压线路应采用水平排列。城镇高低压配电线路，应同杆敷设。

配电线路导线的线间距离，应根据运行经验确定，在缺少资料时，可参考表 2-21 所列数值。

表 2-21　　　　　　　　　　导 线 间 最 小 距 离　　　　　　　　　　（m）

| 电压等级 | 档　距 | | | | | | | | |
|---|---|---|---|---|---|---|---|---|---|
| | 40 及其以下 | 50 | 60 | 70 | 80 | 90 | 100 | 110 | 120 |
| 高　压 | 0.60 | 0.65 | 0.70 | 0.75 | 0.85 | 0.9 | 1.00 | 1.05 | 1.15 |
| 低　压 | 0.30 | 0.40 | 0.45 | 0.50 | — | — | — | — | — |

注　1. 表中所列数值适合于导线各种排列方式；
　　2. 考虑登杆需要，接近电杆两导线水平距离应不小于 0.5m。

同杆共架设双回路或多回路时，导线间垂直距离应不小于表 2-22 所列的数值。

导线的过引线与杆上引下线至相邻导线的净空距离，导线至接线、电杆、横担或构架表面净空距离应不小于表 2-23 中所列数值。高压引下线与低压线间距离，应不小于 0.2m。

导线在最大弧垂时，导线与地面和水面以及导线对山丘部分的最小容许距离，见表 2-24、

表 2-25。

| 表 2-22 | 最 小 垂 直 距 离 | (m) |
| --- | --- | --- |
| 导线排列方式 | 直线杆 | 分歧或转角杆 |
| 高压与高压 | 0.8 | 0.45～0.60 |
| 高压与低压 | 1.20 | 1.00 |
| 低压与低压 | 0.60 | 0.30 |

| 表 2-23 | 最 小 净 空 距 离 | (m) |
| --- | --- | --- |
| 电压等级 | 过引线、引下线至相邻导线 | 导线至拉线、电杆、构架表面 |
| 高压 | 0.30 | 0.20 |
| 低压 | 0.15 | 0.05 |

注 高压与高压同杆架设时，转角或分歧线的横担距上横担应取 0.45m，距下横担应取 0.6m。

按规定应严禁高压配电线路跨越以易燃材料为顶盖的建筑物。

配电线路的边线，在最大偏斜时，对房屋建筑物最近凸出部分的水平距离为：高压线路应不小于 1.5m；低压线路应不小于 1.0m。

架空配电线路与通信线路交叉时，其交叉角度不得小于表 2-26 的数值。

| 表 2-24 | 导线最大弧垂时距地面和水面最小容许距离 | | | | (m) |
| --- | --- | --- | --- | --- | --- |
| 线路经过的地区 | 线路电压 | | 线路经过的地区 | 线路电压 | |
| | 高压 | 低压 | | 高压 | 低压 |
| 居民区 | 6.5 | 6 | 交通要道（公路） | 7 | 6 |
| 非居民区 | 5.5 | 5 | 铁路轨顶 | 7.5 | 7.5 |
| 不能通船及不能浮运的河、湖冬季的冰面 | 5 | 5 | 建筑物顶端 | 3 | 2.5 |
| 不能通船及不能浮运河、湖至最高水位面 | 3 | 3 | 有轨电车轨顶 | 9 | 9 |
| 居民密度很小、交通困难的地区 | 4.5 | 4 | 索道 | 2.0 | 1.5 |

| 表 2-25 | 导线对山丘地带突出部分的最小距离 | (m) |
| --- | --- | --- |
| 线路经过的地区 | 线路电压 | |
| | 高压 | 低压 |
| 步行可以到达的山坡 | 4.5 | 3.0 |
| 步行不能到达的山坡、峭壁、岩石 | 1.5 | 1.0 |

| 表 2-26 | 架空配电线路与通信线路交叉角 |
| --- | --- |
| 通信线路等级 | 交叉角 |
| I | ≥45° |
| II | ≥30° |
| III | 不限制 |

## 二、对接户线的要求

凡从架空配电线路到用户建筑物墙外第一个支持点之间的一段导线，均称为接户线，如图 2-28 和图 2-29 所示。接户线是将电能输送和分配到用户的最后一段线路，也是用户用电线路的开端部分。通常对接户线有以下几点要求：

（1）低压接户线的档距不宜大于 25m，如超过 25m，应设接户杆。低压接户杆的档距应不超过 40m。

（2）低压接户线应使用绝缘导线，其截面按长期容许截流量选择。最小容许截面见表 2-27。高压接户线，其导线最小容许截面是：铜绞线为 16mm²；铝绞线为 25mm²。

（3）低压接户线的线间距离，应不小于表 2-28 所列数值。高压接户线的线间距离，应不小于 45cm。

（4）不同金属，不同截面的接户线，在档距内不应连接。用户的接户线和配电线相接处，如有铜铝相接，则应有可靠的过渡措施。绝缘导线的接头，必须用绝缘包布包好。

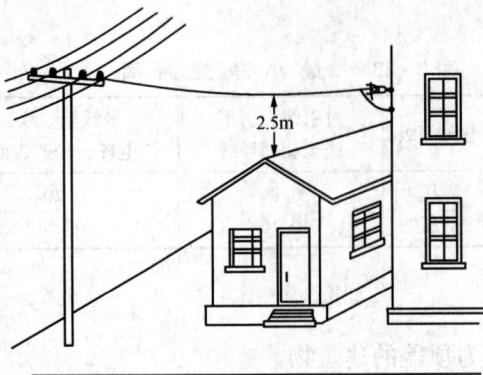

图 2-28  低压接户线

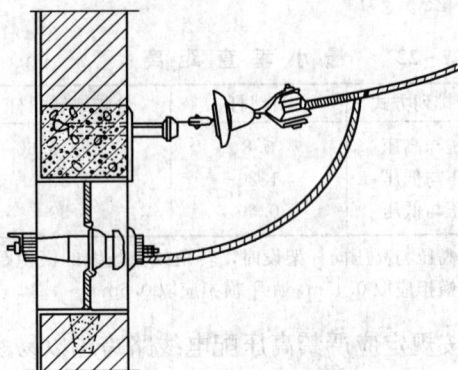

图 2-29  高压接户线

表 2-27          接户线最小容许截面          （mm²）

| 接户线架设方法 | 档距<br>（m） | 铜 | 铝 |
|---|---|---|---|
| 由杆上引下 | 10 以下 | 2.5 | 4.0 |
| | 10~25 | 4.0 | 6.0 |
| 沿墙敷设 | 6 及以下 | 2.5 | 4.0 |

表 2-28          低压接户线的线间距离

| 架设方式 | 档距<br>（m） | 线间距离<br>（cm） |
|---|---|---|
| 由杆上引下 | 25 及以下 | 15 |
| | 25 以上 | 20 |
| 沿墙敷设 | 6 及以下 | 10 |
| | 6 以上 | 15 |

（5）低压接户线沿墙敷设时，其支架间距离不宜大于 6m。

（6）接户线在用户侧的最小对地距离为：高压接户线应不小于 4.0m；低压接户线应不小于 2.5m。

（7）低压接户线在跨越街道等处的最小垂直距离为：

通车街道                    6m

通车困难街道、人行道        3.5m

胡同（里、弄、巷）          3m

（8）低压接户线与房屋建筑的最小容许距离，应符合下列要求：

与接户线下方窗户的垂直距离        30cm

与接户线上阳台或窗户的垂直距离    80cm

与窗户或阳台的水平距离            75cm

与墙壁、构架的距离                5cm

# 第六节  电  力  电  缆

电力电缆广泛应用于输电和配电网络中，它和架空线路相比，其主要优点在于电缆线路供电可靠，这是因为电缆线路寿命长，其线路埋设在地下或管道中，不受外界干扰，不存在架空线路上经常发生断线、混线、倒杆、雷击、污闪等事故。其次，电缆线路易于解决工业企业集中地区的供电问题，不影响市容、厂容，不至于形成蜘蛛网式密集的架空线路，是建设现代化城市的必要条件。但是电缆线路的主要缺点是投资大，约为架空线路的 8~10 倍。另外，故障测寻和维修比较困难，不像架空线路那样易于维修。

　　电力电缆由导电线芯、绝缘层和保护层三部分组成。导电线芯是用来传输电能的；绝缘层则使导电线芯之间及导线线芯与大地之间在电气上绝缘；保护层的作用是保护导电线芯绝缘。

### 1. 导电线芯

　　导电线芯中通过电流，就不可避免要引起电压降和电能的损耗，而它们都与导电线芯的电阻值成正比。可见，导电线芯必须用电导率较高的金属来制作。

　　电解铜（纯度大于99.9%）是制造电力电缆导电线芯最常用的金属。但由于铜的储量较少，且用途较广，因此，常用铝代铜。电解铝（纯度99.5%）的导电性能仅次于铜，其电导率约为铜的62%，但由于铝的储量大，价格便宜，密度小，在电缆中得到广泛的应用。

　　为了便于电缆的弯曲，要求电缆的导电线芯具有一定的柔软性。为了不使电缆导电线芯松散变形，要求线芯的结构稳定。因此，导电线芯都由多根退火的细单线绞合而成。近年来，由于退火技术的发展和塑料绝缘的采用，导电线芯有采用单根导体的趋向。

### 2. 绝缘层

　　在三相供电系统中，三芯电缆的每两芯之间都承受着线电压。因此，必须用绝缘性能好的绝缘材料加以绝缘，这就是绝缘层。目前电力电缆的绝缘层有油浸纸绝缘、塑料绝缘和橡胶绝缘三种。

　　(1) 油浸纸绝缘。包括不滴流浸渍纸绝缘、充油型纸绝缘、贫油浸渍干绝缘和粘性浸渍纸绝缘几种。粘性浸渍纸绝缘是导电线芯上缠包电缆纸，将电缆纸干燥处理后浸入矿物油与松香复合物的电缆油，因为这种电缆油在常温时粘度很大，所以称为粘性浸渍绝缘。目前电力工业或其他工矿企业中，大量应用这种电缆。为了减小电缆截面，10kV以下电压等级的粘性浸渍电力电缆采用近似扇形结构的导电线芯，如图2-30所示，导线间包有能承受1/2以上线电压的绝缘层，这就是相间绝缘。在中性点接地的网络中，导电线芯和接地护层之间承受相电压。因此根据相电压的要求，还缠包一层统包绝缘，如图2-31所示。这种电缆要注意水分的危害，因为电缆纸很容易吸水，在通常情况下，电缆纸中含有6%~9%的水分，这些水分影响电缆的绝缘性能。为了防止绝缘层存在气隙，在将电缆纸中的水分排出后，必须用电缆油浸渍，以免水分再次侵入和在绝缘层中出现气隙。

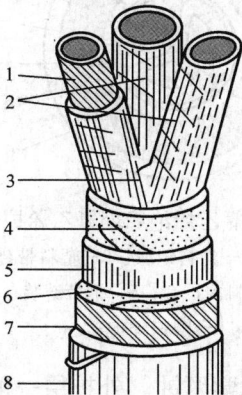

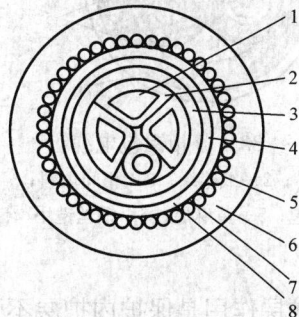

图2-30　有扇形芯线的ZQ型电缆　　　　图2-31　具有中性线的ZQ（ZLO）型电缆

1—线芯；2—电缆纸；3—黄麻填料；4—束带　　　1—扇形紧压线芯；2—纸绝缘；3—纸带绕包（统包）；

　绝缘；5—铝包皮；6—麻沥青纸衬垫；　　　　　　4—铅包；5—钢纸铠装；6—麻沥青；

　7—浸沥青的麻包层；8—铠装　　　　　　　　7—塑料化纸麻；8—沥青衬垫

（2）塑料绝缘。它包括聚乙烯绝缘、聚氯乙烯绝缘和交链聚乙烯绝缘三种。

聚乙烯绝缘电缆的优点是它的介质损耗角的正切值和介电常数较低，热阻系数较小，缺点是耐游离放电性能差，短路时易软化，在应力作用下易于开裂。

聚氯乙烯绝缘电缆用于低压电力电缆是可靠的。缺点是在遇到短路时，由于电流大产生热变形。而且这种电缆的介电常数和介质损耗角的正切值较大，一般用在 6kV 及以下的电压范围，对 10kV 及以上电压等级尚不适用。

交链聚乙烯绝缘克服了聚乙烯耐热性差的弱点，工作温度可达 $80\sim90℃$，短路温度达 $230℃$。耐气候性和抗裂性也有所提高，将成为电力电缆绝缘的主要材料之一。

### 3. 保护层

保护层分内护层和外护层两部分。内护层直接包在绝缘层上，保护绝缘不与空气、水分或其他物体接触，因此包得紧密无缝，且有一定的机构强度，能承受电缆在运输和敷设时的机械力。内护层分铅包（见图 2 - 32）、铝包（见图 2 - 33）和聚氯乙烯挤包（见图 2 - 34）三种。铅包的优点是防潮、防水、耐腐蚀性好，熔点低，质地柔软，对电缆的弯曲影响较小；缺点是价格贵、密度大、有毒性、原料来源不丰富、机械性能低，有结晶趋向等。目前最好的代用材料是铝，铝护层的主要优点是密度小，原料来源

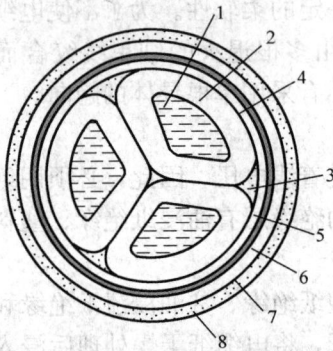

图 2 - 32　三相统包绝缘铠装电缆
1—线芯；2—相绝缘；3—相间填料；4—统包绝缘；
5—铅皮；6—内黄麻衬垫；7—钢带铠装；
8—外黄麻衬垫层

丰富，机械强度比铅高 2～3 倍，铝护层的主要缺点是耐腐蚀性差、熔点高、铝包工艺较复杂。

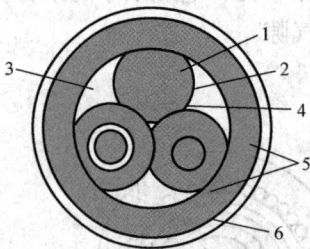

图 2 - 33　分相铅包电缆
1—线芯；2—纸绝缘；3—相间填料；
4—铅包；5—黄麻层；6—钢丝铠甲

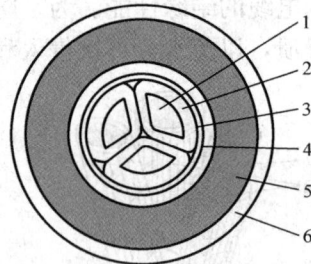

图 2 - 34　聚氯乙烯绝缘聚氯乙烯护套电缆
1—线芯；2—塑料绝缘；3—塑料带绕包；
4—塑料内护套；5—钢带铠装；
6—塑料外护套

电缆的外护层作用是保护内护层不受外界机械损伤和化学腐蚀。外护层一般是由铅防腐层、内麻垫层、铠甲层和外被层组成。铅防腐层是由两层重叠绕包的预浸渍电缆纸和沥青涂料组成，内麻垫层是保护内护层不受铠甲损坏，由一层预浸电缆麻和沥青层组成；铠甲层是保护电缆不受机械损伤，外被层是保护铠甲层不受腐蚀，由预浸电缆麻和沥青组成。为防止电缆间或电缆与其他接触物粘在一起，最外层涂上滑石粉。

# 习　　题

1. 架空电力线路导线材料有哪些？试比较其性能。

2. 导线的水平距离和垂直距离如何计算？

3. 何谓导线的弧垂？弧垂的大小和哪些因素有关。

4. 220kV 和 500kV 架空输电线路，导线对地距离是多少？在最大风偏时导线和房屋建筑物的容许距离是多少？

5. 架空线路导线接头的机械强度和连续电阻有何规定？

6. 常用钢筋混凝土杆和铁塔有哪些类型？

7. 对钢筋混凝土和铁塔有哪些要求？

8. 对杆塔基础和拉线有哪些要求？

9. 按绝缘子所用材料来分，绝缘子有哪几种类型？并比较其性能。

10. 对绝缘子和金具有哪些要求？

11. 直流输电有哪些特点？

12. 直流输电换流站有哪些主要设备？有何作用？

13. 特高压输电线路有哪些特点？

14. 架空配电线路的线间距离如何确定？同杆架设双回或多回路时，导线垂直距离是多少？

15. 架空配电线路经过各地区时，导线最大弧垂对地的最小距离是多少？

16. 对高低压接户线有何要求？

17. 电力电缆由哪几部分组成？各有何作用？

# 第 三 章

# 电力系统中性点接地方式

各级电压电力系统的中性点，是指该级电压的输配电线路首端（送电端）所连接的变压器在该电压侧连接成星形时的中性点；如果是发电机直配线路的电力系统，就是指发电机连接成星形时的中性点。

某级电压电力系统的中性点，直接或经小阻抗与接地装置连接，则这级电压的电力系统称为中性点有效接地系统；若中性点不接地和经消弧线圈、电压互感器或高电阻再与接地装置连接，则称为中性点非有效接地系统（其中主要是中性点不接地和经消弧线圈接地系统）。

对于额定电压为 1kV 及以上的电力系统，其单相接地电流或在同一地点有两相同时接地的入地电流大于 500A 时，称为大接地短路电流系统；等于 500A 及以下时，称为小接地短路电流系统。在一般情况下，中性点直接接地系统属于大接地短路电流系统，中性点非直接接地系统属于小接地短路电流系统。

电力系统中性点采用何种接地方式，这对电气设备及线路绝缘水平的要求有很大关系。中性点直接接地系统的绝缘水平比不接地系统低很多，线路绝缘子片数也可以减少，因此对线路的运行和检修有很大影响。现将电力系统中性点的三种主要接地方式，分别加以讨论。

## 第一节 中性点不接地系统

中性点不接地系统的特性可从正常运行及单相接地故障两种情况来说明。

### 一、正常运行时的情况

图 3-1 所示为简单的中性点不接地系统的等值电路和相量图。图 3-1 中，只画出该系统变压器级电压的一侧及与它相连的一条线路；将线路每相导线对地均布电容用集中电容 $C$ 表示。若该级电压的电力系统还并列着几组变压器和几条线路，则电容 $C$ 相当于全部线路每相导线对地电容的总和，而电容电流则由并列的各变压器分担。

线路各相之间也存在着电容及由它所决定的电容电流，但其数值较小，发生单相接地时相间电压又不变，故可忽略不计。

在对称的三相系统中，各相对地电容 $C$ 是相等的。正常运行时，各相电压 $\dot{U}_A$、$\dot{U}_B$、$\dot{U}_C$ 是对称的。相电压作用于对地电容，产生一组电容电流 $I_{CA}$、$I_{CB}$ 和 $I_{CC}$，并分别超前相电压 90°，其相量图如图 3-1 (c) 所示。因为 $\dot{I}_{CA}+\dot{I}_{CB}+\dot{I}_{CC}=0$，故流经大地的总电流为零。

当电源和负载完全对称时，电源的中性点和负荷的中性点之间没有电位差。此时，三相对地电容电流，可以看作一组对称的容性负荷，电容负荷的中性点 $O'$ 是地电位。所以正常运行时，中性点不接地系统的中性点（即电源中性点）具有地电位。

### 二、一相接地故障时的情况

如图 3-2 所示，在中性点不接地系统中，当发生一相安全接地时，故障相导线的对地电容被短路，因而被看作三相对称的容性负荷，其对地电容不再对称，中性点 O 的电位不再等于地电位，也即中性点发生了电位移。由图 3-2 可见，当 A 相当接地故障相时，A 相导线的电位变为地电位（O′点的电位），即

$$\dot{U}_{O'O} = \dot{U}_{AO} = \dot{U}_A \tag{3-1}$$

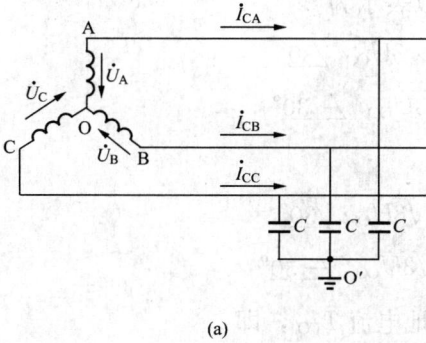

(a)

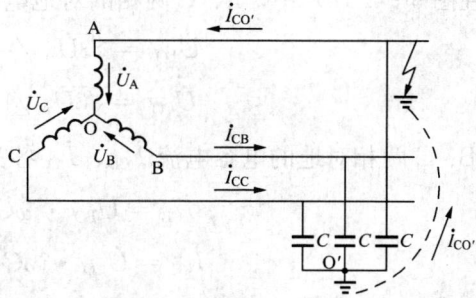

(a)

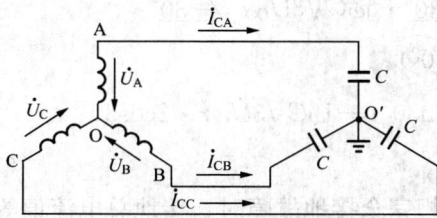

(b)

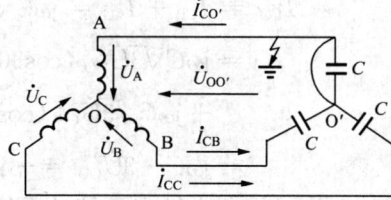

(b)

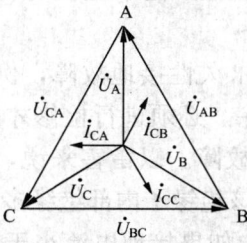

(c)

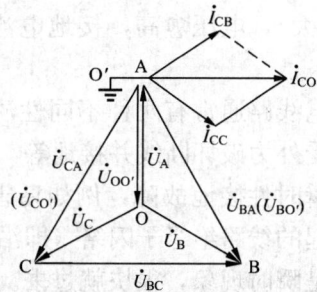

(c)

图 3-1　中性点不接地系统的等值
电路和相量图
(a)、(b) 等值电路；(c) 相量图

图 3-2　发生一相完全接地故障时的
等值电路和相量图
(a) 等值电路；(b) 等值电路的另一种画法；
(c) 相量图

系统中性点对地电压为

$$\dot{U}_{OO'} = -\dot{U}_{O'O} = -\dot{U}_A$$

B、C 相对地电压 $\dot{U}_{BO'}$ 及 $\dot{U}_{CO'}$ 分别为

$$\dot{U}_{BO'} = \dot{U}_B - \dot{U}_{O'O} = \dot{U}_B - \dot{U}_A = \dot{U}_{BA} = \sqrt{3}\dot{U}_A \underline{/-150^\circ} \tag{3-2}$$

$$\dot{U}_{CO'} = \dot{U}_C - \dot{U}_{O'O} = \dot{U}_C - \dot{U}_A = \dot{U}_{CA}$$

$$= \sqrt{3}\dot{U}_A \underline{/150^\circ} \tag{3-3}$$

由此表明，未故障相的对地电压上升为线电压的数值，较正常运行时升高 $\sqrt{3}$ 倍，而相间电

压 $\dot{U}_{AB}$、$\dot{U}_{BC}$、$\dot{U}_{CA}$ 仍然保持不变。

若所发生的是不完全接地（经过一些电阻接地），则故障相对地的电压应大于零而小于相电压；未故障相的电压应大于相电压而小于线电压。

在图 3-2（c）中，B、C 两相的对地电压又可以表示为

$$\dot{U}_{B\mathrm{o}'} = \sqrt{3}\dot{U}_A\ \underline{/-150^\circ} = \sqrt{3}\dot{U}_{\mathrm{oo}'}\ \underline{/30^\circ}$$

$$\dot{U}_{C\mathrm{o}'} = \sqrt{3}\dot{U}_A\ \underline{/150^\circ} = \sqrt{3}\dot{U}_{\mathrm{oo}'}\ \underline{/-30^\circ}$$

此时 B、C 两相对地的电容电流 $\dot{I}_{CB}$、$\dot{I}_{CC}$ 各为

$$\dot{I}_{CB} = \dot{U}_{B\mathrm{o}'}\cdot \mathrm{j}\omega C = \mathrm{j}\omega C\sqrt{3}\dot{U}_{\mathrm{oo}'}\ \underline{/30^\circ}$$

$$\dot{I}_{CC} = \dot{U}_{C\mathrm{o}'}\cdot \mathrm{j}\omega C = \mathrm{j}\omega C\sqrt{3}\dot{U}_{\mathrm{oo}'}\ \underline{/-30^\circ}$$

$\dot{I}_{CB}$ 及 $\dot{I}_{CC}$ 都通过 O′点及故障点流回电源，合成总接地电流 $\dot{I}_{\mathrm{oo}'}$，即

$$
\begin{aligned}
\dot{I}_{\mathrm{oo}'} &= \dot{I}_{CB} + \dot{I}_{CC} = \mathrm{j}\omega C\sqrt{3}\dot{U}_{\mathrm{oo}'}\ \underline{/30^\circ} + \mathrm{j}\omega C\sqrt{3}\dot{U}_{\mathrm{oo}'}\ \underline{/-30^\circ}\\
&= \mathrm{j}\omega C\sqrt{3}\dot{U}_{\mathrm{oo}'}(\cos30^\circ + \mathrm{j}\sin30^\circ)\\
&\quad + \mathrm{j}\omega C\sqrt{3}\dot{U}_{\mathrm{oo}'}(\cos30^\circ - \mathrm{j}\sin30^\circ) - \mathrm{j}\omega C\sqrt{3}\dot{U}_{\mathrm{oo}'}\cdot 2\cos30^\circ\\
&= \mathrm{j}\omega C\cdot 3\dot{U}_{\mathrm{oo}'} = -\mathrm{j}\omega C\cdot 3U_A
\end{aligned}
\tag{3-4}
$$

由式（3-4）可知：中性点不接地系统发生一相完全接地故障时，接地总电流值等于正常时一相对地电容电流的 3 倍，或与系统线路三相总电容及相电压成正比。所以，线路愈长（总电容愈大），电压愈高，接地电流就愈大。随着系统的发展，这个电流有时达到很大的数值。

输配电线路通常有两种不同性质的接地故障。一种是永久性接地故障，例如绝缘被击穿，线路受外力破坏断线并接地等，这种故障不能自动消除，必须进行检修才能恢复正常。另一种是瞬时性接地故障，例如鸟害和雷害所引起的接地故障。以雷害来说，当雷击线路时，所引起的线路绝缘子闪络（即沿绝缘子表面放电），则该绝缘子内部绝缘多没有被击穿，这种雷击是瞬时现象，很快就过去。在中性点不接地系统中如果接地电流小于 5A，雷击过去以后，就很难在闪络点形成稳定的电弧，因此接地故障能自动消除，不致中断供电。即使发生了像绝缘子被击穿这类永久性接地故障，由于线电压不变，也不必立即切断线路，容许在带着接地故障继续运行的同时，一面寻找故障，一面进行倒闸操作或带电检修，从而使供电不受影响，这就大大地提高了供电的可靠性。

因为中性点不接地系统有上述优点，所以在电力系统发展的初期，系统输电线路不多且距离不长时，这种接地方式得到了广泛的应用。随着系统的扩大，电压的升高，中性点不接地系统就出现了一些问题，主要是接地电流增大，以致瞬时接地故障时，造成间歇性电弧，产生弧光接地过电压，这样不但不能自动消除故障，而且威胁到电力系统的安全运行。为了解决这个问题，可采用中性点直接接地方式或中性点经消弧线圈接地方式。

## 第二节　中性点直接接地系统

在中性点直接接地系统中，当发生一相接地时，系统中性点仍保持地电位，但故障点的

电流不再是系统对地的电容电流，而是单相接地短路的电流。由于这个电流较大，即使是瞬时性接地故障，也很难自动消除。因此，必须把故障线路立即切除，以免短路电流通过导体时，使导体发热，危及绝缘，烧坏电气设备。

将故障线路切除，显然影响了供电的可靠性，为了弥补这一缺点，在中性点直接接地系统中，广泛采用自动重合闸继电保护装置。一般从发生瞬时接地故障致断路器跳闸后，到自动重新合闸这段（0.5～1s）时间里，瞬时接地故障一般都能消除，即故障点绝缘恢复，重合成功，不影响供电。如果是永久性接地故障，继电保护能再次动作将断路器跳闸，不再第二次重合，待检修人员排除故障后再恢复送电。

## 第三节　中性点经消弧线圈接地系统

在中性点直接接地系统中，如果电压高、线路多、输送距离长，系统的接地电流就增大，瞬时接地故障就不能自动消除。此时，采用中性点经消弧线圈接地方式，便可消除故障。

消弧线圈是一个带铁芯的电抗线圈，其铁芯结构如图 3 - 3（a）所示。铁芯柱中有很多间隙，间隙中填着绝缘板，这主要是避免磁饱和，使线圈的电流与所加电压成正比变化，从而使消弧线圈能保持有效的消弧作用。消弧线圈有几个分接头，可以用来调整圈数，改变电抗和电感电流的大小，其分接头接线如图 3 - 3（b）所示，其中 C1、C2 及 P1、P2 分别为电流互感器及电压互感器二次侧的接线端子，用于测量仪表及继电保护，以便监视和反映该接地系统的工作情况。

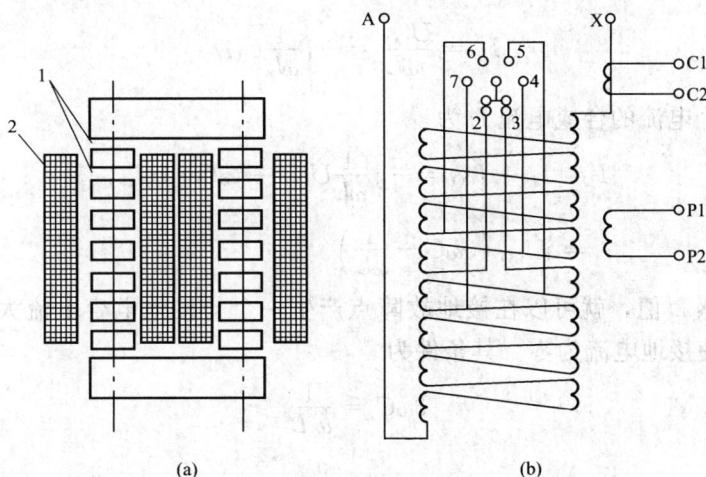

图 3 - 3　消弧线圈铁芯结构及分接头接线
（a）铁芯结构；（b）分接头接线
1—铁芯间隙；2—线圈

采用中性点经消弧线圈接地方式后，当发生一相接地故障时，故障点除流过接地电容电流外，还流过消弧线圈的电感电流，这两种电流互相补偿，即可使故障点的电流减少，电弧熄灭，达到消除故障的目的。

根据消弧线圈的电感电流对接地电容电流补偿程度的不同，可分下列三种补偿方式。

1. 全补偿方式

由式（3-4）得知，当 A 相接地时，通过故障点流回电源的接地电流 $\dot{I}_{CO'}$ 为

$$\dot{I}_{CO'} = j\omega C \cdot 3\dot{U}_{OO'} = -j\omega C \cdot 3\dot{U}_A$$

即电容电流 $\dot{I}_{CO'}$ 越前于中性点接地电压 $\dot{U}_{OO'}$ 90°，其相量图如图 3-4 所示。

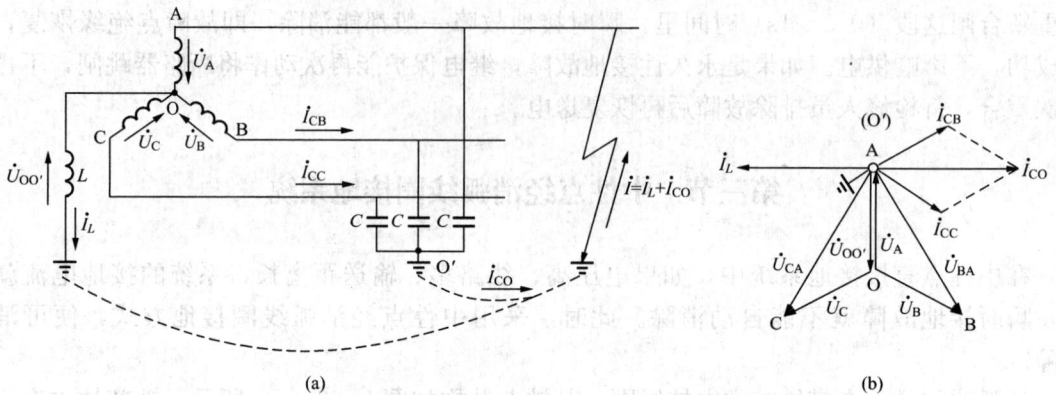

(a)　　　　　　　　　　　　　　(b)

图 3-4　中性点经消弧线圈接地系统的等值电路和相量图

(a) 等值电路；(b) 相量图

现将中性点接上消弧线圈，并设其电感为 $L$。当正常运行时，中性点具有地电位，其对地电压为零；一相接地时，对地电压上升为 $\dot{U}_{OO'}$，电感 $L$ 中将出现电感电流 $\dot{I}_L$，此电流也通过故障点返回电源（参看图 3-4），其值为

$$\dot{I}_L = \frac{\dot{U}_{OO'}}{j\omega L} = -j\frac{1}{\omega L}\dot{U}_{OO'} \tag{3-5}$$

$\dot{I}_{CO'}$ 及 $\dot{I}_L$ 两个电流的合成电流 $\dot{I}$ 为

$$\dot{I} = \dot{I}_L + \dot{I}_{CO'} = -j\frac{1}{\omega L}\dot{U}_{OO'} + j\omega C \cdot 3\dot{U}_{OO'}$$

$$= j\dot{U}_{OO'}\left(3\omega C - \frac{1}{\omega L}\right) \tag{3-6}$$

适当选择电感 $L$ 值，就可以在接地故障点产生一个与接地电容电流大小相等、方向相反的电感电流，使接地电流为零。其条件为

$$3\omega C = \frac{1}{\omega L} \tag{3-7}$$

即

$$L = \frac{1}{3\omega^2 C}$$

通常将这样选择 $L$ 值进行补偿的方式，称为全补偿。采用全补偿，从减少接地电流的角度看是可取的，但由于线路换位和各相对地距离不平均等原因，三相对地电容不可能绝对相等；设三相电容分别用 $C_{11}$、$C_{22}$、$C_{33}$ 表示，则 $C_{11} \neq C_{22} \neq C_{33}$，形成一个不对称的电容负荷，于是系统中性点在正常运行时就有一定的对地电压，称为不对称电压或残余电压，用 $\dot{U}_O$ 表示（见图 3-5）。

在 $\dot{U}_0$ 作用下由于全补偿电路中消弧线圈的电抗等于系统的总电容，即

$$X_L = \omega L = \frac{1}{\omega(C_{11} + C_{22} + C_{33})} = X_C$$

所以形成串联谐振电路，谐振电流将引起 $\dot{U}_0$ 升高，使设备绝缘遭到破坏。故一般不采用全补偿方式。

**2. 欠补偿方式**

选择消弧线圈的电抗 $\omega L > \dfrac{1}{\omega(C_{11}+C_{22}+C_{33})}$，即 $X_L > X_C$，此时 $\dot{I}_L < \dot{I}_{CO'}$，称为欠补偿。

采用欠补偿时，由于运行中，检修或事故等原因有时将一部分线路切除，这就导致了线路对地电容 $C$ 的减少，即容抗 $X_C$ 增大，可能又造成全补偿的条件，产生谐振。此外，在非全相断线时，中性点电位移增大，再加上容抗的不对称，可能会出现很大的中性点残余电压。考虑到电网的不断发展，随着线路的延长，欠补偿还可能起不到补偿的作用，所以一般多采用过补偿，而很少采用欠补偿。

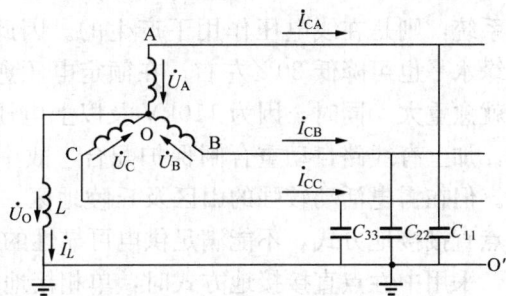

图 3 - 5  中性点残余电压 $\dot{U}_0$ 的电路

**3. 过补偿方式**

选择消弧线圈的电抗 $\omega L < \dfrac{1}{\omega(C_{11}+C_{22}+C_{33})}$，即 $X_L < X_C$，此时 $\dot{I}_L > \dot{I}_{CO'}$，称为过补偿。

经消弧线圈补偿后，故障点流过的合成电流称为残余电流，残余电流越小，电弧熄灭也越容易。故要求 60kV 及以下的电力网，故障点残余电流应不超过 10A。

消弧线圈的容量，可按下式进行计算

$$S = 1.35 I_{CO'} U_{xg} \tag{3 - 8}$$

式中　$S$——消弧线圈的容量，kV·A；

　　　$I_{CO'}$——电力网接地电容电流，A，它包括变电站母线及其他增大对地电容的因素，并考虑电力网在近 5 年内的发展；

　　　$U_{xg}$——电力网的相电压，kV；

　　1.35——系数，它考虑到计算误差系数 1.1，气候影响系数 1.05 和过补偿运行系数 1.1及以后电力网发展用的消弧线圈容量储备系数 1.1。

如果消弧线圈容量不足，可以在一定的时间内采用欠补偿方式运行，但要对可能产生谐振的电压升高进行校验。

消弧线圈的型号及数据可见附表 18 及附表 19。

消弧线圈的安装地点，应根据实际电力网的具体情况来决定，但要保证电力网在任何运行方式下，断开一、两条线路时，大部分电力网不致失去补偿，所以不应将多台消弧线圈集中安装在电力网的一处，且应尽量避免在电力网中只装一台消弧线圈。

## 第四节　中性点各种接地方式的使用范围

对各级电压的电力系统，应采用哪一种中性点接地方式，是一个综合性的技术经济比较问题。根据我国具体情况，结合运行经验，已总结出中性点的各种接地方式的使用范围，现按各种电压的电力系统分述如下。

**一、110kV 及以上的电力系统**

对于 110kV 及以上的电力系统，在一般情况下应采用中性点直接接地方式。因为从内过电压倍数来看，中性点直接接地系统的内过电压是在相电压作用下产生的，而中性点不接地系统，则是在线电压作用下产生的。因此前者比后者的内过电压数值要低 20%~30%，绝缘水平也可降低 20% 左右。在额定电压愈高时，降低绝缘水平和降低设备造价的经济意义就愈重大。同时，因为 110kV 及以上电压的线路耐雷水平高，很少发生一相瞬时接地故障，加上有线路自动重合闸保护配合，故中性点直接接地系统对运行可靠性的影响是不大的。但在雷电活动较强的山区及丘陵地区，使用杆塔结构较简单的 110kV 线路，若采用中性点直接接地方式，不能满足供电可靠性的要求时，可改用中性点经消弧线圈接地方式。

采用中性点直接接地方式时，单相接地故障的短路电流较大，这个电流是以输电线路导线及大地为回路的，该电流产生的磁力线对靠近和平行输电线路的通信线路干扰很强，会感应出危险的电压或扰乱铁路信号，需要做好保护工作。

**二、35kV 的电力系统**

对于 35kV 电力系统的中性点，应采用何种接地方式，可分下列两种情况考虑。

1. 接地电流不超过 10A

对于接地电流不超过 10A 的 35kV 电力系统，可采用中性点不接地方式，其原因如下：

（1）35kV 线路每相对地间隙较小，容易发生接地故障。采用中性点不接地方式，绝缘水平是按线电压考虑的，有利于自动消除瞬时接地故障，减少停电次数。

（2）接地电流不超过 10A，不易产生间歇电弧，不需要装设消弧线圈。

（3）若采用中性点直接接地方式，绝缘水平按相电压考虑，从而降低设备费用，效果已不甚显著，但对接地故障引起的停电次数，却会显著增加。

2. 接地电流超过 10A

对于接地电流超过 10A 的 35kV 电力系统，应采用中性点经消弧线圈接地方式。因为接地电流超过 10A 时，容易产生间歇电弧，引起内过电压，危及线路和电气设备的绝缘，采用消弧线圈就能将故障点电流大大减少，便于消弧。

**三、10kV 电力系统**

对于 10kV 电力系统，通常采用中性点不接地方式。这是因为该系统线路绝缘在成本费中所占比例很小，若采用中性点直接接地方式，其经济价值不大；又由于线路的绝缘较弱，单相瞬时接地的机会较多，若接地电流较小，瞬时接地故障能可靠地自动消除，所以在 10kV 电力系统中，多采用中性点不接地方式。只有当接地电流大于 30A，单相接地时产生的稳定电弧较大，且不易熄灭时，才考虑采用中性点经消弧线圈接地的方式，或中性点直接接地方式。

在 10kV 的发电机（或调相机）直配线系统，一般采用中性点不接地方式。但当接地电流大于 5A 时，发电机应装设动作于跳闸的继电保护装置。若要求发电机（或调相机）能带内部一相接地故障运行，则应装设消弧线圈。

**四、380/220V 低压系统**

对于 380/220V 低压系统，一般采用中性点直接接地方式。这是因为在接地故障时，短路电流能及时切断电源，以免未接地相电压升高，影响人身和设备安全。

当安全条件要求较高，且装有能迅速可靠地自动切除接地故障的装置时，也可采用中性点不接地方式。但这时为了防止变压器高、低压绕组间绝缘击穿引起的危险，变压器低压侧的中性线或一个相线上必须装设击穿保险器。

## 习　　题

1. 中性点不接地系统一相接地时，中性点及各相的电压变化如何？故障点电流怎样计算？
2. 怎样区分两种不同性质的接地故障？在中性点不接地系统中如何处理？
3. 试述消弧线圈对一相接地电流的补偿作用。
4. 什么叫中性点残余电压？消弧线圈采用全补偿时残余电压为什么会升高？
5. 试述消弧线圈的欠补偿和过补偿方式。
6. 为什么消弧线圈大多采用过补偿方式？
7. 电力系统中性点各种接地方式的使用范围如何？为什么？

# 第 四 章

# 电力网参数和等值电路

## 第一节　线路的参数和等值电路

电力线路的电气参数计算，是电力网电能损耗计算和电压损耗计算的基础，也是研究线路及电力系统各种运行问题的基础。线路的电气参数有电阻、电抗、电导和电纳，这些参数均是沿线路长度均匀分布的，故称为分布参数。线路每公里的电阻、电抗、电导和电纳分别以 $r_0$、$x_0$、$g_0$ 和 $b_0$ 表示。

图 4 - 1 所示为一般线路每一相参数的分布情况，下面分述这些参数的计算方法。

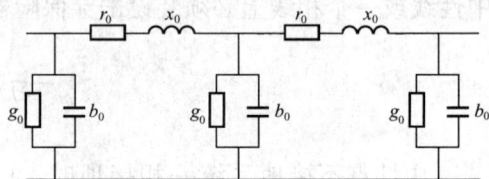

图 4 - 1　线路参数的分布

### 一、线路的电阻

由电工基础中知道

$$R = \frac{\rho L}{A} = \frac{L}{\gamma A} \times 10^3 \tag{4 - 1}$$

式中　$R$——线路的直流电阻，$\Omega$；

　　　$\rho$——导线的电阻系数，$\Omega \cdot mm^2/km$；

　　　$\gamma$——导线的导电系数，$m/(\Omega \cdot mm^2)$；

　　　$A$——导线的标称截面积，$mm^2$；

　　　$L$——导线的长度，$km$。

如果取导线长度为 1km，则每千米长度的导线电阻为

$$r_0 = \frac{\rho}{A} = \frac{10^3}{\gamma A} \quad (\Omega/km) \tag{4 - 2}$$

因而每相导线在线路全长的总电阻为

$$R = r_0 L \quad (\Omega)$$

当导线内通过交流电流时，由于集肤效应的影响，电流在导线中的分布是不均匀的，因而导线的有效电阻要比直流电阻大，但相差很小。导线有效电阻与直流电阻的比值见表 4 - 1，当导线截面小于 150mm² 时，有效电阻与直流电阻的差值不超过 1%。因而在电力网的计算中，可以按直流电阻的公式（4 - 2）计算。

表 4 - 1　　　　　　　　　　　　导线有效电阻与直流电阻的比值

| 导线截面积（mm²） | 500 | 400 | 300 | 240 | 150 | 120 |
|---|---|---|---|---|---|---|
| 有效电阻/直流电阻 | 1.05 | 1.045 | 1.02 | 1.015 | 1.01 | 1.005 |

此外，在实际计算时必须考虑下列因素的影响：

（1）输电线路中所用的导线都是多股绞线，由于扭绞使导线实际长度增加了 2%～3%，因而它们的电阻系数要比同长度的单股线大 2%～3%。

（2）在电力线路参数计算中，都是根据导线额定截面（标称截面）进行的，但导线实际截面会比标称截面小。

（3）导线的电阻系数是随温度增加而增加的，随着季节和导线载流量的变化，导线的电阻系数也在变化，计算时通常取导线的平均温度为20℃，所以式（4-2）中的电阻系数是20℃时的数值。

根据上述原因，在实际计算中的电阻系数和导电系数，必须加以修正，修正后的电阻系数和导电系数见表4-2。

实用中，为了方便，已将各种型号在20℃时的导线电阻列成表格（见附表3~附表7）。

**表4-2　计算用电阻系数和导电系数**

| 导 线 材 料 | 铜 | 铝 |
|---|---|---|
| $\rho$（$\Omega \cdot mm^2/km$） | 18.8 | 31.5 |
| $\gamma$ [$m/(\Omega \cdot mm^2)$] | 53.0 | 32.0 |

## 二、线路的电抗

### （一）单相输电线路的电感

通过计算得单相架空输电线路在单位长度上的电感为

$$L_0 = \frac{\mu_0}{\pi}\ln\frac{D}{r} + \frac{\mu}{4\pi} = \frac{\mu_0}{\pi}\left(\ln\frac{D}{r} + \frac{\mu_r}{4}\right) \tag{4-3}$$

式中　$L_0$——单相架空输电线路单位长度的电感，H/m；

$D$——线间距离，m；

$r$——导线半径，m；

$\mu_r$——介质的相对导磁系数，$\mu_r = \dfrac{\mu}{\mu_0}$；

$\mu_0$——真空的导磁系数，为$4\pi \times 10^{-7}$H/m；

$\mu$——介质的导磁系数，H/m。

### （二）三相输电线路每根导线的电感

1. 等边三角形排列的三相输电线路

等边三角形排列的三相输电线路，如图4-2所示。

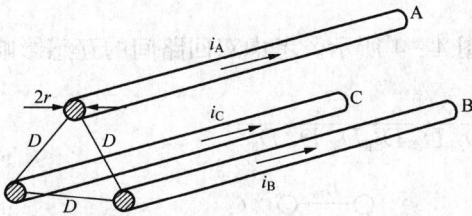

图4-2　等边三角形排列的三相输电线路

根据$i_A + i_B + i_C = 0$，$i_A + i_B = -i_C$，可把其中任一相导线看成另外两条导线的公共回路。因而三相输电线路可以看成是由两个单相输电线路叠加而成的。通过计算可知，等边三角形排列的三相输电线路，每相导线的电感是单相输电线路的一半，所以，A相导线的电感$L_{A0}$为

$$L_{A0} = \frac{\mu_0}{2\pi}\left(\ln\frac{D}{r} + \frac{\mu_r}{4}\right) \tag{4-4}$$

同理可求$L_{B0}$及$L_{C0}$，对等边三角形排列的输电线路，各相导线的电感相等，即

$$L_{A0} = L_{B0} = L_{C0} = L_0$$

2. 任意排列的三相输电线路

如果导线为任意排列，同样可以利用分别组成两个回路方法求各相导线的电感。由于组成回路的线间距离各不相同，所以各相的电感就不相同，电抗也不相同，因而线路电压降不等，造成线路末端电压严重不平衡。为此，均应换位。

经过推导得出，换位线路每相电感为

$$L_0 = \frac{\mu_0}{2\pi}\left(\ln\frac{D_{jj}}{r} + \frac{\mu_r}{4}\right) \tag{4-5}$$

式中　　　$D_{jj}$——三相导线相间的几何平均距离，$D_{jj} = \sqrt[3]{D_{12}D_{23}D_{31}}$；　　　　　(4-6)

$D_{12}$、$D_{23}$、$D_{31}$——导线 A、B 相间，B、C 相间，C、A 相间的距离。

每相导线单位长度的电抗为

$$x_0 = \omega L_0 = 2\pi f L_0 = \frac{2\pi f \mu_0}{2\pi}\left(\ln\frac{D_{jj}}{r} + \frac{\mu_r}{4}\right)$$

再将 $\mu_0 = 4\pi\times10^{-4}\,\mathrm{H/km}$，$\mu_r = 1$，$f = 50\,\mathrm{Hz}$ 代入上式，则得

$$x_0 = 2\pi f\left(\ln\frac{D_{jj}}{r} + \frac{1}{4}\right)\times 2\times10^{-4}$$

$$= 6.28\times10^{-2}\left(\frac{\lg\dfrac{D_{jj}}{r}}{\lg e} + 0.25\right)$$

$$= 0.1445\lg\frac{D_{jj}}{r} + 0.0157 \quad (\Omega/\mathrm{km}) \tag{4-7}$$

每相导线在线路全长 $L$ 上的总电抗为

$$X = x_0 L \quad (\Omega) \tag{4-8}$$

在实用中，各种有色金属导线单位长度的电抗 $x_0$ 可从附表 3～附表 7 中查得。

3. 水平排列的三相输电线路

水平等距排列的三相输电线路如图 4-3 所示，其相间几何均距为

$$D_{jj} = \sqrt[3]{D_{12}D_{23}D_{31}} = \sqrt[3]{D \cdot D \cdot 2D} = 1.26D$$

因此得

$$L_0 = 0.1445\lg\frac{1.26D}{r} + 0.0157 \quad (\Omega/\mathrm{km}) \tag{4-9}$$

4. 同杆架设的双回路输电线路

同杆塔架设的双回路输电线路六角形排列，如图 4-4 所示。考虑双回路间的互感影响，式 (4-7) 中的几何均距为

$$D_{jj} = \sqrt[12]{D_{12}D_{13}D_{15}D_{16}D_{21}D_{23}D_{24}D_{26}D_{31}D_{32}D_{34}D_{35}}$$

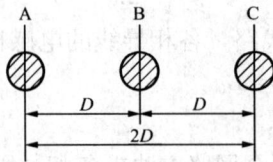

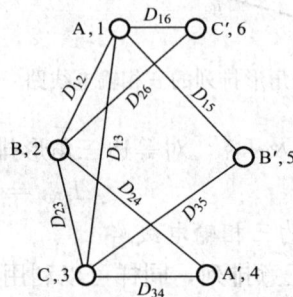

图 4-3　水平排列　　　　　　　　　图 4-4　六角形排列

### 5. 分裂导线

在应用式（4-7）计算线路电抗时，式中导线半径 $r$ 即为分裂导线的等值半径，式中第二项需要除以分裂导线的次导线数。分裂导线的等值半径 $r_{dz}$ 为

$$r_{dz} = \sqrt[n]{r d_{jj}^{n-1}}$$

式中　$r_{dz}$——分裂导线等值半径，cm；

　　　　$r$——每根导线的实际半径，cm；

　　　　$d_{jj}$——分裂导线的次导线间的几何均距，cm，$d_{jj} = \sqrt[n]{d_{12}d_{23}\cdots d_{n-1}d_n}$，双分裂导线

　　　　$d_{jj} = d$，三分裂导线 $d_{jj} = d$，四分裂导线 $d_{jj} = \sqrt[6]{2}d$；

　　　　$d$——分裂导线的子导线间距，cm；

　　　　$n$——分裂导线的子导线数。

所以，分裂导线每相单位长度的电抗为

$$x_0 = 0.1445 \lg \frac{D_{jj}}{r_{dz}} + \frac{0.0157}{n} \quad (\Omega/\text{km}) \tag{4-10}$$

### 三、线路的电导

对于架空输电线路，除了导线电阻的有功损耗外，还有电晕损耗和沿绝缘子漏电所致的有功损耗；对电缆线路，主要是介质损耗。这些损耗可以用电导参数来说明。

一般架空线路，由于绝缘子泄漏电流而产生的有功损耗小，可忽略不计，所以对架空线路主要考虑电晕损耗。

电晕是气体的一种放电现象，它的产生主要与输电线路的电压有关。电晕不但产生有功功率损耗，而且还对无线电及高频通信产生干扰。

电晕损耗与导线表面电场强度、导线表面状况、气象条件和海拔高度等因素有关，可用经验公式（4-11）进行计算，或作出计算曲线进行近似计算。经验公式为

$$\Delta W_r = \frac{241}{\delta}(f+25)\sqrt{\frac{r}{D_{jj}}}(U_n - U_{Lj})^2 LT \times 10^3 \quad (\text{kW}\cdot\text{h}) \tag{4-11}$$

式中　$\Delta W_r$——电晕损耗电量，kW·h；

　　　　$f$——系统频率，Hz；

　　　　$D_{jj}$——导线间的几何均距，cm；

　　　　$U_n$——线路的额定线电压，kV；

　　　　$U_{Lj}$——电晕临界线电压，kV；

　　　　$r$——导线半径，cm；

　　　　$L$——线路总长度，km；

　　　　$T$——测计期内线路运行时间，h；

　　　　$\delta$——空气相对密度。

因此，电晕损耗功率为

$$\Delta P_r = \frac{\Delta W_T}{LT} \quad (\text{kW/km})$$

当已知架空输电线路的电晕损耗和电缆线路的介质损耗后，即可求出输电线路的电导，即

$$g_0 = \frac{\Delta P_r}{U_n^2} \quad (\Omega/km) \qquad (4-12)$$

式中　$\Delta P_r$——架空线路每千米的电晕损耗或电缆线路每千米的介质损耗，kW/km；

　　　$U_n$——输电线路的额定线电压，kV。

在线路设计中，凡选用大于规程规定的线号的线路，均可不必验算电晕。因而，在电力网计算中为了简化，线路电导可以略去不计，即可认为 $g_0 \approx 0$。

### 四、线路的电纳

对于架空电力线路的每相单根导线，其单位长度的电容为

$$C_0 = \frac{2\pi\varepsilon}{\ln \frac{D_{jf}}{r}} = \frac{0.024}{\lg \frac{D_{jf}}{r}} \times 10^{-6} \quad (F/km) \qquad (4-13)$$

当 $f=50$ 时，线路每相单位长度的电纳为

$$b_0 = \omega C_0 = \frac{7.58}{\lg \frac{D_{jf}}{r}} \times 10^{-6} \quad (S/km) \qquad (4-14)$$

分裂导线每相单位长度的电纳为

$$b_0 = \frac{7.58}{\lg \frac{D_{jf}}{r_{dz}}} \times 10^{-6} \quad (S/km) \qquad (4-15)$$

分裂导线每相单位长度的容抗为

$$X_{c0} = 0.132 \times 10^{-6} \lg \frac{D_{jf}}{r_{dz}} \quad (\Omega/km) \qquad (4-16)$$

分裂导线结构对线路电抗和容抗有影响，当分裂导线相导线截面积大致相同时，不同分裂导线结构，其电抗和容抗是不同的，见表 4-3。

表 4-3　　　　　　　　　分裂导线结构对线路电抗和容抗的影响

| 子导线数 | 1 | 2 | 3 | 4 | 6 | 8 | 12 |
|---|---|---|---|---|---|---|---|
| 总截面（mm） | 2515 | 2544 | 2625 | 2544 | 2392 | 2400 | 2539 |
| 电抗（$\Omega$/km） | 0.556 | 0.433 | 0.390 | 0.357 | 0.319 | 0.258 | 0.216 |
| 容抗（$\Omega$/km） | 0.188 8 | 0.149 6 | 0.135 6 | 0.125 2 | 0.111 4 | 0.105 6 | 0.096 |

每相导线的总电纳为

$$B = b_0 L \quad (S)$$

输电线路每相导线的电容电流和电容功率（无功功率）分别为

$$I_c = \frac{U_n}{\sqrt{3}} b_0 L \quad (kA) \qquad (4-17)$$

$$Q_0 = \sqrt{3} U_n I_c = U_n^2 b_0 L \quad (Mvar) \qquad (4-18)$$

式中　$U_n$——线路的额定线电压，kV；

　　　$b_0$——每千米的电纳，其值可由附表 6 查出，S/km；

　　　$L$——线路总长度，km。

### 五、线路等值电路

电力线路的参数 $r_0$、$x_0$、$b_0$、$g_0$ 实际上是沿线路均匀分布的。按这种分布参数计算非

常复杂，为了计算方便，当线路长度在 300km 以内时，常将分布参数的电力线路用集中参数 $R$、$X$、$G$、$B$ 的等值电路代替，这样计算误差不大，只有当线路长度超过 300km 以上的远距离输电线路，才考虑参数误差的修正。

具有集中参数的等值电路有 Ⅱ 形和 T 形两种。而在电力网计算中常采用 Ⅱ 型，如图 4 - 5 所示，即将全线阻抗集中在中央，电纳平均分置在线路两端（有时将线路电纳用电容功率代替）。

对于 35kV 以下的架空线路和 10kV 以下的电缆线路中，由于线路短，线路电容影响极小，电纳也可以忽略不计，这样等值电路可简化为如图 4 - 6 所示的形式。

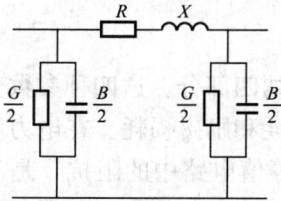

图 4 - 5　Ⅱ 形等值电路　　　　图 4 - 6　简化等值电路

【例 4 - 1】　有一条长度为 200km，额定电压为 220kV 的双回路架空输电线，导线为 LGJ - 185 型，水平排列，线间距离为 5.5m，求线路参数并绘出其等值电路。

**解**　线路每千米的电阻（也可由附表 4 中查得）

$$r_0 = \frac{10^3}{\gamma A} = \frac{10^3}{32 \times 185} = 0.17 \quad (\Omega/km)$$

双回路全线的电阻

$$R = \frac{r_0 L}{2} = \frac{0.17 \times 200}{2} = 17 \quad (\Omega)$$

线路每千米的电抗（也可由附表 4 中查得）

$$x_0 = 0.144\,5\lg\frac{D_j}{r} + 0.015\,7 = 0.144\,5\lg\frac{1.26D}{r} + 0.015\,7$$

$$= 0.144\,5\lg\frac{1.26 \times 550}{0.95} + 0.015\,7 = 0.429 \quad (\Omega/km)$$

双回线全线的电抗

$$X = \frac{x_0 L}{2} = \frac{0.429 \times 200}{2} = 42.9 \quad (\Omega)$$

线路每千米电纳（也可由附表 7 查得）

$$b_0 = \frac{7.58}{\lg\dfrac{D_{ji}}{r}} \times 10^{-6}$$

$$= \frac{7.58 \times 10^{-6}}{\lg\dfrac{1.26 \times 550}{0.95}}$$

$$= 2.65 \times 10^{-6} \quad (S/km)$$

全线电纳

$$B = 2b_0 L = 2 \times 2.65 \times 10^{-6} \times 220$$

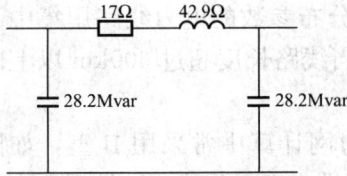

图 4 - 7　例 4 - 1 图

$$= 1166 \times 10^{-6} \quad (S)$$

全线路的电容功率（无功功率）

$$Q_C = U_n^2 B = 220^2 \times 1166 \times 10^{-6}$$
$$= 56.4 \quad (Mvar)$$

图 4 - 7 为根据所求线路参数作出的该线路的等值电路。

## 第二节　变压器的参数和等值电路

### 一、双绕组变压器

双绕组变压器的参数包括电阻、电抗、电导和电纳四部分。这四种参数分别反映了变压器的四种基本功率损耗，即铜损耗、漏磁损耗、铁损耗和励磁损耗。在电力网计算中，变压器多采用 Γ 形等值电路，如图 4 - 8（a）所示，Γ 形等值电路中的阻抗，是高、低压侧绕组的阻抗向同一侧电压归算后的等值总阻抗；变压器导纳，一般接在变压器的功率输入端。变压器的电导和电纳中的有功功率和无功功率损耗，分别是变压器的铁损耗和激磁损耗。因此，常将等值电路中的电导和电纳用有功功率损耗和无功功率损耗来代替。这样，Γ 形等值电路即可简化为图 4 - 8（b）的形式。对于地方电力网，变压器导纳的影响可以略去不计，这时 Γ 形等值电路如图 4 - 8（c）所示。

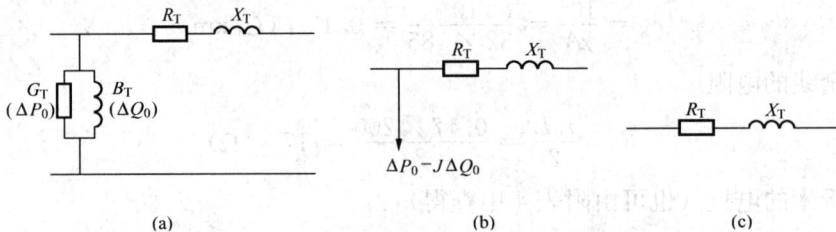

图 4 - 8　双绕组变压器的等值电路

每台变压器在出厂时，都要做出厂实验，并将实验中所测得的四个电气特性数据：短路损耗 $\Delta P_d$、空载损耗 $\Delta P_0$、短路电压百分数 $U_d\%$ 和空载电流百分数 $I_0\%$，标出铭牌上或出厂实验书中。这些数据也可从附表 8～附表 16 中查出，变压器的参数就是利用这些实际的实验数据求出的。

1. 变压器的等值电阻

变压器在额定负荷时，绕组中有功功率损耗（短路损耗或铜损）为

$$\Delta P_d = 3 I_n^2 R_T \times 10^{-3} = \frac{S_n^2}{U_n^2} R_T \times 10^{-3} \quad (kW) \tag{4 - 19}$$

式中　$I_n$——变压器的额定电流，A；

　　　$U_n$——变压器某一侧额定线电压，kV；

　　　$S_n$——变压器的额定容量，kV·A；

　　　$R_T$——变压器两侧绕组归算至某一侧电压的等值总电阻，Ω。

由式（4 - 19）得

$$R_T = \frac{\Delta P_d U_n^2}{S_n^2} \times 10^3 \quad (\Omega) \tag{4-20}$$

**2. 变压器的等值电抗**

变压器在额定负荷时，每相绕组的电抗压降，对其额定电压的百分数为

$$U_x\% = \frac{I_n X_T}{\dfrac{U_n}{\sqrt{3}}} \times 100$$

$$= \frac{\sqrt{3} U_n I_n X_T}{\sqrt{3} U_n \dfrac{U_n}{\sqrt{3}}} \times 100 = \frac{S_n X_T}{U_n^2} \times 100 \tag{4-21}$$

变压器每相两侧绕组归算至某一侧电压的总电抗为

$$X_T = \frac{U_x\%}{100} \times \frac{U_n^2 \times 10^3}{S_n} = \frac{U_x\% U_n^2}{S_n} \times 10 \quad (\Omega) \tag{4-22}$$

电抗压降百分数 $U_x\%$ 为

$$U_x\% = \sqrt{(U_d\%)^2 - (U_R\%)^2}$$

式中　　$U_d\%$——变压器短路电压百分数；

$U_R\%$——变压器电阻压降百分数。

在大型变压器中，由于电抗比电阻大得多，可以认为 $U_x\% = U_d\%$，所以

$$X_T = \frac{U_d\% U_n^2}{S_n} \times 10 \quad (\Omega) \tag{4-23}$$

**3. 变压器的电导和电纳**

从图 4-8（a）可以看出：变压器的铁损耗就是变压器电导中的有功损耗，它近似等于变压器空载损耗 $\Delta P_0$。因为

$$\Delta P_0 = U_n^2 G_T \quad (kW)$$

所以

$$G_T = \frac{\Delta P_0 \times 10^{-3}}{U_n^2} \quad (S) \tag{4-24}$$

变压器的励磁损耗就是变压器电纳中的无功损耗，即变压器空载时的无功损耗 $\Delta Q_0$，即

$$\Delta Q_0 = U_n^2 B_T \quad (kvar)$$

由此得

$$B_T = \frac{\Delta Q_0 \times 10^{-3}}{U_n^2} \quad (S) \tag{4-25}$$

因为，变压器的空载电流，包括供给铁损耗的有功电流与供给励磁损耗的无功电流，而变压器的无功损耗也即激磁损耗，比铁损耗大得多，所以，可认为励磁电流近似等于空载电流 $I_0$，这样励磁损耗

$$\Delta Q_0 = \sqrt{3} I_0 U_n$$

因为

$$I_0\% = \frac{I_0}{I_n} \times 100 = \frac{\sqrt{3} I_0 U_n}{\sqrt{3} I_n U_n} \times 100 = \frac{\Delta Q_0}{S_n} \times 100 = \Delta Q_0\%$$

所以由式（4-25）得

$$B_T = \frac{I_0\% S_n \times 10^{-5}}{U_n^2} \quad (S) \tag{4-26}$$

式中　　$I_0\%$——变压器空载电流占额定电流的百分数。

**【例 4 - 2】**　在一降压变电站中，装有两台 S 10-40000/110 型双绕组变压器，电压为 110/11kV，求两台变压器并联运行归算到高压侧的参数，并绘出等值电路。

　　**解**　从附表 8 中查出：短路损耗 $\Delta P_d = 147.9$kW；空载损耗 $\Delta P_0 = 33.87$kW；短路电压 $U_d\% = 10.5$；空载电流 $I_0\% = 0.7$。

　　按式（4 - 18），求得两台并联变压器的电阻为

$$R_T = \frac{1}{2} \times \frac{\Delta P_d U_n^2}{S_n^2} \times 10^3 = \frac{1}{2} \times \frac{147.9 \times 110^2}{40\,000^2} \times 10^3 = 0.56 \quad (\Omega)$$

　　按式（4 - 21），求得两台并联变压器的电抗为

$$X_T = \frac{1}{2} \times \frac{U_d\% U_n^2}{S_n} \times 10 = \frac{1}{2} \times \frac{10.5 \times 110^2}{10\,000} \times 10 = 63.5 \quad (\Omega)$$

两台变压器并联运行时的铁损耗为

$$\Delta P_0 = 2 \times 33.87 = 67.7 \quad (kW)$$

两台变压器并联运行时的激磁功率为

$$\Delta Q_0 = \frac{2 \times I_0\% S_n}{100} = \frac{2 \times 0.7 \times 40\,000}{100}$$
$$= 560 \quad (kvar)$$
$$\Delta \dot{S}_0 = \Delta P_0 - j\Delta Q_0$$
$$= 67.7 - j560 \quad (kV \cdot A)$$

等值电路如图 4 - 9 所示。

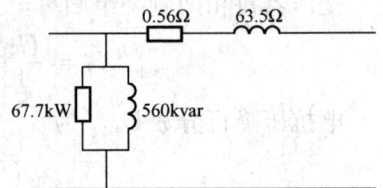

图 4 - 9　例 4 - 2 的等值电路

## 二、三绕组变压器

　　在许多情况下，同一变压器有 220、110、10kV 三种不同等级的电压。220kV 为电源电压，则 110kV 和 10kV 的电压可以用两个双绕组降压变压器或一个三绕组变压器得到。由于一台三绕组变压器比两台双绕组变压器设备简单，占地面积少，降低了建设成本，比较经济，同时也提高了供电的可靠性和灵活性。

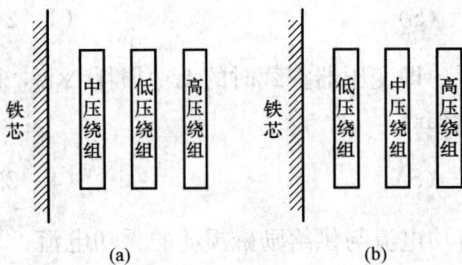

图 4 - 10　三绕组变压器绕组的排列方式

　　三绕组变压器的铁芯上有三个绕组，即高压、中压和低压绕组，每相三个绕组一般均套在一个铁芯柱上，其绕组的排列方式有两种不同形式，第一种排列方式，如图 4 - 10（a）所示，低压绕组在中、高压绕组之间；第二种排列方式，如图 4 - 10（b）所示，中压绕组在高、低压绕组之间。这要根据使用要求来选择，一般对于升压变压器，采用第一种排列方式，而降压变压器则选用第二种排列方式。

　　三绕组变压器是三相对称电路。因此，其等值电路可以用一相代替，如图 4 - 11 所示。即高压绕组各量用下标"1"表示，中压和低压绕组各量用下标"2"和"3"表示，同相的三个绕组接成等值星形电路，变压器的导纳仍在电源侧，因而等值电路中的参数，同样可由 $\Delta P_d$、$\Delta P_0$、$U_d\%$ 和 $I_0\%$ 来确定。

　　1. 电阻计算

　　图 4 - 11 等值电路中的 $R_{T1}$、$R_{T2}$、$R_{T3}$ 各代表高、中、低压三个绕组一相的电阻。

表 4 - 4　　　　三绕组变压器各绕组容量的比例情况

| 类　别 | 高　压 | 中　压 | 低　压 |
|---|---|---|---|
| 1 | 100 | 100 | 100 |
| 2 | 100 | 100 | 50 |
| 3 | 100 | 50 | 100 |

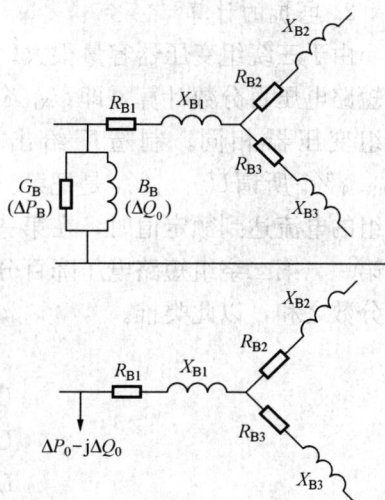

图 4 - 11　三绕组变压器的等值电路

　　三绕组变压器三个绕组的容量有几种不同的比例情况，如表 4 - 4 所示。由于三个绕组的容量有不同的分配比例，负荷分配也不同。因此，变压器绕组内的铜损耗也就不同。一般制造厂给出的三绕组变压器的短路损耗，不是每一个绕组的损耗，而是 $\Delta P_{d(1-2)}$、$\Delta P_{d(2-3)}$、$\Delta P_{d(3-1)}$。所谓 $\Delta P_{d(1-2)}$，就是绕组 1 接电源，绕组 2 短路，绕组 3 开路，并使绕组 2 的电源电压达到额定值时所测得的变压器损耗。当三个绕组的容量均等于变压器的额定容量时，即 100/100/100 型三绕组变压器，各绕组间的短路损耗为

$$\left.\begin{array}{l}\Delta P_{d(1-2)} = \Delta P_{d1} + \Delta P_{d2} \\ \Delta P_{d(2-3)} = \Delta P_{d2} + \Delta P_{d3} \\ \Delta P_{d(3-1)} = \Delta P_{d3} + \Delta P_{d1}\end{array}\right\} \tag{4 - 27}$$

　　解联立方程式（4 - 27），求出各个绕组的短路损耗为

$$\left.\begin{array}{l}\Delta P_{d1} = 1/2[\Delta P_{d(1-2)} + \Delta P_{d(3-1)} - \Delta P_{d(2-3)}] \\ \Delta P_{d2} = 1/2[\Delta P_{d(1-2)} + \Delta P_{d(2-3)} - \Delta P_{d(3-1)}] \\ \Delta P_{d3} = 1/2[\Delta P_{d(2-3)} + \Delta P_{d(3-1)} - \Delta P_{d(1-2)}]\end{array}\right\} \tag{4 - 28}$$

　　然后可用式（4 - 20），求得各个绕组的电阻为

$$\left.\begin{array}{l}R_{T1} = \dfrac{\Delta P_{d1} U_n^2}{S_n^2} \times 10^3 \\[2mm] R_{T2} = \dfrac{\Delta P_{d2} U_n^2}{S_n^2} \times 10^3 \\[2mm] R_{T3} = \dfrac{\Delta P_{d3} U_n^2}{S_n^2} \times 10^3\end{array}\right\} \tag{4 - 29}$$

　　对于 100/100/50 型和 100/50/100 型的三绕组变压器，在利用式（4 - 29）计算时，应将制造厂给出的短路损耗归等到变压器额定容量下的数值。例如，绕组 1 和 2 的容量等于变压器的额定容量，而绕组 3 的容量为额定容量的一半，此时，制造厂给出的 $\Delta P_{d(1-2)}$ 是指在变压器额定容量下的短路损耗值，而 $\Delta P'_{d(2-3)}$ 和 $\Delta P'_{d(3-1)}$ 都是指绕组 3 通过本身额定电流下的短路损耗值，两者都应归算到变压器额定容量下的数值。

$$\Delta P_{d(2-3)} = \Delta P'_{d(2-3)}\left(\frac{S_n}{S_{n3}}\right)^3$$

即

$$\Delta P_{d(3-1)} = \Delta P'_{d(3-1)}\left(\frac{S_n}{S_{n3}}\right)^3 \tag{4 - 30}$$

式中　$S_{n3}$——绕组 3 的额定容量，kVA。

2. 电抗的计算

由于三绕组变压器容量很大，电阻比电抗小很多，所以各绕组的等值电抗，可由各绕组间短路电压百分数计算，即 $U_{X1}\% = U_{d1}\%$，$U_{X2}\% = U_{d2}\%$，$U_{X3}\% = U_{d3}\%$，其计算方法与双绕组变压器相同。制造厂给出的三绕组变压器的短路电压，是 $U_{d(1-2)}\%$、$U_{d(2-3)}\%$、$U_{d(3-1)}\%$。所谓 $U_{d(1-2)}\%$，是把第三绕组开路，第二绕组短路，在第一绕组上加电压，当第二绕组的电流达到额定值时，在第一绕组上所加的电压对额定电压的百分值。故 $U_{d(1-2)}\%$ 就是第一、第二绕组短路电压降百分数之和。同理，$U_{d(2-3)}\%$ 就是第二、第三绕组短路电压降百分数之和，以此类推。

即

$$\left.\begin{aligned} U_{d(1-2)}\% &= U_{d1}\% + U_{d2}\% \\ U_{d(2-3)}\% &= U_{d2}\% + U_{d3}\% \\ U_{d(3-1)}\% &= U_{d3}\% + U_{d1}\% \end{aligned}\right\} \tag{4-31}$$

解联立方程组（4-31），得

$$\left.\begin{aligned} U_{d1}\% &= 1/2[U_{d(1-2)}\% + U_{d(3-1)}\% - U_{d(2-3)}\%] \\ U_{d2}\% &= 1/2[U_{d(1-2)}\% + U_{d(2-3)}\% - U_{d(3-1)}\%] \\ U_{d3}\% &= 1/2[U_{d(2-3)}\% + U_{d(3-1)}\% - U_{d(1-2)}\%] \end{aligned}\right\} \tag{4-32}$$

代入式（4-23），可求得各绕组的电抗为

即

$$\left.\begin{aligned} X_{T1} &= \frac{U_{d1}U_n^2}{S_n} \times 10 \\ X_{T2} &= \frac{U_{d2}U_n^2}{S_n} \times 10 \\ X_{T3} &= \frac{U_{d3}U_n^2}{S_n} \times 10 \end{aligned}\right\} \tag{4-33}$$

式中　$U_n$——一次侧的额定电压，kV；

　　　$S_n$——变压器的额定容量，即一次侧容量，kVA。

3. 电导和电纳

三绕组变压器导纳的计算方法与双绕组变压器相同。

以上是利用制造厂给出的变压器实际实验数据计算三绕组变压器等值电路的参数。当这些实验数据不具备时，应根据国家标准规定的四个电气参数进行计算，这些数据可以由附录中查得。

【例 4-3】　某变电站有一台 SFSL1-20000/110 三绕组变压器，其容量为 100/100/100，试求变压器的参数及等值电路。

**解**　从试验报告中，可查得到 $I_0\% = 3.46$，$\Delta P_0 = 43.3\text{kW}$，$\Delta P_{d(1-2)} = 154\text{kW}$，$\Delta P_{d(2-3)} = 119\text{kW}$，$\Delta P_{d(3-1)} = 154\text{kW}$，$U_{d(1-2)} = 18$，$U_{d(2-3)} = 6.5$ 和 $U_{d(3-1)} = 10.5$。

（1）电阻 $R_{T1}$、$R_{T2}$、$R_{T3}$ 的计算。

由式（4-28）求出各绕组中短路损耗为

$$\Delta P_{d1} = 1/2[\Delta P_{d(1-2)} + \Delta P_{d(3-1)} - \Delta P_{d(2-3)}] = 1/2(154 + 154 - 119) = 94.5(\text{kW})$$

$$\Delta P_{d2} = 1/2[\Delta P_{d(1-2)} + \Delta P_{d(2-3)} - \Delta P_{d(3-1)}] = 1/2(154 + 119 - 154) = 59.5(\text{kW})$$

$$\Delta P_{d3} = 1/2[\Delta P_{d(2-3)} + \Delta P_{d(3-1)} - \Delta P_{d(1-2)}] = 1/2(119 + 154 - 154) = 59.5(\text{kW})$$

用式（4-29），求出各绕组归算到 110kV 侧的电阻为

$$R_{T1} = \frac{\Delta P_{d1} U_n^2}{S_n^2} \times 10^3 = \frac{94.5 \times 110^2}{20\ 000^2} \times 10^3 = 2.85(\Omega)$$

$$R_{T2} = R_{T3} = \frac{\Delta P_{d2} U_n^2}{S_n^2} \times 10^3 = \frac{59.5 \times 110^2}{20\ 000^2} \times 10^3 = 1.8(\Omega)$$

（2）电抗 $X_{T1}$、$X_{T2}$、$X_{T3}$ 的计算。

由式（4-32），求各绕组的短路电压百分数

$$U_{d1}\% = 1/2[U_{d(1-2)}\% + U_{d(3-1)}\% - U_{d(2-3)}\%] = 1/2(18 + 10.5 - 6.5) = 11$$

$$U_{d2}\% = 1/2[U_{d(1-2)}\% + U_{d(2-3)}\% - U_{d(3-1)}\%] = 1/2(18 + 6.5 - 10.5) = 7$$

$$U_{d3}\% = 1/2[U_{d(2-3)}\% + U_{d(3-1)}\% - U_{d(1-2)}\%] = 1/2(6.5 + 10.5 - 18) = -0.5 \approx 0$$

用式（4-33），求得各个绕组等值电抗

$$X_{T1} = \frac{U_{d1} U_n^2}{S_n} \times 10 = \frac{11 \times 110^2}{20\ 000} \times 10 = 66.5(\Omega)$$

$$X_{T2} = \frac{U_{d2} U_n^2}{S_n} \times 10 = \frac{7 \times 110^2}{20\ 000} \times 10 = 42.4(\Omega)$$

$$X_{T3} = 0$$

（3）变压器空载损耗。

$$\Delta P_0 = 43.3(kW)$$

$$\Delta Q_0 = \frac{I_1\% S_n}{100} = \frac{3.46 \times 20\ 000}{100} = 692(kvar)$$

例 4-3 的等值电路如图 4-12 所示。

例 4-3 中 $U_{d3}\%$ 出现负值，这是因为变压器漏磁感抗，包括漏磁自感抗和漏磁互感抗，在低压绕组位于高、中压绕组之间的排列时，所受高、中压绕组的漏磁互感抗是互相抵消的，所以低压绕组的电抗数值很小，甚至为零，或为负值。同理，当中压绕组在高、低压绕组之间的排列时，中压绕组的电抗可能很小，甚至为零或为负值。

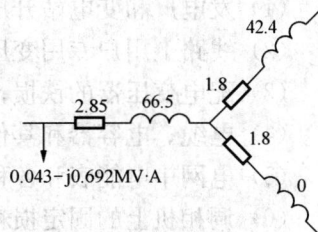

图 4-12　例 4-3 的等值电路

## 习　　题

1. 为什么要用线间几何均距计算 $X_0$、$C_0$、$b_0$？

2. 一条 100kV、100km 长的单回路输电线路，导线为 LGJ-240 型，线间距离为 4km，导线水平排列，试求出该线路参数，并画出等值电路图。若改为双回路线路，其线路参数又为多少？

3. 某工厂由一台 10kV 电力线路供电，导线为 LGJ-95 型，线间距离为 1m，导线排列为等边三角形，线路长 3km，试求线路的参数，并作出等值电路图。

4. 计算三相双绕组降压变压器 S10-16000/35 型的参数，并作等值电路图。

5. 有一台三绕组升压变压器 SFSL1-10000/110，其容量比为 100/100/100，求变压器参数及等值电路。

# 第 五 章

# 电力网功率损耗和电能损耗

## 第一节 概　　述

电力网运行时，将在线路和变压器中产生功率损耗。在电力网的电阻和电导中，产生有功功率损耗；在电力网的电抗和电纳中，用于建立磁场和电场的那部分功率，称无功功率损耗。有功功率损耗与时间的乘积，称为电能损耗（或称损耗电量）。

电力网的损耗电量一般分可变损耗和固定损耗两种。可变损耗就是指当电流通过导体时，其损耗与电流平方成正比，与导体本身的电阻值成正比；对一定截面导线来说，其损耗的大小决定于通过电流大小。固定损耗则与电流的大小无关，只要设备接通电源，电力网就有损耗，当电源电压变化不大时，其损耗基本上是固定的。

可变损耗包括：

(1) 发电厂和变电站升压、降压变压器的铜损；

(2) 线路上用户专用变压器的铜损；

(3) 配电变压器的铜损；

(4) 输配电线路、接户线等导线上的铜损；

(5) 调相机铜损。

固定损耗包括：

(1) 发电厂和变电站升压、降压变压器的铁损；

(2) 线路上用户专用变压器的铁损；

(3) 配电变压器的铁损；

(4) 电缆、电容器和其他电器上的介质损耗；

(5) 电网中电能表和各种计量仪表的电压线圈以及仪用变压器上的铁损等；

(6) 调相机上的固定损耗（包括风阻摩擦损耗，铁芯损耗及电刷接触电阻损耗）；

(7) 110kV 以上线路的电晕损耗。

此外，在电力网的实际运行中，还有各种不明损耗。例如由于用户电能表有误差，使电能表的读数偏小；用户电能表的读数漏抄、错算；因带电设备绝缘不良而漏电；以及无表用电和窃电等所损耗的电量。

电力网电能损耗通常是根据电能表所计量的总"供电量"和总"售电量"相减得出，即

$$损耗电量 = 供电量 - 售电量$$

所谓供电量，是指发电厂、供电地区或电力网向用户供给的电量。其计算式为

供电地区或电力网的供电量 = 本地区或本网内发电厂的发电量 - 发电厂厂用电量

　　　　　　　　　　　　＋从其他电力网输入的电量（包括购入电量）

　　　　　　　　　　　　－向其他电力网输出的电量

所谓售电量，是指用户的用电量，其表达式为

$$供电地区或电力网的售电量 = 用户电能表计量的总和$$

损耗电量占供电量的百分比称线路损耗率，简称线损率，即

$$线损率 = \frac{损耗电量}{供电量} \times 100\%$$

由上式可以求出电力网的损耗电量和线损率，但是在损耗电量中，固定损耗、可变损耗、不明损耗以及各级电压电力网和各种元件的损耗各占多少，均难知道。因此，需进行电能损耗的理论分析计算，以便了解电力网各部分损耗的构成情况，从而针对电力网的某些薄弱环节，采取有效的技术措施，使线损不断降低。

## 第二节 负 荷 曲 线

电力系统的负荷根据用户的需要是时刻在变化的。因此，电力网的电能损耗在某一段时间内也随负荷的变化而变化，负荷随时间的变化的规律，通常以负荷曲线表示。负荷曲线按纵横坐标表示的物理量不同，可以分为日负荷曲线、有功功率年负荷曲线等。

### 一、日负荷曲线

日负荷曲线如图 5-1 (a) 所示。分为有功（$P$）日负荷曲线和无功（$Q$）日负荷曲线两种，它们表示电力负荷在一日 24h 内变化的情况。

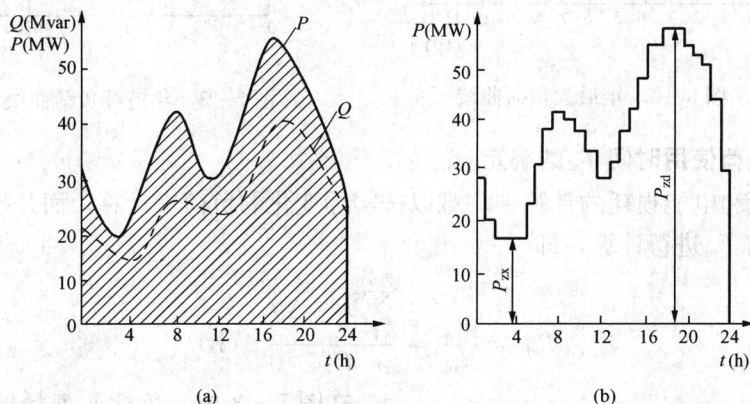

图 5-1 日负荷曲线

$P_{zd}$—日最大负荷，即一日内的最大负荷；$P_{zx}$—日最小负荷，即一日内的最小负荷

为了简化计算和便于在运行中绘制负荷曲线，常采用阶梯形的日负荷曲线，如图 5-1 (b) 所示。日负荷曲线可以由运行日志，或记录式仪表的有关数据画出。

若将一日内各小时的负荷加起来取平均值，即为平均负荷，其值等于图 5-1 (b) 曲线下的面积除以 24h。

日负荷曲线除了表示负荷随时间变化外，同时也表示了用户在一日内消耗的电能 $W_r$，即

$$W_r = \sum_1^{24} P \cdot \Delta t \quad (\text{kW} \cdot \text{h}) \tag{5-1}$$

很明显，这就是有功日负荷曲线下面所包围的面积，如图 5-1 (a) 斜线的部分。

### 二、年最大负荷曲线

在计算电能损耗时，不仅要知道一日之内负荷变化的规律，还要了解一年之中最大负荷的变化规律，因而常采用如图 5-2 所示的某地区年最大负荷曲线。从图中可见，该地区夏

季的最大负荷比较小些，而年终负荷比年初大。

### 三、年持续负荷曲线

在电力系统的分析计算中还常用到年持续负荷曲线，如图 5 - 3 所示，它是根据全年负荷变化，按照各个不同的负荷值，在一年中（8760h）的累计持续时间排列组成的，根据年持续负荷曲线，可以计算全年负荷的用电量 $W_n$ 为

$$W_n = \sum_1^{8760} P \cdot \Delta t \quad (kW \cdot h) \tag{5-2}$$

不难看出，电能 $W_n$ 的数值就是年持续负荷曲线下面从 $0 \sim 8760h$ 所包围的面积。

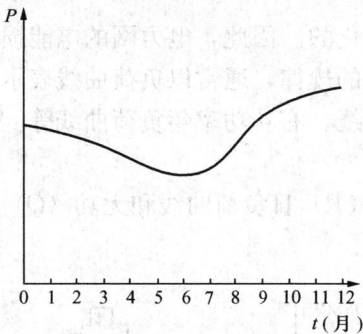

图 5 - 2　年最大负荷曲线　　　　　　　　图 5 - 3　年持续负荷曲线

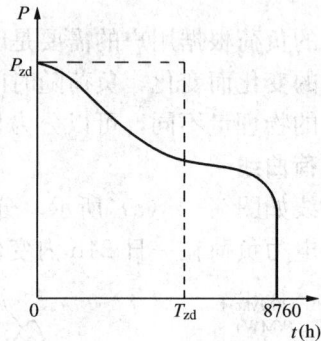

### 四、最大负荷使用时间 $T_{zd}$ 的确定

在年用电量和电能损耗的计算中，难以按实际变化的负荷来计算，而是按最大负荷和最大负荷利用时间 $T_{zd}$ 进行计算，即

$$T_{zd} = \frac{W_n}{P_{zd}} = \frac{\sum_1^{8760} P \cdot \Delta t}{P_{zd}} \quad (h) \tag{5-3}$$

表 5 - 1　各类负荷的最大负荷利用小时

| 负荷类型 | $T_{zd}$ （h） |
| --- | --- |
| 户内照明及生活用电 | 2000～3000 |
| 单班制企业用电 | 1500～2200 |
| 两班制企业用电 | 3000～4500 |
| 三班制企业用电 | 6000～7000 |
| 农业用电 | 2500～3000 |

在图 5 - 3 中，负荷所消耗的电能为年持续负荷曲线从 $0 \sim 8760h$ 所围成的面积，如果将这面积用一与其相等的矩形面积表示，则矩形的高代表最大负荷 $P_{zd}$，矩形的底 $T_{zd}$ 就是最大负荷利用小时。它的意义是：当电力网以最大负荷 $P_{zd}$ 运行，在 $T_{zd}$ 小时内所输送的电能，恰好等于全年按实际负荷曲线运行所输送的电能。

根据电力系统长期运行和实测所积累的经验表明，对于各类负荷，其年最大负荷利用小时大体上在一定的范围之内，见表 5 - 1。

根据年最大负荷利用小时，就可以用式（5 - 3）求出用户的全年用电量。

## 第三节　线路的功率损耗与电能损耗

### 一、线路的功率损耗

当电力线路输送电能时，在线路中就产生功率损耗，此功率损耗与线路参数和通过线路

的负荷大小密切相关。

在电力网计算中，负荷可以用电流表示，也可以用功率表示，由电工基础可知，复数功率表示为

$$\dot{S} = P - jQ \quad \text{（感性负荷）}$$

或
$$\dot{S} = P + jQ \quad \text{（容性负荷）}$$

式中　$\dot{S}$——复数功率；

　　　$P$——有功功率，$P = \sqrt{3}UI\cos\varphi$；

　　　$Q$——无功功率，$Q = \sqrt{3}UI\sin\varphi$；

　　　$S$——视在功率，$S = \sqrt{3}UI$。

如果负荷以电流表示，则有

$$\dot{I} = I\cos\varphi - jI\sin\varphi \quad \text{（感性负荷）}$$

或
$$\dot{I} = I\cos\varphi + jI\sin\varphi \quad \text{（容性负荷）}$$

式中　$I\cos\varphi$——电流有功分量；

　　　$I\sin\varphi$——电流无功分量。

如果已知线路的参数和通过线路中的电流，则三相交流线路中的有功功率损耗 $\Delta P$ 和无功功率损耗 $\Delta Q$ 计算式为

$$\Delta P = 3I^2R \times 10^{-3} \quad \text{（kW）}$$
$$\Delta Q = 3I^2X \times 10^{-3} \quad \text{（kvar）}$$

式中　$I$——每相线路中的总电流，A；

　$R$、$X$——每相线路中导线的电阻与电抗，Ω。

如果已知三相线路的视在功率 $S$，有功功率 $P$ 和无功功率 $Q$，将 $I = \dfrac{S}{\sqrt{3}U}$ 代入上式，则得

$$\left.\begin{array}{l}\Delta P = 3\left(\dfrac{S}{\sqrt{3}U}\right)^2 R = \dfrac{S^2}{U^2}R = \dfrac{P^2 + Q^2}{U^2}R \quad \text{（MW）} \\[3mm] \Delta Q = 3\left(\dfrac{S}{\sqrt{3}U}\right)^2 X = \dfrac{S^2}{U^2}X = \dfrac{P^2 + Q^2}{U^2}X \quad \text{（Mvar）}\end{array}\right\} \quad (5-4)$$

式中　$U$——电力网的线电压，kV；

　　　$P$——三相有功功率，MW；

　　　$Q$——三相无功功率，Mvar。

应该指出，在应用上式时，必须采用同一点的功率和电压。例如，若所用功率是线路首端功率，则所用的电压也必须是首端的电压；若所用功率是取自线路末端的，则电压也应取自末端。在某些情况下，电力网各点电压尚为未知数，此时可用电力网的额定电压 $U_n$ 来计算功率损耗，其结果一般能满足工程上要求的准确度。

**二、线路电能损耗的理论分析及计算方法**

当流经线路的负荷电流或功率的大小，在一段时间 $t$ 不变时，则在 $t$ 时间内线路中的电能损耗 $\Delta W_t$ 为

$$\Delta W_t = \Delta Pt$$

$$= 3I^2Rt \times 10^{-3} \qquad (5-5)$$

$$= \frac{R}{U^2\cos\varphi^2}P^2t \times 10^{-3} \quad (\text{kW} \cdot \text{h}) \qquad (5-6)$$

上二式中    $R$——线路一相的电阻，$\Omega$；

       $\Delta P$——线路电阻中的有功功率损耗，kW；

       $I$——线路通过的电流，A；

       $P$——线路通过的功率，kW；

       $U$——线路实际电压，kV；

   $\cos\varphi$——功率因数；

       $t$——计算电能损耗的时间，h。

在一般情况下，线路中的电流或功率是随时间变化的。因此，就不能用式（5-5）或式（5-6)来计算电能损耗，其计算方法如下。

（一）均方根电流法

若已知电力网的负荷曲线或已知实测负荷记录，就可以用均方根电流法来计算电力网的电能损耗。计算时，将负荷曲线时间 $t$ 分成若干个时间间隔 $\Delta t$，并使 $\Delta t$ 都相等，在 $\Delta t$ 时间内的负荷认为不变，这样式（5-5）可改写为

$$\Delta W_t = 3R \times 10^{-3}(I_1^2 + I_2^2 + \cdots + I_n^2)\Delta t$$

若 $\Delta t = 1$ (h)，则一日（24h）内的电能损耗为

$$\Delta W_r = 3R \times 10^{-3} \frac{I_1^2 + I_2^2 + \cdots + I_{24}^2}{24} \times 24$$

$$= 3I_{jf}^2 R \times 24 \times 10^{-3} \quad (\text{kW} \cdot \text{h}) \qquad (5-7)$$

$$I_{jf} = \sqrt{\frac{I_1^2 + I_2^2 + \cdots + I_{24}^2}{24}} \qquad (5-8)$$

式中    $I_1$，$I_2$，$\cdots$，$I_{24}$——日每小时的电流，A；

       $I_{jf}$——日均方根电流，A。

在 $t$ 时间内的电能损耗为

$$\Delta W_t = 3I_{jf}^2 Rt \times 10^{-3} \quad (\text{kW} \cdot \text{h}) \qquad (5-9)$$

（二）平均电流法（形状系数法）

平均电流法是利用均方根电流与平均电流的等效关系进行电能损耗计算的方法。均方根电流与平均电流的比例关系称为形状系数 $K$，其表达式为

$$K = \frac{I_{jf}}{I_P} \qquad (5-10)$$

式中    $I_P$——日平均电流，A。

日电能损耗

$$\Delta W_t = 3K^2 I_P^2 Rt \times 10^{-3} \quad (\text{kW} \cdot \text{h}) \qquad (5-11)$$

式（5-11）中的 $K^2$ 值应根据日负荷曲线的负荷率和最小负荷率来确定。

负荷率 $f$ 为日平均电流 $I_P$ 和日最大电流 $I_{zd}$ 的比值，即

$$f = \frac{I_P}{I_{zd}} \qquad (5-12)$$

最小负荷率 $\alpha$ 为日最小电流 $I_S$ 和日最大电流 $I_{zd}$ 的比值，即

$$\alpha = \frac{I_S}{I_{zd}} \tag{5-13}$$

当 $f > 0.5$ 时，可按直线变化的持续负荷曲线计算 $K^2$ 值，即

$$K^2 = \frac{\alpha + \frac{1}{3}(1-\alpha)^2}{\left(\frac{1+\alpha}{2}\right)^2} \tag{5-14}$$

或由表 5-2 查取。

**表 5-2** 　　　　　　　　　　　　　　　　　**$K^2$ 及 $F$ 值**

| $\alpha$ ╲ $\alpha$ | | 0.00 | 0.01 | 0.02 | 0.03 | 0.04 | 0.05 | 0.06 | 0.07 | 0.08 | 0.09 |
|---|---|---|---|---|---|---|---|---|---|---|---|
| 0.0 | $K^2$ | 1.3333 | 1.3203 | 1.3077 | 1.2956 | 1.284 | 1.2729 | 1.2621 | 1.2518 | 1.2419 | 1.2323 |
| | $F$ | 0.3333 | 0.3367 | 0.3401 | 0.3436 | 0.3472 | 0.3508 | 0.3545 | 0.3583 | 0.3621 | 0.366 |
| | $f$ | 0.5 | 0.505 | 0.51 | 0.515 | 0.52 | 0.525 | 0.53 | 0.535 | 0.54 | 0.545 |
| 0.1 | $K^2$ | 1.2231 | 1.2143 | 1.2058 | 1.1976 | 1.1897 | 1.1821 | 1.1748 | 1.1678 | 1.161 | 1.1544 |
| | $F$ | 0.37 | 0.374 | 0.3781 | 0.3823 | 0.3865 | 0.3908 | 0.3952 | 0.3996 | 0.4041 | 0.4087 |
| | $f$ | 0.55 | 0.555 | 0.56 | 0.565 | 0.57 | 0.575 | 0.58 | 0.585 | 0.59 | 0.595 |
| 0.2 | $K^2$ | 1.1481 | 1.1421 | 1.1363 | 1.1301 | 1.1252 | 1.12 | 1.115 | 1.1101 | 1.1055 | 1.101 |
| | $F$ | 0.4133 | 0.418 | 0.4228 | 0.4276 | 0.4325 | 0.4375 | 0.4425 | 0.4476 | 0.4528 | 0.458 |
| | $f$ | 0.6 | 0.605 | 0.61 | 0.615 | 0.62 | 0.625 | 0.63 | 0.635 | 0.64 | 0.645 |
| 0.3 | $K^2$ | 1.0966 | 1.0925 | 1.0885 | 1.0846 | 1.0809 | 1.0773 | 1.0738 | 1.0705 | 1.0673 | 1.0642 |
| | $F$ | 0.4633 | 0.4687 | 0.4741 | 0.4796 | 0.4852 | 0.4908 | 0.4965 | 0.5023 | 0.5081 | 0.514 |
| | $f$ | 0.65 | 0.655 | 0.66 | 0.665 | 0.67 | 0.675 | 0.68 | 0.685 | 0.69 | 0.695 |
| 0.4 | $K^2$ | 1.0612 | 1.0584 | 1.0556 | 1.053 | 1.0504 | 1.048 | 1.0456 | 1.0433 | 1.0411 | 1.0391 |
| | $F$ | 0.52 | 0.526 | 0.5321 | 0.5383 | 0.5445 | 0.5508 | 0.5572 | 0.5636 | 0.5701 | 0.5767 |
| | $f$ | 0.7 | 0.705 | 0.71 | 0.715 | 0.72 | 0.725 | 0.73 | 0.735 | 0.74 | 0.745 |
| 0.5 | $K^2$ | 1.037 | 1.0351 | 1.0332 | 1.0315 | 1.0297 | 1.0281 | 1.0265 | 1.025 | 1.0236 | 1.0222 |
| | $F$ | 0.5823 | 0.59 | 0.5968 | 0.6036 | 0.6105 | 0.6175 | 0.6245 | 0.6316 | 0.6388 | 0.646 |
| | $f$ | 0.75 | 0.755 | 0.76 | 0.765 | 0.77 | 0.775 | 0.78 | 0.785 | 0.79 | 0.795 |
| 0.6 | $K^2$ | 1.0208 | 1.0196 | 1.0183 | 1.0172 | 1.0161 | 1.015 | 1.014 | 1.013 | 1.0121 | 1.0112 |
| | $F$ | 0.6533 | 0.6607 | 0.6681 | 0.6750 | 0.6832 | 0.6908 | 0.6985 | 0.7036 | 0.7141 | 0.722 |
| | $f$ | 0.8 | 0.805 | 0.81 | 0.815 | 0.82 | 0.825 | 0.83 | 0.835 | 0.84 | 0.845 |
| 0.7 | $K^2$ | 1.0104 | 1.0096 | 1.0088 | 1.0081 | 1.0074 | 1.0068 | 1.0062 | 1.0056 | 1.0051 | 1.0046 |
| | $F$ | 0.73 | 0.738 | 0.7461 | 0.7543 | 0.7625 | 0.7708 | 0.7792 | 0.7876 | 0.7961 | 0.8047 |
| | $f$ | 0.85 | 0.855 | 0.86 | 0.865 | 0.87 | 0.875 | 0.88 | 0.885 | 0.89 | 0.895 |

| α \ α | | 0.00 | 0.01 | 0.02 | 0.03 | 0.04 | 0.05 | 0.06 | 0.07 | 0.08 | 0.09 |
|---|---|---|---|---|---|---|---|---|---|---|---|
| | $K^2$ | 1.0041 | 1.0037 | 1.0033 | 1.0029 | 1.0025 | 1.0022 | 1.0019 | 1.0016 | 1.0014 | 1.0011 |
| 0.8 | $F$ | 0.8133 | 0.822 | 0.8303 | 0.8396 | 0.8485 | 0.8575 | 0.8605 | 0.8756 | 0.8848 | 0.894 |
| | $f$ | 0.9 | 0.905 | 0.91 | 0.915 | 0.92 | 0.925 | 0.93 | 0.935 | 0.94 | 0.945 |
| | $K^2$ | 1.0009 | 1.0007 | 1.0006 | 1.0004 | 1.0003 | 1.0002 | 1.0001 | 1.0001 | 1.0 | 1.0 |
| 0.9 | $F$ | 0.9033 | 0.9127 | 0.9221 | 0.9316 | 0.9412 | 0.9508 | 0.9605 | 0.9703 | 0.9801 | 0.99 |
| | $f$ | 0.95 | 0.955 | 0.96 | 0.965 | 0.97 | 0.975 | 0.98 | 0.985 | 0.99 | 0.995 |

当 $f < 0.5$，且 $f > \alpha$ 时，按二阶梯持续负荷曲线计算 $K^2$ 值，即

$$K^2 = \frac{f(1+\alpha) - \alpha}{f^2} \qquad (5-15)$$

或由表 5-3 查取。

**表 5-3**　　　　　　　　　　$K^2 = \varphi\ (f, \alpha)$ 值

| f \ α | 0.1 | 0.2 | 0.3 | 0.4 | 0.5 | 0.6 | 0.7 | 0.8 | 0.9 | 1.0 |
|---|---|---|---|---|---|---|---|---|---|---|
| 0.1 | | | | | | | | | | |
| 0.2 | 3.0 | | | | | | | | | |
| 0.3 | 2.5556 | 1.7778 | | | | | | | | |
| 0.4 | 2.125 | 1.75 | 1.375 | | | | | | | |
| 0.5 | 1.8 | 1.6 | 1.4 | 1.2 | | | | | | |
| 0.6 | 1.556 | 1.4444 | 1.3333 | 1.2222 | 1.1111 | | | | | |
| 0.7 | 1.3673 | 1.3061 | 1.2449 | 1.1837 | 1.1224 | 1.0612 | | | | |
| 0.8 | 1.2188 | 1.1875 | 1.1563 | 1.125 | 1.0938 | 1.0625 | 1.0313 | | | |
| 0.9 | 1.0988 | 1.0864 | 1.0741 | 1.0617 | 1.0495 | 1.037 | 1.0247 | 1.0123 | | |
| 1.0 | 1.0 | 1.0 | 1.0 | 1.0 | 1.0 | 1.0 | 1.0 | 1.0 | 1.0 | 1.0 |
| $K^2_{\max}$ | 3.025 | 1.8 | 1.4083 | 1.225 | 1.125 | 1.0667 | 1.0321 | 1.0125 | 1.0028 | 1.0 |
| 相应 $f$ | 0.1818 | 0.3333 | 0.4615 | 0.5714 | 0.6667 | 0.75 | 0.8435 | 0.8889 | 0.9474 | 1.0 |

**（三）最大电流法（损失因数法）**

最大电流法是利用均方根电流 $I_{jf}$ 与最大电流 $I_{zd}$ 的等效关系进行电能损耗计算的方法。均方根电流的平方与最大电流的平方的比例关系，称为损失因数 $F$，其表达式为

$$F = \frac{I_{jf}^2}{I_{zd}^2} \qquad (5-16)$$

日电能损耗为

$$\Delta W_t = 3F I_{zd}^2 R t \times 10^{-3} \quad (\text{kW} \cdot \text{h}) \qquad (5-17)$$

当 $f > 0.5$ 时，可按直线变化的持续负荷曲线计算 $F$ 值，即

$$F = \alpha + \frac{1}{3}(1-\alpha)^2 \qquad (5-18)$$

或由表 5-2 查取。

当 $f<0.5$，且 $f>\alpha$ 时，按二阶梯持续负荷曲线计算 $F$ 值，即

$$F = f(1+\alpha) - \alpha \qquad (5-19)$$

或由表 5-4 查取。

**表 5-4** $\qquad\qquad F=\varphi\ (f,\ \alpha)\ 值$

| $f$ \ $\alpha$ | 0.1 | 0.2 | 0.3 | 0.4 | 0.5 | 0.6 | 0.7 | 0.8 | 0.9 | 1.0 |
|---|---|---|---|---|---|---|---|---|---|---|
| 0.1 | | | | | | | | | | |
| 0.2 | 0.12 | | | | | | | | | |
| 0.3 | 0.23 | 0.16 | | | | | | | | |
| 0.4 | 0.34 | 0.28 | 0.22 | | | | | | | |
| 0.5 | 0.45 | 0.4 | 0.35 | 0.3 | | | | | | |
| 0.6 | 0.56 | 0.52 | 0.48 | 0.44 | 0.4 | | | | | |
| 0.7 | 0.67 | 0.64 | 0.61 | 0.58 | 0.55 | 0.52 | | | | |
| 0.8 | 0.78 | 0.76 | 0.74 | 0.72 | 0.7 | 0.68 | 0.66 | | | |
| 0.9 | 0.89 | 0.88 | 0.87 | 0.86 | 0.85 | 0.84 | 0.83 | 0.82 | | |
| 1.0 | 1.0 | 1.0 | 1.0 | 1.0 | 1.0 | 1.0 | 1.0 | 1.0 | 1.0 | 1.0 |

### 三、架空输电线路电能损耗计算

当输电线路导线的材料和截面一定时，每相导线电阻 $R$ 与导线的温度有关，而导线温度是由通过导线的负荷电流及周围空气温度决定的。考虑这个因素的影响，可认为输电线路电能损耗包括基本损耗 $\Delta W_1$、附加损耗 $\Delta W_2$ 和损耗校正值 $\Delta W_3$ 等三部分。

基本损耗，是按每相导线在 20℃时的电阻值所计算的损耗。这个电阻值可由附表 3~附表 7 查出。

附加损耗，是当电流通过导线时，由于导线发热、温度升高增加的电阻 $\Delta R_{\mathrm{fr}}$ 引起的电能损耗，即

$$\Delta W_2 = 3I_{\mathrm{jf}}^2 \cdot \Delta R_{\mathrm{fr}} t \times 10^{-3} \quad (\mathrm{kW \cdot h}) \qquad (5-20)$$

导线通过电流发热增加的电阻 $\Delta R_{\mathrm{fr}}$ 为

$$\Delta R_{\mathrm{fr}} = R_{20} a(Q_{\mathrm{r2}} - 20)\left(\frac{I_{\mathrm{jf}}}{I_{\mathrm{r2}}}\right)^2 \quad (\Omega) \qquad (5-21)$$

上二式中　　$a$——导线电阻温度系数，对铜、铝及钢芯铝线，一般取 $a=0.004$；

$\qquad\quad R_{20}$——导线在环境温度为 20℃时的电阻，$\Omega$；

$\qquad\quad Q_{\mathrm{r2}}$——导线最高允许温度，对铝线和钢芯铝线，$Q_{\mathrm{r2}}=70$℃；

$\qquad\quad I_{\mathrm{r2}}$——周围空气温度为 20℃时，导线达到最高允许温度时所通过的载流量，A，可由附表 12 查出环境温度为 25℃时载流量，再乘以修正系数 $K$，即换算为空气温度为 20℃时的载流量，$K=\sqrt{\dfrac{70-20}{70-25}}=1.05$。

将 $a$、$Q_{\mathrm{r2}}$ 值代入式（5-21），则

$$\Delta R_{\mathrm{fr}} = R_{20} \times 0.004(70-20)\left(\frac{I_{\mathrm{jf}}}{I_{\mathrm{r2}}}\right)^2$$

$$= R_{20} \times 0.2\left(\frac{I_{\mathrm{jf}}}{I_{\mathrm{r2}}}\right)^2 \qquad\qquad (5\text{-}22)$$

损耗校正值是由于周围空气温度不是 20℃时，导线电阻变化值 $\Delta R_{\mathrm{fa}}$ 引起的电能损耗，即

$$\Delta W_3 = 3I_{\mathrm{jf}}^2 \cdot \Delta R_{\mathrm{fa}} t \times 10^{-3} \quad (\mathrm{kW \cdot h})$$

式中 $\Delta R_{\mathrm{fa}}$ 为环境温度不为 20℃时，导线电阻变化值，其值为

$$\Delta R_{\mathrm{fa}} = R_{20} a(Q_{\mathrm{q}} - 20) \quad (\Omega)$$

则损耗校正值

$$\Delta W_3 = 3I_{\mathrm{jf}}^2 R_{20} a\,(Q_{\mathrm{q}} - 20)\,t \times 10^{-3}$$

$$= \Delta W_1 a\,(Q_{\mathrm{q}} - 20) \quad (\mathrm{kW \cdot h}) \qquad\qquad (5\text{-}23)$$

式中　$Q_{\mathrm{q}}$——测计期平均环境温度。

所以输电线路电能损耗为

$$\Delta W = \Delta W_1 + \Delta W_2 + \Delta W_3$$

**【例 5-1】**　有一条额定电压为 110kV 的架空输电线路，长度为 100km，导线型号为 LGJ-185，水平排列，几何均距为 4m，测计期的日负荷曲线如图 5-4 所示，平均气温为 25℃，求当月（30 天）的线路电能损耗。

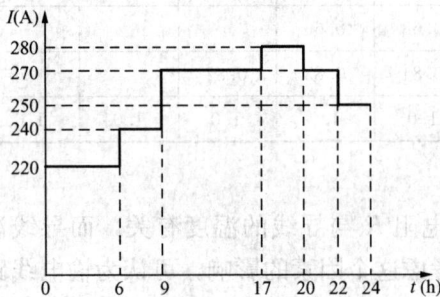

图 5-4　例 5-1 图

**解**　因为已知日负荷曲线，故用均方根电流法来计算线路中的电能损耗。

（1）由附表 4 查得 LGJ-185 型导线单位长度的电阻 $r_0 = 0.17\,\Omega/\mathrm{km}$，线路总电阻为

$$R_{20} = 0.17 \times 100 = 17\,(\Omega)$$

（2）日均方根电流为

$$I_{\mathrm{jf}} = \sqrt{\frac{I_1^2 + I_2^2 + \cdots + I_{24}^2}{24}}$$

$$= \sqrt{\frac{220^2 \times 6 + 240^2 \times 3 + 270^2 \times 10 + 280^2 \times 3 + 250^2 \times 2}{24}}$$

$$= \sqrt{\frac{1\,552\,400}{24}} = 254\ (\mathrm{A})$$

（3）按式（5-9）计算基本损耗为

$$\Delta W_1 = 3I_{\mathrm{jf}}^2 R_{20} t \times 10^{-3}$$

$$= 3 \times 254^2 \times 17 \times (24 \times 30) \times 10^{-3}$$

$$= 2\,369\,027\ (\mathrm{kW \cdot h})$$

（4）计算附加损耗 $\Delta W_2$。由附表 12 查得 515A，再乘修正系数 $K=1.05$，得

$$I_{\mathrm{r2}} = 515 \times 1.05 = 540(\mathrm{A})$$

由式（5-22）得

$$\Delta R_{\mathrm{fr}} = R_{20} \times 0.2\left(\frac{I_{\mathrm{jf}}}{I_{\mathrm{r2}}}\right)^2$$

$$= 17 \times 0.2 \left(\frac{254}{540}\right)^2$$
$$= 0.75(\Omega)$$

则
$$\Delta W_2 = 3 I_{jf}^2 \Delta R_{fr} \cdot t \times 10^{-3}$$
$$= 3 \times 254^2 \times 0.75 \times 720 \times 10^{-3}$$
$$= 104\,515(kW \cdot h)$$

（5）计算损耗校正值 $\Delta W_3$。由式（5-23）得
$$\Delta W_3 = \Delta W_1 a(Q_q - 20)$$
$$= 2\,369\,027 \times 0.004 \times (25 - 20)$$
$$= 47\,380(kW \cdot h)$$

（6）总电能损耗 $\Delta W$ 为
$$\Delta W = \Delta W_1 + \Delta W_2 + \Delta W_3$$
$$= 2\,369\,027 + 104\,515 + 47\,380$$
$$= 2\,520\,922(kW \cdot h)$$

### 四、架空配电线路电能损耗计算

（一）10kV 线路的电能损耗计算

这种高压配电线路的特点是，线路长、负荷点多、应用面广、分支多、导线型号不统一以及各条线路负荷资料难以掌握等。因此，在进行电能损耗计算时，一般采用逐点计算法。也即先将线路的全线按每个负荷点进行分段，再求出各段最大电流和全线等值电阻，最后根据均方根电流和等值电阻求出全线的电能损耗。

【例 5-2】　有一条 10kV 线路，其各负荷点配电变压器容量，高压用户的月供电量与平均功率因数，示于图 5-5 中，线路各段电阻电流分布，标于图 5-6 中。表 5-5 为线路首端日实测最大电流记录。线路日供电量为 25 000kW·h，全月供电量为 900 000kW·h，试求线路全月（30 天）的电能损耗。

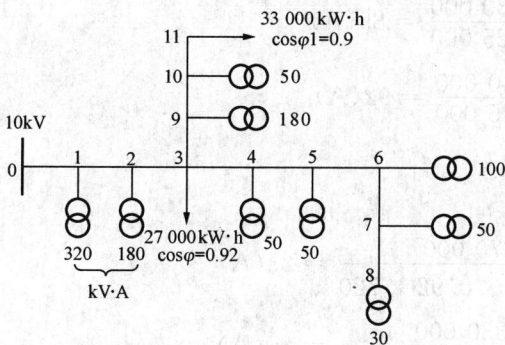

图 5-5　例 5-2 图（线路结线）

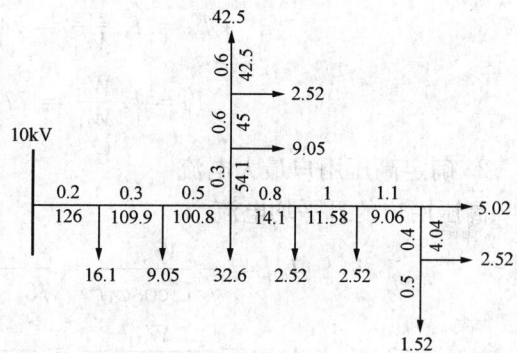

图 5-6　例 5-2 图

**解**　1. 计算线路首端电流

由表 5-5 查出线路首端最大电流 $I_{zd} = 105A$、日平均电流为
$$I_{av} = \frac{I_1 + I_2 + \cdots + I_{24}}{24} = \frac{35 + 42 + \cdots + 60}{24} = 74(A)$$

**表 5 - 5**　　　　　　　　　　　　　　**线路首端日实测电流记录**

| 实测时间（h） | 最大电流（A） | 实测时间（h） | 最大电流（A） | 实测时间（h） | 最大电流（A） |
|---|---|---|---|---|---|
| 1 | 35 | 9 | 80 | 17 | 50 |
| 2 | 42 | 10 | 90 | 18 | 70 |
| 3 | 45 | 11 | 95 | 19 | 100 |
| 4 | 50 | 12 | 85 | 20 | 105 |
| 5 | 60 | 13 | 90 | 21 | 100 |
| 6 | 65 | 14 | 95 | 22 | 90 |
| 7 | 60 | 15 | 90 | 23 | 70 |
| 8 | 70 | 16 | 85 | 24 | 60 |

线路首端日均方根电流为

$$I_{jf} = \sqrt{\frac{I_1^2 + I_2^2 + \cdots + I_{24}^2}{24}}$$

$$= \sqrt{\frac{35^2 + 42^2 + \cdots + 60^2}{24}} = \sqrt{\frac{142\ 064}{24}} = 77(A)$$

当月的平均日供电量

$$W_2 = \frac{900\ 000}{30} = 30\ 000(kW \cdot h)$$

由于日供电量〔已知 $W_1 = 25\ 000$（kW·h）〕与日平均供电量相差较大，所以，应对日电流值进行修正，计算如下：

$$I'_{zd} = I_{zd}\frac{W_2}{W_1} = 105 \times \frac{30\ 000}{25\ 000} = 126(A)$$

$$I'_{av} = I_{av}\frac{W_2}{W_1} = 74 \times \frac{30\ 000}{25\ 000} = 89(A)$$

$$I'_{jf} = I_{jf}\frac{W_2}{W_1} = 77 \times \frac{30\ 000}{25\ 000} = 92(A)$$

**2. 确定高压用户最大电流**

高压用户的日平均电流

$$I_{av3} = \frac{W_3}{\sqrt{3}U\cos\varphi_3 t} = \frac{270\ 000}{\sqrt{3} \times 10 \times 0.92 \times 720} = 23(A)$$

$$I_{av11} = \frac{W_{11}}{\sqrt{3}U\cos\varphi_{11} t} = \frac{330\ 000}{\sqrt{3} \times 10 \times 0.9 \times 720} = 30(A)$$

根据线路首端的最大电流和平均电流以及高压用户的平均电流估算高压用户的最大电流，则

$$I_{zd3} = I_{av3}\frac{I_{zd}}{I_{av}} = 23 \times \frac{105}{74} = 32.6(A)$$

$$I_{zd11} = I_{av11}\frac{I_{zd}}{I_{av}} = 30 \times \frac{105}{74} = 42.5(A)$$

3. 计算各配电变压器的最大电流

从图 5 - 5 中得知配电变压器总容量

$$\sum S_B = 1010(\text{kVA})$$

配电变压器总的最大电流应为

$$\sum I_{zdB} = 126 - (32.6 + 42.5) = 50.9(\text{A})$$

每 kVA 配电变压器平均最大电流

$$I_{zdav} = \frac{\sum I_{zdB}}{\sum S_B} = \frac{50.9}{1010} = 0.0503(\text{A/kVA}) \tag{5 - 24}$$

因此，各配电变压器的最大电流，例如配电变压器 1 最大电流为

$$I_{zd1} = I_{zdav} \times S_{B1} = 0.0503 \times 320 = 16.1(\text{A}) \tag{5 - 25}$$

以此类推，可求出其余各配电变压器的最大电流，标于图 5 - 6 中。

4. 计算线路的等值电阻

线路等值电阻的意义是：当线路首端最大电流通过等值电阻时，所产生的电能损耗，恰好等于该线路在同时期按实际最大电流运行时所产生的电能损耗。所以，线路的等值电阻：

$$R_{dz} = \frac{\sum_{k=1}^{n} I_{zdk}^2 R_k}{I_{zd}'^2} \tag{5 - 26}$$

式中  $I_{zdk}$——线路各段最大电流，A；

$R_k$——线路各段导线电阻，Ω；

$R_{dz}$——线路等值电阻，Ω。

将数据代入式（5 - 26）

$$R_{dz} = \left(\frac{1}{126}\right)^2 (126^2 \times 0.2 + 109.9^2 \times 0.3 + 100.8^2 \times 0.5 + 54.1^2 \times 0.3 + 45^2$$

$$\times 0.6 + 42.5^2 \times 0.6 + 14.1^2 \times 0.8 + 11.58^2 \times 1 + 9.06^2 \times 1.1 + 4.04^2$$

$$\times 0.4 + 2.52^2 \times 0.5) = 0.97(\Omega)$$

5. 计算线路电能损耗

$$\Delta W = 3 I_{jf}'^2 R_{dz} t \times 10^{-3}$$

$$= 3 \times 92^2 \times 0.97 \times 720 \times 10^{-3} = 17\ 734(\text{kW} \cdot \text{h})$$

（二）0.4kV 低压配电线路的电能损耗计算

低压配电线路的特点是导线型号多、支路多、计算资料不完整。所以，在计算电能损耗时，可以以变压器台区为单位，逐个台区进行计算；也可以把各相同容量变压器供电的低压台区编为一组，进行综合计算。前种方法计算结果比较准确，但工作量太大，难以办到，考虑到低压配电线路的电能损耗占整个电网电能损耗的比重较小，故常采用综合计算法，其计算公式为

$$\Delta W = \sum MNI_{zd}^2 R_{av} K_{av} F_{av} t \times 10^{-3} (\text{kW} \cdot \text{h}) \tag{5 - 27}$$

式中  $M$——相同相别，相同容量变压器供电的低压台区数；

$N$——接线系数，对于单相二线制，$N=2$，对于三相四线制 $N=3.5$，对于三相三线制 $N=3$；

$I_{zd}$——低压线路首端的最大电流，也就是变压器低压侧最大电流，A；

$R_{av}$——相同相别，相同容量变压器供电的各个低压台区的电阻平均值，Ω；

$K_{av}$——相同相别，相同容量变压器供电的各个低压台区的负荷分散因数的平均值，见表 5 - 6；

$F_{av}$——相同相别，相同容量变压器供电的各个低压台区的损失因数平均值；损失因数 $F=\left(\dfrac{I_{jf}}{I_{zd}}\right)^2$；

$t$——测计期运行小时数。

表 5 - 6　　　　　　　　　　　　　　　负 荷 分 散 因 数

| 序号 | 负荷分布状况 | 分散因数 | 序号 | 负荷分布状况 | 分散因数 |
|---|---|---|---|---|---|
| 1 | 末端集中负荷 | 1 | 4 | 负荷渐减分布 | 0.2 |
| 2 | 全线匀布负荷 | 0.33 | 5 | 负荷中间大两端渐减 | 0.38 |
| 3 | 负荷渐增分布 | 0.53 | | | |

在应用式（5 - 27）时，还应注意下列两点：

（1）负荷很轻的低压分支线路损耗可以忽略不计，它的电阻不要统计在内。

（2）如果这个台区是向两侧供电，线路电阻应除以 4；如果这个台区是向三侧供电，电阻值应除以 9；如果向四侧供电，电阻值应除以 16。

【例 5 - 3】　计算图 5 - 5 中，配电系统低压配电线路一个月（30 天）的电能损耗。从图 5 - 5 中，得知该系统共有 9 台变压器，故分 9 个台区，其中有 7 个低压台区由电业部门负担损耗，计算资料示于表 5 - 7 中。

表 5 - 7　　　　　　　　　　　　　　例 5 - 3 的 计 算 资 料

| 台区号 | 供电方式 | 变压器容量（kVA） | 高压侧/低压侧最大电流（A） | 分散因数 | 损失因数 | 电阻（Ω） | 几侧供电 |
|---|---|---|---|---|---|---|---|
| 4 | 单相二线 | 50 | 2.52/114.5 | 0.33 | 0.2 | 1.3 | 二侧 |
| 5 | 单相二线 | 50 | 2.52/114.5 | 0.38 | 0.2 | 0.8 | 三侧 |
| 7 | 三相四线 | 50 | 2.52/66.3 | 0.4 | 0.4 | 1.0 | 单侧 |
| 6 | 三相四线 | 100 | 5.03/132.4 | 0.34 | 0.4 | 0.7 | 二侧 |
| 2 | 三相四线 | 180 | 9.05/238 | 0.40 | 0.4 | 0.9 | 四侧 |
| 9 | 三相四线 | 180 | 9.05/238 | 0.32 | 0.4 | 0.8 | 三侧 |
| 1 | 三相四线 | 320 | 16.1/423.7 | 0.34 | 0.4 | 0.6 | 四侧 |

注　单相照明变压器损失因数取 0.2，三相变压器为 0.4。

**解**　将七个变压器台区分为五组，单相 50kVA 为第一组，三相 50kVA 为第二组，三相 100kVA 为第三组，三相 180kVA 为第四组，三相 320kVA 为第五组。

（1）求第一组电能损耗。

第一组共有两个台区　　　　　　　　　　　$M=2$

分散因数平均值　　　　　　　　$K_{p1}=\dfrac{0.33+0.38}{2}=0.36$

损失因数平均值　　　　　　　　$F_{av}=\dfrac{0.2+0.2}{2}=0.2$

第四台区归算电阻 $\qquad R_4 = \dfrac{1.3}{4} = 0.33$（$\Omega$）

第五台区归算电阻 $\qquad R_5 = \dfrac{0.8}{9} = 0.09$（$\Omega$）

第一组平均电阻 $\qquad R_{p1} = \dfrac{0.33+0.09}{2} = 0.21$（$\Omega$）

第一组低压线路的电能损耗为

$$\Delta W_1 = MNI_{zd}^2 R_{av} K_{av} F_{av} t \times 10^{-3}$$
$$= 2 \times 2 \times 114.5^2 \times 0.21 \times 0.36 \times 0.2 \times 720 \times 10^{-3} = 571(kW \cdot h)$$

（2）求第二组电能损耗。

第二组只有一个台区 $\qquad M=1$

第二组低压线路的电能损耗为

$$\Delta W_2 = 1 \times 3.5 \times 66.3^2 \times 1 \times 0.4 \times 0.4 \times 720 \times 10^{-3} = 1772(kW \cdot h)$$

（3）求第三组电能损耗。

第三组只有一个台区 $\qquad M=1$

第六台区归算电阻 $\qquad R_6 = \dfrac{0.7}{4} = 0.18$（$\Omega$）

第三组低压线路的电能损耗

$$\Delta W_3 = 1 \times 3.5 \times 132.4^2 \times 0.18 \times 0.34 \times 0.4 \times 720 \times 10^{-3} = 1081(kW \cdot h)$$

（4）求第四组电能损耗。

第四组共有两个台区 $\qquad M=2$

分散因数平均值 $\qquad K_{av4} = \dfrac{0.40+0.32}{2} = 0.36$

损失因数平均值 $\qquad F_{av4} = \dfrac{0.4+0.4}{2} = 0.4$

第二台区归算电阻 $\qquad R_2 = \dfrac{0.9}{16} = 0.06$（$\Omega$）

第九台区归算电阻 $\qquad R_9 = \dfrac{0.8}{9} = 0.09$（$\Omega$）

第四组平均电阻 $\qquad R_{av4} = \dfrac{0.06+0.09}{2} = 0.08$（$\Omega$）

第四组低压线路的电能损耗

$$\Delta W_4 = 2 \times 3.5 \times 2.38^2 \times 0.08 \times 0.36 \times 0.4 \times 720 \times 10^{-3} = 3289(kW \cdot h)$$

（5）求第五组电能损耗。

第五组只有一个台区 $\qquad M=1$

第一台区归算电阻 $\qquad R_1 = \dfrac{0.6}{16} = 0.04$（$\Omega$）

第五组低压线路的电能损耗

$$\Delta W_5 = 1 \times 3.5 \times 423.7^2 \times 0.04 \times 0.34 \times 0.4 \times 720 \times 10^{-3}$$
$$= 2461(kW \cdot h)$$

五组变压器台区的总电能损耗为

$$\Delta W_\Sigma = \Delta W_1 + \Delta W_2 + \Delta W_3 + \Delta W_4 + \Delta W_5$$
$$= 571 + 1772 + 1081 + 3289 + 2461 = 9174(\text{kW·h})$$

对于低压接户线的电能损耗所占比重较小，且由于接户线数量很多，导线型号、长度及负荷电流均不相同，所以计算起来比较困难。因此，通常对每100m低压接户线，可按每月损耗0.5kW·h电来统计。

### 五、电力电缆线路和电力容器电能损耗计算

电缆线路中的电能损耗包括导体电阻损耗、介质损耗和铅包、钢铠中的涡流损耗，而电缆的敷设方法，土壤或水的温度以及集肤和邻近效应对电缆线路的电能损耗都有影响。所以，精确计算电缆线路的电能损耗很复杂，在一般情况下，介质损耗为导体电阻损耗的1%～3%；铅包的损耗约为1.5%；钢铠在三芯电缆中，若导线截面不大于185mm时，可忽略不计，其导体电阻损耗为

$$\Delta W = 3I_{jf}^2 R \times 10^{-3} \quad (\text{kW·h}) \tag{5-28}$$

式中　$R$——电缆线路每相导线的电阻值，$\Omega$。

电力容器的电能损耗主要是介质损耗，其计算式为

$$\Delta W = Q_C \tan\delta \times 24 \times 10^{-3} \quad (\text{kW·h}) \tag{5-29}$$

式中　$Q$——电力容器的容量，kvar；
　　　$\tan\delta$——介质损失角$\delta$的正切值，一般可取0.004。

## 第四节　变压器的功率损耗与电能损耗

### 一、变压器的功率损耗计算

#### （一）用等值阻抗计算

变压器的有功功率损耗包括两部分：一部分是正比于变压器负荷平方的铜损；另一部分是与所加电压有关的铁损。对于双绕组变压器，变压器有功功率损耗

$$\Delta P_T = \frac{P^2 + Q^2}{U_6^2} R_T + \Delta P_{ti} \quad (\text{MW}) \tag{5-30}$$

式中　$\Delta P_{ti}$——变压器的铁损，可近似地等于变压器的空载损耗；
　　　$R_T$——变压器每一相的等值电阻$\Omega$。

变压器的无功功率损耗也包括两部分：一部分是正比于变压器负荷平方的变压器绕组的漏抗损耗；另一部分是与负荷无关的励磁损耗。对于双绕组变压器无功功率损耗为

$$\Delta Q_T = \frac{P^2 + Q^2}{U_6^2} X_T + \Delta Q_{lc} \quad (\text{MW}) \tag{5-31}$$

式中　$\Delta Q_{lc}$——变压器的励磁损耗；
　　　$X_T$——变压器每一相的等值电抗，$\Omega$。

#### （二）直接用变压器的特性数据进行计算

变压器在额定电流$I_n$时的铜损耗为$\Delta P_{tgn} = 3I_n^2 R_B$；变压器通过负荷电流$I$时的铜损耗为$\Delta P_{tg} = 3I^2 R_B$。由此可得

$$\frac{\Delta P_{tg}}{\Delta P_{tgn}} = \frac{I^2}{I_n^2}$$

即

$$\Delta P_{tg} = \Delta P_{tgn}\left(\frac{I}{I_n}\right)^2 = \Delta P_{tgn}\left(\frac{S}{S_n}\right)^2 \quad (MW)$$

所以变压器的总有功功率损耗为

$$\Delta P_T = \Delta P_{tgn}\left(\frac{S}{S_6}\right)^2 + \Delta P_{ti} \quad (MW) \tag{5-32}$$

如果将 $X_T = \dfrac{U_d\% U_6^2}{100 S_n}$ 代入式（5-31）中

则

$$\Delta Q_T = \frac{P^2+Q^2}{U_n^2}\times\frac{U_d\% U_n^2}{100 S_n} + \Delta Q_{l0} \tag{5-33}$$

$$= \frac{S^2}{S_n}\times\frac{U_d\%}{100} + \Delta Q_{lc} \quad (Mvar)$$

其中

$$\Delta Q_{lc} = \frac{\Delta Q_{lc}\%}{100}S_n = \frac{\Delta Q_0\%}{100}S_n = \frac{I_0\%}{100}S_n$$

式中　$P$——三相有功功率，MW；

$\quad\quad Q$——三相无功功率，Mvar；

$\quad\quad S$——三相视在功率，MV·A；

$\quad\quad S_n$——变压器额定容量，MV·A；

$\quad\Delta P_{tgn}$——变压器额定负荷时的铜损耗，可近似地等于变压器的短路损耗；

$\quad\quad U_n$——额定线电压，kV；

$\quad U_d\%$——变压器短路电压百分值；

$\quad\;\; I_0\%$——变压器空载电流百分值。

## 二、主变压器电能损耗计算

### （一）双绕组变压器

变压器的电能损耗由固定损耗和可变损耗两部分组成，固定损耗主要和电压有关，指的是变压器的铁损耗；可变损耗主要与负荷电流有关，主要是指变压器绕组中的铜损耗。变压器电能损耗可用均方根电流法、平均电流法、最大电流法进行计算。用均方根电流法计算时，固定损耗 $\Delta W_{gd}$ 可变损耗 $\Delta W_{Kb}$ 分别为

$$\Delta W_{gd} = \Delta P_{ti}t \approx \Delta P_0 t$$

$$\Delta W_{Kb} = \Delta P_{tg}\left(\frac{I_{jf}}{I_n}\right)^2 t$$

$$= \Delta P_d\left(\frac{I_{jf}}{I_n}\right)^2 t$$

$$= 3I_n^2 R_T\left(\frac{I_{jf}}{I_n}\right)^2 t \times 10^{-3}$$

式中　$\Delta W_{gd}$——变压器固定损耗，kW·h；

$\quad\Delta W_{Kb}$——变压器可变损耗，kW·h；

$\quad\;\Delta P_{ti}$——变压器铁损耗，kW；

$\quad\;\Delta P_0$——变压器空载损耗，kW；

$\quad\;\Delta P_{tg}$——变压器铜损耗，kW；

$\quad\;\Delta P_d$——变压器短路损耗，kW；

$\quad\quad I_{jf}$——均方根电流，A；

$I_n$——变压器额定电流，A；

$R_T$——变压器等值总电阻，$\Omega$。

用平均电流法和最大电流法计算时，其可变损耗为

$$\left.\begin{array}{l}\Delta W_{Kb}=3I_P^2 R_T K^2 t\times 10^{-3}\quad(\text{kW}\cdot\text{h})\\[6pt]\Delta W_{Kb}=3I_{zd}^2 R_T Ft\times 10^{-3}\quad(\text{kW}\cdot\text{h})\end{array}\right\}\quad(5\text{-}34)$$

或

所以，双绕组变压器的总的电能损耗

$$\left.\begin{array}{l}\Delta W_T=\Delta W_{gd}+\Delta W_{Kb}\\[6pt]\quad=\left[\Delta P_{ti}+\Delta P_{tg}\left(\dfrac{I_{jf}}{I_n}\right)^2\right]t\quad(\text{kW}\cdot\text{h})\\[8pt]\Delta W_T=(\Delta P_0+3I_{jf}^2 R_T\times 10^{-3})\,t\quad(\text{kW}\cdot\text{h})\end{array}\right\}\quad(5\text{-}35)$$

或

式中　$I_P$——平均电流，A；

　　　$I_{zd}$——最大电流，A；

　　　$K$——形状系数；

　　　$F$——损失因数。

（二）三绕组变压器

三绕组变压器的固定损耗计算与双绕组变压器相同。在计算变压器的可变损耗时，由附录查得的 $\Delta P_d$ 值是每两个绕组的数值。用式（4-28）和式（4-30）求出每个绕组的 $\Delta P_{d1}$、$\Delta P_{d2}$、$\Delta P_{d3}$ 值，然后再计算可变损耗。

三绕组变压器总的电能损耗为

$$\Delta W_T=\left[\Delta P_0+\Delta P_{d1}\left(\frac{I_{jf1}'}{I_n}\right)^2+\Delta P_{d2}\left(\frac{I_{jf2}'}{I_e}\right)^2+\Delta P_{d3}\times\left(\frac{I_{jf3}'}{I_e}\right)^2\right]t\quad(\text{kW}\cdot\text{h})\quad(5\text{-}36)$$

式中　$I_n$——变压器容量为 100% 绕组的额定电流，A；

　　　$I_{jf1}$——变压器容量为 100% 绕组的均方根电流，A；

　$I_{jf2}'$、$I_{jf3}'$——将 $I_{jf2}'$、$I_{jf3}'$ 归算至容量为 100% 绕组一侧的均方根电流，A。

【例 5-4】　某降压变电站，有两台并联运行的 SZ9-20000/110 型变压器，其电压为 110/10.5kV、低压侧负荷为 25MW、$\cos\varphi=0.8$，试计算变压器的功率损耗。

解　由铭牌得知每台变压器的特性数据：$\Delta P_{tgn}\approx\Delta P_d=99$（kW）、$\Delta P_{ti}\approx\Delta P_0=26.2$（kW）、$U_d\%=10.5$、$I_0\%=0.84$，然后进行如下计算。

低压侧视在功率为

$$S=\frac{P}{\cos\varphi}=\frac{25}{0.8}=31.3(\text{MV}\cdot\text{A})$$

由式（5-32）可得

$$\Delta P_T=\Delta P_{tgn}\left(\frac{S}{nS_n}\right)^2 n+n\Delta P_{ti}$$

$$=99\left(\frac{31.3}{2\times 20}\right)^2\times 2+2\times 26.2=172.9(\text{kW})$$

由式（5-33）可得

$$\Delta Q_T=\frac{S^2}{nS_n}\times\frac{U_d\%}{100}+n\frac{I_0\%}{100}S_n$$

$$=\frac{31.3^2}{2\times 20}\times\frac{10.5}{100}+2\times\frac{0.84}{100}\times 20=2.92(\text{MW})$$

变压器的总功率损耗为

$$\Delta \dot{S}_T = \Delta P_T - j\Delta Q_T = 0.17 - j2.92(MV \cdot A)$$

【例 5 - 5】　某变电站有一台 SZ9 - 31500/110 型变压器，其电压为 110/11kV，高压侧额定电流为 184A，并从铭牌得知 $\Delta P_0 = 34.8kW$、$\Delta P_d = 140.6kW$、$I_0\% = 0.77$、$U_d\% = 10.5$，日实测负荷电流见表 5 - 8，试求变压器当月的电能损耗。

表 5 - 8　　　　　　　　　　　变压器日实测电流记录

| 实测时间（h） | 电流（A） | 实测时间（h） | 电流（A） | 实测时间（h） | 电流（A） |
|---|---|---|---|---|---|
| 1 | 125 | 9 | 135 | 17 | 125 |
| 2 | 125 | 10 | 135 | 18 | 140 |
| 3 | 125 | 11 | 135 | 19 | 140 |
| 4 | 125 | 12 | 135 | 20 | 140 |
| 5 | 130 | 13 | 135 | 21 | 140 |
| 6 | 130 | 14 | 135 | 22 | 130 |
| 7 | 130 | 15 | 135 | 23 | 125 |
| 8 | 135 | 16 | 125 | 24 | 125 |

**解**　变压器接入电网的时间，$t = 30 \times 24 = 720$（h）

变压器低压侧的均方根电流为

$$I_{jf} = \sqrt{\frac{I_1^2 + I_2^2 + \cdots + I_{24}^2}{24}}$$

$$= \sqrt{\frac{125^2 \times 8 + 130^2 \times 4 + 135^2 \times 8 + 140^2 \times 4}{24}} = 131.7（A）$$

变压器当月的电能损耗可由式（5 - 36）求得

$$\Delta W_T = \left[\Delta P_{ti} + \Delta P_{tg}\left(\frac{I_{jf}}{I_n}\right)^2\right]t = \left[\Delta P_0 + \Delta P_d\left(\frac{I_{jf}}{I_n}\right)^2\right]t$$

$$= \left[34.8 + 140.6\left(\frac{131.7}{184}\right)^2\right] \times 720 = 77\ 226（kW \cdot h）$$

**三、配电变压器电能损耗计算**

配电变压器电能损耗计算方法和双绕组主变压器一样，也是由固定损耗和可变损耗两部分组成的。下面就以实例来说明其计算方法和步骤。

【例 5 - 6】　有一条 10kV 配电线路，共接有 12 台变压器，其中 8 台由电力公司负担，需要计算电能损耗，变压器的参数如表 5 - 9 所示，试计算一个月（30 天）配电变压器总的电能损耗。

**解**　（1）计算变压器的固定损耗

$$\Delta W_{gd} = \sum_{j}^{n} \Delta P_0 t \times 10^{-3}$$

$$= (1500 + 1000 \times 2 + 660 \times 2 + 405 + 340 + 240) \times 720 \times 10^{-3}$$

$$= 4179(kW \cdot h)$$

**表 5 - 9**　　　　　　　　　　　　　　**例 5 - 6 的配电变压器计算数据**

| 序号 | 容量<br>(kV·A) | 相数 | 空载损耗<br>(W) | 短路损耗<br>(W) | 实测最大电流<br>(A) | 一次侧额定电流<br>(A) |
|---|---|---|---|---|---|---|
| 1 | 320 | 三 | 1500 | 5700 | 12 | 18.5 |
| 2 | 180 | 三 | 1000 | 3600 | 7 | 10.4 |
| 3 | 180 | 三 | 1000 | 3600 | 6.5 | 10.4 |
| 4 | 100 | 三 | 660 | 2250 | 3 | 5.8 |
| 5 | 100 | 三 | 660 | 2250 | 2.5 | 5.8 |
| 6 | 50 | 三 | 405 | 1300 | 1.8 | 2.9 |
| 7 | 50 | 单 | 340 | 1150 | 2.5 | 2.9 |
| 8 | 30 | 单 | 240 | 790 | 1 | 1.7 |

（2）计算变压器可变损耗（逐台计算法）

$$\Delta W_{kb} = \sum_{k=1}^{n} \Delta P_d \left(\frac{I_{jfk}}{I_{nk}}\right)^2 t \times 10^{-3}$$

$$= \sum_{k=1}^{n} \Delta P_d \left(\frac{I_{zdk}}{I_{nk}}\right)^2 F_k t \times 10^{-3} \qquad (5-37)$$

式中　$I_{jfk}$—— 某台变压器均方根电流，A；

　　　$I_{zdk}$——某台变压器实测最大电流，A；

　　　$I_{nk}$——某台变压器一次侧额定电流，A；

　　　$F_k$——损失因数。

将数据代入式（5 - 37）得

$$\Delta W_{kb} = \left[5700 \times \left(\frac{12}{18.5}\right)^2 \times 0.4 + 3600\left(\frac{7^2 + 6.5^2}{10.4^2}\right) \times 0.4\right.$$

$$+ 2250\left(\frac{3^2 + 2.5^2}{5.82}\right) \times 0.4 + 1300\left(\frac{1.8}{2.9}\right)^2 \times 0.4 + 1150$$

$$\left. \times \left(\frac{2.5}{2.9}\right)^2 \times 0.2 + 790\left(\frac{1}{1.7}\right)^2 \times 0.2\right] \times 720 \times 10^{-3}$$

$$= (959 + 1215 + 408 + 200 + 170 + 55) \times 720 \times 10^{-3}$$

$$= 2204 (\text{kW} \cdot \text{h})$$

（3）变压器总的电能损耗

$$\Delta W_B = \Delta W_{gd} + \Delta W_{kb} = 4179 + 2204 = 6383 (\text{kW} \cdot \text{h})$$

逐台计算法，仅适用于配电变压器台数较少的情况，当配电线路上接的变压器台数较多时，可用综合计算法来计算变压器可变损耗。其公式为

$$\Delta W_{kb} = \sum_{k=1}^{n} \Delta P_d \left(\frac{I_{jfk}}{I_{nk}}\right)^2 t \times 10^{-3}$$

$$= \sum_{k=1}^{n} \Delta P_d \left(\frac{1.3 I_{zdavk}}{I_n}\right)^2 F_k t \times 10^{-3} \qquad (5-38)$$

式中　$I_{zdavk}$——不是实测的最大电流，而是采用式（5 - 24）和式（5 - 25）计算的，也即按变压器容量分配的最大平均电流。由于各变压器的最大负荷电流不是同时出现，故在 $I_{zdavk}$ 前乘以 1.3。

## 第五节 降低线损的措施

通过以上理论计算可知，电力网中的功率损耗和电能损耗，在数值上是不容忽视的。例如，在最大负荷为 500 万 kW 的大型电力系统中，若有功损耗占 15%，则损耗有功功率为 75 万 kW；如果年最大负荷利用小时数为 4000h，则每年损耗电能 30 亿 kW·h。由此可见，为了满足用户的供电要求，系统就要增加发电设备，从而增加建设投资和发电成本，使电力系统的运行费用增加，所以，节约用电，降低电力网的功率损耗和电能损耗（线损）是电力网设计和运行中的一项重要任务。

为了降低线损，首先必须做好供电的技术管理、计量管理和用电管理工作，不断提高电力网的运行水平。同时，还必须采取一些技术措施和组织措施来降低线损。

### 一、降低线路损耗的技术措施

降低线路损耗的方法主要是：对电力网建设要合理的规划；调整现有电网的运行方式，使其运行经济合理；调整现有电网的运行电压；增加无功补偿装置和采用同步电动机，以提高功率因数等。

#### （一）合理确定供电中心提高线路电压等级

无论是 35kV 变电站或是配电变压器，均应尽量设置在用电负荷中心。这样，减少了供电半径，使较大电流通过较短的导线送到用户，以使线路损耗最小。

随着城市和工业负荷的不断增长，原有 35kV 或 10kV 电网的负荷愈来愈重，从而使线损也随着增加。因此，近年来有的城市对原有电网进行了改造，采用了 110kV 或 220kV 的高压线路，向工业负荷中心供电。这样，不但提高了供电能力，减少了线损，而且改善了电压质量。

从式（5-6）可知，电能损耗与电压平方成反比，当线路升压后其电能损耗 $\Delta W_{t2}$ 降低了

$$\Delta W = \Delta W_{t1} - \Delta W_{t2}$$
$$= \Delta W_{t1}\left(1 - \frac{U_{n1}^2}{U_{n2}^2}\right) \ (\text{kW·h}) \tag{5-39}$$

式中　$\Delta W_{t1}$——升压前线路的电能损耗，kW·h；

　　　$U_{n1}$——升压前线路的额定电压，kV；

　　　$U_{n2}$——升压后线路的额定电压，kV。

通过式（5-39）计算可知，当线路电压由 35kV 升压到 110kV 时，其电能损耗可降低 89.9%。

#### （二）调整电网的运行方式

1. 改开环网为闭环网运行

城市高压配电网络常采用环形供电方式，图 5-7 是环形供电方式的一种接线。环形供电有两种不同的运行方式：一种为并环运行，即断路器 QF1、QF4、QF5、QF8 闭合，QF2、QF3、QF6、QF7 断开；另一种为闭环运行，所有断路器都闭合。开环运行在正常情况下，负荷从一个电源受电，当某一个电源因故障切除后（如 T1 故障，QF1 跳闸），此时合上断路器 QF3，负荷又可以从电源 T3 送电，从而获得备用电源。因此，线路和变压器都

应考虑一定的备用容量。闭环运行在正常时，可以从两个或更多的方向受电，它不仅能提高供电的可靠性和改善电能的质量，也减少了备用容量，并降低了线损。

例如，图 5-7 所示的电网，为了研究方便，设每一条辐射网都是均布负荷，导线材料和截面均相等。当电力网开环运行时，其有功功率损耗为

$$\Delta P = 4 \times 3I^2R \qquad (5\text{-}40)$$

若把上述电力网改为闭环运行时，为了求出线路上的有功功率损耗，可把一条辐射线路从功率分点（指线路上某一个负荷点是由两个方向供电）断开。这样可利用开环电力网求有功功率损耗的计算式（5-40），来计算闭环电网的有功功率损耗，即

$$\Delta P' = 4 \times 3 \times 2\left(\frac{I}{2}\right)^2 \times \frac{R}{2}$$
$$= 3I^2R \qquad (5\text{-}41)$$

比较式（5-40）和式（5-41），可见开环改为闭环运行时，其线路功率损耗可以降低 4 倍。

**2. 按经济功率分布决定开环运行的断开点**

对于闭环电力网，如果需要断开运行时，可以根据两侧直流电压降基本相等的原则，找到一个经济功率分点，在这个分点断开，线路损耗最小。

例如，电网的负荷电流（A）的分布及各段电阻值（Ω）标于图 5-8 中。若在 A 处断开，其分点左右的直流电压降为

$$\Delta U_1 = \sum IR = 0.1 \times 340 + 0.3 \times 240 + 0.3 \times 180 + 0.2 \times 130 + 0.2 \times 80$$
$$= 202(\text{V})$$
$$\Delta U_2 = 0.2 \times 230 + 0.2 \times 150 + 0.1 \times 80$$
$$= 84(\text{V})$$

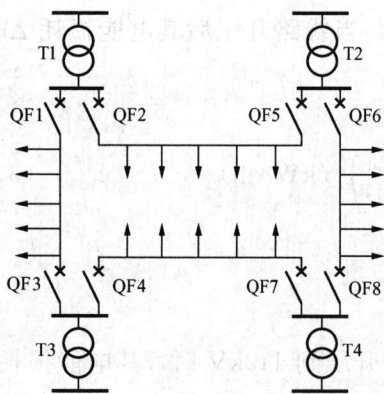

图 5-7　环形供电方式的一种接线　　　图 5-8　按经济功率分布决定网络断开点

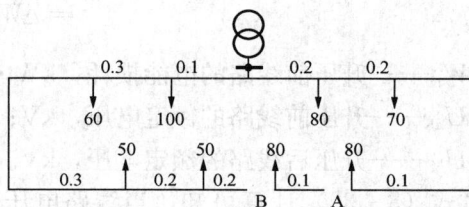

分点左右两侧线路中的功率损耗为

$$\Delta P_1 = \sum I^2R = 0.1 \times 340^2 + 0.3 \times 240^2 + 0.3 \times 180^2 + 0.2 \times 130^2 + 0.2 \times 80^2$$
$$= 43\,220(\text{W}) = 43.22(\text{kW})$$
$$\Delta P_2 = 0.2 \times 230^2 + 0.2 \times 180^2 + 0.1 \times 80^2$$
$$= 15.72(\text{kW})$$

线路中总的功率损耗为

$$\Delta P = \Delta P_1 + \Delta P_2$$
$$= 43.22 + 15.72$$
$$= 58.94(\text{kW})$$

由上述计算可以看出，分点 A 左右两侧直流电压降相差较大，必须进行调整，尽量使左右两侧直流压降相等。应调整的电流值为

$$\Delta I = \frac{\Delta U_1 - \Delta U_2}{\sum R} = \frac{202 - 84}{1.7} = 70(\text{A})$$

为此，将功率分点由 A 处移至 B 处，实际调整的电流为 80A。此时分点两侧电压为

$$\Delta U_1 = 0.1 \times 260 + 0.3 \times 160 + 0.3 \times 100 + 0.2 \times 50$$
$$= 114(\text{V})$$
$$\Delta U_2 = 0.2 \times 310 + 0.2 \times 230 + 0.1 \times 160 + 0.1 \times 80$$
$$= 132(\text{V})$$

B 处左右两侧线路功率损耗为

$$\Delta P_1 = 0.1 \times 260^2 + 0.3 \times 160^2 + 0.3 \times 100^2 + 0.2 \times 50^2$$
$$= 17.94(\text{kW})$$
$$\Delta P_2 = 0.2 \times 310^2 + 0.2 \times 230^2 + 0.1 \times 160^2 + 0.1 \times 80^2$$
$$= 33(\text{kW})$$

线路总功率损耗为

$$\Delta P = \Delta P_1 + \Delta P_2 = 17.94 + 33 = 50.94(\text{kW})$$

由上述计算结果可见，按经济功率分布将环网断开时，其功率损耗将减少 8kW，每月可少损耗电能 5760kW·h。

（三）提高功率因数减少线路中的无功功率

由式（5-6）可知，$\cos\varphi$ 增加，其电能损耗降低。若功率因数由 $\cos\varphi_1$ 提高到 $\cos\varphi_2$ 时，减少的电能损耗百分数为

$$\Delta W_n\% = \frac{\Delta W_{n1} - \Delta W_{n2}}{\Delta W_{n1}} \times 100\%$$
$$= \frac{\frac{R}{U^2\cos^2\varphi_1}P^2 t \times 10^{-3} - \frac{R}{U^2\cos^2\varphi_2}P^2 t \times 10^{-3}}{\frac{R}{U^2\cos^2\varphi_1}P^2 t \times 10^{-3}} \times 100\%$$
$$= \left[1 - \left(\frac{\cos\varphi_1}{\cos\varphi_2}\right)^2\right] \times 100\% \tag{5-42}$$

式中　$\Delta W_{n1}$——功率因数为 $\cos\varphi_1$ 时的电能损耗；

$\Delta W_{n2}$——功率因数为 $\cos\varphi_2$ 时的电能损耗。

例如，由功率因数 $\cos\varphi_1 = 0.7$ 提高到 $\cos\varphi_2 = 0.95$，其线路损耗电能减少为

$$\Delta W_n'\% = \left[1 - \left(\frac{0.7}{0.95}\right)^2\right] \times 100\% = 46\%$$

从式（5-4）可知，若减少线路中通过的无功功率 $Q$，其功率损耗 $\Delta P$ 也就减少了。提高功率因数，减少线路中输送的无功功率的措施如下。

1. 提高自然功率因数

自然功率因数是未经补偿的实际功率因数。在用电系统中，使功率因数变化的主要原因

是异步电动机和变压器。它们是感性负荷，是提高功率因数的主要对象。

异步电动机的功率因数一般为 $0.7\sim0.85$，它需要有功功率，也需要无功功率。异步电动机需要的无功功率大部分用来建立磁场，它主要决定外加电压，与负荷大小无关。当电压升高时，磁场功率增加，功率因数下降。异步电动机空载运行时，吸取的无功功率约为满载时的 $60\%\sim70\%$。因此，合理选择异步电动机，使其合理地工作，是提高自然功率因数的重要因数，其主要措施有：

（1）合理选择异步电动机容量，避免长期轻载运行。

（2）提高异步电动机的负荷率。异步电动机所需的无功功率是由两部分组成的：一部分是建立磁场所需空载无功功率，它与电动机负荷无关；另一部分是绕组漏抗中消耗的无功功率，它与电动机负荷率的平方成正比。异步电动机空载时，由于转子转速接近同步转速，转子电流近似等于零，随着电动机负荷的增加，定子绕组电流中的有功分量也增加，其功率因数亦提高。当电动机的负载为额定负载时，功率因数最高。因此，提高自然功率因数的主要方法是提高异步电动机的负荷率。另外，应尽量缩短异步电动机空载运行时间或避免空载运行，必要时装设空载限制器，当异步电动机空载时，将自动切除电源，提高自然功率因数。

（3）采用高效节能异步电动机，有条件的用户可采用同步电动机代替异步电动机，或采用异步电动机同步化运行，即在绕线式异步电动机的转子中通入直流电。这样，同步电动机或异步电动机同步化运行不仅可以不吸收系统的无功功率，而且可以在过励时向系统送出无功功率，从而提高电网的功率因数。

（4）如有条件的用户，一些用电设备可采用直流电源，如吊车、电焊机等，这样也可以减少无功功率需要量，从而提高电网的功率因数。

与异步电动机相似，电力变压器需要的无功功率亦分两部分：大部分是励磁功率，它决定于变压器铁芯结构、铁芯材料、加工工艺和外加电压，与负荷大小无关，一般用空载电流占额定电流的百分比表示；另一部分是漏磁功率，它与负荷率的平方成正比，在实际计算时，以其短路电压的百分数 $U_d\%$ 表示。当负荷率 $\beta$ 在 $0<\beta<1$ 变化时，其无功功率增加的百分数 $\Delta Q\%$ 近似用下式表示

$$\Delta Q\% \approx U_d\%\beta^2$$

当变压器的平均负荷率低于 $30\%$ 时，应考虑更换合适的变压器。

2. 利用并联补偿装置提高系统和用户功率因数

由电工学可知，在配电线路上和用户端安装并联容性设备，则感性负荷和容性设备之间就可以直接进行一部分能量变换，减少电源与负荷之间的能量变换，即减少电源供应的无功功率，提高功率因数。现以图 5-9（a）所示电路来说明：未并联电容 $C$ 时，电路相量图如图 5-9（b）所示，因为是感性负荷，所以电流 $\dot{I}=\dot{I}_L$，滞后于电压 $\dot{U}$，其阻抗角为 $\varphi_1$；并联电容 $C$ 后，电路相量图如图 5-9（c）所示。由于 $\dot{U}$ 不变，感性负荷不变，所以电流 $\dot{I}_L$ 大小和相位也不变，但电源电流 $\dot{I}$ 却变为

$$\dot{I}=\dot{I}_L+\dot{I}_C$$

于是 $\dot{I}$ 滞后于 $\dot{U}$ 的阻抗角减少为 $\varphi_2$，电路的功率因数由 $\cos\varphi_1$ 提高到 $\cos\varphi_2$，同时也减少了线路中的损耗。

在未装补偿设备前，如图 5-9 实线所示，线路中的有功功率损耗为

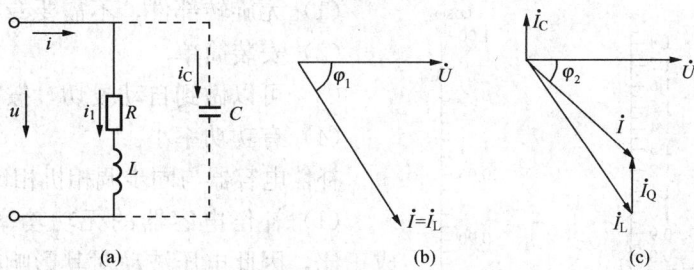

图 5 - 9　功率因数的提高

（a）线路图；（b）未并联电容时相量图；（c）并联电容器后的相量图

$$\Delta P = \frac{P^2 + Q^2}{U^2}R$$

装有补偿设备 $Q_K$ 时，如图 5 - 9 虚线所示，线路中的有功功率损耗为

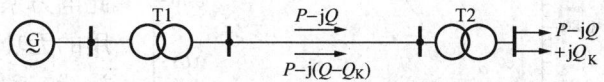

图 5 - 10　装有并联补偿设备的系统

$$\Delta P = \frac{P^2 + (Q - Q_K)^2}{U^2}R$$

从上式可知，在用户端装有补偿设备后（见图 5 - 10），减少了通过电力网的无功功率，从而降低了线损。

功率因数由 $\cos\varphi_1$ 提高到 $\cos\varphi_2$，所需要补偿的无功功率 $Q_K$，可由下式求得

$$Q_K = P_P(\tan\varphi_1 - \tan\varphi_2) = KP_p \text{(kvar)} \tag{5 - 43}$$

或

$$Q_K = Q_P\left(1 - \frac{\tan\varphi_2}{\tan\varphi_1}\right)\text{(kvar)} \tag{5 - 44}$$

式中　$P_P$——最大负荷月的平均有功功率，kW；

$Q_P$——最大负荷月的平均无功功率，kvar；

$\tan\varphi_1$——补偿前功率因数角的正切值；

$\tan\varphi_2$——补偿后功率因数的正切值。

根据 $\cos\varphi_1$、$\cos\varphi_2$ 和 $K$ 值分别为纵坐标作补偿无功功率的诺模图，如图 5 - 11 所示。根据已知的 $\cos\varphi_1$ 和需要的 $\cos\varphi_2$ 分别在图 5 - 11 左右纵坐标上找出相应的两点，将两点连接，与系数 $K$ 的纵坐标相交点，根据式（5 - 43），可求得所需补偿的无功功率 $Q_K$。

【例 5 - 7】　某输电线路末端平均有功功率为 1000kW，欲将功率因数由 0.6 提高到 0.85，问需补偿的无功功率为多少？

解　在图 5 - 11 左右纵坐标上找出 0.6 和 0.85 两点，将两点连接，与系数 $K$ 的纵坐标相交点 $K = 0.72$，则用式（5 - 43），可求得所需补偿的无功功率。

$$Q_K = KP_P = 0.72 \times 1000 = 720\text{(kvar)}$$

常用的无功功率补偿设备有同步调相机和补偿电容器。

同步调相机的结构基本上与同步电动机相同，它是空载运行的同步电动机。在过励磁状态时，可以从电网吸取相位超前于电压的电流，即输出感性的无功功率，从而改善了电网的功率因数，使其达到额定值。同步调相机经常运行在过励磁状态，励磁电流较大，损耗也较大，发热比较严重。另外，调同步相机具有旋转部分，需要专人监护。所以，在电力系统中常采用补偿电容器，它与同步调相机相比，具有以下优点：

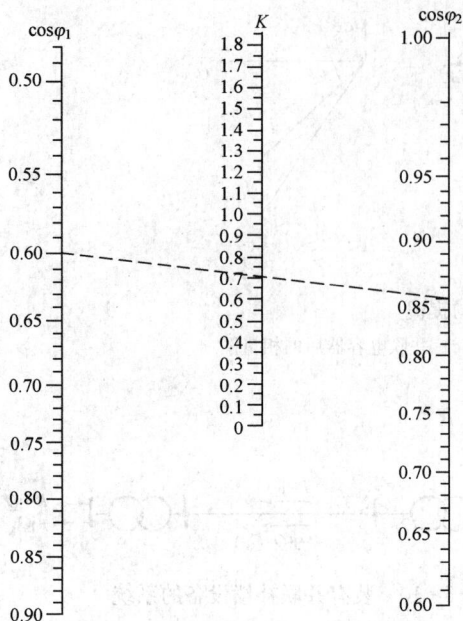

图 5-11　补偿无功功率的诺模图

（1）无旋转部件，不需要专人监护。

（2）安装简单。

（3）可以做到自动投切，按需要增减补偿量。

（4）有功功率小。

补偿电容器与同步调相机相比，具有以下缺点：

（1）补偿电容器的无功功率与其端电压平方成正比，因此电压波动对其影响较大。

（2）寿命短，损坏后不易修复。

（3）对短路电流稳定差。

（4）切除后有残留电荷，危及人身安全。

尽管如此，补偿电容器的优点是主要的，因此电力系统广泛用它来提高功率因数。用户常采用的无功补偿方式有集中补偿、分组补偿和个别补偿三种。

（1）集中补偿。集中补偿是将补偿电容器装在总降压变电站的母线上和高低压配电线路上，这样可以减少电力系统及补偿用户主变压器的无功负荷。

（2）分组补偿。分组补偿的补偿电容器装在配电变压器低压侧和车间配电母线上。其特点是电容器的电流不能流经母线与用电设备之间的线路，此段线路的无功功率未能补偿，线路损耗不能减少，只能补偿变压器的无功功率。

（3）个别补偿。个别补偿主要用于低压配电网络，电容器直接装在用电设备附近，即装在单台电动机处。这样，可以减少对用户供电线路和用户内部低压配电线路及配电变压器无功功率的供应，相应减少了线路和变压器的电能损耗。适当配置补偿电容器，可以减少车间线路导线的截面和变压器的容量。对已运行的线路和变压器，则可提高其输出容量。个别补偿方式，因电容器与电动机直接并联，同时投入或停用，可使无功功率不倒流；另外，有利于降低电动机启动电流，减少了接触器的火花，延长了电动机与控制设备的使用寿命。所以，个别补偿方式克服了集中补偿和分组补偿的缺点，是一种较为完善的补偿方式。当然，个别补偿方式也有一定的缺点，主要是电容器利用率低、投资大和可能受到震动，若操作不当可能产生自励现象，而使电动机受到损坏。所以，个别补偿方式只适应于运行时间长的大容量电动机，其所需要补偿的无功负荷很大，并由较长线路供电的情况。

上述三种补偿方式各有应用范围，应结合实际确定使用场所。在电网中采用集中补偿方式，补偿装置安装在输电线路末端负荷中心的降压变电站的母线上，以减少输电线路电能损耗，提高供电质量。

在这里还要说明，在确定补偿容量时，应注意以下两点：

（1）在轻负荷时要避免过补偿，以免倒送无功功率，造成额外的电能损耗。

（2）功率因数越高，每千乏补偿容量减少电能损耗的作用变小，通常情况下，将功率因数提高到 0.95 就是合理补偿。

**（四）合理调整负荷提高负荷率**

电力系统的日负荷曲线，如波动幅度较大，将影响供电设备效率，使线路功率损耗增加，所以应调整线路负荷，以便降低电能损耗。

若日负荷曲线平稳，24h内负荷电流保持为 $I$，其线路电能损耗为

$$\Delta W_{r1} = 3I^2 R \times 24 \times 10^{-3} \quad (\text{kW·h})$$

若日负荷曲线不平稳，前12h负荷电流为 $I+\Delta I$，后12h负荷电流为 $I-\Delta I$，则线路电能损耗为

$$\Delta W_{r2} = 3\left[\frac{(I+\Delta I)^2 + (I-\Delta I)^2}{2}\right] \times R \times 24 \times 10^{-3}$$

$$= 3(I^2 + \Delta I^2) \times 24 \times 10^{-3} \quad (\text{kW·h})$$

从以上两式比较可知，当日负荷曲线不平稳时，其电能损耗将增加为

$$\Delta W_{r2} - \Delta W_{r1} = 3\Delta I^2 \times 24 \times 10^{-3} \quad (\text{kW·h})$$

**（五）合理调整电力网运行电压**

从式

$$\Delta P = \frac{P^2 + Q^2}{U^2}R, \Delta W_n = \frac{R}{U^2 \cos^2\varphi}P^2 t \times 10^{-3}$$

可以看到，当输送同样的功率时，提高电力网运行电压，也可减少可变损耗。但是当运行电压升高后，变压器、电动机等电气设备的漏磁感抗增加，系统的功率因数降低，可变损耗反而增加。另外，由于电压升高，固定损耗也要增加。所以如何调整运行电压，取决于可变损耗（铜损）和固定损耗（铁损）的比值 $C$，当 $C$ 大于表 5 - 10 时，提高运行电压水平有降低损耗效果。

当 $C$ 小于表 5 - 11 时，降低运行电压水平有降低损耗效果。

表 5 - 10　　$\alpha\%$ 和 $C$ 的关系

| 电压提高率 $\alpha\%$ | 1 | 2 | 3 | 4 | 5 |
|---|---|---|---|---|---|
| 铜铁损比 $C$ | 1.02 | 1.04 | 1.061 | 1.092 | 1.10 |

表 5 - 11　　$\alpha\%$ 和 $C$ 的关系

| 电压提高率 $\alpha\%$ | −1 | −2 | −3 | −4 | −5 |
|---|---|---|---|---|---|
| 铜铁损比 $C$ | 0.98 | 0.96 | 0.941 | 0.922 | 0.903 |

电压提高率 $\alpha\%$ 为

$$\alpha\% = \frac{U'-U}{U} \times 100\% \tag{5-45}$$

式中　$U'$——调压后的线路电压，kV；

　　　$U$——调压前的线路电压，kV。

铜铁损比 $C$ 为

$$C = \frac{\Delta W_{Kb}}{\Delta W_{gd}} \tag{5-46}$$

式中　$\Delta W_{Kb}$——调压前线路的可变损耗，kW·h；

　　　$\Delta W_{gd}$——调压前线路的固定损耗，kW·h。

电压调整后，降低的电能损耗为

$$\Delta W_t = \Delta W_{Kb}\left[1 - \frac{1}{(1+\alpha)^2}\right] - \Delta W_{gd\cdot\alpha}(2+\alpha) \quad (\text{kW·h}) \tag{5-47}$$

**（六）增加并列线路或减少线路迂回**

在原线路上增加一条或几条线路并列运行可以降低电能损耗，其值为

$$\Delta W_{t2} = \Delta W_{t1}\left(1 - \frac{R_2}{R_1 + R_2}\right) \quad (\text{kW} \cdot \text{h}) \tag{5-48}$$

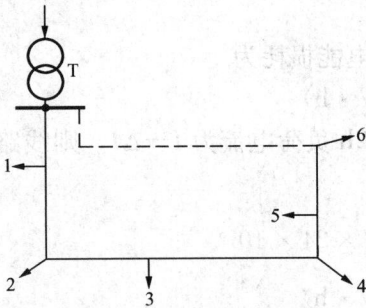

图 5-12 中，用户 1、2 是第一期接入电网的，用户 3、4 是第二期接入电网的，而用户 5、6 是第三期（计划）接入电网的。由于用户 5、6 离用户 4 靠近，所以用户 5、6 的线路从用户 4 支接，对节约工程投资是有效的，但是发生了迂回供电，使供电线路增加，损耗增加。于是必须进行综合分析，若由电源直接供电（如图中虚线所示）就可减少迂回线路，减少线路电阻，达到降损效果，其降损量为

图 5-12 减少迂回线路

$$\Delta W_{t2} = \Delta W_{t1}\left(1 - \frac{R_2}{R_1}\right) \quad (\text{kW} \cdot \text{h}) \tag{5-49}$$

式中 $R_1$——迂回线路电阻，$\Omega$；

$R_2$——减少迂回线路后的电阻，$\Omega$。

增大线路导线截面，即减少线路电阻，其降损量同式（5-49）。

**二、降低变压器损耗的技术措施**

降低变压器损耗的主要技术措施是改善功率因数，合理控制变压器运行台数，停用轻载变压器等。

1. 改善功率因数

在电力系统中，变压器也是感性负荷，也要从电网中吸取无功功率。当有功功率负荷不变时，无功功率消耗量增大，会导致变压器电流增大，变压器容量增大，从而增大了功率损耗。从 $\Delta P_T = \dfrac{P^2 + Q^2}{U_n^2}R_T + \Delta P_{t1}$ 可知，提高功率因数，变压器的无功功率 $Q$ 即减少，变压器功率损耗 $\Delta P_T$ 也就减少了。

无功功率减少的经济效益，可用无功功率经济当量 $K$ 来表示，即每减少 1kvar 的无功功率所降低的有功功率损耗值

$$K = \frac{\Delta P_{T1} - \Delta P_{T2}}{\Delta Q} \quad (\text{kW/kvar}) \tag{5-50}$$

式中 $\Delta P_{T1}$——补偿前变压器有功功率损耗，kW；

$\Delta P_{T2}$——补偿后变压器有功功率损耗，kW；

$\Delta Q$——无功功率损耗，kvar。

2. 并联变压器的经济运行

所谓经济运行，就是变压器总的功率损耗最小的运行方式。根据变压器的效率和负荷关系的分析可知，当变压器的铜损耗等于铁损耗时，变压器效率最高。

并联运行变压器，使其经济运行，就要控制变压器台数，确定不同负荷时投入运行的变压器台数，以下按两种情况进行分析。

（1）当并联运行变压器型式及容量相同时，不同负荷情况下，该投入运行的变压器台数，可按下式决定。

若负荷增加，其视在功率 $S > S_n\sqrt{n(n+1)\dfrac{\Delta P_0 + K\Delta Q_0}{(\Delta P_d + K\Delta Q_d)F}}$ 时，绕组损耗增加，铜损

耗大于铁损耗。此时，应增加一台变压器，否则负荷继续增加时，达不到经济运行。

若负荷减少，其视在功率 $S < S_n \sqrt{n(n-1)\dfrac{\Delta P_0 + K\Delta Q_0}{(\Delta P_d + K\Delta Q_d)F}}$ 时，从并联运行变压器切

除一台较为经济。

式中　　　　$S$——并联运行变压器的总负荷，kV·A；

　　　　　　$S_n$——每台变压器的额定容量，kV·A；

　　　　　　$n$——已运行的变压器台数；

　　　　　$\Delta P_0$——变压器空载有功损耗，kW；

　　　　　$\Delta Q_0$——变压器空载无功损耗，$\Delta Q_0 = I_0\% \times S_n \times 10^{-2}$，kvar；

　　　　　　$F$——损失因数；

　　　　　$\Delta P_d$——变压器短路有功损耗，kW；

　　　　　$\Delta Q_d$——变压器短路无功损耗，$\Delta Q_d = U_d\% \times S_n \times 10^{-2}$，kvar；

　　　　　　$K$——无功功率经济当量，kW/kvar；

$I_0\%$ 和 $U_d\%$——变压器空载电流百分数和短路电压百分数。

（2）当并联运行变压器型式和容量不同时，不同负荷情况下，该投入运行的变压器台数，可由查曲线的方法决定。

由于并联运行变压器型式和容量不同，其变压器铁损耗也不一定相等，负荷分配很困难，不能用上述简单的公式来确定投入运行的台数，一般可用功率损耗与负荷的关系曲线来确定。如图 5 - 13 所示。纵坐标表示变压器的总功率损耗 $\Delta P$，横坐标表示负荷 $S$。

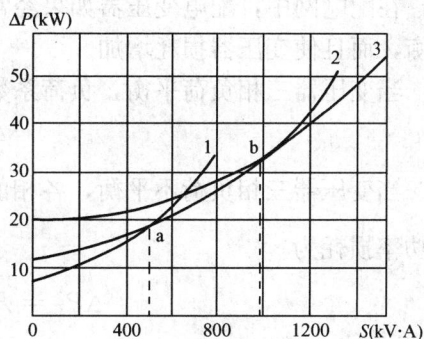

图 5 - 13　变压器损耗与负荷的关系曲线

1）单台变压器损耗与负荷的关系曲线按下式来画出

$$\Delta P = (\Delta P_0 + KQ_0) + (\Delta P_d + K\Delta Q_d)\left(\frac{S}{S_n}\right)^2 \tag{5 - 51}$$

式中　$\Delta P$——该变压器总功率损耗，kW；

　　　$S$——该台变压器的负荷，kV·A。

2）多台变压器损耗与负荷的关系曲线按下式画出

$$\sum \Delta P = \sum(\Delta P_0 + K\Delta Q_0) + \sum(\Delta P_d + KQ_d)\left(\frac{S}{S_n}\right)^2 \tag{5 - 52}$$

式中　$\sum \Delta P$——多台变压器总功率损耗，kW；

　　　$S$——并联变压器总负荷，kV·A。

在多少负荷情况下该投入几台变压器，就要看在该负荷下投入几台变压器时损耗最小，这可以从图上相应于该负荷的最低的一条曲线得到。

例如，有两台变压器并联运行。图 5 - 13 中有三条曲线，1 是Ⅰ台的损耗与负荷的关系曲线；2 是Ⅱ台的损耗曲线；3 是两台变压器同时运行的损耗曲线，曲线交点 a 和 b 是确定经济运行的分界点；在 a 点投入Ⅰ台或Ⅱ台变压器均可；在 a 点左边投入Ⅰ台变压器较经济，在 a 点右边投入Ⅱ台变压器较经济，在 b 点的右边两台变压器同时投入最经济。

为了减少操作次数，规程规定，在一昼夜内停用变压器时间不少于 2～3h。

3. 停用空载变压器，采用变容量变压器

有的变压器，特别是农村以排灌为主的配电变压器，有时处于无负荷状态，在这种情况下，及时停止空载变压器的运行，是一项行之有效的降损措施。例如一台 10kV、100kV·A 的变压器，其空载损耗为 730W，停运一个月少损耗的电能为

$$\Delta W_t = 730 \times 24 \times 30 \times 10^{-3} = 525.6(\text{kW} \cdot \text{h})$$

对于有明显季节性的用电负荷，可以采用变容量变压器，通过改变接线方式以达到变换变压器容量，从而适应负荷的变化，减少电能损耗。

4. 降低变压器的运行温度

从电工基础可知，变压器绕组中电阻值随着变压器温度的变化而变化，对于铜线，每增减 1℃，电阻值相应增减 0.32%～0.39%。如果改进变压器通风，改善变压器散热条件，提高散热系数，就可以使变压器的温度下降，导线电阻值降低，从而使有功功率损耗降低。

5. 调整变压器三相平衡负荷

在配电网中，配电变压器如果经常在三相负荷不平衡状态下运行，不但影响三相电压不平衡，而且使变压器损耗增加。

当变压器三相负荷平衡，负荷系数为 $f$，其有功功率损耗为

$$\Delta P_1 = P_0 + f^2 P_d$$

当变压器三相负荷不平衡，各相的负荷系数分别为：$F_A = \dfrac{I_A}{I_n}$，$F_B = \dfrac{I_B}{I_n}$，$F_C = \dfrac{I_C}{I_n}$，其有功功率损耗为

$$\Delta P_2 = P_0 + \frac{1}{3}(f_A^2 + f_B^2 + f_C^2)P_d$$

经过分析当三相负荷电流平均值相等时，$\dfrac{1}{3}(f_A^2 + f_B^2 + f_C^2) > f^2$，$\Delta P_2 > \Delta P_1$，所以变压器三相负荷不平衡时，变压器功率损耗增加，反之，变压器运行时，调整三相负荷，使其达到平衡，就降低变压器损耗。

在电网改造和电网建设中，采用低损耗变压器，如 S9、S10、S11 型变压器，其电力网损耗降低的效果很明显。

**三、降低电力网电能损耗的组织措施**

降低电能损耗，除上述的技术措施外，还必须有相应的组织措施保证，其实施主要有：

（1）开展线损理论计算工作，制订线损管理制度，健全线损管理机构。线损理论计算方法很重要，各级线损工作人员应掌握。通过线损的理论计算，可以预测出实际损耗的高低，同时可发现损耗特别高的环节，以便采取相应的措施来降低线损。线损工作涉及的面很广，各级管理单位和生产单位要制订相应的管理制度，科室职能单位要分工明确，有专人负责。

（2）拟定合理的检修计划，尽量推广带电作业。当线路停电检修时，一般要影响用户的供电，为了确保用户供电，就需要有双回路供电。当一回线路停电检修，由另一回线路供电时，使有功功率损耗增加。因此，对损耗较大的线路检修时，就应集中力量缩短检修时间，或采用带电作业。

【例 5-8】　有一条双回线路，导线为 LGJ-150 型，100km，最大电流为 263A，其中一回路停电检修 8h，试比较双回路运行和单回路运行的电能损耗。

**解**　由附表 4 查得 $r_0 = 0.2$（$\Omega/km$），则双回路的电阻

$$R = \frac{1}{2}(0.21 \times 100) = 10.5(\Omega)$$

8h 内的电能损耗为

$$\begin{aligned}\Delta W_{t2} &= 3I^2Rt \\ &= 3 \times 263^2 \times 10.5 \times 8 \times 10^{-3} \\ &= 17\ 430(kW \cdot h)\end{aligned}$$

单回路的电阻　　　　　$R = 0.21 \times 100 = 21(\Omega)$

8h 内的电能损耗为

$$\begin{aligned}\Delta W_{t1} &= 3 \times 263^2 \times 21 \times 8 \times 10^{-3} \\ &= 34\ 860(kW \cdot h)\end{aligned}$$

由上可见，单回路供电的电能损耗是双回路的 2 倍，因此，合理安排检修，集中精力缩短检修时间或实行带电作业是减少电能损耗的措施。

（3）加强计量工作，建立负荷测记制度。计量是线损工作的重要环节，计量装置全不全，准不准，计量人员认真不认真，都会影响线损工作，影响国家经济的收入；抄表不正确或抄表日期任意变更，将影响线损统计的正确性，直接影响企业的效益，所以，此项工作，应引起有关部门的重视。对各级电网负荷进行经常性测量记录，根据测记的负荷资料可进行线损理论计算，以掌握电网的运行情况，确保电网安全经济运行。

## 习　　题

1. 什么叫做可变损耗和固定损耗？

2. 试述电力网损耗电量和线损率的意义。

3. 试述日负荷曲线、年最大负荷曲线和年持续负荷曲线的意义。

4. 试述最大负荷使用时间的意义。

5. 如图 5-14 所示，有一额定电压为 110kV，长度为 120km 的双回输电线路向变电站供电，导线为 LGJ-185 型，水平排列，几何均距为 4m，变电站装有两台并列运行的 SL7-1000/110 型双绕组变压器，电压为 110/11kV，变电站低压母线上最大负荷为 15MW，$\cos\varphi = 0.8$，试计算变压器中的功率损耗和线路全年中的基本电能损耗。

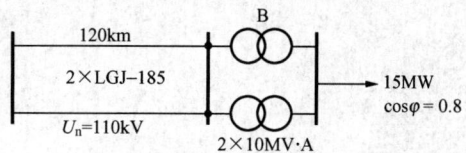

图 5-14　习题 5 图

6. 有一条额定电压为 110kV、长度为 80km、导线为 LGJ-150 型架空输电线路，水平排列，几何均距为 4m，日负荷最大电流记录见表 5-12，平均气温为 25℃，试求当月（30 天）的线路电能损耗。

7. 某变电站装设一台 S9-20000/35 型变压器，电压为 35/10.5kV，二次侧日负荷数据见表 5-13，求变压器当月的电能损耗。

8. 降低线路电能损耗的主要技术措施有哪些？

表 5 - 12　　　　　　　　　　日 实 测 电 流 记 录

| 实测时间（h） | 最大电流（A） | 实测时间（h） | 最大电流（A） | 实测时间（h） | 最大电流（A） |
|---|---|---|---|---|---|
| 1 | 105 | 9 | 100 | 17 | 105 |
| 2 | 105 | 10 | 100 | 18 | 105 |
| 3 | 105 | 11 | 105 | 19 | 105 |
| 4 | 105 | 12 | 105 | 20 | 105 |
| 5 | 105 | 13 | 100 | 21 | 105 |
| 6 | 105 | 14 | 100 | 22 | 95 |
| 7 | 105 | 15 | 100 | 23 | 95 |
| 8 | 100 | 16 | 100 | 24 | 95 |

表 5 - 13　　　　　　　　　　日 负 荷 记 录

| 时间（h） | 1～7 | 8～11 | 12～14 | 15～18 | 19～21 | 22～24 |
|---|---|---|---|---|---|---|
| 电流（A） | 200 | 270 | 220 | 270 | 300 | 200 |

9. 试述开环网改为闭环网运行降低线损的原理。

10. 试述提高电力网用户的功率因数降低线损的原理。

11. 功率因数由 $\cos\varphi_1$ 提高到 $\cos\varphi_2$，所需要补偿的无功功率如何计算？

12. 试述调整负荷提高负荷率的降损效益。

13. 试述调整运行电压降损的效益。

14. 降低变压器损耗的技术措施有哪些？

15. 并联运行变压器经济运行的方式是什么？

16. 降低电能损耗的组织措施有哪些？

# 第 六 章

# 电力网的功率分布与电压损耗

## 第一节 概 述

电力网的功率（电流）分布，又称为潮流分布，它表明系统在某一运行方式下，电力网中功率大小与方向的分布情况。功率分布计算在于确定电力网在一定运行方式下各元件的负荷，从而选择电力网的电气设备和导线截面，为继电保护整定提供数据。根据功率分布，可检查电力网各元件是否过负荷，并可以进行电力网的电压计算，从而检查电力网中各电压点是否满足要求，以便选择相应的调压措施，保证在电力网运行时各点的电压水平。

电力网的功率分布，主要决定于负荷的分布、电力网的参数以及电源间的关系。对电力网在各种运行方式下的功率分布计算，可以帮助我们正确地选择接线方式，合理地调整负荷，以保证电力网的电能质量，并使整个电力系统获得最大的经济性。

电压是表明电能质量的一个重要指标。电力网在运行时，在其阻抗中必然产生电压降落，因而电力网各点电压是不同的。又因为负荷的波动，电力系统运行方式的变化，电力网各点的电压也是经常变动的。此外，由于系统发生事故等原因也会引起电力网的电压大幅度的变动。

电力网电压的变化情况，常应用"电压降落"、"电压损耗"及"电压偏移"的概念来说明。"电压降落"和"电压损耗"可用图 6-1 说明。在图中，若线路末端电压为 $\dot{U}_2$，首端电压为 $\dot{U}_1$，则线路首端电压和末端电压的相量差 $\overline{AB} = \Delta \dot{U} = \dot{U}_1 - \dot{U}_2$，叫做电压降落；线路首端电压和末端电压的代数差 $\overline{AD} = \Delta U = U_1 - U_2$，叫做电压损耗。

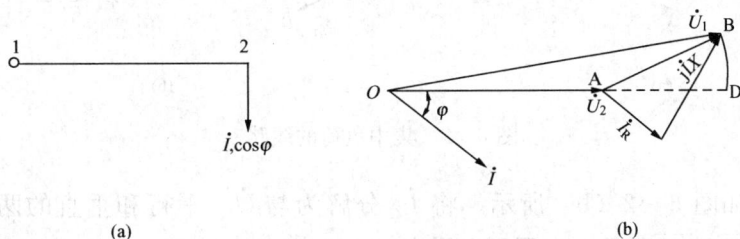

(a)　　　　　　　　　　　　(b)

图 6-1 有一个集中负荷的线路

(a) 示意图；(b) 相量图

电力网中某点的实际电压 $U$ 与电力网额定电压 $U_n$ 之差叫做电压偏移，常用百分数表示，即

$$m\% = \frac{U - U_n}{U_n} \times 100 \tag{6-1}$$

当 $U_n = 10\text{kV}$，$U = 9.5\text{kV}$ 时，有

$$m\% = \frac{9.5 - 10}{10} \times 100 = -5$$

若 $U_n = 10\text{kV}$，$U = 10.5\text{kV}$，则 $m\% = 5$。

由此可见，电压偏移可能是正值，也可能是负值。正的电压偏移表示运行时的实际电压高于额定电压；负的电压偏移表示运行时的实际电压低于额定电压。

电压偏移对电气设备的运行有较大影响。为了保证受电设备正常运行，一般均规定出电压偏移的容许值，作为计算电力网和检验受电设备电压水平的依据。因为电压偏移是由电压损耗引起的，对电力网进行电压计算的目的，就是确定电力网的电压损耗及各点的电压偏移，从而用调整接线方式和负荷分布的方法，限制电压损耗，以保证各点的电压偏移不超过容许值。当电压偏移超过容许值时，分析其原因，并采取调压措施。

电力网的功率分布计算是电压计算的基础，只有知道电力网各点功率分布情况才能计算各点电压。电力网的功率分布及电压计算通称为电力网的潮流计算。

## 第二节　电力网电压损耗

### 一、线路末端有集中负荷时电压损耗的计算

图 6 - 2（a）为末端有一个集中负荷 $S_2 = P_2 - jQ_2$ 的线路，负荷电流为 $\dot{I}_2$。线路阻抗 $Z = R + jX$，线路首端 A 和末端 B 的相电压分别为 $\dot{U}_{xg1}$ 和 $\dot{U}_{xg2}$，且

$$\dot{U}_{xg1} = \dot{U}_{xg2} + \dot{I}_2 Z$$
$$= \dot{U}_{xg2} + \dot{I}_2 R + j\dot{I}_2 X$$

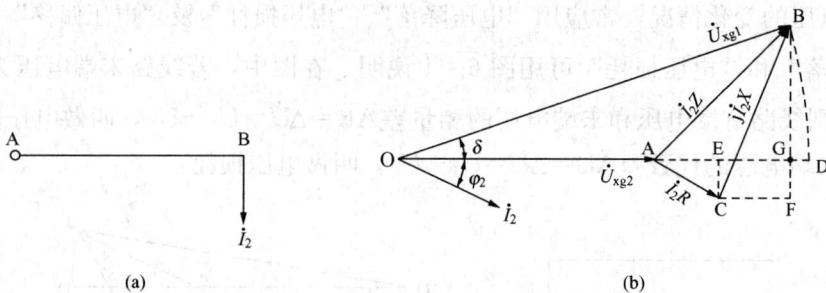

图 6 - 2　集中负荷的线路

作相量图，如图 6 - 2（b）所示。将 $\dot{I}_2$ 分解为与 $\dot{U}_{xg2}$ 平行和垂直的两个分量，如图 6 - 2（b）中的 $\overline{AG}$ 和 $\overline{GB}$ 所示，由图可以看出

$$\overline{AG} = \overline{AE} + \overline{EG}$$
$$= I_2 R\cos\varphi_2 + I_2 X\sin\varphi_2 = \Delta U_{xg2} \tag{6 - 2}$$
$$\overline{GB} = \overline{FB} - \overline{FG}$$
$$= I_2 X\cos\varphi_2 - I_2 R\sin\varphi_2 = \delta U_{xg2} \tag{6 - 3}$$

$\overline{AG}$ 称电压降落的纵分量，以 $\Delta U_{xg}$ 表示；$\overline{GB}$ 称电压降落的横分量，以 $\delta U_{xg}$ 表示。由直角三角形 $\triangle OBG$ 可知，线路首端相电压为

$$\dot{U}_{xg1} = \dot{U}_{xg2} + \Delta \dot{U}_{xg2} + j\delta \dot{U}_{xg2} \tag{6 - 4}$$
$$U_{xg1} = \sqrt{(U_{xg2} + \Delta U_{xg2})^2 + \delta U_{xg2}^2} \tag{6 - 5}$$

式（6 - 2）和式（6 - 3）的等式两边各乘以 $\sqrt{3}$，可以得到以线电压和三相功率表示的

$\Delta U_2$ 和 $\delta U_2$，即

$$\Delta U_2 = \sqrt{3}\,\Delta U_{xg2}$$

$$= \frac{\sqrt{3}U_2 I_2 \cos\varphi_2 R + \sqrt{3}U_2 I_2 \sin\varphi_2 X}{U_2}$$

$$= \frac{P_2 R + Q_2 X}{U_2} \tag{6-6}$$

$$\delta U_2 = \sqrt{3}\,\delta U_{xg2}$$

$$= \frac{\sqrt{3}U_2 I_2 \cos\varphi_2 X - \sqrt{3}U_1 I_2 \sin\varphi_2 R}{U_2}$$

$$= \frac{P_2 X - Q_2 R}{U_2} \tag{6-7}$$

式（6-4）和式（6-5）的等式两边同样乘以 $\sqrt{3}$，则得

$$\dot{U}_1 = \dot{U}_2 + \Delta\dot{U}_2 + \mathrm{j}\delta\dot{U}_2 \tag{6-8}$$

$$U_1 = \sqrt{(U_2 + \Delta U_2)^2 + (\delta U_2)^2} \tag{6-9}$$

如果已知线路首端的功率 $S_1 = P_1 - \mathrm{j}Q_1$ 和 $\dot{U}_1$，同样可求相应的公式，即

$$\Delta U_1 = \frac{P_1 R + Q_1 X}{U_1} \tag{6-10}$$

$$\delta U_1 = \frac{P_1 X - Q_1 R}{U_1} \tag{6-11}$$

$$\dot{U}_2 = \dot{U}_1 - \Delta\dot{U}_1 - \mathrm{j}\delta\dot{U}_1 \tag{6-12}$$

$$U_2 = \sqrt{(U_1 - \Delta U_1)^2 + (\delta U_1)^2} \tag{6-13}$$

式（6-10）、式（6-11）都是根据无功功率是感性的情况下得到的，如果无功功率是容性的，则式（6-6）～式（6-9）中的无功功率的各项都要改变符号，即

$$\Delta U = \frac{PR - QX}{U} \tag{6-14}$$

$$\delta U = \frac{PX + QR}{U} \tag{6-15}$$

这里必须指出，当负荷一定时，在同一条线路中按首端数据进行计算和按末端

图 6-3　$\Delta\dot{U}_1$ 和 $\Delta\dot{U}_2$，$\delta\dot{U}_1$ 和 $\delta\dot{U}_2$ 的关系

数据进行计算，虽然总的电压降相等，但其纵分量和横分量是各不相等的，即 $\Delta U_1 \neq \Delta U_2$，$\delta U_1 \neq \delta U_2$，如图 6-3 所示。

由图 6-2 所示，$\overline{OD} = \overline{OB} = U_{xg1}$

$$\overline{AD} = \overline{OD} - \overline{OA} = \overline{OB} - \overline{OA} = U_{xg1} - U_{xg2}$$

又

$$\overline{AD} = \overline{AG} + \overline{DG} = \Delta U_{xg2} + \overline{DG}$$

所以

$$U_{xg1} - U_{xg2} = \Delta U_{xg2} + \overline{DG}$$

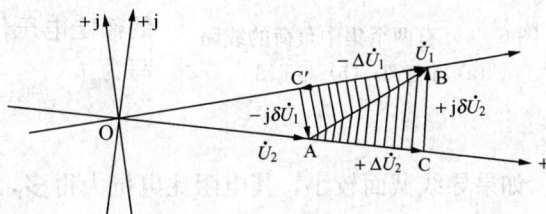

上式用线电压表示，得电压损耗为

$$U_1 - U_2 = \Delta U_2 + \overline{DG}$$

式中　$U_1$、$U_2$——线路首、末端电压。

$\overline{DG}$ 的大小取决于 $\delta U$。在实际电力网计算中，一般只有在 220kV 及其以上的超高压线路才必须计及 $\delta U$ 对电压损耗的影响。对于 110kV 及其以下的电力线路，可忽略 $\delta U$ 的影响，则电压损耗就等于电压降的纵分量，

即

$$U_1 - U_2 = \Delta U_2 = \frac{P_2 R + Q_2 X}{U_2} \tag{6-16}$$

或

$$U_1 - U_2 = \Delta U_1 = \frac{P_1 R + Q_1 X}{U_1} \tag{6-17}$$

上二式中　$P_1$、$P_2$——线路首、末端有功功率，MW；

$\quad\quad\quad\quad$ $Q_1$、$Q_2$——线路首、末端无功功率，Mvar；

$\quad\quad\quad\quad$ $R$、$X$——线路的电阻和电抗，Ω；

$\quad\quad\quad$ $\Delta U_1$、$\Delta U_2$——用线路首端数据和用线路末端数据计算电压降的纵分量，kV。

### 二、线路上有几个集中负荷的电压损耗计算

图 6-4（a）所示为具有两个集中负荷的线路，计算方法和上述基本相同，但在计算整个线路电压损耗时，必须分段进行，即先计算 CD 段，再计算 AC 段。由图 6-4（b）中可知，电压降的纵分量 $\Delta \dot{U}_D$、$\Delta \dot{U}_C$ 以及横分量 $\delta \dot{U}_D$、$\delta \dot{U}_C$ 的相位不同，所以它们不能用代数相加。只有分别求出各点的电压，才能计算整个线路的电压损耗。

### 三、配电线路电压损耗计算

10kV 及其以下的线路，由于线路较短，沿线各点电压变化不大，因而在进行电压损耗计算时，可用电力网的额定电压代替各点的实际电压，电压损耗计算公式可写为

$$\Delta U = \frac{PR + QX}{U_n} \tag{6-18}$$

如果导线截面较小，其电阻比电抗大得多，或功率因数接近 1 的线路，其电压损耗可按下式计算

$$\Delta U = \frac{PR}{U_n}$$

或

$$\Delta U = \sqrt{3} IR \cos\varphi \tag{6-19}$$

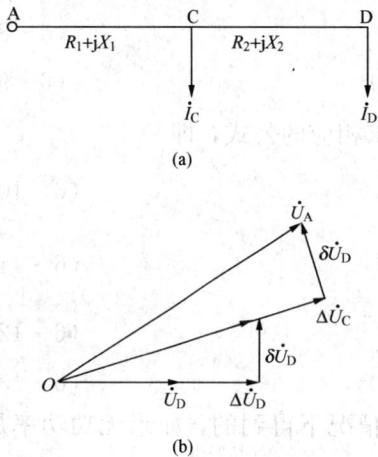

图 6-4　有两个集中负荷的线路
（a）示意图；（b）相量图

## 第三节　开式电力网的功率分布与电压计算

### 一、电力网环节的功率分布

凡是由一个电源供电，并且只能从一个方向给用户输送电能的电力网，称为开式电力网，如图 6-5（a）所示。该电力网首端 A 经线路 AB 向带有负荷 $S_2'$ 的末端进行供电。其等值电路如图 6-5（b）所示。

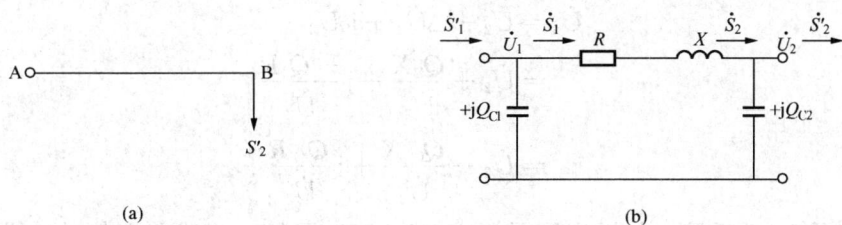

图 6-5　开式电力网

　　在等值电路图中，每一个电流不变的分段称为电力网的一个环节。例如，图 6-2（b）中两个电纳间的一段就是一个环节。电力网是由若干个环节组成的，电力网功率分布计算是按环节逐段进行的。因此，首先讨论一个环节的功率分布计算。

　　由图 6-5 可知，线路末端功率（即末端的负荷功率）为 $S_2'=P_2-jQ_2'$，环节末端功率 $S_2$ 为

$$S_2 = P_2 - jQ_2 = S_2' + jQ_{C2}$$
$$= P_2 - jQ_2' + jQ_{C2}$$
$$= P_2 - j(Q_2' - Q_{C2})$$

式中　$Q_{C2}$——线路后半段的电容功率，$Q_{C2}=\dfrac{B}{2}U_2^2$；

　　　　$U_2$——环节末端电压（与线路末端电压相等）。

　　环节首端功率 $S_1$ 为

$$S_1 = P_1 - jQ_1$$

或

$$S_1 = S_2 + \Delta S$$
$$= (P_2 - jQ_2) + (\Delta P - j\Delta Q)$$
$$= (P_2 + \Delta P) - j(Q_2 + \Delta Q)$$

式中　$\Delta P$——环节中的有功功率损耗，$\Delta P=\dfrac{P_2^2+Q_2^2}{U_n^2}R$；

　　　　$\Delta Q$——环节中的无功功率损耗，$\Delta Q=\dfrac{P_2^2+Q_2^2}{U_n^2}X$；

　　　　$U_n$——电力网额定电压；

　　　　$\Delta S$——环节中的功率损耗，$\Delta S=\Delta P-j\Delta Q$。

　　线路首端功率 $S_1'$ 为

$$S_1' = P_1 - jQ_1'$$

或

$$S_1' = S_1 + jQ_{C1} = (P_1 - jQ_1) + jQ_{C1}$$
$$= P_1 - j(Q_1 - Q_{C1})$$

式中　$Q_{C1}$——线路前半段的电容功率，$Q_{C1}=\dfrac{B}{2}U_1^2$；

　　　　$U_1$——环节首端电压（与线路首端电压相等）。

　　当线路空载时，负荷功率 $S_2'=0$，环节末端功率只有线路后半段的电容功率，即

$$S_2 = -jQ_2 = +jQ_{C2} \quad (Q_2 = -Q_{C2})$$

根据式（6-8）得

$$\dot{U}_1 = \dot{U}_2 + \Delta\dot{U}_2 + j\delta\dot{U}_2$$

$$= \dot{U}_2 + \frac{Q_2X}{\dot{U}_2} + j\frac{-Q_2R}{\dot{U}_2}$$

$$= \dot{U}_2 - \frac{Q_{C2}X}{\dot{U}_2} + j\frac{Q_{C2}R}{\dot{U}_2} \tag{6-20}$$

其相量图如图 6-6 所示。分析相量图和式（6-20）可知，当线路空载时，线路末端的电压高于首端电压。这是因为线路电容功率在线路上所产生的电压降的纵分量与感性负荷所产生的电压降纵分量是反向的，因而电压损耗是负值。

**【例 6-1】**　有一条 220kV 的输电线路向 200km 外的变电站供电；线路采用 LGJJ-400 型导线，水平排列，线间距离为 6.5m；变电站高压母线的负荷为 100MW，$\cos\varphi = 0.9$，电压为 210kV。试计算该电力网功率分布和线路始端电压。

**解**　（1）确定线路参数，并作出等值电路图（见图 6-7）。

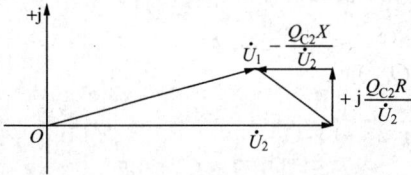

图 6-6　线路空载时电压相量图　　　　图 6-7　等值电路图

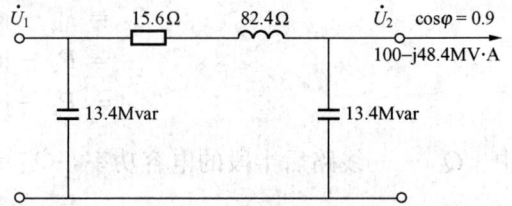

线路末端功率

$$P_2 = 100\text{MW}$$

$$Q_2' = P_2\tan\varphi = 100\tan(\arccos 0.9) = 48.4(\text{Mvar})$$

$$S_2' = 100 - j48.4\text{MV} \cdot \text{A}$$

输电线参数：
线间几何平均距离

$$D_{jj} = 1.26D = 1.26 \times 6.5 = 8.2(\text{m})$$

由附表 7 中查得

$$r_0 = 0.078\Omega/\text{km}$$

$$x_0 = 0.412\Omega/\text{km}$$

$$b_0 = 2.77 \times 10^{-6}\text{S/km}$$

从而求得线路电阻为

$$R = r_0L = 0.078 \times 200 = 15.6(\Omega)$$

线路电抗为

$$X = x_0L = 0.412 \times 200 = 82.4(\Omega)$$

线路电纳为

$$B = b_0L = 2.77 \times 10^{-6} \times 200 = 554 \times 10^{-6}(\text{S})$$

$$\frac{B}{2} = \frac{554 \times 10^{-6}}{2} = 277 \times 10^{-6}(\text{S})$$

线路电容功率的一半为

$$Q_{C2} = \frac{B}{2}U_n^2 = 220^2 \times 277 \times 10^{-6} = 13.4(\text{Mvar})$$

（2）功率分布计算。

环节末端功率为

$$S_2 = P_2 - jQ_2' + jQ_{C2}$$
$$= 100 - j48.4 + j13.4 = 100 - j35(\text{MV} \cdot \text{A})$$

线路阻抗中的功率损耗

$$\Delta P \frac{P_2^2 + Q_2^2}{U_n^2}R = \frac{100^2 + 35^2}{220^2} \times 15.6 = 3.6(\text{MW})$$

$$\Delta Q = \frac{P_2^2 + Q_2^2}{U_n^2}X = \frac{100^2 + 35^2}{220^2} \times 82.4 = 19.1(\text{Mvar})$$

$$\Delta S = \Delta P - j\Delta Q = 3.6 - j19.1(\text{MV} \cdot \text{A})$$

环节首端的功率为

$$S_1 = S_2 + \Delta S = 100 - j35 + 3.6 - j19.1$$
$$= 103.6 - j54.1(\text{MV} \cdot \text{A})$$

线路首端的功率为

$$S_1' = S_1 + jQ_{C1} = 103.6 - j54.1 + j13.4 = 103.6 - j40.7(\text{MV} \cdot \text{A})$$

（3）电压计算。

按式（6-10）和式（6-11）可得

$$\Delta U_2 = \frac{P_2R + Q_2X}{U_2} = \frac{100 \times 15.6 + 35 \times 82.4}{210} = 21.1(\text{kV})$$

$$\delta U_2 = \frac{P_2X - Q_2R}{U_2} = \frac{100 \times 82.4 - 35 \times 15.6}{210} = 36.6(\text{kV})$$

按式（6-13）可得

$$U_1 = \sqrt{(U_2 + \Delta U_2)^2 + \delta U_2^2} = \sqrt{(210 + 21.1)^2 + 36.6^2} = 234(\text{kV})$$

## 二、区域电力网的功率分布与电压计算

在进行开式区域电力网的功率分布及电压计算时，已知原始资料一般为：在最大负荷和最小负荷运行情况下，降压变电站低压侧的负荷；输电线路和变压器的参数；发电厂高压母线或低压母线上的电压。计算步骤是从开式电力网的末端到首端，按照电力网环节首端和末端的功率的关系，计算整个电力网的功率分布；然后按照环节首端和末端的电压的关系，并根据电力网中某点的已知电压，计算电力网各点的电压。

图6-8所示为一个开式区域电力网。从区域发电厂经升压变压器至高压母线 A，供电给几条放射形的线路（即 Aabc、Ade、Afg 线路），每条线路供电给几个变电站。图中各段线路无论是单回路或双回路，一律用单线表示；各变电站无论装设几台变压器，也只画出一台变压器表

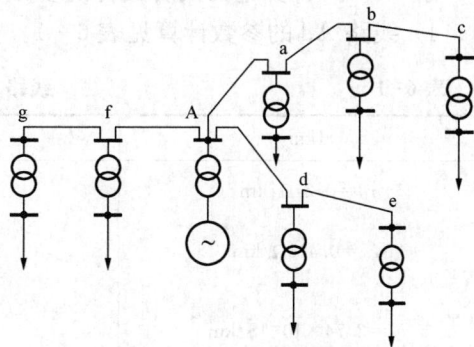

图6-8 开式区域电力网

示。现通过例 6 - 2 来讨论一条放射形线路 Ade 的功率分布和电压计算方法和步骤。

**【例 6 - 2】**　　额定电压为 110kV 的开式电力网，如图 6 - 9（a）所示。发电厂母线 A 的电压保持 115kV。变电站 d 装有两台 SL7-10000/110 型降压变压器，电压为 110/11kV，负荷为 12－j8MV·A。变电站 e 装有一台 SL7-40000/110 型降压变压器，电压为 110/11kV，负荷为 20－j15MV·A。线路 Ad 全长 70km，双回路架设，采用 LGJ-150 型导线；线路 de 全长 20km，采用 LGJ-120 型导线，单回路架设，线间几何均距为 5m。试做电力网的功率分布及电压计算。

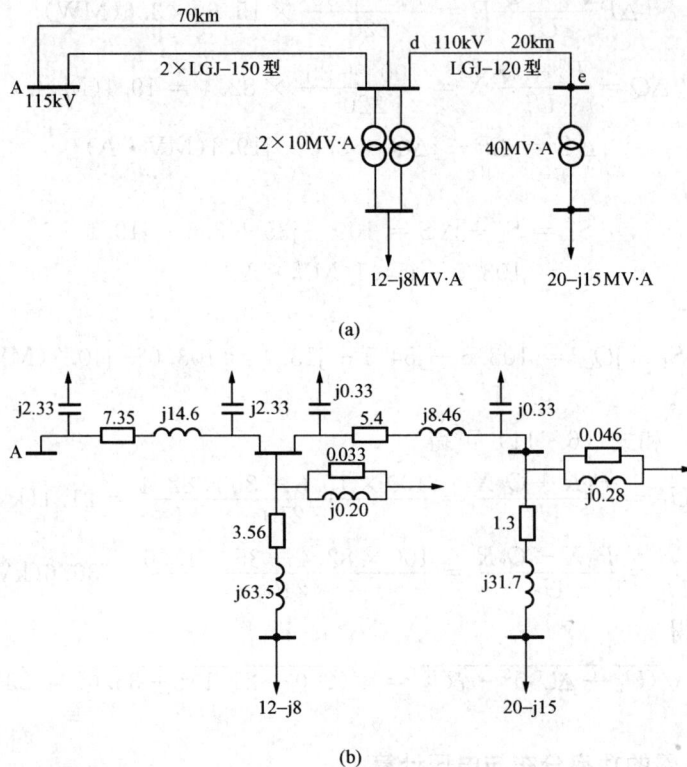

(a)

(b)

图 6 - 9　例 6 - 2 图

(a) 接线图；(b) 等值电路图

**解**　　（1）计算电力网各元件的参数，绘出电力网的等值电路图。

1）线路 Ad 的参数计算见表 6 - 1。

表 6 - 1　　　　　　　　　　　　　线路 Ad 的参数计算表

| 1km | 70km |
|---|---|
| $r_0 = 0.21 \Omega/\text{km}$ | $R = \dfrac{r_0 L}{2} = \dfrac{0.21 \times 70}{2} = 7.35$ （Ω） |
| $x_0 = 0.416 \Omega/\text{km}$ | $X = \dfrac{x_0 L}{2} = \dfrac{0.416 \times 70}{2} = 14.6$ （Ω） |
| $b_0 = 2.74 \times 10^{-6} \text{S/km}$ | $B = 2b_0 L = 2 \times 2.74 \times 10^{-6} \times 70 = 3.84 \times 10^{-4}$ （S） $Q_C = U_n^2 B = 110^2 \times 3.84 \times 10^{-4} = 4.65$ （Mvar） |

2）线路 de 的参数计算见表 6 - 2。

**表 6 - 2** 线路 de 的参数计算表

| 1km | 20km |
|---|---|
| $r_0 = 0.27\Omega/km$ | $R = 0.27 \times 20 = 5.4$（$\Omega$） |
| $x_0 = 0.423\Omega/km$ | $x = 0.423 \times 20 = 8.46$（$\Omega$） |
| $b_0 = 2.69 \times 10^{-6}S/km$ | $B = 2.69 \times 10^{-6} \times 20 = 53.8 \times 10^{-6}$（S） |
| | $Q_C = 110^2 \times 53.8 \times 10^{-6} = 0.65$（Mvar） |

3）变电站 d 的参数。由附表 10 查得 SL7-10000/110 型变压器特性数据如下

$$\Delta P_0 = 16.5kW, \Delta P_d = 59kW$$

$$I_0\% = 1.0, U_d\% = 10.5$$

由此可计算变压器参数

$$R_T = \frac{\Delta P_d U_n^2}{S_n^2} \times 10^3 = \frac{59 \times 110^2}{2 \times 10\,000^2} \times 10^3 = 3.56(\Omega)$$

$$X_T = \frac{U_d\% U_n^2}{S_n} \times 10 = \frac{10.5 \times 110^2}{2 \times 10\,000} \times 10 = 63.5(\Omega)$$

导纳中总的功率损耗

$$\Delta P_0 = 2 \times 0.016\,5 = 0.033(MW)$$

$$\Delta Q_0 = \frac{I_0\%}{100} S_n = \frac{2 \times 1.0 \times 10}{100} = 0.2(Mvar)$$

4）变电站 e 的参数。由附录查得 SL7-40000/110 型变压器数据为

$$\Delta P_0 = 4kW, \Delta P_d = 174kW$$

$$I_0\% = 0.7, U_d\% = 10.5$$

计算变压器参数和功率损耗

$$R_T = \frac{174 \times 110^2}{40\,000^2} \times 10^3 = 1.3(\Omega)$$

$$X_T = \frac{10.5 \times 110^2}{40\,000} \times 10 = 31.7(\Omega)$$

$$\Delta P_0 = 0.04(MW)$$

$$\Delta Q_0 = \frac{0.7 \times 40}{100} = 0.28(Mvar)$$

5）电力网的等值电路，如图 6 - 9（b）所示。

（2）简化等值电路，确定变电站的"计算负荷"。

由于图 6 - 9（b）的等值电路图不够简单清晰，因此将变电站的负荷归算到高压侧，并用"计算负荷"表示，从而简化等值电路，便于计算功率分布。所谓降压变电站的计算负荷，就是降压变电站低压侧的负荷加上变压器的功率损耗，再加上与该变电站相邻线路电容功率的一半。因此，变电站的计算负荷，实际上是高压网络中的一个等值负荷。

1）变电站 d 的计算负荷。低压侧负荷为 12 － j8，则变压器阻抗中的功率损耗为

$$\Delta S = \frac{P^2 + Q^2}{U_n^2} R_T - j \frac{P^2 + Q^2}{U_n^2} X_T$$

$$= \frac{12^2 + 8^2}{110^2} \times 3.56 - j \frac{12^2 + 8^2}{110^2} \times 63.5$$

$$= 0.061 - j1.09 (MV \cdot A)$$

变压器环节首端功率为　　　　　　$12.061 - j9.09$　　（MV·A）

变压器导纳中的功率损耗为　　　$0.033 - j0.20$　　（MV·A）

相邻线路电容功率的一半为　　　$+j2.33 + j0.33$　　（MV·A）

计算负荷为　　　　　　　　　　$12.094 - j6.63$　　（MV·A）

2）变电站 e 的计算负荷。低压侧负荷为 $20 - j15$，则变压器阻抗中的功率损耗为

$$\frac{20^2 + 15^2}{110^2} \times 1.3 - j \frac{20^2 + 15^2}{110^2} \times 31.7 = 0.067 - j1.64 (MV \cdot A)$$

变压器环节首端功率为　　　　　　$20.067 - j16.64$　　（MV·A）

变压器导纳中的功率损耗为　　　$0.04 - j0.28$　　（MV·A）

线路电容功率的一半为　　　　　$+j0.33$　　（MV·A）

计算负荷为　　　　　　　　　　$20.11 - j16.59$　　（MV·A）

简化后的等值电路如图 6-10 所示。

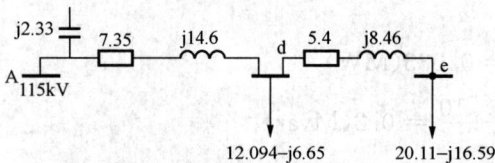

图 6-10　例 6-2 的简化等值电路

（3）计算电力网的功率分布。

按照电力网环节首端和末端间功率的关系，从线路末端的变电站 e 开始，逐段计算各环节的功率分布。

de 段环节末端功率为

$$20.12 - j16.59 (MV \cdot A)$$

de 段功率损耗为

$$\frac{P^2 + Q^2}{U_n^2} R - j \frac{P^2 + Q^2}{U_n^2} X = \frac{20.12^2 + 16.59^2}{110^2} \times 5.4 - j \frac{20.12^2 + 16.59^2}{110^2} \times 8.46$$

$$= 0.3 - j0.48 (MV \cdot A)$$

de 段环节首端功率为　　　　　$20.41 - j17.07 (MV \cdot A)$

Ad 段环节末端功率为

$$(20.41 - j17.07) + (12.094 - j6.65) = 32.50 - j23.72 (MV \cdot A)$$

Ad 端功率损耗为

$$\frac{32.5^2 + 23.72^2}{110^2} \times 7.35 - j \frac{32.5^2 + 23.72^2}{110^2} \times 14.6 = 0.98 - j1.96 (MV \cdot A)$$

Ad 端环节首端功率为　　　　　$33.48 - j25.68 (MV \cdot A)$

线路电容功率的一半为　　　　　$+j2.33$

Ad 线路首端功率为　　　　　　$33.48 - j23.35 (MV \cdot A)$

线路首端功率因数为　　　　$\cos\varphi = \frac{33.48}{\sqrt{33.48^2 + 23.35^2}} = 0.82$

（4）计算电力网各点的电压。

已知 $U_A = 115kV$，则变电站 d 高压母线电压 $U_d$（忽略 $\delta U_A$ 影响）为

$$U_d = U_A - \Delta U_A = U_A - \frac{P_A R + Q_A X}{U_A}$$

$$= 115 - \frac{33.48 \times 7.35 + 23.68 \times 14.6}{115} = 109.5(\text{kV})$$

变电站 e 高压母线电压 $U_n$ 为

$$U_n = 109.5 - \frac{20.41 \times 5.4 + 17.07 \times 8.46}{109.6} = 107.2(\text{kV})$$

对于变电站低压母线的电压，可根据高压母线上的电压，减去变压器环节中的电压损耗。算出变电站低压侧归算到高压侧的电压，然后根据变压器的变比，计算低压侧的实际电压。

变电站 d 低压侧归算到高压侧的电压 $U'_d$ 为

$$U'_d = 109.5 - \frac{12.061 \times 3.56 + 9.09 \times 63.5}{109.5} = 103.8(\text{kV})$$

变电站 e 低压侧归算到高压侧的电压 $U'_n$ 为

$$U'_n = 107.2 - \frac{20.067 \times 1.3 + 16.64 \times 31.7}{107.2} = 102(\text{kV})$$

为了全面了解区域电力网在不同运行方式下的运行情况，应该对区域电力网的最大负荷运行方式及最小运行方式分别作上述的功率分布及电压计算（潮流计算）。有时还需要进行最大负荷下事故运行情况的潮流计算。

### 三、地方电力网的功率分布及电压计算

（一）具有几个集中负荷的地方电力网

图 6-11 所示为具有两个集中负荷的地方电力网。其功率分布计算如下：

线路 ab 段的功率为

$$P_2 - jQ_2 = p_b - jq_b$$

式中　$p_b - jq_b$——b 点的负荷功率。

线路 Aa 段的功率为

$$P_1 - jQ_1 = P_2 - jQ_2 + (p_a - jq_a)$$
$$= (p_b - jq_b) + (p_a - jq_a)$$
$$= (p_a + p_b) - j(q_a + q_b)$$

图 6-11　具有集中负荷的地方电力网

式中　$p_a - jq_a$——a 点的负荷功率。

当线路具有几个集中负荷时，线路首端功率可写成如下普通式

$$P - jQ = \sum p - j\sum q \tag{6-21}$$

图 6-11 所示线路的总电压损耗为

$$\Delta U = \frac{P_1 r_1 + Q_1 x_1}{U_n} + \frac{P_2 r_2 + Q_2 x_2}{U_n}$$

即

$$\Delta U = \frac{1}{U_n}[(P_1 r_1 + P_2 r_2) + (Q_1 x_1 + Q_2 x_2)]$$

或

$$\Delta U = \frac{1}{U_n}[(p_a R_a + p_b R_b) + (q_a X_a + q_b X_b)]$$

当线路具有几个集中负荷时，线路总电压损耗可写成如下普通式

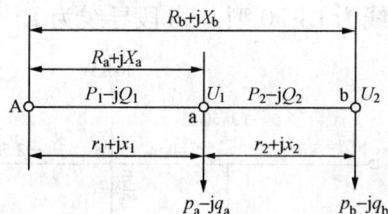

$$\Delta U = \frac{1}{U_n}\sum(Pr + Qx) \tag{6-22}$$

或

$$\Delta U = \frac{1}{U_n}\sum(pR + qX) \tag{6-23}$$

式中 $P$、$Q$——线路各段的有功功率，MW 和无功功率，Mvar；

$r$、$x$——线路各段的电阻和电抗，$\Omega$；

$p$、$q$——各负荷点有功功率，MW 和无功功率，Mvar；

$R$、$X$——各负荷点至供电点之间线路的电阻和电抗，$\Omega$。

当负荷用电流表示时，将 $P=\sqrt{3}U_n I\cos\varphi$、$Q=\sqrt{3}U_n I\sin\varphi$，代入式（6-22）和式（6-23），则得

$$\Delta U = \sqrt{3}\sum(Ir\cos\varphi + Ix\sin\varphi) \tag{6-24}$$

$$\Delta U = \sqrt{3}\sum(iR\cos\varphi + iX\sin\varphi) \tag{6-25}$$

式 $\varphi$——线路各段电流 $\dot{I}$、负荷电流 $i$ 与相应的电压间的相位角。

应该注意，式（6-22）和式（6-24）是按线路各段功率（或电流）及该段线路的阻抗来计算电压损耗的；而式（6-23）和式（6-25）则是按各负荷点的功率（电流）及由供电点到该负荷点间的线路总阻抗来计算电压损耗的。

（二）具有分支的地方电力网

当电力网具有分支时，其最大电压损耗可能在供电点与某一支线末端之间，因此必须求出供电点至各支线末端间的电压损耗，比较后取电力网最大的电压损耗。

【例 6-3】 有一个额定电压为 10kV 的开式电力网，负荷功率和负荷点间的距离均标于图 6-12（a）中，各负荷功率因数 $\cos\varphi=0.8$。导线三角形排列，线间距离为 1m，Ac 段导线为 LJ-50 型，bd 段导线为 LJ-16 型。试求电力网的最大电压损耗。

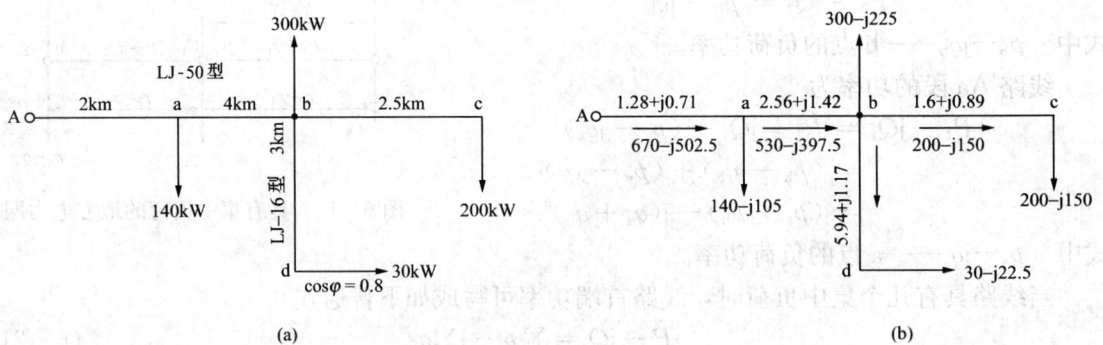

图 6-12 例 6-3 图

（a）负荷功率和负荷点间的距离；（b）线路各段的参数和功率

解 （1）由附表 3 查得导线的参数为

LJ-16 型 $\quad r_0=1.98\Omega/\text{km}, x_0=0.391\Omega/\text{km}$

LJ-50 型 $\quad r_0=0.64\Omega/\text{km}, x_0=0.355\Omega/\text{km}$

各段线路的电阻为

$$R_{Aa} = 0.64\times2 = 1.28(\Omega), R_{bc} = 0.64\times2.5 = 1.6(\Omega)$$

$$R_{ab} = 0.64\times4 = 2.56(\Omega), R_{bd} = 1.98\times3 = 5.94(\Omega)$$

各段线路的电抗为

$$X_{Aa} = 0.355 \times 2 = 0.71(\Omega), X_{bc} = 0.355 \times 2.5 = 0.89(\Omega)$$
$$X_{ab} = 0.355 \times 4 = 1.42(\Omega), X_{bd} = 0.391 \times 3 = 1.17(\Omega)$$

（2）由线路末端向始端计算各段线路的功率分布

$$P_{ab} - jQ_{ab} = (p_b + p_c + p_d) - j(q_b + q_c + q_d)$$
$$= (300 + 200 + 30) - j(225 + 150 + 22.5)$$
$$= 530 - j397.5(kV \cdot A)$$
$$P_{Aa} - jQ_{Aa} = (p_a + p_b + p_c + p_d) - j(q_a + q_b + q_c + q_d)$$
$$= (530 + 140) - j(397.5 + 105) = 670 - j502.5(kV \cdot A)$$

各段功率分布标在图 6 - 12 （b）上。

（3）计算电压损耗

$$\Delta U_{Ac} = \Delta U_{Aa} + \Delta U_{ab} + \Delta U_{bc}$$
$$= \frac{670 \times 1.28 + 502.5 \times 0.71}{10} + \frac{530 \times 2.56 + 397.5 \times 1.42}{10} + \frac{200 \times 1.6 + 150 \times 0.89}{10}$$
$$= 359(V)$$

$$\Delta U_{Ad} = \Delta U_{Aa} + \Delta U_{ab} + \Delta U_{bd}$$
$$= \frac{670 \times 1.28 + 502.5 \times 0.71}{10} + \frac{530 \times 2.56 + 397.5 \times 1.42}{10}$$
$$+ \frac{30 \times 5.94 + 22.5 \times 1.17}{10} = 334(V)$$

所以最大电压损耗为 $\Delta U_{Ac} = 359V$。

**【例 6 - 4】**　如图 6 - 13 所示为一个额定电压为 380V 的开式电力网，线路用绝缘铝线架设供给照明负荷，导线的截面、各段线路的全长，以及负荷电流都已标在图中。试求该电力网的最大电压损耗。

**解**　因为照明负荷的功率因数接近 1，可不考虑电抗的影响，所以电压损耗计算式（6 - 19）可改写为

$$\Delta U = \sqrt{3} \sum Ir = \frac{\sqrt{3}}{\gamma A} \sum I l$$

式中　$\gamma$——导线的导电系数，铝的导电系数为 32m/ $(\Omega \cdot mm^2)$；

$A$——导线的截面积，$mm^2$。

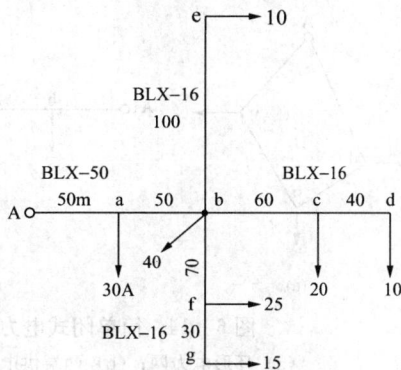

图 6 - 13　例 6 - 4 图

代入数字计算得　　$\Delta U_{bd} = \frac{\sqrt{3}}{32 \times 16}(10 \times 40 + 30 \times 60) = 4.4(V)$

$$\Delta U_{be} = \frac{\sqrt{3} \times 10 \times 100}{32 \times 16} = 3.4(V)$$

$$\Delta U_{bg} = \frac{\sqrt{3}}{32 \times 16}(15 \times 30 + 40 \times 70) = 11(V)$$

$$\Delta U_{Ab} = \frac{\sqrt{3}}{32 \times 50}(120 \times 50 + 150 \times 50) = 14.6(V)$$

因为在 $\Delta U_{bd}$、$\Delta U_{be}$、$\Delta U_{bg}$ 中以电压损耗 $\Delta U_{bg}$ 最大，所以最大电压损耗出现在 Ag 段上。由此求得该电力网的最大电压损耗为

$$\Delta U_{Ag} = \Delta U_{Ab} + \Delta U_{bg} = 14.6 + 11 = 25.6(V)$$

而

$$\Delta U_{Ag}\% = \frac{25.6}{380} \times 100 = 6.7$$

## 第四节　闭式电力网的功率分布与电压计算

在电力网运行中，为了提高供电的可靠性和经济性，需要从几个方向对重要用户输送电能，或将开环运行的电力网改为闭环运行，凡用户能从两个及其以上方向获得电能的电力网，称为闭式电力网。两端供电和环形供电的电力网是闭式电力网中最基本的形式，如图6-14所示。

闭式电力网的功率分布计算要比开式电力网复杂。它与电网的结构、负荷的大小与分布以及电源的电压有关。因此，在做闭式电力网功率分布的近似计算时，可先不考虑各线段中的功率损耗对功率分布的影响。这样，相当于将电力网各点电压均看成是相等的，并令其等于电力网的额定电压 $U_n$，求出功率分布后，再计算各线段中的功率损耗。下面讨论两端供电电力网的功率分布和电压计算方法。

### 一、计算忽略线路中的功率损耗时的功率分布

在图6-15中，设已知供电点 A1 的电压为 $\dot{U}_{A1}$，供电点 A2 的电压为 $\dot{U}_{A2}$，各负荷点负荷功率为 $\dot{S}_b$、$\dot{S}_c$，线路各段的阻抗为 $Z_1$、$Z_2$、$Z_3$。各线段上的功率 $\dot{S}_{A1}$、$\dot{S}_{bc}$、$\dot{S}_{A2}$ 为需求量。

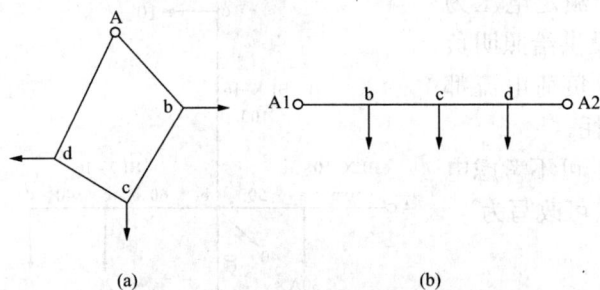

图6-14　简单闭式电力网
(a) 环形电力网；(b) 两端供电电力网

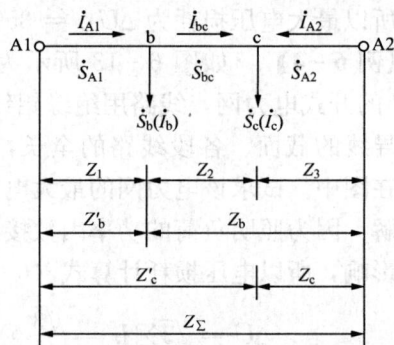

图6-15　两端供电线路的功率分布

按图6-15中所设的方向，因为 $\dot{U}_{A1} = \dot{U}_{A2}$，根据基尔霍夫第二定律可以写出

$$\dot{I}_{A1}Z_1 + \dot{I}_{bc}Z_2 = \dot{I}_{A2}Z_3 \tag{6-26}$$

根据克希荷夫第一定律，对于 b、c 负荷点可以写出

$$\left. \begin{array}{l} \dot{I}_{bc} = \dot{I}_{A1} - \dot{I}_b \\ \dot{I}_{A2} = \dot{I}_c - \dot{I}_{bc} = \dot{I}_c - (\dot{I}_{A1} - \dot{I}_b) \\ \quad\quad = \dot{I}_b + \dot{I}_c - \dot{I}_{A1} \end{array} \right\} \tag{6-27}$$

将式（6-27）代入式（6-26）中得

$$\dot{I}_{A1}Z_1 + (\dot{I}_{A1} - \dot{I}_b)Z_2 = (\dot{I}_b + \dot{I}_c - \dot{I}_{A1})Z_3$$

$$\dot{I}_{A1}(Z_1 + Z_2 + Z_3) = \dot{I}_b(Z_2 + Z_3) + \dot{I}_c Z_3$$

这样，电源 A1 输出的电流为

$$\dot{I}_{A1} = \frac{\dot{I}_b(Z_2 + Z_3) + \dot{I}_c Z_3}{Z_1 + Z_2 + Z_3} \qquad (6\text{-}28)$$

如果从 A2 点到 b 点和 c 点之间的总阻抗分别为 $Z_b$ 和 $Z_c$，从 A1 点到 b 点和 c 点之间的总阻抗分别为 $Z'_b$ 和 $Z'_c$，而 A1 和 A2 点之间总阻抗为 $Z_\Sigma$，则式（6-28）可以写为

$$\dot{I}_{A1} = \frac{\dot{I}_b Z_b + \dot{I}_c Z_c}{Z_\Sigma} \qquad (6\text{-}29)$$

同理，从 A2 点起进行计算，可得

$$\dot{I}_{A2} = \frac{\dot{I}_b Z'_b + \dot{I}_c Z'_c}{Z_\Sigma} \qquad (6\text{-}30)$$

当线路上有多个负荷点时，式（6-29）和式（6-30）可写为

$$\left.\begin{aligned}
\dot{I}_{A1} &= \frac{\sum\limits_{m=1}^{n} \dot{I}_m Z_m}{Z_\Sigma} \\[2mm]
\dot{I}_{A2} &= \frac{\sum\limits_{m=1}^{n} \dot{I}_m Z'_m}{Z_\Sigma}
\end{aligned}\right\} \qquad (6\text{-}31)$$

式中　　$Z_m$、$Z'_m$——从负荷点 $m$ 到电源 A2 和 A1 的阻抗；

　　　　　$\dot{I}_m$——负荷点 $m$ 处的负荷电流。

当负荷以功率表示时，将式（6-31）乘以 $\sqrt{3}\dot{U}_n$，即得电源 A1 和 A2 的输出功率为

$$\left.\begin{aligned}
S_{A1} &= -\frac{\sum\limits_{m=1}^{n} S_m Z_m}{Z_\Sigma} \\[2mm]
S_{A2} &= \frac{\sum\limits_{m=1}^{n} S_m Z'_m}{Z_\Sigma}
\end{aligned}\right\} \qquad (6\text{-}32)$$

若线路中间具有固定输出功率的电源，则电源的输出功率可用具有负号的负荷表示。

从式（6-31）和式（6-32）中可知，在电源电压相等的两端电力网中，负荷是按阻抗反比分配于两端电源的。

求出功率分布之后，有的负荷点，功率是由两个方向流入的，如图 6-16 中 c 点，此点称为功率分点，在图 6-16（a）电路图上用"▼"符号表示。若有功功率分点和无功功率分点不在一点，就另用"▽"表示无功功率分点。

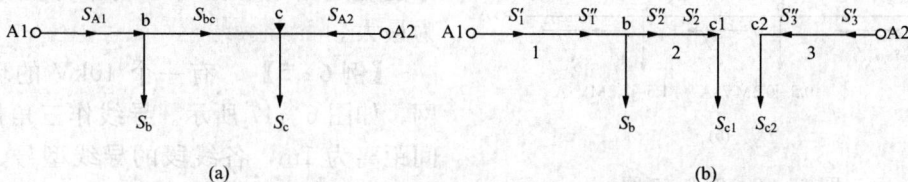

图 6-16　电力网功率分点和计及功率损耗的功率分布

(a) 功率分点；(b) 功率分布

## 二、计算最终功率分布

利用式（6-31）、式（6-32）求得的功率分布近似值，计算线路的功率损耗，再求出考虑功率损耗时的功率分布，即最终功率分布。

首先在功率分点处将线路断开，从而变成了两个开式电力网如图6-16（b）所示。其中左边的开式网中，$S_b$ 为 b 点负荷功率，c1 点的负荷功率 $S'_2 = S_{c1}$；右边开式网中，c2 点的负荷功率 $S''_3 = S_2$。然后再分别计算两个开式网各线段中的功率损耗和功率分布。

根据式（6-4），第2段功率损耗为

$$\Delta P_2 = \frac{S'^2_2}{U^2_c}R_2 = \frac{S^2_{c1}}{U^2_c}R_2$$

$$\Delta Q_2 = \frac{S'^2_2}{U^2_c}X_2 = \frac{S^2_{c1}}{U^2_c}X_2$$

线段2的始端功率为

$$S''_2 = S'_2 + (\Delta P_2 - j\Delta Q_2)$$
$$= S_{c1} + (\Delta P_2 - j\Delta Q_2)$$

线段1末端功率为

$$S''_1 = S''_2 + S_b$$

线段1的功率损耗为

$$\Delta P_1 = \frac{S''^2_1}{U^2_b}R_1$$

$$\Delta Q_1 = \frac{S''^2_1}{U^2_b}X_1$$

则线段1的始端功率为

$$S'_1 = S''_1 + (\Delta P_1 - j\Delta Q_1)$$

同样可求得，另一半线路的功率损耗和功率分布，合起来就是最终功率分布。

在上述计算中，若线路各点运行电压是未知的，此时，可按额定电压 $U_n$ 来计算。

## 三、计算电压损耗

在求得两端电力网功率分布后，就可按开式网所介绍的电压计算方法来进行各段线路的电压计算。

当有功功率分点和无功功率分点在同一点时，电源至功率分点的一段线路电压损耗值最大。若有功功率分点和无功功率分点不在同一点，则只有通过计算比较，才能确定由电源到哪个功率分点电压损耗为最大。

**【例6-5】**　有一个 10kV 的环形电力网，如图6-17所示。导线作三角排列，线间距离为 1m，各线段的导线型号、线路长度及用户负荷均在图中注出。试计算不计及功率损耗时的功率分布。

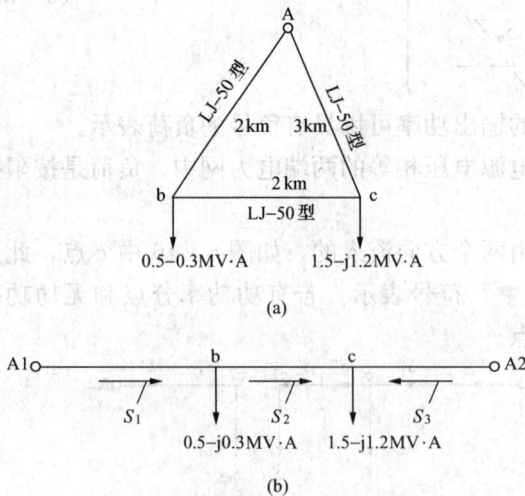

图 6-17　例 6-5 图
(a) 环形电力网；(b) 计算图

**解**　由于各线段的导线型号相同，即各线段阻抗 $Z_m = z_0 l_m$，因而式（6-32）可写为

$$S_{A1} = S_1 = \frac{\sum_{m=1}^{n} S_m Z_m}{Z_\Sigma} = \frac{\sum_{m=1}^{n} S_m z_0 l_m}{z_0 l_\Sigma} = \frac{\sum_{m=1}^{n} S_m l_m}{l_\Sigma}$$

$$= \frac{(0.5 - j0.3) \times 5 + (1.5 - j1.2) \times 3}{2 + 2 + 3} = \frac{7 - j5.1}{7}$$

$$= 1 - j0.73 \ (MV \cdot A)$$

$$S_2 = S_1 - S_b$$

$$= 1 - j0.73 - (0.5 - j0.3) = 0.5 - j0.43 \ (MV \cdot A)$$

$$S_3 = S_c - S_2 = 1.5 - j1.2 - (0.5 - j0.43) = 1 - j0.77 (MV \cdot A)$$

## 第五节　电压调整的方法

电压是电能质量的主要指标之一，电压偏移超过容许范围时，对受电设备的运行具有很大的影响。

受电设备最理想的工作电压就是它的额定电压。从上面各节可知，用户的端电压是随着电力网的电压损耗而变动的，而电压损耗的大小，一方面要随着负荷大小的改变而变动，另一方面又要随着电力系统接线方式的改变所引起的功率分布和电网阻抗的改变而变动。所以，在电力网中如不采取特殊措施，往往就很难保持所有受电设备在任何时间都能在额定电压下或在额定电压附近工作。为此，必须采取调压措施。

电压的调整，必须根据电力网具体要求，在不同的接点，采用不同的方法。

**一、利用变压器分接头进行调压**

在变压器一次侧接入电源后，只要改变变压器的变化，就可以调整二次侧的实际电压。我国制造的大型电力变压器的一次绕组上，除了主分接头外，还有-5%、-2.5%、+2.5%和+5%等4个分接头。变压器分接头的用途是调整变电站母线上的电压，使电压偏移不超过容许范围。根据调压方式不同可分为无载调压和有载调压两种。

1. 无载调压

无载调压是在停电状态时，操纵变压器分接开关以改变变压器的变比达到调压目的，如图6-18所示。变压器一次绕组上，有电压分接头1、2、3、4和5挡，分别对应-5%、-2.5%、0%、+2.5%和+5%。3挡为变压器额定电压主分接头，变压器分接头可调电压的总范围是10%。当电源电压为额定电压时，动触头 S 应在3挡，即一次绕组在额定电压的电源上，二次绕组则为额定电压。如果电源电压比一次绕组的额定电压低时，我们可以将动触头 S 移到2或1挡上，由于一次、二次绕组每匝的感应电动势相同，减少一次绕组匝数，就可增加每匝的感应电动势。这样，电源电压虽然比一次绕组的额定电压低，但是，二次绕组的电压仍可接近额定电压。同样，当电源电压比一次绕组的额定电压高时，可以将动触头 S 移到4或5挡，使二次绕组电压降至接近额定电压。

图6-19所示为三相中性点调压分接开关接线图。由图6-19可知，绕组分接抽头 U1、U2、U3；V1、V2、V3 和 W1、W2、W3 分别接到分接开关定触头1上，分接开关动触头2形状为星形，星形动触头构成变压器绕组的中性点，转动动触头就可以调整变压器的变比。

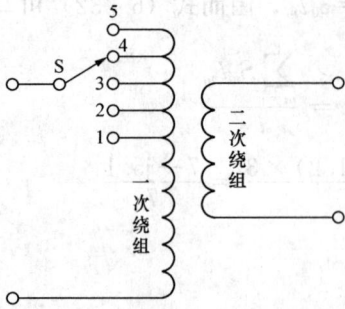

图6-18　无载调压变压器接线图

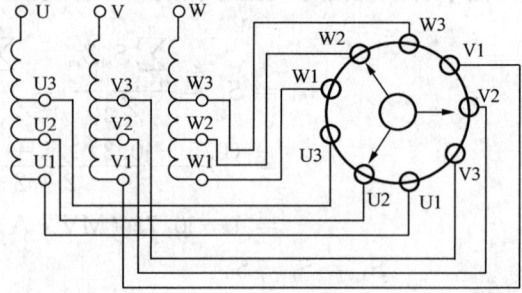

图6-19　三相中性点调压分接开关接线图

　　无载调压的操作必须在停电后进行，因此，此方法适用于有停电条件的供给季节性用户的变电站，或有多台变压器并列运行，且容许经常切换操作的变电站。

　　2. 有载调压

　　为了保证连续供电和随时调压，现已广泛采用有载调压变压器，或称带负荷调压变压器。这种变压器的结构，和一般的电力变压器差别不大，仅分接头个数较多。通常在带负荷调压变压器的主分接头两边，各具有3～5个分接头。例如，电压为110kV及以下有载调压变压器，高压绕组在主分接头两边各具有3个分接头；电压为220kV的有载调压器高压绕组在主分接头两边各具有4个分接头，调压范围分别为±7.5%～±10%。

　　图6-20为有载调压变压器接线图，它的高压主绕组上连接一个具有若干分接头的调压绕组，依靠特殊的切换装置可以在负荷电流下切换分接头。切换装置有两个可动触头Sa和Sb。改变分接头时，先将一个可动触头移动到所选定的分接头上，然后再把另一个可动触头也移动到该分接头上。这样，在分接头切换过程中才不致使变压器开路。为了防止可动触头在切换过程中产生电弧，在可动触头Sa、Sb前面接入两个接触器KMa、KMb，并将它们放在单独的油箱里。当变压器需要从一个分接头（例如分接头7）切换到另一个分接头上（例如分接头6）时，首先断开KMa，将Sa切换到另一个分接头6上，然后再将KMa接通。另一个触头也采用相同的切换程序，即断开KMb，再将Sb切换到与Sa相同的一个分接头6上，再接通KMb，完成切换过程。

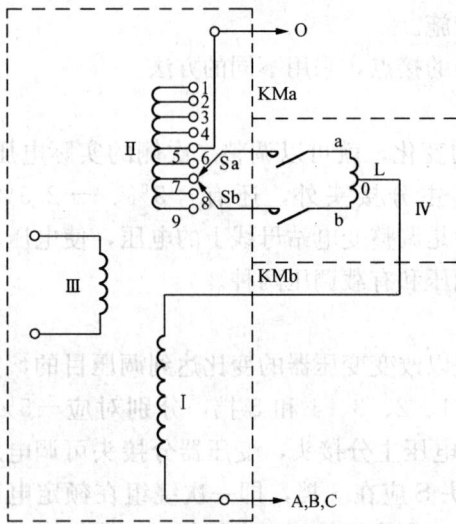

图6-20　有载调压变压器接线图

Ⅰ—高压主绕组；Ⅱ—调压绕组；
Ⅲ—低压绕组；Ⅳ—调压开关

　　切换装置中的电抗器L是用于当切换过程中两个可动触头在不同的分接头上时，限制两个分接头间的短路电流的。在正常运行时，变压器的负荷电流是经由电抗器的线圈a点及b点流向O点，因电流所产生的磁动势互相抵消，所以正常运行时，电抗器的电抗是非常小的。在图6-20中，如将切换装置分别放在1～9中的各个分接头上，就可接入不同的绕组匝数。分接头1～5间绕组的作用，与主绕组的作用一致；而分接头5～9间的绕组作用，则与主绕组的作用相反（抵消主绕组的一部分作用）。对电压为 110kV 及其以上的变压器，一般将调压绕组放在变压器中性点侧。因为 110kV 及更高电压等级的电力网，变压器的中性点是接地的，中性点侧对地电压很低，所以调节装置的绝缘比较容易解决。

利用变压器分接头进行调压，只能改变无功功率分布，不能增减系统的无功功率。因此，在整个系统普遍缺少无功的情况下，不可能用改变分接头的办法来提高用户的电压。

**二、改变电力网参数调压**

我们知道，电力网在输送负荷过程中产生的电压损耗，是引起受电设备端电压偏移的主要原因。所以，改变电力网的电压损耗值，便可改变受电设备的运行电压，从而达到调压目的。由电压损耗计算公式 $\Delta U = \dfrac{PR+QX}{U}$ 可见，改变电力网的电阻 $R$ 和电抗 $X$，均可改变 $\Delta U$ 的数值。

1. 改变电力网参数的方法

（1）改变电力线路导线截面积。对于 10kV 及以下的配电线路，其导线截面积较小，电阻在阻抗中比例较大，电压损耗 $\Delta U$ 中 $PR$ 起主导作用，增加导线截面积，能起到明显的调压效果；但对于 35kV 及以上的线路，由于导线截面积较大，电阻在阻抗中比例较小，电压损耗 $\Delta U$ 中 $QX$ 起主导作用。此时，增加导线截面积，不但增加了投资，且对降低电压损耗的效果不大。

（2）改变电力网的接线方式，即切除或投入双回路线路中的一条线路，切除或投入变电站中一部分并联运行的变压器，改开环运行成闭环运行。

2. 串联电容补偿调压原理

串联电容补偿调压通常用在供电电压为 35kV 及以下的线路上，主要用在负荷波动大、负荷功率因数又很低的配电线路上。串联电容补偿不仅能提高电压，而且其调压效果能够随负荷的大小而改变，即负荷大时调压效果大，负荷小时调压效果小。

串联电容补偿，是将电容器串联在线路上。由于线路上接入容抗 $X_C$ 和线路感抗 $X_L$ 互相补偿，降低了线路电抗 $X$ 值，因而降低了电压损耗，达到调压目的。

图 6-21（a）为未安装串联电容补偿的接线图。$\dot{U}_1$ 为线路首端电压，$\dot{U}_2$ 为线路末端电压，负荷 $P_2 - jQ_2$ 集中在末端。按式（6-9），$U_2$ 为

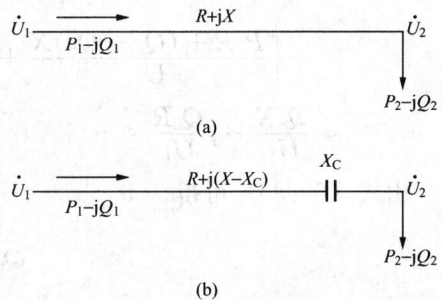

图 6-21 串联电容补偿的接线图
(a) 未装串联电容补偿；
(b) 装有串联电容补偿
$P_1 - jQ_1$ —线路首端的功率

$$U_2 = \sqrt{(U_1 - \Delta U_1)^2 + (\delta U_1)^2}$$
$$= \sqrt{\left(U_1 - \frac{P_1 R + Q_1 X}{U_1}\right)^2 + \left(\frac{P_1 X - Q_1 R}{U_1}\right)^2}$$

图 6-21（b）为在末端安装了串联电容补偿后的接线图，此时，线路末端电压 $U'_2$ 应为

$$U'_2 = \sqrt{\left[U_1 - \frac{P_1 R + Q_1 (X - X_C)}{U_1}\right]^2 + \left[\frac{P_1 (X - X_C) - Q_1 R}{U_1}\right]^2}$$

比较上面两式，可以看到串联电容补偿以后，线路末端电压提高了。

### 三、改变电力网无功功率进行调压

当系统无功电源不足时，必须用增加无功电源的办法调压。系统所需的无功功率除了发电机供给外，还有静电电容器、同期调相机等。后者不但可减少电网的电压损耗，同时还可以减少电网功率和能量损耗。

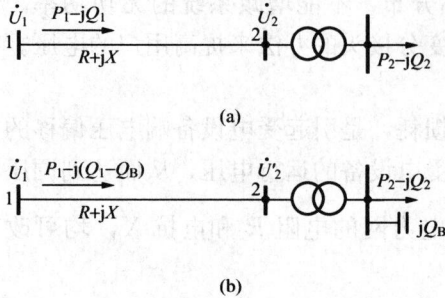

利用并联静电电容器（即并联电容补偿）调压，是在负荷侧安装并联电容器，来提高负荷功率因数的。这样，便可减少通过线路上的无功功率，达到调压目的，如图 6 - 22 所示。图中 $\dot{U}_1$ 为首端电压，$\dot{U}_2$ 为未并联电容时线路末端电压，$P_2-jQ_2$ 为变压器二次侧负荷，$P_1-jQ_1$ 为首端功率，$Q_B$ 为并联电容器容量，$\dot{U}'_2$ 为并联电容后线路末端电压。

图 6 - 22　并联电容补偿接线图
(a) 装有并联电容补偿前；
(b) 装有并联电容补偿后

由于在负荷侧并联电容 $Q_B$，因此线路首端无功功率由 $Q_1$ 减少到 $Q_1-Q_B$，线路末端电压由 $\dot{U}_2$ 升至 $\dot{U}'_2$，其升高的数值为

$$
\begin{aligned}
\Delta\dot{U} &= \dot{U}'_2 - \dot{U}_2 \\
&= \left[U_1 - \frac{P_1R+(Q_1-Q_B)X}{U_1} - j\,\frac{P_1X-(Q_1-Q_B)R}{U_1}\right] \\
&\quad - \left[U_1 - \frac{P_1R+Q_1X}{U_1} - j\,\frac{P_1X-Q_1R}{U_1}\right] \\
&= \frac{P_1R+Q_1X}{U_1} + j\,\frac{P_1X-Q_1R}{U_1} \\
&\quad - \left[\frac{P_1R+(Q_1-Q_B)X}{U_1} + j\,\frac{P_1X-(Q_1-Q_B)R}{U_1}\right] \\
&= \frac{Q_BX}{U_1} - j\,\frac{Q_BR}{U_1}
\end{aligned}
\tag{6-33}
$$

由式（6 - 33）可得

$$
Q_B = \frac{(\dot{U}'_2 - \dot{U}_2)\dot{U}_1}{X-jR}
$$

当忽略了电压降的横向分量时，上式可为

$$
Q_B = \frac{(U'_2 - U_2)U_1}{X}
\tag{6-34}
$$

$Q_B$ 即为变电站母线电压由 $\dot{U}_2$ 提高至 $\dot{U}'_2$ 所需增加的并联电容器容量，并令 $U'_2 - U_2 = \Delta U$，则式（6 - 34）为

$$
Q_B = \frac{\Delta U\,U_1}{X}
\tag{6-35}
$$

同期调相机有比并联电容器优越得多的调压特性。调相机不仅能在系统电压低时供给无功功率而将电压调高，并且能在系统电压偏高时吸收系统多余无功功率而将电压调低。

## 习 题

1. 一条额定电压为 110kV 的输电线路采用 LGJ-150 型导线，线间几何平均距离为 5m，如图 6 - 23 所示。已知线路末端负荷为 40－j30MV·A，线路首端电压为 115kV，试求线路末端电压。

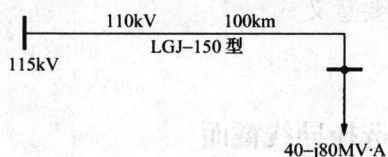

2. 额定电压为 110kV 的某开式区域电力网如图 6 - 24 所示。末端降压变电站内装有两台 SL7-20000/110 型变压器，电压为 110/11kV，低压侧的最大负荷为 20－j15MV·A。此变电站由 100km 外的电源供电。导线为 LGJ-95 型，线间几何平均距离为 5m，当电源电压保持 118kV，试求变电站低压母线电压。

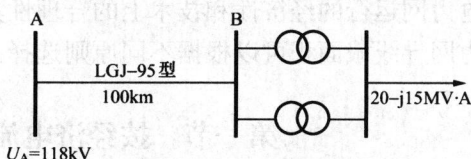

图 6 - 23 习题 1 图          图 6 - 24 习题 2 图

3. 一条额定电压为 380V 的三相架空线路，干线 Ac 用 LJ-70 型导线架设，支线 ae、bd 为 LJ-50 型导线。各点负荷及各点距离都标在图 6 - 25 中，求电力网最大的电压损耗。

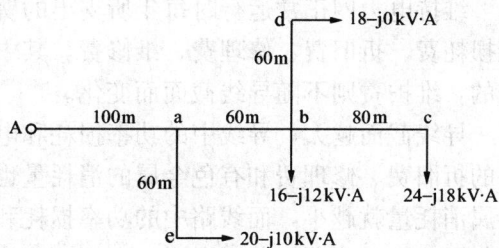

4. 试述带负荷调压变压器分接头的切换过程。

5. 试述串联电容补偿和并联电容补偿的调压原理。

图 6 - 25 习题 3 图

# 第 七 章

# 输配电线路导线截面的选择

电力网中所用的导线，不仅对电力网所需的有色金属消耗量及投资有很大关系，而且在电力网运行中对供电的安全可靠和电能质量有重大意义。

选择截面积过大的导线，不仅将增加投资，而且将增加有色金属消耗量；选择截面积过小的导线，在运行时将在电力网中造成过大的电压损耗和电能损耗，致使导线接头处温度过高，线路末端电压过低，并导致电动机难以起动等不正常运行状态。所以正确选择导线截面，对电力网运行的经济性和技术上的合理性具有重要意义。

电力网导线截面积可以根据不同原则选择。

## 第一节 按经济电流密度选择导线截面

### 一、经济电流密度

维持电力网正常运行时每年所支出的费用称为电力网年运行费。电力网年运行费包括电能损耗费、折旧费、修理费、维修费。其中电能损耗费、折旧费及修理费是随导线截面而改变的，维护费则不随导线截面而变化。

导线截面越大，导线中的功率损耗和电能损耗就越小，但线路的初建投资增加，同时线路的折旧费、修理费和有色金属的消耗量也就增加。导线截面越小，则线路初建投资和有色金属消耗量就越小，而线路中的功率损耗和电能损耗将必增加。线路中的电能损耗和初建投资都影响年运行费，若只强调一个侧面，片面增加或减少导线截面都是不经济的。综合考虑各方面因素定出的符合总的经济利益的导线截面，称为经济截面。对应于经济截面的电流密度，称为经济电流密度。我国现行的经济电流密度见表 7-1。

表 7-1 经济电流密度 $J$ 值 (A/mm²)

| 导线材料 | 最大负荷使用时间 $T_{zd}$ (h) | | |
|---|---|---|---|
| | 3000 以下 | 3000~5000 | 5000 以上 |
| 铜裸导线和母线 | 3.0 | 2.25 | 1.75 |
| 铝裸导线和母线、钢芯铝线 | 1.65 | 1.15 | 0.9 |
| 铜芯电缆 | 2.5 | 2.25 | 2.0 |
| 铝芯电缆 | 1.92 | 1.73 | 1.54 |

### 二、按经济电流密度选择导线截面

架空送电线路的导线截面，一般是按经济电流密度来选择的。

按经济电流密度选择导线截面时，首先必须确定电力网的计算传输容量（电流）及相应的最大负荷使用时间。确定电力网的计算传输容量，实质上是确定计算年限问题，因为电力网的负荷是逐年增长的。所以，在选择传输容量时，应考虑电网投入运行后 5~10 年的发展远景。

电力网的最大负荷使用时间，一般是根据电力网所输送负荷的性质确定的，可由表 7 - 1 查出。对于往返送电的电力网，其最大负荷使用时间，等于往返输送电量的总和除以输送的最大负荷。

当已知最大负荷电流 $I_{zd}$ 和相应的最大负荷使用时间 $T_{zd}$ 后，可在表 7 - 1 中查出不同材料导线的经济电流密度 $J$，并按下式计算导线的经济截面 $A$

$$A = \frac{I_{zd}}{J}(mm^2) \tag{7-1}$$

然后，根据计算所得的导线截面，再选择最适当的标准导线截面。

**【例 7 - 1】**　某变电站负荷为 40MW，$\cos\varphi =$ 0.8，$T_{zd} = 6000h$，由 100km 外的发电厂以 110kV 的双回路线路供电，如图 7 - 1 所示。试按经济电流密度选择线路钢芯铝线的截面。

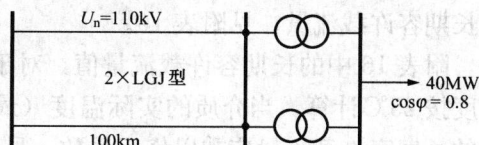

**解**　线路需输送的电流

$$I_{zd} = \frac{40\,000}{\sqrt{3} \times 110 \times 0.8} = 263(A)$$

由表 7 - 1 查得，当 $T_{zd} = 6000h$，$J = 0.9A/mm^2$，代入式（7 - 1）可得

$$A = \frac{I_{zd}}{J} = \frac{263}{0.9} = 291(mm^2)$$

由于采用双回路供电，所以每一回路的导线截面为 $\frac{292}{2} = 146$（$mm^2$），并应选择 LGJ-150 型钢芯铝线。

## 第二节　按发热条件校验导线截面

选定的输电线路的导线截面，必须根据不同运行方式以及事故情况下的输送电流进行发热校验。

当导线通过电流时，导线中就产生电能损耗，结果使导线发热，温度上升，因而使导线与周围介质产生一定温差。温差的大小与通过导线的电流有关，电流愈大，导线与周围介质的温差愈大。当温差达到一定数值时，导线所发生的热量等于向周围介质散发的热量，此时导线的温度不再上升，达到热稳定状态。

由于导线的温度过高，使导线连接处加速氧化，从而增加了导线的接触电阻。接触电阻的增大，使导线连接处更加发热又引起温度升高的恶性循环。对于架空导线，温度升高，会使弛度过大，结果使导线对地距离不能满足安全距离的要求，可能发生事故。对于电缆和其他绝缘导体，温升过高，会使导线周围介质加速老化，甚至损坏。所以，在选择导线截面时，为了使电力网能安全可靠地运行，导线在运行中的温度不应超过其最高容许温度。

根据规定，铝及钢芯铝线在正常情况下的最高温度不超过 70℃，事故情况下不超过 90℃。对各种类型的绝缘导线，其容许工作温度为 65℃。

在热平衡条件下，通过导线的电流与温升关系的表达式为

$$I^2 R = KF(\theta_{rz} - \theta_0)$$

图 7 - 1　例 7 - 1 图

$$I = \sqrt{\frac{KF(\theta_{rz} - \theta_0)}{R}} \tag{7 - 2}$$

式中　$I$——导线长期容许电流，A；

　　　$R$——导线在温度为 $\theta_{rz}$ 时的电阻，$\Omega$；

　　　$K$——散热系数，$W/(cm^2 \cdot {}^\circ\!C)$；

　　　$F$——导体的散热表面积，$cm^2$；

　　　$\theta_{rz}$——导体容许的最高温度，${}^\circ\!C$；

　　　$\theta_0$——周围介质的温度，${}^\circ\!C$。

为了使用方便，工程上都预先根据各类导线容许长期工作的最高允许温度＋70℃，制定其长期容许载流量，见附表16。

附表16中的长期容许载流量值，对于敷设在空气中的裸导线和绝缘导线，其周围环境温度按25℃计算。当介质的实际温度（最热月平均最高温度）不同于上述数值时，各类导线的长期容许载流量应乘以修正系数，见附表17。

**【例 7 - 2】**　同例 7 - 1，试按发热条件选择导线截面。

**解**　由例 7 - 1 知 $I_{zd} = 263A$。

在正常两回路供电情况下，每一回路输送电流为 131.5A。

为了保证供电可靠性，要求当一回路发生事故而断开时，另一回路能输送全部电流。此时钢芯铝线的最高容许温度为 90℃，因此附表 16 中的长期容许载流量应乘以系数 1.2。

查附表 16，LGJ-50 型导线在周围空气温度为 25℃时，其长期容许载流量应为 220，则长期容许载流量为 $220 \times 1.2 = 264A$。所以应选择两回路为 LGJ-50 型导线，即可满足发热条件的要求。

由例 7 - 1 按经济电流密度选择导线为 LGJ-150 型，这远比本例选择的截面大，故一定能满足发热条件的要求。

## 第三节　按电压损耗选择导线截面

在地方电力网中，为了保证负荷端的电压偏移不超过容许范围，就必须按电压损耗来选择导线截面。一般的配电网，特别是农村电网其导线截面均按容许电压损耗选择。

**一、电压损耗的计算**

电压损耗的计算公式为

$$\Delta U = \sqrt{3} \sum (Ir\cos\varphi + Ix\sin\varphi)$$
$$= \frac{\sum(Pr + Qx)}{U_n} = \frac{\sum(pR + qX)}{U_n} = \Delta U_r + \Delta U_x \tag{7 - 3}$$

式中　$\Delta U_r$——电阻上的电压损耗；

　　　$\Delta U_x$——电抗上的电压损耗。

线路上的电压损耗是由导线的电阻和电抗决定的。导线的电阻与导线截面成反比，而导线的电抗与导线截面关系较复杂，直接根据容许电压损耗求出导线截面是比较困难的。当导线截面增大时，其电阻减小很快，而电抗却减小得很少。对一般架空配电线路平均电抗 $x_0 = 0.35 \sim 0.40 \, \Omega/km$，它的变化范围很小。因此，在计算电压损耗时，通常是假定导线的电抗

和导线截面无关，即采用这类线路的平均电抗，于是可得

$$\Delta U_{\mathrm{x}} = \sqrt{3} \sum (IX \sin\varphi)$$

$$= x_0 \frac{\sum Ql}{U_{\mathrm{n}}} = x_0 \frac{\sum qL}{U_{\mathrm{n}}} \text{(V)} \tag{7-4}$$

式中　$x_0$——线路的平均电抗：对 10kV 的架空线路，$x_0 = 0.38\Omega/\mathrm{km}$，对 35kV 架空线路，$x_0 = 0.42\Omega/\mathrm{km}$，对低压架空线路，$x_0 = 0.35\Omega/\mathrm{km}$，对三芯式穿管导线，$x_0 = 0.07\Omega/\mathrm{km}$；

　　　　$I$——各段线路通过的电流，A；

　　$\sin\varphi$——各段线路通过电流的功率因数角的正弦值；

　　$Q$、$q$——各段线路通过的无功功率和各负荷的无功功率，kvar；

　　$l$、$L$——各段线路的长度和各负荷到电源的线路长度，km；

　　　$U_{\mathrm{n}}$——线路额定电压，kV。

　　如果总的容许电压损耗为 $\Delta U_{\mathrm{xu}}$，则电阻上的容许电压损耗为

$$\Delta U_{\mathrm{r}} = \Delta U_{\mathrm{xu}} - \Delta U_{\mathrm{x}} \tag{7-5}$$

**二、导线截面的选择**

导线截面的计算，可根据电阻中的电压损耗 $\Delta U_{\mathrm{r}}$ 进行。

当线路干线导线截面相等时，其截面可根据电阻中的电压损失 $\Delta U_{\mathrm{r}}$ 直接选择。电阻上的电压损耗 $\Delta U_{\mathrm{r}}$ 与导线截面的关系为

$$\Delta U_{\mathrm{r}} = \sqrt{3} \sum Ir \cos\varphi = \sqrt{3} r_0 \sum I \cos\varphi \, l$$

$$= \frac{\sqrt{3}}{\gamma A} \sum I \cos\varphi \, l$$

所以

$$A = \frac{\sqrt{3}}{\gamma \Delta U_{\mathrm{r}}} \sum I \cos\varphi \, l \tag{7-6}$$

或用功率值表示

$$A = \frac{\sum Pl}{\gamma \Delta U_{\mathrm{r}} U_{\mathrm{n}}} = \frac{\sum pL}{\gamma \Delta U_{\mathrm{r}} U_{\mathrm{n}}} \tag{7-7}$$

式中　$A$——导线截面，$\mathrm{mm}^2$；

　　$\cos\varphi$——各段线路通过电流的功率因数；

　　$P$、$p$——分别表示各段线路通过的有功功率和各负荷的有功功率，kW；

　　　$\gamma$——导线材料的导电系数，$\mathrm{m}/(\Omega \cdot \mathrm{mm}^2)$。

　　选择导线截面的步骤如下：

（1）采用一定的平均电抗值。

（2）按式（7-4）求出电抗中的电压损耗 $\Delta U_{\mathrm{x}}$。

（3）由线路总的容许电压损耗值 $\Delta U_{\mathrm{xu}}$，按式（7-5）求出电阻中的电压损耗 $\Delta U_{\mathrm{r}}$。

（4）按式（7-7）计算导线的截面，并选出最接近的标称截面，一般应使标称截面略大于计算截面。

（5）按求得的导线标称截面的实际 $r_0$、$x_0$ 值，计算线路中的实际电压损耗；如果实际电压损耗小于或等于容许电压损耗，则所选的截面可用，否则应改变导线截面再进行核算，直至求出合适的导线截面。

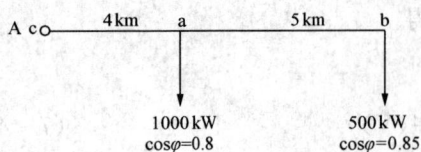

A c○——4km——a——5km——b

1000kW
cosφ=0.8

500kW
cosφ=0.85

图 7-2 例 7-3 图

【例 7-3】 有一条额定电压为 10kV 线路，用钢芯铝导线架设，线间几何均距为 1m，容许电压损耗为 5%。线路各段长度和负荷及功率因数都标在图 7-2 中，全用同一截面的导线，试按容许电压损耗选择导线截面。

**解** 将给定的负荷分为有功和无功功率，即

$$\dot{S}_{aa} = 1000 - j750(kV \cdot A)$$

$$\dot{S}_{bb} = 500 - j310(kV \cdot A)$$

$$\dot{S}_{Aa} = 1500 - j1060(kV \cdot A)$$

容许电压损耗为

$$\Delta U_{xu} = \Delta U_{xu}\% \times U_n = 0.05 \times 10\,000 = 500(V)$$

取平均电抗 $x_0 = 0.38\Omega/km$，根据式（7-4），求出电抗中的电压损耗为

$$\Delta U_x = \frac{x_0 \sum Ql}{U_n} = \frac{0.38 \times (1060 \times 4 + 310 \times 5)}{10} = 220(V)$$

按式（7-5），计算电阻中的电压损耗为

$$\Delta U_r = \Delta U_{xu} - \Delta U_x = 500 - 220 = 280(V)$$

按式（7-7）求出导线截面为

$$A = \frac{\sum Pl}{\gamma U_n \Delta U_r} = \frac{1500 \times 4 + 500 \times 5}{32 \times 10 \times 280 \times 10^{-3}} = 94.8(mm^2)$$

所以选用 LGJ-95 型导线，其单位长度阻抗 $r_0 = 0.33\Omega/km$，$x_0 = 0.334\Omega/km$。由此验算该线路上实际的电压损耗为

$$\Delta U = \frac{\sum(Pr_0 + Qx_0)l}{U_0}$$

$$= \frac{1500 \times 0.33 \times 4 + 1060 \times 0.334 \times 4}{10} + \frac{500 \times 0.33 \times 5 + 310 \times 0.334 \times 5}{10}$$

$$= 474(V)$$

故选用 LGJ-95 型导线即为所求。因为实际上 $x_0 = 0.334\Omega/km$，小于所取的平均电抗 $x_0 = 0.38$（$\Omega/km$），所以实际电压损耗一定小于容许值。

按发热条件进行校验：Aa 段的最大输送电流为

$$I_{Aa} = \frac{S_{Aa}}{\sqrt{3}U_n} = \frac{\sqrt{1500^2 + 1060^2}}{\sqrt{3} \times 10} = 106(A)$$

由附表 17，查出 LGJ-95 型导线容许的载流量为 335A＞106A，故选定的导线满足发热条件。

【例 7-4】 有一采用铝导线架设，线间几何均距为 0.6m，额定电压为 380V 的三相架空线路，其各点负荷（kW）及功率因数，以及各负荷点间的距离（m），均标于图 7-3（a）中。图中 A 为供电点，沿干线 Ac 导线截面不变，容许的电压损耗为电力网额定电压的 5%。试按容许的电压损耗，选定干线 Ac 及支线 ae 与 bd 的导线截面。

**解** 将给定负荷分为有功和无功功率，如图 7-3（b）所示。

（1）求容许电压损耗

$$\Delta U_{xu} = 380 \times 5\% = 19(V)$$

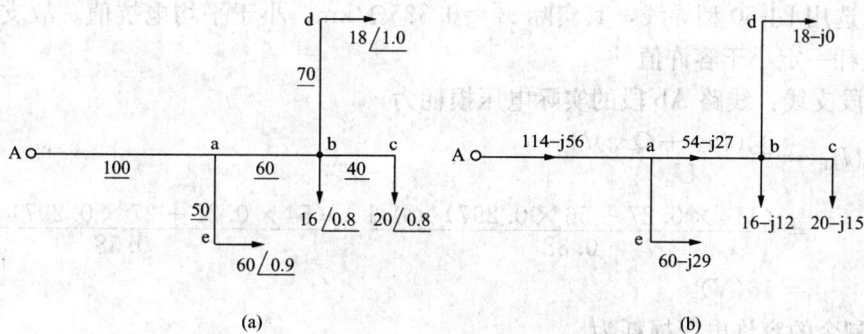

图 7 - 3　例 7 - 4 图

（2）决定干线 Ac 的导线截面。

取电抗平均值　　　　　　　　$x_0 = 0.35\Omega/\text{km}$

电抗中的电压损耗为

$$\Delta U_{\text{xAc}} = \frac{x_0 \sum Ql}{U_\text{n}}$$

$$= \frac{0.35 \times (15 \times 0.04 + 27 \times 0.06 + 56 \times 0.1)}{0.38}$$

$$= 7.2(\text{V})$$

电阻中的电压损耗

$$\Delta U_{\text{rAc}} = \Delta U_{\text{xu}} - \Delta U_{\text{xAc}} = 19 - 7.2 = 11.8(\text{V})$$

所求导线截面为

$$A_{\text{Ac}} = \frac{\sum Pl}{\gamma U_\text{n} \Delta U_{\text{rAc}}} = \frac{20 \times 40 + 54 \times 60 + 114 \times 100}{32 \times 0.38 \times 11.8}$$

$$= 107(\text{mm})$$

因此，选用干线用 LJ-120 型导线，其 $r_0 = 0.27\Omega/\text{km}$，$x_0 = 0.297\Omega/\text{km}$。

由于所选的导线的标称截面大于计算截面，而且实际的 $x_0$ 小于所取的平均电抗值，所以干线实际的电压损耗小于容许的电压损耗，故可不必再进行验算。

（3）决定各支线截面。

1）ae 段支线：线路 Aa 段的实际电压损耗为

$$\Delta U_{\text{Aa}} = \frac{(Pr_0 + Qx_0)l}{U_\text{n}} = \frac{(114 \times 0.27 + 56 \times 0.297) \times 0.1}{0.38} = 12.5(\text{V})$$

支线 ae 中剩余容许电压损耗为

$$\Delta U_{\text{ae}} = \Delta U_{\text{xu}} - \Delta U_{\text{Aa}} = 19 - 12.5 = 6.5(\text{V})$$

电抗中的电压损耗为

$$\Delta U_{\text{xae}} = \frac{0.35 \times 29 \times 0.05}{0.38} = 1.33(\text{V})$$

电阻中的电压损耗为

$$\Delta U_{\text{rae}} = \Delta U_{\text{ae}} - \Delta U_{\text{xae}} = 6.5 - 1.33 = 5.17(\text{V})$$

所以支线 ae 段导线截面积为

$$A_{\text{ae}} = \frac{Pl}{\gamma U_\text{n} \Delta U_{\text{rae}}} = \frac{60 \times 50}{32 \times 0.38 \times 5.17} = 48(\text{mm}^2)$$

因此，选用 LJ-50 型导线，其实际 $x_0 = 0.325\Omega/\mathrm{km}$，小于平均电抗值。故支线 ae 段的实际电压损耗一定小于容许值。

2）bd 段支线：线路 Ab 段的实际电压损耗为

$$\Delta U_{\mathrm{Ab}} = \frac{\sum(Pr_0 + Qx_0)l}{U_{\mathrm{n}}}$$

$$= \frac{(114 \times 0.27 + 56 \times 0.297) \times 0.1}{0.38} + \frac{(54 \times 0.27 + 27 \times 0.297) \times 0.06}{0.38}$$

$$= 16(\mathrm{V})$$

支线 bd 中剩余的容许电压损耗为

$$\Delta U_{\mathrm{bd}} = \Delta U_{\mathrm{xu}} - \Delta U_{\mathrm{Ab}} = 19 - 16 = 3(\mathrm{V})$$

因为 d 点负荷的 $\cos\varphi = 1$，$Q = 0$，$\Delta U_{\mathrm{xba}} = 0$，故 $\Delta U_{\mathrm{rbd}} = \Delta U_{\mathrm{bd}} = 3$（V）。所以支线 bd 段的导线截面为

$$A_{\mathrm{bd}} = \frac{Pl}{\gamma U_{\mathrm{n}}\Delta U_{\mathrm{bd}}} = \frac{18 \times 70}{32 \times 0.38 \times 3} = 34.5(\mathrm{mm}^2)$$

选用 LJ-35 型导线，其实际截面大于计算截面，故支线 bd 的电压损耗一定小于容许值。

（4）按发热条件的容许载流量校验导线截面。

干线 Aa 段的最大工作电流为

$$I_{\mathrm{Aa}} = \frac{\sqrt{114^2 + 56^2}}{\sqrt{3} \times 0.38} = 193(\mathrm{A})$$

支线 ae 中的工作电流为

$$I_{\mathrm{ae}} = \frac{\sqrt{60^2 + 29^2}}{\sqrt{3} \times 0.38} = 101(\mathrm{A})$$

支线 bd 中的电流为

$$I_{\mathrm{bd}} = \frac{18}{\sqrt{3} \times 0.38} = 27.4(\mathrm{A})$$

从附表 16 可见，上述计算结果均小于各段线路导线的长期容许载流量，因此所选定的导线截面都能满足发热条件。

## 第四节　按机械强度的要求选择导线最小容许截面

由于架空线路架设在大气中，导线要经受各种外界不利条件的影响，因而要求导线必须具备足够的机械强度。为此，对于跨越铁路、通航河流、公路、通信线路以及居民区的线路，规定其导线截面不得小于 $35\mathrm{mm}^2$；通过其他地区的导线截面，与线路类型有关，可参考表 7-2。

表 7-2　　　按机械强度的要求规定的导线最小容许截面（mm²）或直径

| 导　　　　线 | | 架 空 线 路 等 级 | | |
|---|---|---|---|---|
| 构　造 | 材　料 | I | II | III |
| 单股的 | 铜 | 不许使用 | 10 | 6 |
| | 钢、铁 | 不许使用 | φ3.5mm | φ2.75mm |
| | 铝及铝合金 | 不许使用 | 不许使用 | 10 |

续表

| 导 | 线 | 架空线路等级 | | |
|---|---|---|---|---|
| 构　造 | 材　料 | I | II | III |
| 多股的 | 铜 | 16 | 10 | 6 |
| | 钢、铁 | 16 | 10 | 10 |
| | 铝及铝合金、钢芯铝线 | 25 | 16 | 16 |

　注　35kV 以上线路为 I 级线路，1～35kV 线路为 II 级线路，1kV 以下线路为 III 级线路。

## 第五节　按电晕损耗条件的要求选择导线最小容许直径

　　导线发生电晕时要消耗电能，增加线路损失，甚至使导线和线路金具表面烧毁。由于电晕放电具有高频振荡的特性，对附近通信设施有干扰作用，因此对于高海拔地区的超高压线路的导线截面的选择，主要取决于电晕条件，并要求线路在正常运行情况下，晴天不出现全面电晕。

　　导线发生电晕的情况与气候条件、海拔高度有很大关系；当这些外界条件相同时，导线是否发生电晕，还与导线半径有关，半径越大，越不容易发生电晕。因此在表 7 - 3 中，列出了按电晕要求规定的导线最小直径。

**表 7 - 3　　　　　按电晕要求规定的导线最小直径**（海拔不超过 1000m）

| 额定电压（kV） | 66 以下 | 110 | 154 | 220 | 330 | |
|---|---|---|---|---|---|---|
| | | | | | 单导线 | 双分裂导线 |
| 导线外径（mm²） | 不限制 | 9.6 | 13.68 | 21.28 | 33.2 | 2×21.28 |

## 第六节　架空线路导线截面选择方法的应用

　　以上各节介绍了多种选择导线截面的方法，本节将进一步说明在不同的具体情况下，各种方法的应用及配合。

　　对于 35kV 及以上的架空送电线路，一般按经济电流密度选择导线截面。而按电压损耗选择导线截面的方法，主要用于没有特殊调压设备的配电网中。但不论采用哪种方法，所选择的导线截面，必须满足机械强度和发热的要求，按经济电流密度选择的导线截面还必须满足容许电压损耗的要求。

　　对于 110kV 及以上的架空线路，应根据临界电晕电压来校验导线截面。避免电晕损耗，则是 330kV 及以上的超高压线路决定导线截面的主要控制条件。

　　**【例 7 - 5】**　有一条额定电压为 110kV 的双回架空线路，线路长度为 60km，线间几何均距为 5m，线路末端负荷为 30MW，功率因数 $\cos\varphi = 0.85$，年最大负荷利用时间 $T_{zd} = 5500h$。试选择导线的截面。

　　**解**　（1）按经济电流密度选择导线截面。

　　线路需输送的电流

$$I = \frac{30\,000}{\sqrt{3} \times 110 \times 0.85} = 185(\text{A})$$

按已知，$T_{zd} = 5500\text{h}$，从表 7 - 1 选择经济电流密度 $J = 0.9\text{A/mm}^2$，计算每回导线的截面为

$$A = \frac{I}{2J} = \frac{185}{2 \times 0.9} = 103(\text{mm}^2)$$

因此选择 LGJ-120 型导线。

（2）按容许的电压损耗（$\Delta U_{xu}\% = 10$）校验。

由附表 4 查出 $r_0 = 0.27\Omega/\text{km}$，$x_0 = 0.423\Omega/\text{km}$。线路实际电压损耗为

$$\Delta U = \frac{PR + QX}{U_n} = \frac{(Pr_0 + Qx_0)L}{U_n}$$

$$= \frac{30 \times 0.27 + 18.59 \times 0.423}{110} \times 60 = 8.7(\text{kV})$$

$$\Delta U\% = \frac{\Delta U}{U_n} \times 100 = \frac{8.7}{110} \times 100$$

$$= 7.9 < \Delta U_{xu}\% = 10$$

故实际电压损耗小于容许值，因此满足容许电压损耗的要求。

（3）按发热条件校验。

查附表 16，当环境温度为 25℃导线最高容许温度为 90℃时，LGJ-120 型导线的长期容许载流量为 1.2×380＝456（A），而线路实际输送的电流为 185A（当一回路断开时，另一回路输送全部电流），因此满足发热条件的要求。

（4）机械强度和电晕校验。

按表 7 - 2 和表 7 - 3 的规定，所选用的 LGJ-120 型导线，均能满足机械强度和线路在正常运行情况下不出现电晕的要求。

## 第七节　电缆芯线截面的选择

### 一、按发热条件选择截面

电流通过导线时，导线中就产生电能损耗，使导线发热，温度升高；若温度过高，会导致电缆绝缘老化，甚至损坏。为此，在表 7 - 4 中规定了各种类型电缆芯线容许最高发热温度。下面将讨论温度差、载流量、缆芯截面、介质热阻的关系。

表 7 - 4　　　　　　　　　　　缆芯容许最高发热温度

| 种　　类 | 电　压（kV） | 缆芯最高温度（℃） |
|---|---|---|
| 黏性油浸纸绝缘电缆 | 3 及其以下 | 80 |
| | 6 | 65 |
| | 10 | 60 |
| | 20～35 | 50 |
| 橡皮绝缘电缆 | 0.5～6 | 65 |

续表

| 种　类 | 电　压（kV） | 缆芯最高温度（℃） |
|---|---|---|
| 聚氯乙烯绝缘电缆 | 0.5～3 | 70 |
| 交联聚氯乙烯绝缘电缆 | 10～35 | 90 |
| 不滴流油浸纸绝缘电缆 | 6 及其以下 | 80 |
|  | 10 | 65* |
|  | 20～35 | 65 |

\* 其中单芯或分相铅包型为 70。

电缆芯线发出的热量，首先使缆芯温度升高，并以热传导的方式向绝缘层、保护层传递，直到电缆的表面，并进一步扩散到电缆周围介质中去。当电缆在单位时间内产生的热量等于传递出去的热量时，电缆各部分的温度不再升高，而达到稳定状态。根据热传导的基本理论，两点之间的温度差应等于通过这两点间的热量乘以其间的热阻，用公式表达为

$$t_{ch} - t_0 = QR_h \qquad (7-8)$$

式中　$t_{ch}$——电缆芯线的温度，℃；

　　　$t_0$——周围环境温度，℃；

　　　$Q$——单位长度电缆在单位时间内发出的热量，W；

　　　$R_h$——单位长度电缆及周围介质热阻的总和，Ω/cm。

式（7-8）和电工学中的欧姆定律很相似，热量 $Q$ 对应于电流；温差（$t_{ch}-t_0$），对应于电位差；热阻 $R_{ch}$ 对应于电阻。因此，式（7-8）称热欧姆定律。

电缆中的损耗包括缆芯电阻损耗，绝缘层中介质损耗、保护层的铅包损耗及钢甲损耗。就低压电缆来说，缆芯中的电阻损耗所占的比例最大。为了方便起见，只考虑电阻损耗，其他损耗略去不计，因此

$$Q = nI^2R = nI^2\frac{\rho}{A} \times \frac{1}{100} \qquad (7-9)$$

式中　$n$——缆芯数目；

　　　$I$——流过电缆芯线的电流，A；

　　　$\rho$——缆芯导体的电阻系数，Ω·mm²/m；

　　　$A$——缆芯的截面积，mm²。

将式（7-9）代入式（7-8），则得

$$t_{ch} - t_0 = \frac{nI^2\rho}{100A}R_h$$

$$I = \sqrt{\frac{100A(t_{ch}-t_0)}{n\rho R_n}} \qquad (7-10)$$

当 $t_{ch}$ 为缆芯最高温度，$I$ 为通过缆芯的长期允许载流量，热阻 $R_h$ 见表 7-5。电缆芯线截面 $A$ 和长期允许载流量 $I$ 间的关系见表 7-6。

**表 7 - 5　　　　　　　三相黏性油浸纸绝缘电缆绝缘层及保护层的热阻值**

| 热阻(Ω) / 电压(kV) | 截面积(mm²) | 10 | 16 | 25 | 35 | 50 | 70 | 95 | 120 | 150 | 185 | 240 |
|---|---|---|---|---|---|---|---|---|---|---|---|---|
| 圆形导体 | 1 | 36 | 31 | 26 | 24 | 20 | 18 | 17 | 16 | 15 | 14 | 13 |
| | 3 | 50 | 46 | 37 | 34 | 30 | 28 | 24 | 23 | 22 | 19 | 17 |
| | 6 | 60 | 52 | 47 | 44 | 41 | 37 | 33 | 31 | 28 | 27 | 25 |
| | 10 | 63 | 62 | 55 | 52 | 47 | 44 | 40 | 37 | 35 | 33 | 30 |
| 扇形导体 | 1 | 26 | 21 | 16 | 14 | 12 | 10 | 9 | 9 | 9 | 8 | 7 |
| | 3 | 44 | 37 | 28 | 25 | 21 | 19 | 16 | 14 | 13 | 12 | 10 |
| | 6 | 53 | 46 | 40 | 35 | 32 | 28 | 23 | 20 | 18 | 17 | 17 |
| | 10 | 58 | 55 | 49 | 45 | 40 | 36 | 31 | 28 | 26 | 24 | 20 |
| 保护层 | 1 | 22 | 21 | | 18 | | 14 | 12 | 11 | | 10 | 9 |
| | 3 | 20 | 19 | 18 | 17 | 15 | 14 | 12 | 11 | 11 | 10 | 9 |
| | 6 | 18 | 17 | 16 | 14 | 13 | 12 | 11 | 10 | 10 | 10 | 9 |
| | 10 | 16 | 14 | 13 | 11 | | 10 | 10 | 9 | 9 | 9 | 9 |

　　表 7 - 6 中的容许载流量，对于敷设在空气中的电缆，是按周围空气温度 25℃ 计算的；对埋在土中或水中的电缆，土和水的温度是按 15℃ 计算的（表中括号中的数值）。当介质的

**表 7 - 6　　　　　　铝芯油浸纸绝缘不滴流、油浸纸绝缘、铝包式铅包电缆**
**架空敷设（直接埋入式）的长期允许载流量**

| 电缆线芯的截面积(mm²) | 长期允许载流量（A） | | | | | |
|---|---|---|---|---|---|---|
| | 1kV | | | 三芯统包型电缆 | | |
| | 单芯电缆 | 双芯电缆 | 四芯电缆 | 3kV 及其以下 | 6kV | 10kV |
| 2.5 | 31　(—) | 26　(29.7) | 24　(28) | 24　(28) | —　(—) | —　(—) |
| 4 | 48　(53) | 34　(39) | 32　(37) | 32　(37) | —　(—) | —　(—) |
| 6 | 60　(68) | 44　(50) | 40　(40) | 40　(46) | —　(—) | —　(—) |
| 10 | 80　(90) | 60　(66) | 55　(60) | 55　(60) | 48　(55) | —　(—) |
| 16 | 100　(120) | 80　(88) | 70　(80) | 70　(80) | 60　(70) | 60　(65) |
| 25 | 140　(155) | 105　(112) | 95　(105) | 95　(105) | 85　(95) | 80　(90) |
| 35 | 175　(190) | 128　(135) | 115　(130) | 115　(130) | 100　(110) | 95　(105) |
| 50 | 215　(235) | 160　(168) | 145　(160) | 145　(160) | 125　(135) | 120　(130) |
| 70 | 270　(285) | 197　(204) | 180　(190) | 180　(190) | 155　(165) | 145　(150) |
| 95 | 325　(340) | 235　(243) | 220　(230) | 220　(230) | 190　(205) | 180　(185) |
| 120 | 375　(390) | 270　(275) | 255　(265) | 255　(265) | 220　(230) | 205　(215) |
| 150 | 435　(440) | 307　(316) | 300　(300) | 300　(300) | 255　(260) | 235　(245) |
| 185 | 495　(500) | —　(—) | 345　(340) | 345　(340) | 295　(295) | 270　(275) |
| 240 | 580　(580) | —　(—) | 410　(400) | 410　(400) | 345　(345) | 320　(325) |

实际温度（最热月平均温度）不同于上述数值时，其长期容许载流量按表7-7规定乘以修正系数。当土壤热阻系数不同时，应按表7-8所示数值修正。如有数条电缆并列埋入地下时，则应按表7-9修正。

**表7-7** 环境温度不同于计算温度时的修正系数

| 芯线温度<br>（℃） | 环 境 温 度（℃） | | | | | | | | |
|---|---|---|---|---|---|---|---|---|---|
| | 5 | 10 | 15 | 20 | 25 | 30 | 35 | 40 | 45 |
| 80 | 1.17 | 1.13 | 1.09 | 1.04 | 1.0 | 0.95 | 0.9 | 0.85 | 0.8 |
| 65 | 1.22 | 1.17 | 1.12 | 1.06 | 1.0 | 0.94 | 0.87 | 0.79 | 0.71 |
| 60 | 1.25 | 1.20 | 1.13 | 1.07 | 1.0 | 0.93 | 0.85 | 0.76 | 0.65 |
| 50 | 1.34 | 1.26 | 1.18 | 1.09 | 1.0 | 0.90 | 0.78 | 0.63 | 0.45 |

**表7-8** 土壤热阻系数不同时载流量的修正系数

| 截面（mm²） | 土壤热阻系数（℃·cm/W） | | | | |
|---|---|---|---|---|---|
| | 60 | 80 | 120 | 160 | 200 |
| 2.5～16 | 1.06 | 1.0 | 0.9 | 0.83 | 0.77 |
| 25～95 | 1.08 | 1.0 | 0.88 | 0.8 | 0.73 |
| 120～240 | 1.09 | 1.0 | 0.86 | 0.78 | 0.71 |

**表7-9** 电缆直埋多根并列敷设时的载流量修正系数

| 根 数 | | 1 | 2 | 3 | 4 | 5 |
|---|---|---|---|---|---|---|
| 电缆之间净距<br>（mm） | 100 | 1 | 0.88 | 0.84 | 0.80 | 0.76 |
| | 200 | 1 | 0.90 | 0.86 | 0.83 | 0.80 |
| | 300 | 1 | 0.92 | 0.89 | 0.87 | 0.85 |

## 二、按经济电流密度选择截面

电力电缆按经济电流密度选择截面的方法与架空线路一致，我国现行电力电缆线路经济电流密度见表7-10。

**表7-10** 电力电缆经济电流密度

| 年最大负荷利用小时 $T_{zd}$（h） | 经济电流密度 $J$（A/mm²） | |
|---|---|---|
| | 铜 芯 电 缆 | 铝 芯 电 缆 |
| 3000 以下 | 2.5 | 1.92 |
| 3000～5000 | 2.25 | 1.73 |
| 5000 以上 | 2.0 | 1.54 |

## 三、按电压损耗选择缆芯截面

电力电缆按电压损耗选择缆芯截面的方法与架空线相同。但因6～10kV的电力电缆的感抗较小，为计算方便，可将电感忽略不计。这样，可直接由允许电压损耗 $\Delta U_{xn}$ 计算截面 $A$，即

$$A = \frac{PL}{\gamma U_n \Delta U_{xn}}$$

或

$$A = \frac{\sqrt{3}IL}{\gamma \Delta U_{xn}} \qquad (7-11)$$

式中　$P$——通过电缆芯线的有功功率，kW；

　　　$U_n$——电缆线路的额定电压，kV；

　　$\Delta U_{xn}$——允许电压损耗；

　　　$I$——通过缆芯的电流，A；

　　　$\gamma$——缆芯的导电系数，$m/(\Omega \cdot mm^2)$。

当允许电压损耗为额定电压的 5%，且缆芯为铝导线时，式（7-11）可简化为

$$A = \frac{IL}{\Delta U_{xn}} \times 1.213 \qquad (7-12)$$

**【例7-6】**　某变电站需增加一台额定容量为 750kV·A、电压为 10/0.4kV 的三相变压器，高压侧使用电缆，准备埋设于原有 2 条电缆的旁边，电缆间净距为 200mm，土壤热阻系数为 120℃·cm/W，地下最热月平均温度为 15℃，芯线温度为 65℃，试按发热条件选择芯线截面。

**解**　变压器高压侧的额定电流为

$$I_n = \frac{750}{\sqrt{3} \times 10} = 43.3(A)$$

地下最热月平均温度为 15℃，查表 7-7，得温度修正系数为 1.12，查表 7-8 得修正系数为 0.9。所以

$$I'_n = 43.3 \times 1.12 \times 0.9 = 43.6(A)$$

由表 7-6，选用 $3 \times 16mm^2$ 的 10kV 三芯纸绝缘铝芯电缆。

对供电距离较远的电缆，应按允许电压损耗进行校验。

户内绝缘导线截面，一般根据允许电压损耗来选择，并按发热条件（长期允许载流量）进行校验。

习　　题

1. 额定电压为 10kV 架空线路，输送功率为 2000kW，$\cos\varphi = 0.8$，周围环境温度为 10℃，试按发热条件选择所用钢芯铝线的截面。

2. 某降压变电站负荷为 35MW，$\cos\varphi = 0.8$，$T_{zd} = 5000h$，由 60km 外的区域变电站以 110kV 的双回线路供电，线间几何均距为 5m，容许电压损耗为 10%。试按经济电流密度选择钢芯铝线截面，并按发热条件、容许电压损耗及电晕条件校验。

3. 某 10kV 架空线路，用铝导线架设，线间几何均距为 1m，各段线路的长度、负荷和功率因数均标于图 7-4 中。干线 Ad 用同一截面导线，容许电压损耗为 5%，试按容许电压损耗求线路 Ad 和 be 的截面，并按发热条件校验。

4. 某低压电缆电路，敷设在空气中，周围环境温度为35℃，通过缆芯的最大电流为50A。试求该铝芯电缆的截面。

5. 某降压变电站有一台变压器，电压为110/10kV，额定容量为3000kV·A，低压侧用四条三相10kV的铝芯油浸纸绝缘电缆输送电能。电缆间的净距为200mm，土壤为正常土壤，地下最热月平均温度为25℃，试按发热条件选择电缆截面。

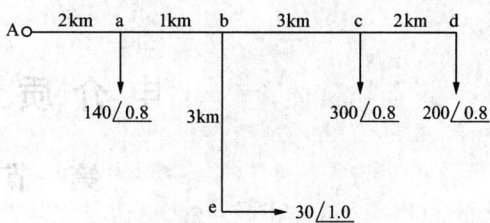

图7-4　习题3图

# 第 八 章

# 电介质和气体放电

## 第一节 电 介 质

电介质又称绝缘材料，是电工中应用最广的一类材料，绝大多数带电作业都必须依靠绝缘材料制作出各种绝缘工具。因此，了解电介质的特性以及在电场作用下发生的物理现象，有利于合理的选择和使用绝缘材料，以便于电力系统安全运行。

### 一、电介质的介电性能

1. 电介质的极化和介电系数

由电工学可知，一切物质都是由分子组成，分子又是由原子组成的。原子有带正电荷的原子核，位于原子的中心，周围有带负电的电子围绕原子核运动，电子受到原子核的束缚。原子核所带的正电荷等于电子所带负电荷的总和，因此所有分子在正常情况呈中性。正电荷作用中心在原子核所在位置上，负电荷的作用中心可以用一个假想的负荷来代替。若正、负电荷作用中心重合时，这类分子称无极性分子；若正、负电荷作用中心不重合，正常时就是一个偶极子，这类分子称极性分子。

导体在外电场作用下，大量的带电粒子沿着一定方向作迁移运动。特别是最外层电子，由于受原子核的束缚力较小，容易摆脱原子核的束缚，形成自由电子。而电介质在外电场作用时，无极性分子的束缚电荷按所受电场力方向发生微小的弹性位移，正电荷沿电场方向位移，负电荷则逆电场方向位移；而极性分子受电场力而转向，顺电场方向作有规则的排列。此时，电介质对外呈现了电性，两端出现等量异号电荷。所以，电介质在外电场作用下发生束缚电荷的弹性移位或极性分子沿电场方向作有规则的排列，称为电介质极化现象。

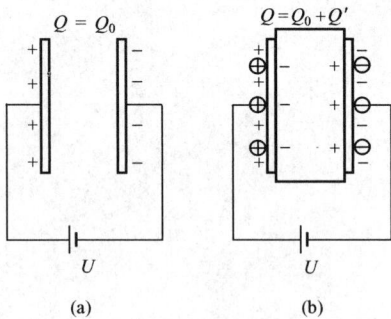

图 8-1 极化现象

(a) 以真空为介质电容器；
(b) 以固体电介质为介质的电容器

例如，有一平行板电容器，先放在密封容器内将其极间抽成真空，并在极板上施加电压 $U$，这时极板上分别出现正负电荷，如图 8-1 (a) 所示。其电荷量为 $Q$，平行板电容 $C_0$ 为

$$C_0 = \frac{Q_0}{U}$$

$$C_0 = \frac{\varepsilon_0 A}{d} \tag{8-1}$$

式中   $A$ ——极板面积，$m^2$；

         $d$ ——极板距离，m；

         $\varepsilon_0$ ——真空的介电系数，$\varepsilon_0 = \frac{1}{36\pi \times 10^9}$F/m。

然后把一块厚度与极间距离相等的固体电介质放在电极板之间，极板上施加同样电压 $U$，发现极板上的电荷由 $Q_0$ 增加到 $Q_0 + Q'$。这是由于固体电介质在电场作用下产生了极化，与负极板相对的一端出现了正电荷，与正极板相对的另一端出现了负电荷，它们在相应的极板上吸住了一部分电荷，所以电容器极板上的电荷增加了［如图 8-1 (b) 所示］，极板电容 $C$ 为

$$C = \frac{Q_0 + Q'}{U} = \frac{\varepsilon_r A}{d} \qquad (8-2)$$

$$\varepsilon_r = \frac{\varepsilon}{\varepsilon_0} = \frac{\varepsilon A/d}{\varepsilon_0 A/d} = \frac{CU}{C_0 U} = \frac{Q_0 + Q'}{Q_0} \qquad (8-3)$$

式中  $\varepsilon_r$ ——电介质相对介电系数。

$\varepsilon_r = \varepsilon/\varepsilon_0$ 称为电介质相对介电系数。$\varepsilon_r$ 可定义为以某物质为介质的电容器的电容与以真空为介质的同样大小电容器的电容之比。各种气体的 $\varepsilon_r$ 接近为 1，而液体、固体绝缘材料的 $\varepsilon_r$ 各不相同，一般在 2～6 之间，见表 8-1。

**表 8-1** 几种电介质的介电系数

| 名　称 | 相对介电系数 | 名　称 | 相对介电系数 | 名　称 | 相对介电系数 |
|---|---|---|---|---|---|
| 空气 | 1.000 58 | 电力电缆纸 | 1.5～2.6 | 聚四氟乙烯 | 1.8～2.2 |
| 云母 | 5～7 | 板纸 | 4.5～5 | 聚苯烯 | 2.5 |
| 瓷器 | 4～7 | 纤维纸 | 5～6 | 石蜡 | 1.8～2.4 |
| 环氧树脂 | 3.7～3.9 | 橡胶 | 2.4～3 | 蜜蜡 | 2.87 |
| 聚氯乙烯 | 3～5 | 马来乳胶 | 2.6～3.6 | 水 | 80 |
| 聚苯乙烯 | 2.45～2.65 | 酚醛树脂 | 4.5～6.5 | 电木 | 4.5～6 |
| 浸蜡木材 | 4.1 | 有机玻璃布板 | 4～6 | 矿物油 | 2.5 |

2. 电介质的电导及绝缘电阻

任何电介质都不可能是理想的绝缘体，它们内部总有一些联系较弱的带电质点，在外电场作用下作有规律的运动而形成电流，通称泄漏电流。因此，任何电介质都具有一定的电导，表征电导大小的物理量，称为电导率 $\gamma$。电介质的电导率和金属电导率相比小得多，泄漏电流也很小，即电介质对带电质点运动的阻力很大，此阻力称电介质的绝缘电阻。

电介质的电导或绝缘电阻大小，是鉴定电介质（绝缘材料）好坏的主要指标之一。固体介质的电导分为表面电导和体积电导，同样，绝缘电阻分为表面电阻和体积电阻。

表面电阻是泄漏电流通过电介质表面所遇到的阻力。干燥、清洁固体电介质的表面电阻很大，表面电导很小。如果固体电介质表面附着水分或污物，其表面电阻减少，表面电导增加。固体电阻是泄漏电流通过电介质内部所遇到的阻力。

电介质的电导是离子性的，它和杂质、温度、所加电压的大小及时间有关。

由于杂质的离子数多，杂质又使电介质内产生带电质点。所以，当电介质中杂质增多时，电介质电导有明显的增加。杂质中以水分的影响最大，因水分内带电质点很多，水分又能使电介质内另一些杂质发生化学变化，生成更多的带电质点，从而大大地增加了电介质的电导，降低了绝缘电阻。所以电气设备绝缘在运行前要进行干燥处理，使其达到要求。

温度升高，电介质中离子热运动增强，参与导电的离子数增多。另外，由于温度升高，电介质内部黏度减少，带电质点的运动加快。所以，温度升高，电介质电导增大，绝缘电阻下降，具有负温度系数。

电介质的电导与所加电压大小及时间有关。当电压很高电介质接近击穿时，导电现象显著增加，绝缘电阻剧烈下降。电介质加压后产生的电流是由极化电流（吸收电流）和电导电流（泄漏电流）组成的。极化电流是由电介质极化产生的，时间很短，并随加压时间逐渐衰减，一般为几秒，几十秒。所以，要测得电导电流或测得绝缘电阻的稳定值需要较长的时间，实用上规定加压 1min 所测得的值为绝缘电阻。

几种常用的电介质的电导率见表 8-2。

表 8-2 　　　　　　　　　　　　　　几种常用电介质的电导率

| 材　料　类　别 | | 名　称 | 电导率 [20℃/（Ω·cm）] |
|---|---|---|---|
| 气体介质（1.013 250×10⁵Pa 条件下） | | 空气 | |
| 液体介质 | 弱极性 | 变压器油 | $10^{-12} \sim 10^{-15}$ |
| | | 硅有机油类 | $10^{-14} \sim 10^{-15}$ |
| | 极性 | 蓖麻油 | $10^{-10} \sim 10^{-12}$ |
| | | 苏伏油 | $10^{-12} \sim 10^{-14}$ |
| 固体介质 | 中性 | 石蜡 | $10^{-16}$ |
| | | 聚苯乙烯 | $10^{-17} \sim 10^{-18}$ |
| | | 聚四氟乙烯 | $10^{-17} \sim 10^{-18}$ |
| | 极性 | 松香 | $10^{-15} \sim 10^{-16}$ |
| | | 纤维素 | $10^{-14}$ |
| | | 胶木 | $10^{-13} \sim 10^{-14}$ |
| | | 聚氯乙烯 | $10^{-14} \sim 10^{-16}$ |
| | | 沥青 | $10^{-15} \sim 10^{-16}$ |
| | 离子性 | 云母 | $10^{-15} \sim 10^{-18}$ |
| | | 电瓷 | $10^{-14} \sim 10^{-15}$ |

**3. 介质损耗及介质损耗角正切值 $\tan\delta$**

从前面讲述的电介质的极化和电导可知，电介质在电场作用下，带电质点的移动，必须从电场中吸收一部分电能转换为热能，单位时间内消耗的电能（功率）称为介质损耗。它包括由电导电流引起的电导损耗和在交流电压作用下介质极化时带电质点周期性的转动所引起的极化损耗。

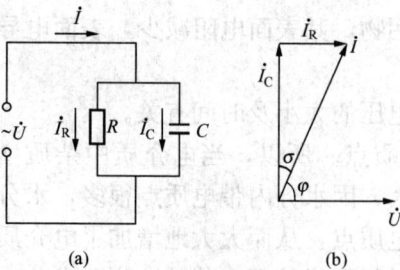

图 8-2　介质在交流电压作用下
(a) 接线图；(b) 相量图

在直流电压作用下，由于电介质中无周期性的极化过程，只有电导损耗，这时用电导率这一物理量已能够表达清楚。但在交流电压作用下，除电导损耗外，还有极化损耗，仅用电导率这样物理量来表达已不能满足，必须引入一个新的物理量，即介质损耗角的正切值 $\tan\delta$。

若介质损耗为零，则通过电介质的电流完全为电容性电流，如图 8-2 中的 $\dot{I}_C$。但实际上任何电介质都具有介质损耗，所以电流不完全是电容电流，而包括通过电阻的有功电流 $\dot{I}_R$ 和通过电容的无功电流 $\dot{I}_C$，即

$$\dot{I} = \dot{I}_R + \dot{I}_C$$

或

$$I = I_R + jI_C$$

电源供给的视在功率为

$$S = P + jQ = U(I_R + jI_C)$$
$$= UI_R + jUI_C$$

有功功率，即介质损耗为

$$P = UI_R$$

因为

$$I_R = \frac{U}{R}, I_C = \frac{U}{X_C} = \omega CU$$

$$\tan\delta = \frac{I_R}{I_C} = \frac{1}{\omega CR}$$

所以

$$P = UI_R = UI_R\frac{I_C}{I_C}$$

$$= U\frac{I_R}{I_C}I_C$$

$$= U\tan\delta\omega CU$$

$$= \omega CU^2\tan\delta \qquad\qquad (8-4)$$

从式（8-4）中可知，当电源电压 $U$、角频率 $\omega$ 和电容 $C$ 一定时，介质损耗 $P$ 和 $\tan\delta$ 成正比。$\delta$ 角为总电流 $\dot{I}$ 和无功电流 $\dot{I}_C$ 之间的夹角，$\delta$ 角愈大，$\tan\delta$ 愈大，介质损耗 $P$ 愈大，所以，$\delta$ 角称为介质损耗角，$\tan\delta$ 称为介质损耗角的正切值。

用介质损耗 $P$ 表示介质品质好坏不方便，因为它与试验电压、试品尺寸等因素有关，不同介质的试品难于互相比较。因此，在工程上常以 $\tan\delta$ 来判断介质的品质。

$\tan\delta$ 与温度、频率及电压等都有关系。

（1）$\tan\delta$ 与温度的关系，随介质的结构不同有显著差异。中性和弱极性介质的损耗主要是电导损耗，$\tan\delta$ 随温度的升高而增大。极性介质的损耗由电导损耗和极化损耗组成，其 $\tan\delta$ 与温度关系曲线如图 8-3 所示。由于电导损耗随温度升高而增大；极化损耗在温度低时随温度升高而增大，温度再高时极化减弱，损耗下降。因此，在温度 $t_1$ 以前，温度较低时，两种损耗随温度升高而增大，所以，$\tan\delta$ 随温度升高而增大；在 $t_1$ 以后，温度升高，极化损耗减少的程度大于电导损耗增大的程度，所以总的 $\tan\delta$ 反而下降；在 $t_2$ 以后，温度再升高，电导损耗显著增大程度远远超过极化损耗下降的程度，故 $\tan\delta$ 随温度的升高而增加。

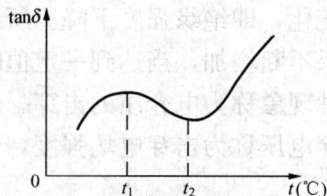

图 8-3　$\tan\delta$ 与温度的关系　　　　　图 8-4　$\tan\delta$ 与频率的关系

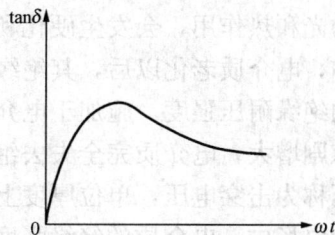

（2）$\tan\delta$ 和频率的关系如图 8-4 所示。从图中可以看出，当频率升高时，介质中离子反复转向运动的速度增加，极化程度加强，$\tan\delta$ 增大；当频率升高超过某一值后，介质极化不完全，由于离子间的摩擦阻力作用，来不及转动，极化程度减弱，$\tan\delta$ 反而减少，所

以 $\tan\delta$ 随频率升高有一个最大值。

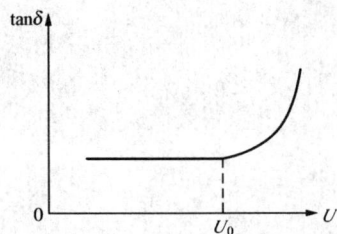

图 8-5 $\tan\delta$ 和电压的关系

（3）一般情况时，$\tan\delta$ 和外加电压无关，不随电压的升高而变化。但是气体介质，当外加电压升高到某一数值，即在强电场作用下，气体介质产生游离。因此，介质损耗除了电导损耗和极化损耗外，还有电离损耗。$\tan\delta$ 和电压的关系如图 8-5 所示。当电压较低，在 $U_0$ 以下时，气体不产生游离，介质损耗只有电导和极化损耗，虽然电压升高，总的 $\tan\delta$ 不变。当外加电压超过 $U_0$ 时，气体介质产生局部游离放电现象，$\tan\delta$ 急剧地增加。固体介质中含有气泡时也会在高电压作用下产生游离。因此，可以根据 $\tan\delta$ 和电压的关系曲线来判断介质中是否存在局部缺陷。

**4. 介质的老化和绝缘强度**

电介质在使用中，由于受电场、热、化学、机械等作用，其绝缘性能逐渐变坏，甚至失去使用价值，这一过程称为介质的老化。使介质老化的原因有以下几方面：

（1）电的作用。由于电介质在使用中长期受额定电压作用，有时还承受过电压的作用，使电极和电介质接触处或介质内部的气隙产生局部放电，使局部绝缘老化。

（2）热的作用。由于电介质长时间在大负荷情况下运行或长时间受高温作用，使其老化。

（3）化学作用。由于电介质内部气隙在高电场下产生放电，放电时产生臭氧、硝酸等化学物质，腐蚀绝缘材料，使其老化。

（4）机械作用。电介质在运行中受电磁力和各种机械力的作用，使其发生裂纹或空隙，使其老化。

电介质老化后，其物理化学性能、机械性能、电性能及外观都发生了变化。例如，电机定子绕组出槽处，在热的作用下，由于铜导体、硅钢片、云母绝缘的热膨胀系数不同和各层云母之间的粘合漆碳化，而引起云母绝缘裂散，甚至出现露铜；变压器绕组在长时间较大负荷电流的作用下，绝缘变脆，失去弹性；变压器油在运行中，由于长期处于高温作用和不可避免地与空气中的氧接触，发生氧化反应，使油的老化加强，颜色变成暗红色，黏度增大，并产生沉淀物，使变压器油的绝缘性能变坏；带电作业的绝缘工具，如果在阳光下长久暴晒，受太阳的光和热作用，会发生硬化和脆化现象，甚至发生开裂，失去绝缘性能。

由上可知，电介质老化以后，其绝缘性能发生了变化，即绝缘强度下降。所谓绝缘强度是指电介质的绝缘耐压强度。施加于电介质的电压如果不断增加，当达到一定值时，通过电介质的电流急剧增大，电介质完全失去绝缘性能，这种现象称为电介质的击穿。电介质击穿时的最低电压称为击穿电压，单位厚度上所承受的击穿电压称为击穿电场强度，又称为绝缘强度。在均匀电场中，电介质的绝缘强度为

$$E_j = \frac{U_j}{d} \tag{8-5}$$

式中  $E_j$——绝缘强度，kV/cm；

　　　$U_j$——击穿电压，kV；

　　　$d$——电介质的厚度，cm。

固体介质击穿后，其击穿处会留下电弧痕迹或小孔等现象，不能恢复原来状态；液态或气态介质击穿后，由于其流动性，若将施加电压撤去，其绝缘性能可大部分恢复或完全恢复。

## 二、电介质的机械性能

在电气设备和绝缘工具中的绝缘材料除了受到电、热及化学作用外，还要受到各种不同的机械和外力作用。例如，悬式绝缘子受到拉力作用，立式绝缘子受到压力、扭转力和剪切力作用。将绝缘材料对各种外力或机械负荷作用时表现出的一定的抵抗能力，称为电介质的机械性能。

电介质的机械性能有以下几种：

（1）塑性。它指电介质在外力作用下，不发生破裂的变形能力。例如，一般受拉的构件会拉长，这种拉长或变形量愈大，而又不出现破裂现象，说明电介质的塑性好。

（2）弹性。当电介质受力发生了变形，外力去掉后，能完全恢复原来形状的能力，称为弹性。电介质受外力作用变形量愈大而又能完全恢复原状时，其电介质的弹性大。

（3）强度极限。电介质抵抗外力破坏作用的最大能力，称为强度极限。如外力为拉力，称抗拉极限；外力为弯曲力，称抗弯极限。

（4）屈服极限。电介质在外力作用下，开始发生明显的塑性变形或达到规定塑性变形时的应力，称为屈服极限。

（5）硬度。电介质抵抗硬的物体压入表面的能力，称为硬度。

（6）冲击韧性。电介质对冲击负荷作用的抵抗能力，称为冲击韧性。

## 三、电介质的其他性能

### 1. 耐热性

如前所述，当温度升高时，电介质的介电性能和机械性能都要发生变化。温度升高其绝缘电阻、绝缘强度、机械强度等都会变低，介质损耗、应力变形等将增大。因此，选择耐热性好的电介质制作电气设备的绝缘及制作带电作业工具十分必要。

表示耐热性能常用的指标是马丁氏耐热性，它表示介质的标准试件，在每小时升高温度 $50℃$ 环境中，承受 $50kg/cm^2$ 的弯曲力矩负荷达到弯曲变形时的温度。例如，3240 号玻璃布板的马丁耐热性为 $200℃$，就是说该材料的标准试件承受在 $50kg/cm^2$ 的弯曲力时，$200℃$ 时才开始弯曲变形。

### 2. 吸水性

水分子的体积（直径约 $0.5×10^{-8}cm$）和黏度都很少，能渗透到各种介质的缝隙、裂纹、主细孔和针孔中，因此在介质内部和表面上都有水分。水分本身就是半导体或导体，而且水分很容易粘附上其他的导电杂质，这样又增加了电介质的导电性能。此外，水分子中的氢和氧都是极活泼的元素，在热和电场作用下，能同其他物质发生相应的化学反应，生成导电的化合物。因此，电介质吸收水分后，其介质损耗增大，绝缘电阻显著降低，电导率显著增加，因而绝缘强度大为降低，从而失去绝缘作用，所以应采取防潮措施。

电介质的吸水性一般用吸水率来表示。它表示材料放在温度为 $20±5℃$ 的蒸馏水中，2h 后电介质质量增加的百分数。例如，3240 号玻璃布板的吸水率为 $0.2\%$，表示它只吸收介质原质量 $0.2\%$ 的水。

固体介质的防潮方法，是将介质烘干后，用油漆或石蜡等浸渍或涂刷。

3. 理化性能

电介质的理化性能有密度、比重、黏度等。例如，对带电作业工具使用的材料要求有较小的比重，这样可以减少工具的质量，使用轻便。

4. 工艺性能

电介质的工艺性能主要是指机械加工性能，如锯割、钻孔、车丝、刨光等。电气设备的绝缘，特别是带电作业工具必须选择具有良好工艺性能的材料，才能制作出符合要求的各种绝缘物件和绝缘工具。

### 四、常用电介质

1. 空气

干燥的空气其绝缘强度高，电导率约为 $10^{-16} \sim 10^{-18}/(\Omega \cdot cm)$，$\tan\delta$ 约为 $10^{-4} \sim 10^{-6}$，均为很微小的数值。因此，在电力工程中广泛采用空气作电介质，如架空输电线路的线间绝缘、变压器的外绝缘、导线对杆塔的空气间隙和隔离开关断口间的绝缘等。

空气的绝缘强度，是随所处的地区及季节不同而不同。城市及工业区空气中含有的烟灰、尘埃、化合气体等，沿海地区空气含的盐雾，空气中水蒸气的含量，以及晴雨、积雪、气温、海拔等，都会不同程度地影响空气的绝缘性能。

2. 六氟化硫

六氟化硫是一种无色、无臭、无毒、不燃的惰性气体介质，它有很高的化学稳定性，不易在水、酸、碱中分解；不与卤素元素及氧、磷、钾、硒、碳、铜、银以及大多数电气材料起化学作用，而生成导电化合物；在150℃下仍能保持各种性能。六氟化硫热稳定很高，直到500℃仍不分解，耐热性可达800℃。

六氟化硫的密度是空气的5.1倍，绝缘强度约为空气的2.3～2.5倍，并具有很高的灭弧能力，其灭弧能力约为空气的100倍。因此，六氟化硫广泛应用于高压开关、电力变压器及高压套管等电气设备中，从而提高了设备的绝缘强度，减少了体积。

3. 绝缘油

常用的绝缘油有变压器油、开关绝缘油等。它是从石油中提炼出来的一种产品，在电气设备中起绝缘、冷却及灭弧作用。

绝缘油的绝缘强度比空气高得多，其击穿电压约为空气的5～6倍。但绝缘油的绝缘强度受很多因素的影响。例如，电极形状和大小，电极之间的距离、压力、温度，油中含水、纤维、酸和其他杂质，都会影响绝缘油的绝缘强度。

绝缘油有很好的灭弧性能，因为电弧温度很高，能将绝缘油分解为绝缘性能和压力很高的气体，将电弧拉长熄灭。

固体介质将在第十五章中讲述。

# 第二节　气　体　放　电

在电力工程中，空气是一种应用相当广泛的绝缘材料，除有些电气设备完全依靠空气做绝缘外，绝大部分电气设备都在空气包围之中，构成这些设备的外绝缘的一部分。因此，了解气体放电规律和特性，对电力系统安全运行是十分必要的。

（一）气体放电的基本知识

气体在电压作用下发生电流流通的现象称为气体放电。

空气在正常状态下是良好的绝缘介质，也就是说空气在没有外加电压作用时是不导电的。如果空气处于两个电极之中，并对两个电极施加电压，情况就不一样了。这是由于来自空中的紫外线、宇宙射线和其他辐射线的作用，空气中也有少量的带电质点（包括电子、离子），这些带电质点在电场作用下作定向运动，形成了电流，运动中的带电质点与中性空气原子碰撞，使中性原子游离，产生更多的带电质点。当两极电压升高时，电场强度增大，带电质点动能增大，运动速度增加，碰撞的机会增多，带电质点剧增，放电电流急剧上升，并伴有发声、发光现象，此时空气完全失去了绝缘性能，形成导体，这种现象称为气体击穿或气体放电。此时加在两极间的电压称为击穿电压。

气体中电压和电流的关系（气体的伏安特性）如图 8-6 所示。起初电流随电压升高而增大，这是由于电极间的空气完全在外部光源照射下产生的带电质点的运动速度加大的缘故。当电压超过 $U_a$ 时，由于单位时间单位体积内的带电质点数不变，尽管电压升高，电流仍无变化，如图 8-6 中 ab 段。当电压升高大于临界值 $U_b$ 时，电流又继续增大，这是由于电压升高，电场强度增大，使间隙内带电质点与中性原子碰撞加强，带电质点增多的缘故。当电压增高至大于 $U_j$ 时，空气被击穿，$U_j$ 称为击穿电压。

根据实验总结得出，在低气压下，当气体成分和电极材料一定时，气体的击穿电压（$U_j$）是气体压力（$p$）与两电极之间距离（$d$）乘积的函数，即

$$U_j = f(pd)$$

其关系曲线如图 8-7 所示。由曲线可知，击穿电压 $U_j$ 有一最小值，可解释如下：

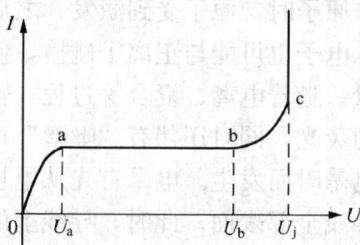

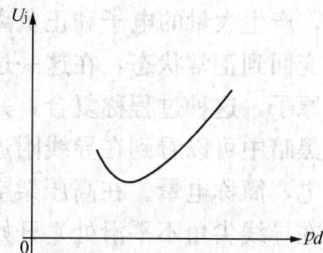

图 8-6　气体伏安特性　　　　　　　图 8-7　气体击穿电压与 $pd$ 乘积的关系

（1）当电极距离 $d$ 一定而改变压力 $p$ 时，若压力太低，气体密度小，带电质点在运动中碰撞的机会少，气体不易击穿，因此只有提高电压，增加电场强度，使带电质点运动的动能增加，使其碰撞机会增加，以产生足够的带电质点，使气体击穿，因此气体击穿电压提高；当气体压力太大时，气体密度大，虽然质点运动的行程短了，碰撞机会增加了，但能量消耗增加，不易积聚起足以引起碰撞游离的能量，因而只有提高电压增加碰撞的能量使气体击穿，因此气体击穿电压也会提高。

（2）当压力 $p$ 一定要改变电极间距离 $d$ 时，若距离太小，小到与质点运动行程相近时，质点运动时与原子碰撞次数减少，不易使气体击穿，因而必须提高电压，增加质点运动的能量，使与原子碰撞次数增加，以至使气体击穿，因此气体击穿电压增加；若距离太大，使质点的电场强度相对减少，不能使质点有足够能量去碰撞游离，因而只有提高电压，增加电场强度，增加质点碰撞游离的能量，才能使气体击穿，因此气体击穿电压也要提高。只有在某

个 $pd$ 值时带电质点碰撞游离的机会和能量都较大时，气体才容易击穿，击穿电压才出现最小值。

气体放电主要有以下几种形式：

（1）火花放电。在气体间隙的两极，外施电压升高到一定值时，气体突然发生明亮的火花，并以细火光来贯穿两极。在电源功率不大时，这种火花会忽然熄灭，忽然发生。

（2）辉光放电。当外施电压增加到一定值后，通过气体的电流明显增加，两极间整个空间忽然出现发光现象，这种现象称为辉光放电。虹霓灯管中的放电就是属于辉光放电。

（3）电晕放电。当电极的曲率半径很小或尖端电极时，电场很不均匀，随外施电压的升高，在电极尖端的电场强度最大，使其尖端气体放电，并发生蓝光和声音。这种现象叫电晕放电，在电力系统中经常发生，将在下面进行分析。

（4）电弧放电。当气体间隙两极的电源功率足够大时，气体在发生火花放电后，便立即发展到对面电极，出现明亮的连续弧光，形成电弧放电。电焊就属于此种。

**（二）不均匀电场中的气体放电（电晕放电）**

**1. 电晕放电产生**

输电线路工作时，导线附近存在的电场为不均匀电场。由于宇宙射线和其他作用，在空气中存在大量自由电子，这些自由电子在电场作用下会受到加速，撞击气体原子，自由电子加速程度随着电场强度的增大而增大，自由电子积累的能量也随之增长。如果导线附近的电场强度达到空气击穿电场强度临界值时，自由电子所积累的能量足以从气体原子撞击出电子，并产生新的离子。此时，在导线附近的空气开始电离，如果导线附近电场强度足够大，即超过空气击穿电场强度（空气的击穿电场强度约为 30kV/cm）时，气体电离加剧，将形成大量电子崩，产生大量的电子和正负离子。当电子撞击原子时，原子受到激发，之后，受激发的原子能变回到正常状态，在这一过程中释放能量。电子也可能与正离子碰撞，使正离子转变为中性原子，这种过程称复合，并放出多余的能量。随着电离、复合等过程，辐射出大量光子，在黑暗中可以看到在导线附近空间有淡蓝色的荧光，同时还伴有"咝咝"声，此现象称电晕放电，简称电晕。在高压架空输电线路中，电晕时而发生。电晕首先从电场强度最大处（一般在导线尖角不平滑处）开始，随后扩大到导线全部表面。此时，导线上的线电压称为线路电晕临界电压 $U_{Lj}$，导线表面的电场强度为临界电场强度 $E_{Lj}$。线路电晕临界电压计算式为

$$U_{Lj} = 84 m_1 m_2 k \delta r \left(1 + \frac{0.301}{\sqrt{\delta r}}\right) \lg \frac{D_{jf}}{r} \quad \text{(kV)} \tag{8-6}$$

式中　$m_1$——导线表面粗糙系数，对于表面平滑的非绞合导线，$m_1 = 1$，对于表面完好的多股导线，$m_1 = 0.83 \sim 0.966$，当股数在 20 股以上时，$m_1$ 均大于 0.9；

　　　　$m_2$——天气状况系数，对于干燥晴朗天气取 $m_2 = 1$，有雾、雨、雪时取 $m_2 = 0.8$；

　　　　$k$——导线布置系数，导线等边三角形排列时为 1，水平排列时为 0.96；

　　　　$\delta$——空气相对密度，$\delta = \dfrac{3.869}{273+t}$，$\delta$ 值可见表 8-3，当 $t = 25℃$ 时 $\delta = 1$；

　　　　$D_{jf}$——导线的几何均距，cm；

　　　　$r$——导线的计算半径，cm。

线路电晕临界电场强度 $E_{Lj}$ 为

$$E_{Lj} = 30.03 m_1 m_2 \left(1 + \frac{0.298}{\sqrt{\delta r}}\right) \quad (\text{kV/cm}) \tag{8-7}$$

**表 8 - 3**  **不 同 海 拔 的 δ 值**

| 海拔（m） | δ | 海拔（m） | δ |
|---|---|---|---|
| 100 | 1.000 | 1600 | 0.833 |
| 200 | 0.977 | 1800 | 0.814 |
| 400 | 0.955 | 2000 | 0.796 |
| 600 | 0.933 | 2200 | 0.778 |
| 800 | 0.912 | 2400 | 0.760 |
| 1000 | 0.892 | 2600 | 0.742 |
| 1200 | 0.872 | 2800 | 0.725 |
| 1400 | 0.852 | 3000 | 0.709 |

**注** 表中 δ 值按海平面处标准气温 25℃，海拔每增加 100m，温度减少 0.5℃计。

2. 影响电晕放电的因素

（1）导线表面粗糙程度和导线的半径。从式（8-6）可知，表面粗糙的导线其线路电晕临界电压比表面较光滑的导线小，较小半径导线的电晕临界电压比较大半径导线的电晕临界电压大。

（2）导线表面状况。影响导线表面状况的因素有外在和内在两大因素。外在因素主要有空中降落的物质，如昆虫、灰尘、蜘蛛网、植物、树叶、鸟粪等。这些外来物质附在导线上后，会影响导线表面的电场强度分布，使局部电场强度增大而产生电晕。内在因素主要有新导线上的油脂，导线碰伤以及导线上的残留金属凸出物，一些新金具和新导线上的小毛刺等。这类因素可能会成为新线路的电晕放电点。但由于电晕放电作用，会逐渐烧掉这些东西，使其对电晕放电作用逐渐变小。因此，新架设的线路运行初期，电晕放电强度较大，随着运行时间增加，电晕放电强度会逐渐变小，并趋于稳定。

（3）导线附近的质点。当小的外部质点如雪花、雨滴和灰尘等，临近导线时，会引起局部电场畸变。由于电场感应作用，质点发生极化，质点感应的电荷与导线相反，这种电荷使质点与导线之间的电场温度增加而引起电晕放电。

（4）导线上的水滴。在雨天，雨落在导线上形成水滴，使导线表面电场强度发生较大畸变，局部表面电场强度增大，而产生电晕放电。对于交流输电线路，雨天时的电晕放电强度比晴天时大许多；对于直流输电线路，雨天电晕放电强度反而比晴天小，这是因为直流线路雨天的电晕临界电压比晴天时低，导线周围的离子晴天时多，使导线的表面被较浓的电荷所包围，因而减小了电晕放电强度。

（5）空气密度、湿度和风。从式（8-6）可知空气密度增加，其线路电晕临界电压 $U_{Lj}$ 增加；空气湿度提高后，会有更多的水汽集中于导线表面，从而使漂浮的微粒变得更黏和更容易导电，这就在导线上产生更多的电晕点，电晕放电强度增加。交流输电线路未运行时，风已将游离产物吹掉，线路工作时将提高电晕临界电压；对于直流输电线路，有风时电晕放电强度增大。

3. 电晕放电效应

电晕放电具有下列几种效应：

（1）伴随着电离、复合等过程而产生声、光和热等现象，使周围空气温度升高。

（2）电晕放电时会产生高频脉冲电流，其中还包含着许多高次谐波，对无线电造成干扰，一般来说交流线路的无线电干扰比直流线路大。

（3）电晕放电会发出人可听到的噪声，有时会超过允许值，对人们造成生理、心理上的影响。对 1000kV 及以上的特高压电力线路，这个问题更严重，成为环境保护的重要内容。

（4）电晕放电会产生能量损耗。

（5）在输电线路某些尖端突出处，电子和离子在局部电场强度驱动下高速运动，与气体分子交换能量，形成"电风"，气体对"电风"起作用。当线路的固定刚性不够时（例如导线的线夹），会发生振动或转动，从而使某些档距的导线发生舞动。

（6）电晕放电会产生某些化学反应，在空气中产生臭氧、一氧化氮和二氧化氮等。

（7）直流线路的电晕放电会使导线之间和导线与大地之间充满空间电荷，使线路附近对地绝缘较好的物体上积累电荷，其对地电压可达到数千伏或更高，影响安全。

从式（8-6）可知，避免电晕产生的方法是：提高线路电晕的临界电压，使其高于线路的运行电压，为此必须增大导线间的距离和导线半径。但若增大线间距离，必定使线路杆塔的建造费用增加，而对临界电压的影响极微（因 $D_{jf}$ 和 $U_{Lj}$ 是对数关系）。因此，增大导线半径才是提高临界电压的有效方法。所以在超高压输电线路中，采用了扩径导线或分裂导线（分裂导线的等值半径起了扩径作用）。

（三）冲击电压下气体放电的特点

所谓冲击电压就是作用时间很短（以微秒计）的电压，雷电波电压是一种冲击电压。

实验证明：当冲击电压作用于气体间隙时，它的击穿电压比工频电压（持续电压）作用时的击穿电压高。图 8-8 是冲击电压波形。假如间隙在持续电压作用时其击穿电压为 $U_1$，那么冲击电压作用时并不在点 1 击穿，而是在点 2，即冲击电压加到 $U_2$ 时才击穿。由此可知，间隙从加压到击穿需要一定时间，此时间称放电时间 $t_1$。从点 1 到点 2 所经过的时间称放电时延 $t_2$，即冲击电压值达到 $U_1$ 值时起至击穿的时间。

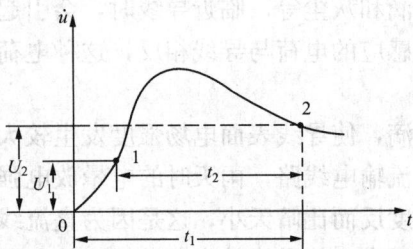

图 8-8　冲击电压波形

那么冲击电压作用于间隙的击穿电压为什么要比持续电压作用时的高，原因如下：气体放电的基本条件是在外界因素作用下产生少量的带电质点（电子和离子），那些质点在外电场作用下不断发生碰撞游离，产生更多的带电质点，形成电子流，最后导致击穿。但初始带电质点并不是都能引起游离，有的回到电极而复合，有的扩散到间隙以外去，这样能引起气体游离并最终导致击穿的带电质点（有效质点）数不多，为此需要一定时间，才能出现导致气体击穿的有效质点。

综上所述，要造成间隙击穿，不仅需要足够的电压，而且还需要一定的时间，所以冲击电压作用时的击穿电压比持续电压作用时的高。

（四）提高气体间隙击穿电压的措施

提高气体间隙击穿电压的措施，实质是采取措施阻碍气体放电的形成和发展，主要有五个措施。

**1. 改进电极形状，使电场分布均匀**

一般来说，电场分布愈均匀，气体间隙电场强度越高，击穿电压也就提高了。因此，改进电极的形状，增大电极曲率半径，保持电极粗糙度，尽量避免变形、棱角，以消除电场不均匀的现象，可提高气体击穿电压。

**2. 利用屏障提高击穿电压**

屏障能阻止带电质点的迅速运动，能阻止碰撞游离及电子流的发展，同时屏障也对电场起均匀作用，从而可提高击穿电压。如图 8-9 所示，正棒——负板电场，若屏障靠近正棒，正棒与屏障间的电场强度减弱，屏障上聚集了大量的正空间电荷，屏障与负板间的电场变得均匀，从而提高了气体击穿电压，屏障与负板间的距离愈大，则击穿电压提高愈多；若屏障距正棒太近，屏障在强电场作用下易产生小孔，击穿电压明显提高。实验证明，当屏障离正棒约 15％～20％ 间隙距离时，击穿电压提高得最大，可达到无屏障时的 200％～250％。

**3. 提高气体压力**

我们知道，气体击穿电压是气体压力和距离乘积的函数，也就是说，提高气体压力可提高气体的击穿电压。图 8-10 为击穿电压与气体压力的关系曲线。在均匀电场中，气压在 1MPa 以下，其击穿电压按气体压力增加而成线性地增加，若超过 1MPa 以后，气体压力再继续增加而击穿电压呈现饱和状态。不均匀电场中击穿电压与气体压力的关系比较复杂，这里不作介绍。利用高气压的气体作介质在电力工程中应用较多，如高压空气断路器、标准电容器等设备的内绝缘。

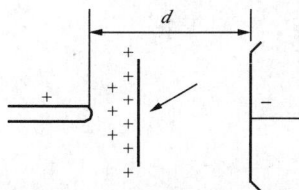

图 8-9　屏障对电场的影响　　　　图 8-10　击穿电压和气体压力关系

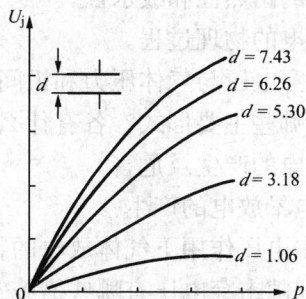

**4. 采用高耐电强度气体**

在电气设备中采用六氟化硫等气体，六氟化硫气体的耐电强度比空气要高得多，从而可以提高击穿电压。这些气体之所以有较高的耐电强度，是因为它们具有很强的负电性，容易与电子结合成为负离子，从而削弱电子的碰撞游离能力，又加强了复合过程。另外，这些气体的分子量和分子直径较大，使电子在其中的自由行程变短，不易积聚能量，减少碰撞游离的能力，不易发展到击穿，故其击穿电压较高。

六氟化硫还具有其他良好的特性，如有较高的灭弧能力等。

**5. 高真空的采用**

提高空气的真空度可以提高击穿电压，因为空气稀薄，碰撞游离机会大大减少，不易发展为击穿。在电力工程中采用了真空断路器等设备。由于真空断路器在制造工艺上对密封要求很高，有时难以解决，影响它的广泛应用，故只在特殊场合使用。

（五）沿面放电

在电力工程中有很多绝缘子和套管处于空气中，当带电体的电压超过一定限度时，常常在固体介质与空气交界面上出现放电现象，这种沿固体介质表面的放电现象称沿面放电。沿面放电发展到整个固体介质表面空气击穿时称为沿面击穿或沿面闪络，简称闪络。使固体介质表面的气体发生闪络时的电压称为闪络电压。实践证明，闪络电压要比同一间隙没有固体介质的空气击穿电压低得多。主要原因是，闪络电压与电场均匀程度、固体介质的表面状况及气象条件有关。例如，固体介质与电极表面接触不良，在它们之间存在空气隙，空气的介电系数比固体介质的小，于是气隙部分的电场强度大，而首先发生局部放电，使闪络电压降低；若固体介质表面吸附水分形成水膜，由于水分具有电导，从而降低了闪络电压；若固体介质表面有裂纹，使电场分布变形，在固体介质表面上有污秽，及在雨、雪等天气时，闪络电压都大大降低。

# 习　题

1. 什么叫做电介质极化？
2. 说明 $\tan\delta$ 的意义。$\tan\delta$ 大小和哪些因素有关？
3. 电介质老化的原因有哪些？
4. 电介质的机械性能有哪些？
5. 说明电介质的耐热性和吸水性。
6. 试述气体放电的物理过程。
7. 试述气体击穿电压与气体压力和极间距离的函数关系。
8. 气体放电有哪些主要形式？各有什么特点？
9. 试述电晕放电的产生及危害。
10. 如何避免电晕放电的产生？
11. 试述在冲击电压作用下气体放电的特点。
12. 提高气体间隙击穿电压有哪些措施？
13. 什么叫做沿面放电？举例说明。

# 第 九 章

# 电力系统过电压的产生

## 第一节 大 气 过 电 压

电力系统运行中，由于雷击、操作、短路等原因，导致危及绝缘的电压升高，称为过电压。

过电压分为内部过电压和外部过电压两大类。由于电力系统内部进行操作或发生事故而产生的过电压，称为内过电压或称操作过电压。由于雷云放电产生的过电压，称外部过电压或称大气过电压、雷电过电压。

### 一、大气过电压的产生

#### (一) 雷电的形成

太阳把地面的水分的一部分蒸发为水蒸气，向上升起，遇到冷空气，凝成水滴，许多水滴浮在空中形成浮云。浮在空中的水滴在气流的冲击下分成大水滴和小水滴，水滴和气流摩擦而带电，小水滴带负电，大水滴带正电。小水滴形成的浮云为负电云，大水滴形成的浮云为正电云，带电的云称为雷云。雷云对大地有静电感应作用，所感应出的电荷为异性。两者之间形成巨大的电容器，形成电场。电荷在雷云中分布是不均匀的，电荷积聚较多时，即形成电荷中心，其电场强度较大，当超过 30kV/cm 时，空气开始游离放电。这种现象称为雷云放电（见图 9-1），可分为三个阶段。

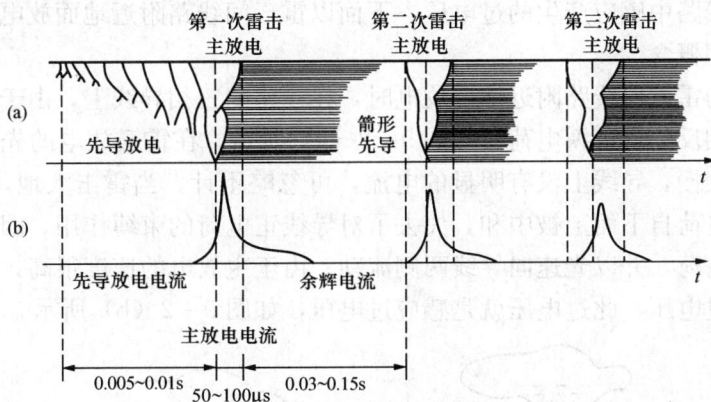

图 9-1 雷云放电过程
(a) 所示为雷云放电过程；(b) 所示为放电过程中的电流变化过程

1. 先导放电

当某点电场强度超过 30kV/cm 时，使附近的空气电离形成导电通道，电荷就沿着这个通道由电荷中心向地面发展，称为先导放电。先导放电是分级跳跃进行的，每级发展到约 50m 的长度，就有 30~90$\mu$s 的间歇，当向下移动电荷逐渐增多，电场强度足以使下一级的空气电离时，又向下一级通道继续进行先导放电，先导放电的平均速度约 100~1000km/s。这就是雷云放电第一阶段。

**2. 主放电**

当先导放电继续进行到与地面的距离很小，最后这段距离中的空气也游离时，就开始了第二阶段，即主放电阶段。先导放电通道成了主放电通道，地面感应的巨大电荷就沿着主放电通道进入云层，并与雷云中电荷中和，且伴随着出现雷鸣和闪光，此时就完成了主放电过程。主放电阶段的时间很短，共 $50\sim100\mu s$，其速度可达光速的 $0.05\sim0.5$ 倍，电流可达数百千安。这是雷电流的主要组成部分。

**3. 余辉放电**

主放电结束后，雷云中残余电荷还会沿着主放电通道进入大地，称为第三阶段，即余辉放电阶段。此阶段的时间较长，为 $0.03\sim0.15s$。余辉放电阶段的电流也是雷电流的一部分，约数百安。

雷云中可能同时存在着几个密集的电荷中心，当第一个电荷中心的主放电完成后，可能引起第二个或第三个电荷中心向第一个电荷中心形成的主放电通道放电。因此，雷电往往是多重性的，称重复雷击。大约有 50% 的雷云具有重复放电的性质，每次放电相隔 $600\mu s\sim0.8s$。主放电的次数平均约 $2\sim3$ 次，最多曾记录到 42 次，但第二次以后的放电电流较小，一般不超过 30kA。雷击总持续时间很少超过 $0.5\sim1s$。

**（二）直击雷过电压和感应过电压**

大气过电压分为直击雷过电压和感应过电压。

雷电直接对输电线路或电气设备放电，引起强大的雷电流通过线路或设备导入大地，从而产生破坏性很强的热效应和机械效应，这就是直击雷过电压。

感应过电压是雷云不直接击于输电线路导线上，而是向线路附近地面，或向避雷线上进行主放电时，在线路中感应产生的过电压。下面以雷云间线路附近地面放电为例，阐述感应过电压产生的物理概念。

当带负电荷的雷云向线路附近地面放电时，在线路的三相导线上，由于静电感应而积聚大量与雷云极性相反的正束缚电荷，如图 9-2（a）所示。在雷云放电的先导阶段，由于先导放电发展速度较慢，导线上没有明显的电流，可忽略不计。当雷击大地，主放电开始后，先导通道上的负电荷自下而上被中和，失去了对导线正电荷的束缚作用。因此，导线上的正电荷形成了自由电荷，并以光速向导线两侧流动。由于主放电的速度很高，故导线中电流也很大，由此形成过电压，此过电压就是感应过电压，如图 9-2（b）所示。

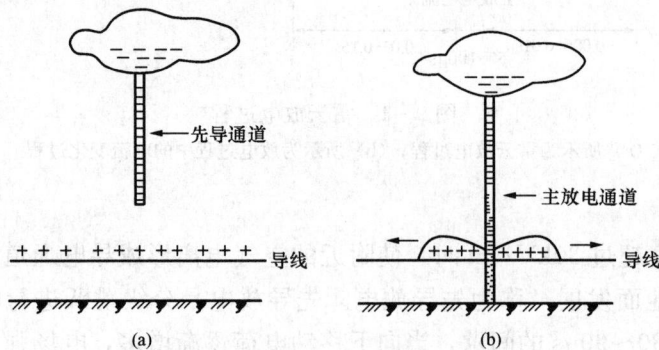

图 9-2 感应过电压的产生
（a）放电前；（b）放电后

由感应过电压产生的过程可知，感应过电压的幅值 $U_g$ 将与雷云主放电电流幅值 $I$ 成正比，与雷击地面点至导线距离 $s$ 成反比。导线的高度 $h_d$ 也影响到 $U_g$ 的大小。在同样的感应电荷下，当导线离地面越近时，电压就越小；当导线离地面越远时，电压就越大。实际测量结果证实，当 $s > 65\text{m}$ 时，感应过电压的幅值 $U_g$ 可以近似地按下式求得

$$U_g = 25 + \frac{Ih_d}{s} \quad (\text{kV}) \tag{9-1}$$

式中　$I$——雷电流幅值，kA；

　　　$h_d$——导线悬挂点的平均高度，m；

　　　$s$——直接雷击点至导线的距离，m。

由于雷击点的自然接地电阻非常大，所以最大雷电流值可采用 $I \leqslant 100\text{kA}$。实践证明，感应过电压幅值达 $300 \sim 400\text{kV}$，足以使 $60 \sim 80\text{cm}$ 的空气间隙击穿或 3 个 XP-7 型悬式绝缘子串闪络。所以感应过电压对钢筋混凝土杆的 35kV（3 个 XP-7 型绝缘子串）及其以下的线路会引起一定的闪络事故。

（三）雷电参数

1. 雷电波的陡度

主放电时的雷电流的波形如图 9-3 所示。图中 $I$ 为雷电流最大值或幅值。雷电流由零开始达到幅值所用的时间为波前 $\tau_1$，一般为 $1 \sim 4\mu s$，目前我国取 $\tau_1 = 2 \sim 6\mu s$。由零开始经过电流幅值后，降到电流幅值一半共需用的时间为波长 $\tau_2$，一般为 $40 \sim 50\mu s$。

雷电流在波前部分上升速度 $\dfrac{\mathrm{d}i}{\mathrm{d}t}$ 为雷电流陡度，最大陡度 $\left(\dfrac{\mathrm{d}i}{\mathrm{d}t}\right)_{zd}$ 发生在 $i = \dfrac{I}{2}$ 处。

在分析过电压问题时，为了简化计算，常采用无穷长直角波或斜角波来表示雷电波，此时可利用雷电波平均陡度作为斜角波的斜率，如图 9-4 所示。

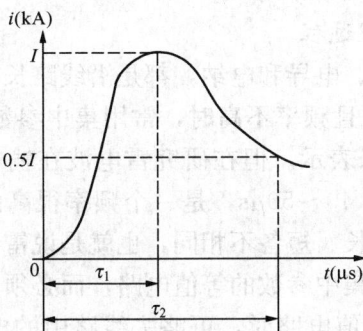

图 9-3　主放电时雷电流波形　　　　图 9-4　简化的雷电波

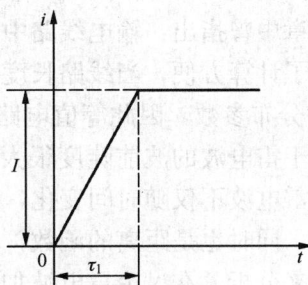

2. 雷电流幅值

雷电流一般是指雷击于低接地电阻的物体时流过该物体的电流。但由于雷电流的测量不够精确，故一般是指被击物接地电阻小于 $30\Omega$ 时流过被击物的电流。

当雷直接击中地面，由于没有人为的接地体，被击点的电阻很高，可达 $100\Omega$ 多，此时的雷电流只有低接地电阻的 70% 或更低一些。但击于低接地电阻的物体时，雷电流的最大值超过 200kA 的很少。故雷击地面时的雷电流最大值可按 200kA 的 50%，即按 100kA 考虑。

3. 波阻抗

主放电时，雷电通道是个充满离子的导体，像导体一样，对电流波呈一定的阻抗，称波

阻抗。波阻抗为主放电通道的电压和电流波的幅值之比，表达式为

$$z = \frac{U}{I} \qquad (9-2)$$

式中　$U$——电压波幅值；

　　　$I$——电流波幅值；

　　　$z$——波阻抗。

### 4. 雷暴日、雷暴小时

为了统计雷电活动情况，常采用雷暴日或雷暴小时来表示。

通常将发电厂、变电站所在地区及输配电线路通过地区每年打雷的日数称为雷暴日，即在一天内只要听到雷声就算作一个雷暴日。雷暴小时，就是在一个小时内只要听到雷声就算作一个雷暴小时。据统计，我国大部分地区每一雷暴日约有 3 个雷暴小时。

雷暴日的多少和纬度有关。北回归线（北纬 23.5°）以南是雷电活动最强烈的地区，年平均雷暴日可达 80～133 日/年；北纬 23.5°到长江一带，约为 40～80 日/年；长江以北大部分地区，多在 20～40 日/年。对几个大城市来说，北京、上海、武汉约为 40 日/年，沈阳约为 30 日/年，重庆约为 50 日/年，广州约 70～80 日/年。我们把平均雷暴日少于 15 日/年的地区为少雷区，超过 40 日/年为多雷区。

为了掌握雷电活动的规律，每一地区必须在雷季中指定专人负责记录雷电日和雷电小时，到年末作一次统计，从而得出该地区"年雷暴日"或"年雷暴小时"，以表明该地区雷电活动的严重程度；必要时可将若干年的数字进行平均，从而得出该地区年平均雷暴日和年平均雷暴小时。通过观测记录，可以看出本地区雷季起讫日期，主动地做好防雷工作，并在雷季之前全部完成，确保电力系统安全运行。

### 二、雷电波的传播

#### （一）雷电波在单根均匀无损线路上传播的物理过程

在第三章中曾指出：输电线路中的电阻、电抗、电导和电纳，都是沿线路长度均匀分布的，但是为了计算方便，当线路长度在 300km 以内且频率不高时，常用集中参数 $R$、$X$、$G$ 和 $B$ 来代替分布参数，因此等值电路用集中参数来表示。但在研究雷电波在输电线路中的传播时，由于雷电波的波前陡度很大，波长大多是 40～50μs，是一个频率很高的电波；另外，又由于雷电波不仅随时间变化，而且随着距离长、短各不相同，也就是说雷电波不仅是时间的函数，同时也是距离的函数，所以不能再用集中参数的等值电路，而必须用分布参数的等值电路来分析。在讨论雷电波加于分布参数等值电路时，可略去线路中的电阻 $R$ 和电导 $G$，即略去雷电波通过导线时的电能损耗。此外，在计算导线的电感 $L$ 及对地电容 $C$ 时，不是取线路各段对地的实际高度，而是采用其平均高度 $h_d$，这样的分布参数等值电路，称为均匀无损线路的等值电路。

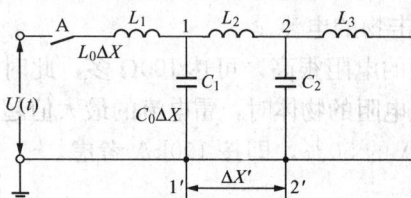

图 9-5　无损线路的等值电路一部分

图 9-5 为单根均匀无损线路的等值电路的一部分。图中的 $L_0$、$C_0$ 为单位长度的电感与电容。将线路分成若干小段 $\Delta X$，设各小段的电感和电容依次为 $L_1$、$L_2$、$L_3$…及 $C_1$、$C_2$、$C_3$…，则每小段的电感及电容分别等于 $L_0\Delta X$ 及 $C_0\Delta X$。

当在导线某点 A 突然加一电压 $U$ 时，电流经 $L_1$

对 $C_1$ 充电，待 $C_1$ 充电达到电压 $U$ 后，电流再给 $L_2$ 向 $C_2$ 充电，这样继续进行到电容 $C_2$ 充电至 $U$ 后，再向前充电，直至线路末端，这就形成一个电压波。由于线路沿导线分布有电感，所以较远处导线电容要隔一定时间才能充上电，故各段电容充电至 $U$ 的时间是不同的，距电源愈远，时间滞后愈多。当电容充电时，才有电流流过此段线路导线的电感，当某一段电容未充电时，电容处于短路的状态，其后的导线无电流流过。

由上可知，一条均匀无损线路，当在 A 点加电压后，导线各点的电压、电流随着与电源的距离不同，而依次建立。这说明电压、电流是以波的形式沿导线传播的。当电压、电流波传播到导线某点（段）后，该点（段）才有电压和电流。电压、电流以一定的速度 $v$ 向导线两端传播，所以雷电压和雷电流不仅是时间的函数，同时也是距离的函数。

（二）雷电波的反射和折射

如图 9-6 所示，雷电波（入射波）在线路传播中，由于线路参数的变化，如开路、短路或经接地装置进入大地等情况，在连接点处都会使雷电波的电场能量和磁场能量重新分配。其中有一部分能量可能沿着与原来相反的传播方向返回电源，形成一个反行的电压波和电流波，称波的反射，此时电压波和电流波称反射电压波和反射电流波；而另一部分能量仍沿着原来的传播方向进入另一参数的导线，称波的折射，此时电压波和电流波称折射电压波和折射电流波。

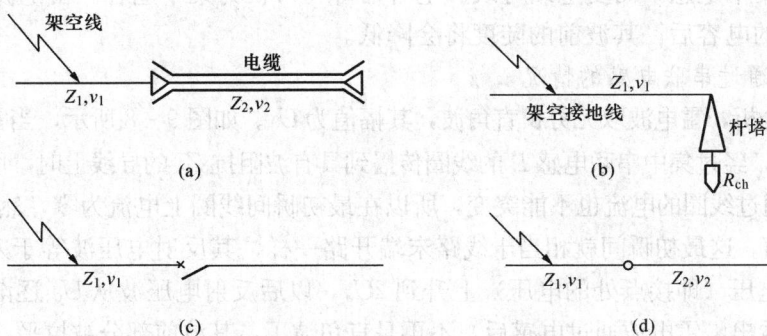

图 9-6　雷电波遇到的几种情况
（a）经架空线进入电缆；（b）经架空接地线及杆塔接地电阻入地；
（c）沿线路到达断开的断路器、隔离开关或线路终端；
（d）由一种架空线进入另一种架空线

为了讨论入射波、反射波和折射波三者关系，并根据接点处只有一个电压及其共存一个电流的这一概念，于是有

$$\left. \begin{array}{l} U_1 + U_2 = U_3 \\ I_1 + I_2 = I_3 \end{array} \right\} \tag{9-3}$$

式中　$U_1$、$I_1$——入射波的电压和电流；
　　　　$U_2$、$I_2$——反射波的电压和电流；
　　　　$U_3$、$I_3$——折射波的电压和电流。

式（9-3）说明，入射波从导线 1 到达接点 0 后，电压、电流将发生突然变化。

图 9-7（a）为雷电波尚未传播至接点。图 9-7（b）为雷电波传播至接点，遇到 $Z_1 <$ $Z_2$ 的情况，此时一部分变为折射波，沿导线 2 继续传播；另一部分变为反射波，沿导线 1

向电源方向传播，并与入射波代数叠加后其幅值仍等于折射波的幅值。当雷电波传播至接点，遇到 $Z_1 > Z_2$ 的情况，此时入射电压波和反射电压波幅值相等，称全反射，如图 9-7（c）所示。全反射对变电站入口及出口处的保护很重要，如果雷电波从输电线路侵入变电站时，正处隔离开关断开，则反射电压波和入射电压波叠加后将等于入射电压波幅值的两倍，容易使绝缘击穿。

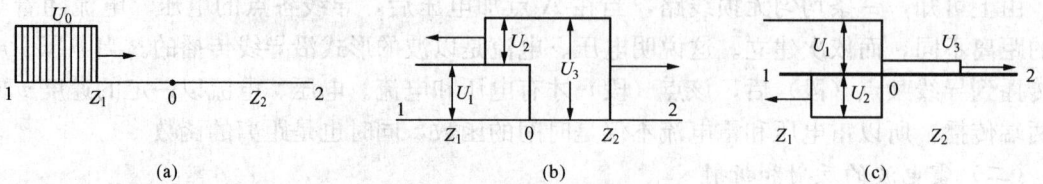

图 9-7　雷电波传播至接点上

(a) 雷电波尚未传播至接点；(b) $Z_1 < Z_2$；(c) $Z_1 > Z_2$

### （三）雷电波通过串联电感和并联电容时的情况

当雷电波侵入输电线路时，可能有一部分击中避雷线，然后经过杆塔入地；也可能有一部分直击到导线上，沿线路进入变电站。这时，杆塔本身及变电站的电流互感器、电抗器等设备都可视为集中电感，而变电站母线、电容器等均可视为集中电容。雷电波通过这些串联的电感或并联的电容后，其波前的陡度将会降低。

#### 1. 雷电波通过串联电感的情况

为了简化分析，雷电波取无穷长直角波，其幅值为 $U_0$。如图 9-8 所示，当雷电波由具有波阻抗 $Z_1$ 的导线，经过集中串联电感 $L$ 的线圈传播到具有波阻抗 $Z_2$ 的导线上时，因为线路中的磁能不能突变，通过线圈的电流也不能突变，所以在最初瞬间线圈上电流为零，然后才逐渐增大，最后达到稳定值。这最初瞬间就相当于线路末端开路一样，其反射电压波等于入射电压波 $U_0$，电感线圈首端电压（即接点处的电压）上升到 $2U_0$，以后反射电压波从 $U_0$ 逐渐下降，最后达稳定值。可以看出，雷电波通过电感后，不再是直角波了，其波前部分被拉平，陡度降低。

#### 2. 雷电波通过并联电容的情况

如图 9-9 所示，当幅值为 $U_0$ 的无穷长直角波经波阻抗为 $Z_1$ 的导线，在接点处从集中并联电容 $C$ 的电容器旁边经过，进入波阻抗为 $Z_2$ 的导线时，由于电容器上电压不能突变，所以在入射波到达接点的最初瞬间，电容器上电压为零，电容器相当于短路，雷电流经电容器入地，而在波阻抗为 $Z_2$ 的导线上的电流将为零。然后电容开始充电，电容器上的电压逐渐增加，$Z_2$ 上有雷电流通过，同时也出现了雷电压，电容器上的电压逐渐增加到稳定值。因此，雷电波通过电容时，不再是直角波，其波形中波前部分被拉平了，陡度降低。

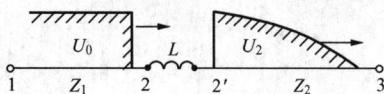

图 9-8　波通过电感的情况

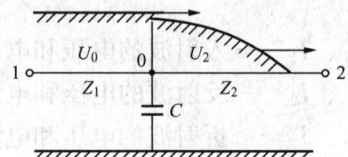

图 9-9　波通过电容的情况

由上述可知，雷电波通过电感或并联电容都会使波的陡度降低，这有利于保护电气设备绝缘，防止绝缘损坏。

（四）雷电波在变压器绕组中的传播

当雷击于输配电线路时，雷电波会沿着线路导线传播到变电站的变压器或配电变压器上，在绕组中会产生较复杂的振荡过程，将产生较高的过电压。为了研究变压器绕组的防雷保护措施，决定变压器的绝缘材料的结构，需要了解雷电波在变压器绕组中的传播过程。

对工频电压，在变压器绕组的等值电路中，一般只考虑其电感，而不考虑电容。但对于雷电波，由于其频率很高，这时就应着重考虑绕组电容的作用了。其等值电路如图 9 - 10 所示。图中，$L_0$ 为沿绕组高度方向每匝的电感，$C_{01}$、$C_{02}$ 为沿绕组高度方向每匝的对地电容与匝间（或绕盘间）电容。现分析雷电无穷长直角波作用于变压器绕组时，电压分布的情况。

1. 无穷长直角波开始作用的瞬间绕组电压的分布

当幅值为 $U_0$ 的无穷长直角波加到变压器绕组首端 A 时，在开始一段时间里，起主要作用的波前部分，由于波前陡度大，电压上升很快，频率很高，$L_0$ 很大，没有电流通过，相当于 $L_0$ 是开路的，这时的等值电路如图 9 - 11 所示。此时，可将变压器绕组看作一个电容，当雷电波传播到变压器绕组时，除绕组匝间电容 $C_{02}$ 通过电流外，对地电容 $C_{01}$ 也都有电流通过。受对地电容电流的影响，沿匝间电容通过的电流大小不相等，所以绕组上的电压分布也是很不均匀的。首端绕组电位梯度很高，其电压降达到外加雷电波电压幅值 $U_0$ 的 80%，因此，变压器首端匝间绝缘应大大加强。

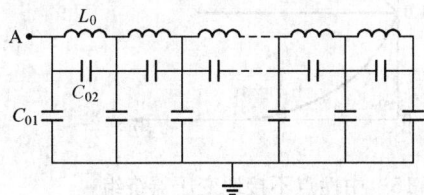

图 9 - 10　变压器绕组等值电路　　　　图 9 - 11　雷电波入侵绕组开始作用瞬时的绕组等值电路

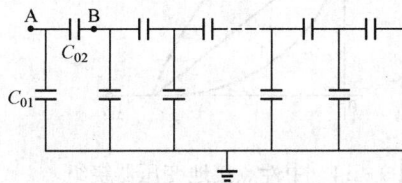

图 9 - 12 为普通连续式绕组的变压器在中性点接地时和不接地时的始态电压分布曲线。绕组总长度为 $l$，横坐标为绕组某点 $x$ 至绕组首端的距离，用 $l$ 的倍数表示；纵坐标 $U_x$ 为与 $x$ 点对应的电压，用 $U_0$ 的倍数表示。当 $x=l$ 或 $\frac{x}{l}=1$ 时，电压 $U_x$ 为零。由图可见始态电压分布与变压器的中性点接地与否关系不大。

2. 无穷长直角波作用于绕组时的稳态电压的分布

当无穷长直角波 $U_0$ 作用于变压器绕组的后期，起主要作用的是雷电波的波尾部分。由于波尾部分等值频率为零，容抗变为 ∞（即 $C_{01}$、$C_{02}$ 均开路），$\omega L_0$ 为零，变压器绕组的等值电路变得相当于一个有效电阻。此时，绕组中的电压分布，称为稳态电压分布，如图 9 - 13 所示。从图中可知，中性点接地方式不同，其稳态电压分布不同。当中性点接地时，每个 $L_0$ 中的电流均相同，电压自首端（$x=0$）到中性点（$x=l$）均匀下降；当中性点不接地时，$L_0$ 中无电流，绕组各点的电位和首端对地电位相等。

3. 无穷长直角波作用于绕组时的最大电压分布

从图 9 - 14、图 9 - 15 中可见变压器绕组的始态电压分布 1 到稳态电压分布 2，经历一个短暂的过渡过程。由于绕组等值电路中电感和电容的存在，磁场能和电场能的转换发生了很大的变化，这一过渡过程具有振荡的性质。振荡将围绕着稳态值进行，而振荡的幅值等于

"始态"与"稳态"的差值。由于变压器绕组是多频回路，即具有非常多的振荡频率。将各频率振荡时，绕组某点电压相加，为该点电压最大值，最后连接绕组中各点电压最大值，得到最大电位包络线，也即是对地最大电压分布曲线，如图 9 - 14 中和图 9 - 15 中的 3 所示。

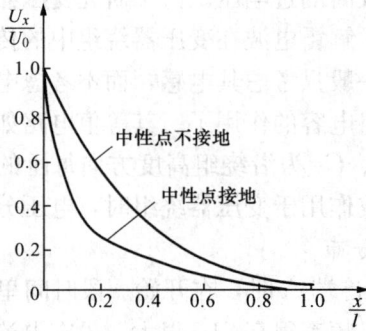

图 9 - 12 变压器绕组始态电压分布曲线

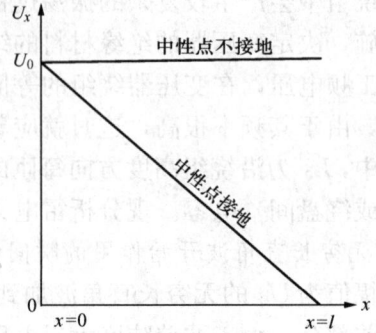

图 9 - 13 稳态电压分布

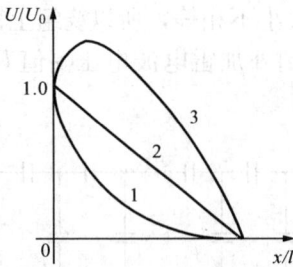

图 9 - 14 中性点接地变压器绕组
上的最大电压分布

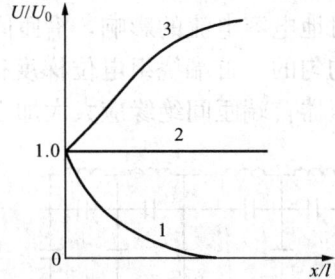

图 9 - 15 中性点不接地变压器绕组
上的最大电压分布

如图 9 - 14 所示，中性点接地变压器的绕组中，最大电位出现在绕组首端附近，幅值约为 $1.4U_0$；在图 9 - 15 中，中性点不接地变压器的绕组中，最大电位出现在绕组末端附近，其值约为 $2.0U_0$，实际上由于铁芯损耗的阻尼作用，电压最大值略降低一些。

雷电波通过变压器绕组时，出现的振荡过程与雷电波的陡度有关。若雷电波陡度愈大，始态电压分布与稳态电压分布相差较大，振荡过程绕组上各点最大电位和电位梯度都较大。相反，若雷电波的陡度小，等值频率小，始态电压分布接近于稳态电压分布，则振荡过程较平稳，变压器绕组中各点电压的最大值及电位梯度都较小。

**4. 雷电波在变压器绕组间的传播**

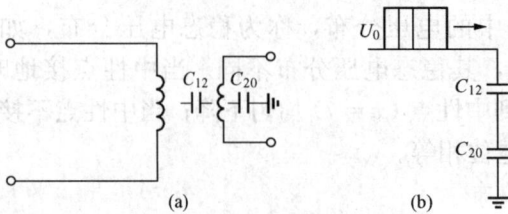

图 9 - 16 静电耦合

雷电波入侵变压器高压绕组时，在低压绕组会出现过电压。低压绕组的过电压主要由两部分组成；一部分是电磁分量，它是由高、低压绕组间的电磁感应产生的，和变压器的变比有关；另一部分是静电耦合分量，它是由高、低压绕组间的电容 $C_{12}$ 及低压绕组对地电容 $C_{20}$ 的存在而耦合到低压绕组的，如图 9 - 16 所示。电磁分量，由于低压绕组绝缘强度较高压绕组大得多，所以高压绕组能承受的雷电压经电磁耦合到低压绕组时，对低压绕组的绝缘不会造成什么威胁。而静电耦合分量不同。它的大小取决于高、低压绕组间的电容及低压绕组对地电容，其值为

$$U_{20} = \frac{U_0 C_{12}}{C_{12} + C_{20}} \qquad\qquad (9\text{-}4)$$

式中　　$U_0$——高压绕组雷电压幅值；

　　　　$C_{12}$——高、低压绕组间的电容；

　　　　$C_{20}$——低压绕组的对地电容；

　　　　$U_{20}$——低压绕组的静电耦合分量。

如果低压绕组接有电缆，低压绕组对地电容 $C_{20}$ 较大，则 $U_{20}$ 较小，对低压绕组威胁不大；如果低压绕组开路运行，$C_{20}$ 很小，$C_{12} \gg C_{20}$，则 $U_{20}$ 很大，甚至接近 $U_0$，这样对低压绕组的绝缘威胁很大，因此低压绕组应加装保护装置。

## 第二节　内部过电压

内部过电压（简称内过电压），是决定电力系统绝缘水平的重要依据。因此，研究内过电压产生的原因及影响因素，从而找出限制内过电压的措施，以满足电力系统安全及经济运行的要求，有很重要意义。

电力系统常见的内过电压有：①切空载变压器的过电压；②切、合空载线路的过电压；③电弧接地过电压；④谐振过电压；⑤工频过电压。

内过电压的能量来源于电网本身，所以它的幅值是和电网的工频电压的幅值基本上成正比的，其比值称为内过电压倍数 $K$。$K$ 值与电网结构、系统容量和参数、中性点接地方式、断路器的性能、母线上的出线数目以及电网运行接线操作方式等因素有关。某发电厂曾在切空载变压器时测得 $K$ 值为 7.4。某变电站用少油断路器 SW6-220 型切 330kV 空载线路时，测得 $K$ 值达 2.72；用多油断路器切、合 110kV（中性点直接接地）的空载线路，在 55 个记录中，$K$ 值最大为 3.07，3 以上的为两次，2.5 以上的为八次。某 35kV 系统在切空载线路时测得 $K$ 最大为 3.54；某 35kV 线路，切一相接地空载线路时，$K$ 值最大为 4.3。电弧接地过电压，我国实测 $K$ 值最大为 3.2，绝大部分均小于 3。至于谐振过电压，烧毁电压互感器，引起套管闪络的现象更多。

以上这些数字，都说明内过电压已对电力系统的运行造成很大的威胁，应当给予足够的重视。

### 一、切空载变压器过电压

在电力系统中，用断路器切空载变压器是一种正常的操作方式。在操作过程中，有可能产生很高的电压。运行经验证明，所用的断路器灭弧能力越强，则切断空载变压器产生过电压事故就越多。

在切空载变压器时，由于变压器另一侧是开路状态，而变压器绕组的对地容抗比变压器感抗小得多，因此切空载变压器，相当于切一个纯电感负荷，断路器切断的电流是励磁电流，此励磁电流不过是短路电流的几百分之一到几万分之一，并且约滞后工频电压 90°。因为具有很强灭弧能力的断路器，在切断数值很小的变压器励磁电流时，有可能使电弧不在电

流通过零点时熄灭，而可能在电流某一瞬时值时，被断路器强迫截断，使励磁电流由某一瞬时值突然下降到零。这一急剧的变化在变压器绕组上就会感应出很高的过电压。图 9 - 17 为切空载变压器的等值电路。

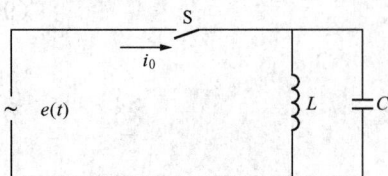

当断路器断开时，强迫截断的励磁电流的某一瞬时值为 $i_0$，它在电感中的磁场能量为 $\frac{1}{2}Li_0^2$，将转变为储存在电容 $C$ 中的电场能量 $\frac{1}{2}Cu^2$。

根据能量守恒定律，全部磁场能量转变为电场能量，即

$$\frac{1}{2}Li_0^2 = \frac{1}{2}Cu^2$$

$$u = i_0\sqrt{\frac{L}{C}} \qquad\qquad (9 - 5)$$

图 9 - 17　切空载变压器等值电路

$L$—变压器的励磁电感；$C$—变压器绕组的对地电容；$i_0$—励磁电流

式（9 - 5）中 $u$ 为电感 $L$ 上的过电压，也是对地电容 $C$ 充电的电压可能的最大值。由上式可知，截断励磁电流瞬时值 $i_0$ 和变压器绕组电感 $L$ 愈大，则磁场能量愈大，过电压愈高；而绕组对地电容 $C$ 愈小，则同样的磁场能量转化到电容上的过电压愈高。一般情况下，$i_0$ 虽然不大，但 $\sqrt{\frac{L}{C}}$ 很大，能达几万欧，故理论上能造成很高的过电压。

断路器性能对切断空载变压器的过电压影响很大。切断小电流性能很差的断路器，如多油断路器或无压油活塞的少油断路器，由于其灭弧能力是和被切电流直接相关的，被切电流越小，断路器中电弧产生的气体越小，灭弧能力也越小，因此在切空载变压器时一般没有明显的电流瞬间截断现象，所以过电压不大。而切断小电流电弧性能好的断路器，如压缩空气断路器或有压油活塞的少油断路器，由于其灭弧能力不是或不完全是由被切电流决定的，因此在切空载变压器时，会有明显的电流瞬间截断现象，所以过电压可能很高。

断路器的电弧重燃对限制切空载变压器过电压是有利的。因为当断路器截流后，断路器的变压器侧有很高的过电压，而电源侧是工频电源电压。如果断路器断口的绝缘强度恢复很慢，很大的电位差将使断路器触头间电弧重燃，重燃后变压器侧的能量向电源释放，因而降低了过电压的幅值。

与变压器相连的线路对切空载变压器过电压也有影响。若被切的空载变压器连接着一段电缆或较长的母线，就等于加大了变压器绕组的对地电容，使过电压下降。

现代的变压器采用冷轧硅钢片制作，其励磁电流仅达额定电流的 0.5% 左右（而热轧硅钢片可达 5% 以上），同时又采用了纠结式绕组，大大增加了绕组的对地电容，所以在切这种变压器时，$K$ 值降低，一般不大于 2。

为了限制切空载变压器过电压，可在断路器的断口上并联与励磁阻抗为同一数量级的高值电阻（一般为几万欧）。这样，即使在励磁电流最大值时瞬间被切断，电流仍可沿着并联电阻流通，因此变压器绕组中电流不会突变到零，从而限制了过电压。

## 二、切或合空载线路的过电压

电力系统中用断路器切、合空载线路是一种正常操作方式或故障时的操作方式。在这种操作过程中也会产生过电压，其原因是所用的断路器灭弧能力不够强，以致电弧在触头之间

重燃，每次重燃实质上就等于线路又一次合闸。如果这些合闸都发生在电源电压的最大值时，而且每隔半个周波合闸一次，就会产生很大的过电压。

1. 合空载线路的过电压

图 9 - 18 所示为某空载线路的 T 形等值电路，此时 $\frac{1}{2}L$ 与 $C$ 组成振荡回路，其振荡频率为

$$f_0 = \frac{1}{2\pi\sqrt{\left(\dfrac{L}{2}\right)C}}$$

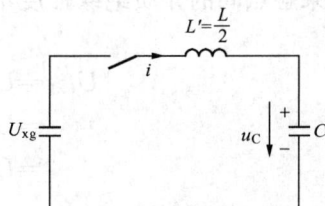

这个振荡频率比工频高得多。如果在电源电压接近幅值时合闸，由于这时电源电压变化很慢，在求过渡过程中 $C$ 上的过电压时，可假设电源电压近似保持不变。这样，空载线路合闸电路可以简化为图 9 - 19 的 $L'$-$C$ 的振荡回路。合闸于直流电势情况，图中 $L' = \frac{1}{2}L$，而直流电动势等于电网工频相电压的幅值 $U_{xg}$。

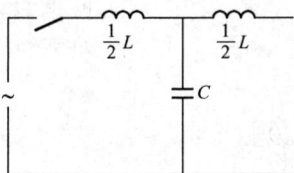

图 9 - 18　合空载线路时的等值电路　　　　　图 9 - 19　$L'$-$C$ 振荡回路合闸于直流电动势
　　　　$L$—线路的电感；$C$—线路的对地电容

在 $L'$-$C$ 振荡回路合闸于直流电动势的过渡过程中，线路电压 $u_C$ 的始态值 $u_{C0}$ 为零，稳态值为 $U_{xg}$。从始态到稳态的过程中，振荡将围绕着稳态值进行，而振荡的幅值 $u_{Czd}$ 等于"稳态"与"始态"的差值，即 $u_{Czd} = U_C - U_{C0}$。由振荡产生的过电压幅值 $U_{Czd}$ 为

$$\begin{aligned}U_{Czd} &= U_C + u_{Czd}\\&= U_C + (U_C - U_{C0})\\&= 2U_C - U_{C0}\end{aligned}$$

将 $U_{C0}$ 和 $U_C$ 的值代入上式，则

$$\begin{aligned}U_{Cza} &= 2U_{xg} - 0\\&= 2U_{xg}\end{aligned}$$

2. 切空载线路的过电压

仍用图 9 - 19 的等值电路，由于容抗比感抗大得多，可认为此电路为纯容性，电流 $i_C$ 超前 $u_C$ 90°，如图 9 - 20 中 $0 \sim t_1$ 所示。当断路器开断，断路器中的电弧将在 $i_C$ 通过工频零点时暂时熄灭（图 9 - 20 中 $t = t_1$ 时）。此时，$u_C$ 恰好到达最大值 $+U_{xg}$，当电弧暂时熄灭后，$C$ 上的电荷无处流泄，$C$ 上仍保持不变的残留电压 $+U_{xg}$。但电源电压 $u(t)$ 仍继续按正弦曲线变化，经过半个工频周期（图中 $t = t_2$ 时），电源电压变为 $-U_{xg}$，则断路器触点间的电压差（见图 9 - 20 中 $a_1$ 点至 $b_1$ 点的电压）到达 $2U_{xg}$，由于断路器触点间的距离拉开不远，介质绝缘强度没有很好恢复，则在 $2U_{xg}$ 作用下，触点间重新击穿，就等于又一次合闸。合闸

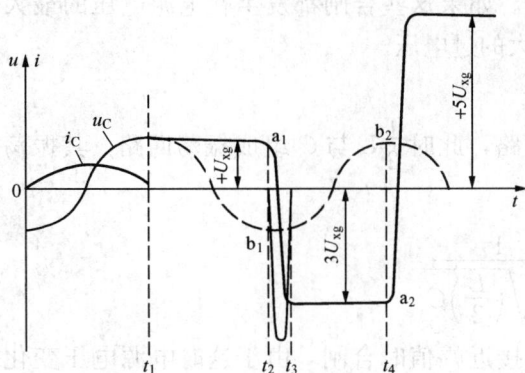

图 9 - 20　切空载线路过电压

瞬间 $C$ 上的电压始态值 $U_{C0}$ 由 $+U_{xg}$ 变为电源稳态电压 $-U_{xg}$。如前所述，在过渡过程中将发生高频振荡，振荡围绕着稳态值 $U_C$ 进行，$U_C=-U_{xg}$，则电容 $C$ 上的过电压为

$$
\begin{aligned}
U_{Czd} &= U_C + u_{Czd} = U_C + (U_C - U_{C0}) \\
&= 2U_C - U_{C0} \\
&= 2(-U_{xg}) - U_{xg} \\
&= -3U_{xg}
\end{aligned}
$$

伴随着高频振荡电压的出现，在触点间将有高频电流流过，并且超前高频电压 90°。当高频电压达到最大值（$-3U_{xg}$）时，即 $t=t_3$，高频电流过零，电弧再一次熄灭，$C$ 上的残留电压达到 $-3U_{xg}$。此时，电源电压 $u(t)$ 仍按正弦曲线继续变化。再过半个工频周期（图 9 - 20 中 $t=t_4$ 时），断路器触点间的电压差达 $4U_{xg}$，如果触点间的介质绝缘强度不足以承受 $4U_{xg}$，则触点间将再次击穿，此时过电压幅值为

$$
\begin{aligned}
U_{Czd} &= U_C + u_{Czd} \\
&= U_C + (U_C - u_{Czd}) \\
&= U_{xg} + [U_{xg} - (-3U_{xg})] \\
&= 5U_{xg}
\end{aligned}
$$

如此反复，只要电弧重燃一次，过电压幅值就会按 $-3U_{xg}$，$+5U_{xg}$，$-7U_{xg}$，$+9U_{xg}$……的规律增长，以致达到很高的数值。

上面的分析是最严重的情况，实际上切断空载线路过电压值的大小，与很多因素有关，最主要的影响因素是断路器的性能。断路器在切断空载线路的重燃次数、重燃的相角、灭弧的时刻等对过电压数值都有很大影响。一般来说，电弧重燃次数愈多，过电压数值愈高。但这也不是绝对的，还要看重燃在什么相角下发生的。即使重燃次数较多，但重燃相角不是 180°（即不是在电弧熄灭后经半个工频周期时重燃），则电源电压与线路电压在触点间的电压差不大，过电压不会很高。还有灭弧时刻的影响，如果电弧熄灭不是发生在高频电流第一次过零时，而是在线路电压经过几次振荡后才熄灭。所以在灭弧之前线路电压已经过几个高频振荡，其最大值大为减少，灭弧时残留在线路上电压较低，在下次重燃时，过电压也将降低。

电力系统中性点接地方式，对切、合空载线路过电压也有一定影响。例如在中性点非有效接地系统中，当切、合空载线路时，由于三相不同时拉闸或合闸，中性点电位可能有所变化，所以过电压值比较高，一般情况下比中性点有效接地时高 20% 左右；如果进行切、合操作时，空载线路还带有一相接地故障，则过电压值约为中性点有效接地系统的 $\sqrt{3}$ 倍。

变电站的接线方式对切空载线路过电压值也有影响。例如，在线路中带有电磁型电压互感器时，当断路器触点分开后，线路上的残留电荷经互感器的绕组对地泄放从而降低过电压数值。

切空载线路过电压的幅值高，持续时间长，波及面广，所以它是确定高压线路和电气设备绝缘水平的重要依据之一，在电力网中必须设法限制。其主要限制措施是，提高断路器的灭弧性能，避免电弧重燃。空气断路器具有灭小电流电弧能力强的特点；SW6 型或 SW7 型少油断路器，分闸速度快，具备有压油活塞以强迫熄弧，故在切、合空载线路时一般不会重

燃。当装有重合闸的断路器重合空载线路时，和断路器触点间发生一次电弧重燃的情况一样，最严重时过电压可达 $3U_{xg}$。为了降低这种重合闸过电压，可在线路上并联电抗器 $L_b$，如图 9 - 21 所示。此时，电容 $C$ 上的电荷可沿 $L_b$ 流通而构成振荡性电流。再在 $L_b$ 的中性点上加装阻尼电阻 $R_z$ 使振荡衰减，就可以使 $C$ 上的电荷迅速降至零值。用这办法可使重合闸过电压倍数 $K$ 下降到 2。另外，为了限制过电压，可在断路器上加装并联电阻 $R_b$（其数值应与线路波阻抗差不多，即约为 $400\sim1000\Omega$），如图 9 - 21 所示。当拉闸时，断路器主触点 QF1 先打开，此时 $R_b$ 并联在 QF1 上，$C$ 上的电荷已经 $R_b$ 流向电源，使断路器触点间的电压差降低，不易重燃，其过电压倍数也不大。经过 $1.5\sim2$ 个工频

图 9 - 21　线路上并联电抗器、并联电阻器和阻尼电阻器

周期后，辅助触点 QF2 才打开，从而完成整个拉闸过程。在 QF2 开断时，由于恢复电压较低，一般不会复燃，即是重燃，$R_b$ 将起阻尼作用，限制过电压值。当合闸时，QF2 先合，使电源与空载线路先经过 $R_b$ 接通，减少了 QF1 上的电位差。然后再合 QF1，就不致出现太大的合闸过电压了。

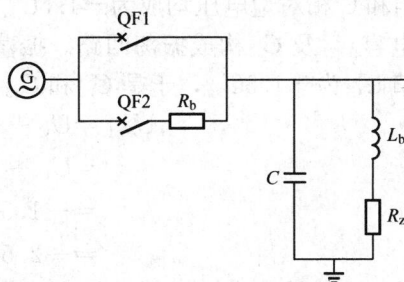

### 三、弧光接地过电压

单相电弧接地引起的过电压只发生在中性点非有效接地的电网中。

对于中性点非有效接地的电网，如果有一相导线发生弧光接地，流过的只是另两相导线的对地电容电流，其值可按下式估算

$$I = \frac{U(L + 25L_L)}{F} \quad (A) \qquad (9 - 6)$$

式中　$U$——线电压，kV；

　　　$L$——架空线路的总长度，km；

　　　$L_L$——电缆线路的总长度，km；

　　　$F$——常数，当线路无避雷线时取 400，有避雷线时取 300。

这个对地短路电流很小（一般为几安到几十安），是不会引起断路器跳闸的，但这种电弧接地却能在整个电网中引起过电压。从式（9 - 6）可以看出，接地电流与线路总长度成正比。在线路较短时，接地电流不大，单相接地电弧一般都能自行熄灭。但是随着线路的增长和工作电压的升高，单相接地电流也随着增大，许多弧光接地故障变得不能自动熄灭。另一方面，当接地电流还不是太大时，往往还建立不起稳定的工频电弧，于是形成了熄弧与重燃相互交替的不稳状态。这就是间歇性电弧。由于这种间歇性电弧导致了电弧能量的强烈振荡，从而能在非故障相以及故障相上产生严重的过电压。

图 9 - 22 中，各相导线和对地电容 $C_{11} = C_{22} = C_{33}$，最严重的情况是故障相

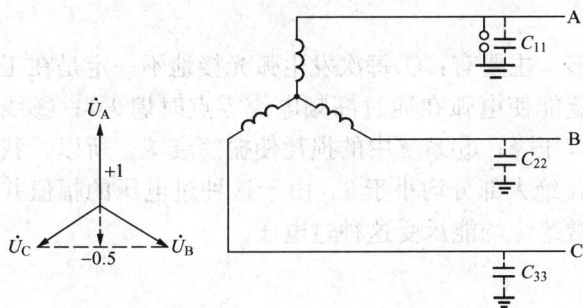

图 9 - 22　弧光接地过电压

（A 相）在电压到达最大值时对地发生弧光接地。B 相和 C 相电容 $C_{22}$ 和 $C_{33}$ 上的电压在弧光接地前的瞬时值 $u_{Czd}$ 均为 $-0.5U_{xg}$。而在弧光接地后由于 A 相接地，中性点发生位移，所以 B 相和 C 相对地电压均成为 $-1.5U_{xg}$。在这个过渡过程中，电源（变压器）和线路电感与线路电容 $C_{22}$ 及 $C_{33}$ 构成振荡回路。振荡过程中，$C_{22}$ 及 $C_{33}$ 上的电压始态值 $U_{C0}$ 为 $-0.5U_{xg}$，稳态值 $U_C$ 为 $-1.5U_{xg}$，于是 $C_{22}$ 和 $C_{33}$ 上的过电压值均为

$$
\begin{aligned}
U_{Czd} &= U_C + u_{Czd} \\
&= U_C + (U_C - U_{C0}) \\
&= -1.5U_{xg} + [-1.5U_{xg} - (-0.5U_{xg})] \\
&= -2.5U_{xg}
\end{aligned}
$$

而接地电流恰在电压达到 $-2.5U_{xg}$ 时通过高频振荡的零点，这时电弧可能熄灭。熄灭后的一瞬间 $C_{11}$ 上的电荷为零，而 $C_{22}$ 及 $C_{33}$ 上的电荷各为（$-2.5U_{xg}C_{22}$）。因此，整个电网具有对地总电荷为 $2$（$-2.5U_{xg}C_{22}$）$= -5U_{xg}C_{22}$。在正常的三相电源电压作用下，三相对地电容上的总电荷必然为零。而现在不是零了，是这个总电荷和电源三相电压共同起作用，以下用叠加原理来研究 A 相熄弧后的过程。

　　又过了工频半个周期，当只考虑电源三相电压作用时，A 相电压必然为 $-U_{xg}$，而 B 相和 C 相则为 $+0.5U_{xg}$；再考虑三相对地的总电荷 $-5U_{xg}C_{22}$ 作用时，由于三相电容是通过变压器绕组连通的，此时电荷 $-5U_{xg}C_{22}$ 必然已均匀分布在三相上，这些电荷将使每相对地电压都为 $\dfrac{-5U_{xg}C_{22}}{C_{11}+C_{22}+C_{33}} = -\dfrac{5}{3}U_{xg}$。将两者作用结果叠加起来，即在过了工频半个周期后，B 相和 C 相对地电压 $U_0$ 应为

$$
U_0 = +0.5U_{xg} - \frac{5}{3}U_{xg} = -\frac{3.5}{3}U_{xg}
$$

　　如果 A 相此时又对地发生弧光接地，则 A 相电位必为零。而 B 相和 C 相的电位由于变压器绕组的瞬间电压 $u_{Czd}$ 为 $+1.5U_{xg}$，必向 $+1.5U_{xg}$ 过渡。过渡过程中电感、电容两次振荡。在这次振荡中，$C_{22}$ 及 $C_{33}$ 上的电压始态值 $U_{C0} = -\dfrac{3.5}{3}U_{xg}$，稳态值 $U_C = +1.5U_{xg}$，于是 $C_{22}$ 及 $C_{33}$ 上的过电压幅值为

$$
\begin{aligned}
U_{Czd} &= U_C + u_{Czd} \\
&= U_C + (U_C - U_{C0}) \\
&= 2 \times (1.5U_{xg}) - \left(-\frac{3.5}{3}U_{xg}\right) \\
&= 4.17U_{xg}
\end{aligned}
$$

这样，依次类推，将会出现较高的过电压。

　　实际上，影响弧光接地过电压因素很多，主要有：①每次发生弧光接地不一定是在工频电压的幅值；②自然熄弧条件较差（不一定能使电弧在通过高频电流零点时熄灭）；③线路各相导线间还存在着线间电容；④电弧还有压降；⑤系统中的损耗使振荡衰减。所以，我国实测的弧光接地过电压倍数 $K$ 最大为 3.2，绝大部分均小于 3。由于这种过电压的幅值并不太高，所以变压器、电气设备及线路的正常绝缘均能承受这种过电压。

### 四、谐振过电压

#### 1. 铁磁谐振过电压

电力系统中有很多设备都有电感，如变压器、电压互感器、电抗器等，而所有的带电体

对地均有电容。我们知道，在如图 9 - 23 所示电感和电
容串联的电路中，电流 $I$ 为

$$I = \frac{U}{\sqrt{\omega L - \dfrac{1}{\omega C}}}$$

当

$$\omega L = \frac{1}{\omega C}$$

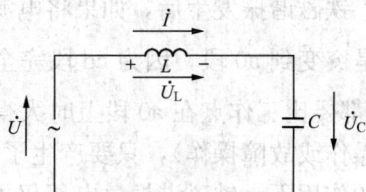

图 9 - 23 线路电压谐振

即当感抗等于容抗时，$I \rightarrow \infty$，而 $L$ 和 $C$ 上的电压数值
均将趋于无限大，所以在 $L$ 和 $C$ 上都将出现非常高的过电压，并产生电压谐振。其振荡频
率为

$$f = \frac{\omega}{2\pi} = \frac{1}{2\pi \sqrt{LC}} = f_0$$

$f_0$ 为电路固有频率，$f$ 为电源频率。很明显，当外加电源频率 $f$ 与电路固有频率 $f_0$ 相
等时，电路中就会出现电压谐振现象。由于电路中的具有电感 $L$ 的元件为线性元件，故又
称线性电压谐振。

若电路中具有 $L$ 的元件如图 9 - 24 所示非线性铁芯线圈，当电流逐渐增大时，其电感值
$L$ 将随着铁芯的饱和不断下降，因此，产生铁磁谐振的条件是

$$\omega L_0 > \frac{1}{\omega C}$$

$$C > \frac{1}{\omega^2 L_0} \qquad\qquad (9 - 7)$$

式中的 $L_0$ 为铁芯尚未饱和时的电感值，即在电源电压不高时电路呈感性，此时 $|\dot{U}_L| >
|\dot{U}_C|$。在图 9 - 25 中，直线 1 是具有电容 $C$ 元件的伏安特性，曲线 2 是具有电感 $L$ 元件的
伏安特性。两者之差为曲线 3。在直线 1 和曲线 2 的交点 b，感抗值等于容抗值时，产生
谐振。

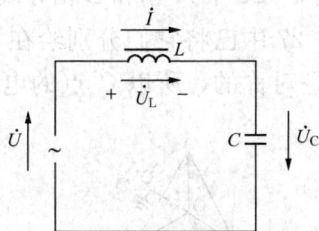

图 9 - 24 非线性电压谐振

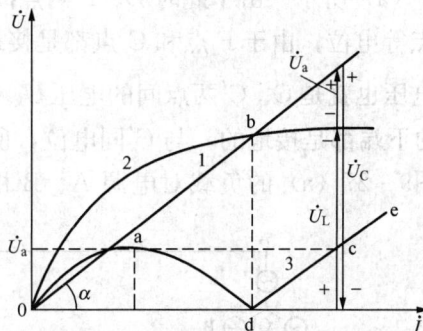

图 9 - 25 铁磁谐振产生条件

从图 9 - 25 中的曲线 3 我们还看出，当电源电压超过 a 点对应的 $\dot{U}_a$ 以后，工作点显然
不是沿 ad 下降（因为意味着电源电压的下降），而将从 a 点突然跳到 c 点，并沿 ce 段上升。
此时，电路电感性突变为容性。c 点和 e 点相比较，虽然其相应的电源电压一样，但电容上
的电压 $\dot{U}_C$ 数值却大得多，电感上的电压 $\dot{U}_L$ 数值也增大了，也即产生过电压。

　　铁磁谐振发生后，如果将电源电压降低，则电路的工作点将沿曲线 3 的 cd 段下降，而不是突变到 a0 段，因为 cd 段完全能够满足电路定理的要求。当工作点在 cd 段上时，$\dot{U}_C$ 和 $\dot{U}_L$ 都要比工作点在 a0 段上时大得多，即仍有过电压存在。所以不管是什么原因（雷击、正常操作或故障操作），只要产生了铁磁谐振，出现了短时电压升高，即使在较低正常电源电压的作用下，铁磁谐振过电压仍可能长期的存在。

　　2. 断线过电压

　　断线谐振过电压只在受电变压器空载或轻载下才能发生。此时受电变压器相当于一个铁芯电感，它与断线对地电容形成串联谐振回路。

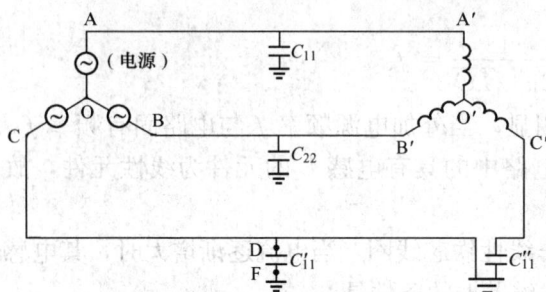

图 9-26　一相断线情况

　　图 9-26 所示是一种常见的一相断线电路，如 C 相导线断线，并且 C 相受电侧的一端掉在地上。此时，变压器处于空载或轻载状态，每相导线的对地电容可按下式估算

$$C_{11} = C_{22} = \frac{L}{160 \sim 220} \quad (\mu F)$$

式中：$L$ 为架空线路的总长度，km。

　　当线路有避雷线时，公式分母用 160；无避雷线时，公式分母用 220。

　　此外，在图 9-26 中未画出三相导线之间的电容，因为它们都是直接接在电源（$\dot{U}_{AB}$、$\dot{U}_{BC}$、$\dot{U}_{CA}$）上的，对谐振不会产生影响。

　　我们用等效发电机原理解图 9-26 的电路。

　　(1) 求等值电源电动势。将 C 相左端导线对地电容 $C'_{11}$ 作为负荷，而将其余部分作为电源，此电源的等值电动势为将 C 相左端的 $C'_{11}$ 拿开后，用电压表在 D、F 点间量出的电压值，如图 9-27（a）所示。由于此时 D、F 两点间的 $C'_{11}$ 已经拿开，所以 C、D 间无电流，因此 D 点与 C 点等电位；由于 F 点和 C′点都是接地的，所以 F 点与 C′点也等电位。这样，D、F 两点间的电压也就是 C、C′两点间的电压 $\dot{U}_{CC'}$。考虑到图 9-26 中 A 相和 B 相导线对地电容 $C_{11}$ 及 $C_{22}$ 的下端都是接地的，与 C′同电位，所以在图 9-27 中已将它们分别绘在 A′C′间及 B′C′间。图 9-27（a）的负载对电源 A、B 相来说显然是对称的，所以 C′点的电位应当是

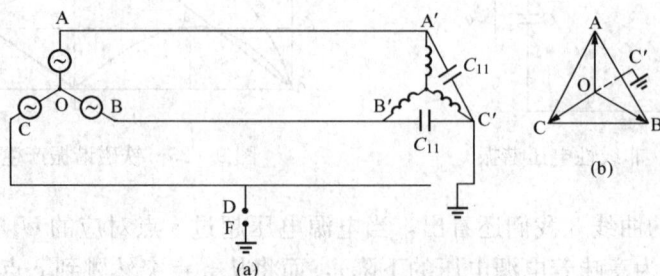

图 9-27　一相断线求等效电源的电动势的接线图及相量图

(a) 接线图；(b) 相量图

$\dot{U}_{AB}$的中点。此时在图 9 - 27（b）中，$\dot{U}_{CC'}$的值显然等于 $1.5\dot{U}_{xg}$。于是我们求出等值电源的电动势为 $1.5\dot{U}_{xg}$。

（2）求等值电源内阻抗。在图 9 - 26 中，将电源全部短路后，从 D、F 两端量得的阻抗，就是等值电源的内阻抗。应注意，此时 A、B 两点已经短路，所以等值阻抗接线图如图 9 - 28 所示，即等值阻抗的值为 $1.5L_b$ 的感抗与 $2C_{11}$ 的容抗的并联值（其中 $L_b$ 为变压器每相励磁电感）。

求得了等值电源电动势及等值内阻抗后，图 9 - 26 的三相不对称回路就可以近似地变成图 9 - 29 的单相回路了。

由产生铁磁谐振的条件可知，图 9 - 29 的电路要产生串联铁磁谐振，必须使 $1.5L_b$ 与 $2C_{11}$ 并联后的感抗值大于 $C'_{11}$ 的容抗值，即

$$\frac{1.5\omega L_b \times \dfrac{1}{2\omega C_{11}}}{\dfrac{1}{2\omega C_{11}} - 1.5\omega L_b} > \frac{1}{\omega C'_{11}}$$

化简得

$$C'_{11} + 2C_{11} > \frac{1}{1.5\omega^2 L_b} \tag{9 - 8}$$

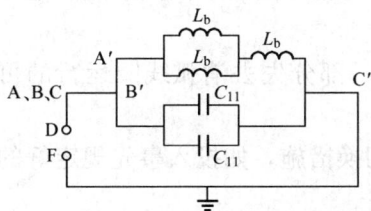

图 9 - 28　一相断线求等值电源内阻抗的接线图　　　图 9 - 29　一相断线等值电源接线图

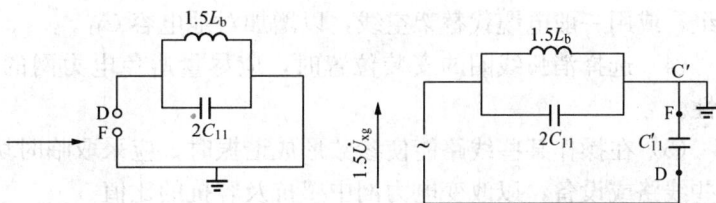

由上式可见，$C'_{11}$ 及 $C_{11}$ 越大就越易满足谐振条件，即最严重的情况相当于导线在紧靠受电变电站附近断线，同时受电侧的断线端接地。如果电网不只一条线路，则式中的 $C'_{11}$ 还应该加上其他未断线的线路 C 相对地自部分电容，而 $C_{11}$ 则包括全部电网 A 相（或 B 相）的对地自部分电容。还应注意，太大的 $C_{11}$ 将使 $2C_{11}$ 的容抗与 $1.5L_b$ 的感抗并联后不再呈现为感性而呈现为容性，这时图 9 - 29 就变成两个电容串联，根本不会产生串联谐振，所以要产生串联谐振还需满足式（9 - 8）左边分母部分为正的条件，即

$$\frac{1}{2\omega C_{11}} > 1.5\omega L_b$$

或

$$\frac{1}{1.5\omega^2 L_b} > 2C_{11} \tag{9 - 9}$$

将式（9 - 8）、式（9 - 9）合并，得总的条件为

$$C'_{11} + 2C_{11} > \frac{1}{1.5\omega^2 L_b} > 2C_{11} \tag{9 - 10}$$

### 3. 消弧线圈形成全补偿的谐振

第三章谈到当出现某些故障操作，使消弧线圈形成全补偿时产生的谐振过电压。由于谐振过电压的持续时间长，故不能用避雷器来限制。为了防止产生铁磁谐振过电压，首先应充

分考虑电力系统各种可能的运行方式和操作方式，从而防止在电力系统正常操作和故障情况下由于电力网参数的组合不利引起铁磁谐振过电压。其次要保证断路器三相同期动作，以避免形成铁磁谐振过电压的条件。

在中性点非有效接地的电力系统中，可能产生铁磁谐振过电压的情况有：①变压器供电给接有电磁式电压互感器的空载母线或空载的短线路；②配电变压器高压绕组对地短路；③用电磁式电压互感器在高压侧进行双电源的定相；④输电线路一相断线后一端接地，以及断路器的非同期动作、熔断器的非全相熔断等。

因此，对中性点非有效接地的电力系统可采取下列措施防止铁磁谐振过电压：

（1）选用励磁特性较好的电磁式电压互感器或采用电容式电压互感器。

（2）在电磁式电压互感器的开口三角绕组中，为了阻尼谐振一般装设由下式计算的电阻 $R$，即

$$R \leqslant 0.4 X_m$$

式中　$X_m$——电压互感器在线电压作用下单相绕组的励磁阻抗。

在 35kV 及以下的电力网中，一般取 $R < 100\Omega$，也可用 220V、500W 的白炽灯泡固定装在 35kV 及其以下电压互感器的开口三角绕组中。当中性点位移电压超过一定值时，由零序过电压继电器将电阻器投入 1min，然后再自行切除。

（3）个别情况下，在 10kV 及其以下电压的母线上，可装设星形接线中性点接地的电容器组，或用一般电缆代替架空线，以增加对地电容 $C_{11}$。

（4）选择消弧线圈的安装位置时，应尽量避免电力网的一部分失去消弧线圈运行的可能性。

（5）在操作某些线路能使参数形成谐振时，应采取临时切换措施，如投入事先规定好的某些线路或设备，以改变电力网中感抗及容抗的比值。

（6）特殊情况下，可将中性点非直接接地系统改为中性点瞬时经电阻接地或直接接地系统。

对于中性点直接接地系统，在各种情况下，均应尽量避免该系统形成中性点不接地的电力网。

**五、工频电压升高**

输电线路上的工频电压升高，主要原因是空载长线路的电感—电容效应和电力系统单相接地引起的。

1. 空载长线路的电感—电容效应

在前面讨论雷电波在输电线路中传播时，我们曾把输电线路用均匀分布的无损电感—电容等值回路来代换。工频电压加于空载长线路时，也可以看作所加的电压是一个时间上为正弦波形的雷电波，因此长线路上任一点的电压在时间上也是正弦变化的。但由于电感—电容的作用，使正弦雷电波不仅是时间的函数，同时也是空间的函数。长线路上的电压波在空间上又差不多以光速 $v = 3 \times 10^5$ km/s 传播，而工频电压在时间上每秒变化 50Hz，在变化 1/4 周时需要 1/200s，在此时间内电压波传播了 $3 \times 10^5 \times \dfrac{1}{200} = 1500$（km）。因此，可以设想一条长度为 1500km 的输电线路，当送电端工频电压相当于 $U_1 = 0$ 的瞬间时，受电端 $U_2$ 相当于是工频最大值的瞬间，这种末端电压升高的效应称为长线路的电感—电容效应。在输电线

路长度超过 300km 时，电感—电容效应逐渐显著。实际上末端电压 $U_2$ 与首端电压 $U_1$ 的关系，可用下式计算

$$U_2 = \frac{U_1}{\cos\lambda} \qquad (9-11)$$

式中　$\lambda$——线路的波长。

对工频来说，线路长度 1500km 相当于波长 90°，故由 1500：$l$＝90°：$\lambda$，得

$$\lambda = 0.06l(°)$$

式中　$l$——线路长度，km。

在表 9-1 中列出了由于"电感—电容效应"末端电压与首端电压的比值 $U_2/U_1$ 与线路长度的关系。由表 9-1 可见，在线路长度为 300km 时，末端电压上升 5%；400km 时，上升不到 10%。

**表 9-1**　　　　　　　　　　末端电压与首端电压比值与线路长度关系

| 线路长度（km） | 100 | 200 | 300 | 400 | 600 | 1000 | 1500 |
|---|---|---|---|---|---|---|---|
| 波长 $\lambda$ | 6° | 12° | 18° | 24° | 36° | 60° | 90° |
| 比值 $U_2/U_1$ | 1.006 | 1.021 | 1.050 | 1.095 | 1.240 | 2.000 | ∞ |

**2. 一相接地的工频电压升高**

在第三章曾讨论过，中性点非有效接地的电力系统中发生一相接地时，非故障相的电压升高为 $\sqrt{3}U_{xg}$，这只是在三相之间互相独立毫不干扰时才是正确的。实际电力系统三相之间既有电的联系，又有磁的联系。如果参数配合不恰当，在中性点非有效接地的电力系统中，一相接地时非故障相的电压可能达到很高的数值。

图 9-30（a）所示为中性点不接地的电力系统，变压器感抗为 $X_L=\omega L$，线路对地电容的容抗为 $X_C=\dfrac{1}{\omega C}$，以下计算当 A 相接地时，B 相和 C 相对地的电压 $\dot{U}_B$ 和 $\dot{U}_C$。

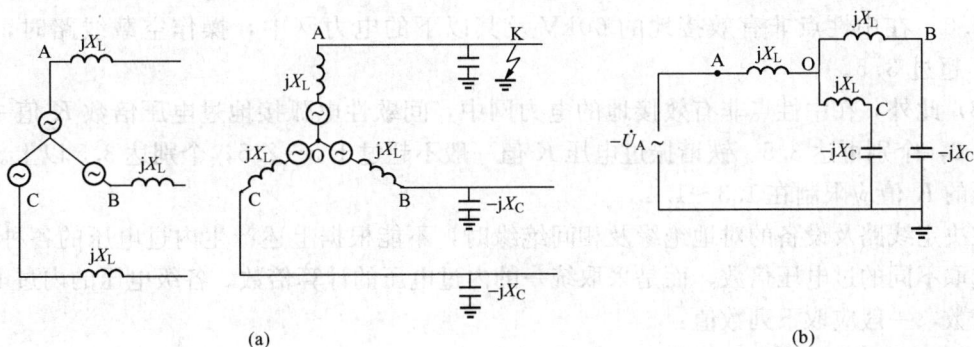

图 9-30　A 相接地时的计算
(a) A 相接地时系统图；(b) 计算用等值电路

A 相 K 点接地的情况可以看成是两种情况叠加而成。第一种是正常三相电源电动势作用的结果（设此时 K 点并未接地）。这时三相对地都是相电压，K 点对地电压设为 $\dot{U}_A$；第二种是撤去三相电源，只在 K 点对地加一个 $-\dot{U}_A$ 的电动势。这两种情况的叠加结果显然使

...

K 点对地电位为零，也就是 A 相接地的情况。第一种情况无需计算，各相电压值均为相电压 $\dot{U}_{xg}$。第二种情况下的等值电路如图 9-30（b）所示。图中由 O 点向右看的等值阻抗显然为 $\frac{1}{2}$（$jX_L-jX_C$），而由 A 点向右看的等值阻抗为

$$jX_L+\frac{1}{2}(jX_L-jX_C)=j\frac{3X_L-X_C}{2} \qquad (9-12)$$

若参数恰使 $3X_L-X_C=0$，则式（9-12）亦等于零。

此时由 A 向右流的电流 $\dot{I}$ 为

$$\dot{I}=\frac{-\dot{U}_A}{3X_L-X_C}\rightarrow-\infty$$

而 B 点和 C 点的对地电压显然都趋近于无穷大。

由于 K 点接地时 $\dot{U}_B$ 和 $\dot{U}_C$ 的值是上述两种情况叠加的结果，所以 $\dot{U}_B$ 和 $\dot{U}_C$ 显然都趋近于无穷大。可见在参数配合不恰当时，中性点非有效接地的电力系统中发生一相接地后，非故障相的对地电压不只 $\sqrt{3}U_{xg}$，而可能达到极大的数值。

运行经验证明，一般在 220kV 及其以下电压的电力系统中，不需要采取特殊措施限制工频电压升高。在 330kV 及其以上电力系统中，出现大气过电压或操作过电压时的工频电压升高应限制在 $(1.3\sim1.4)U_{xg}$ 以下。这常常需要在线路上采用并联电抗器以及在发电机上采用快速强迫减磁保护或过电压速断保护等措施。

综上所述，并根据各地运行经验统计，各种常见的过电压，其倍数 K 值如下：

（1）在中性点有效接地系统中，切断 110～330kV 空载变压器的过电压，一般 K 值不超过 3.0；在中性点非有效接地的 35～154kV 电力网中，一般 K 值不超过 4.0。

（2）在中性点有效接地系统中，操作 110～220kV 空载线路时，使用电弧重燃次数较少的空气断路器，K 值不超过 2.6；使用少油断路器，K 值不超过 2.8；使用有中值或低值并联电阻的空气断路器，K 值不超过 2.2。操作 330kV 空载线路时，K 值不应超过 2.0。在中性点非有效接地的 60kV 及其以下的电力网中，操作空载线路时，K 值一般不超过 3.5。

（3）此外，在中性点非有效接地的电力网中，间歇性电弧接地过电压倍数 K 值一般不超过 3.0，个别可达 3.5。铁谐振过电压 K 值一般不超过 1.5～2.5，个别达 3.5 以上。工频过电压的 K 值应限制在 1.3～1.4。

在决定线路及设备的对地绝缘及相间绝缘时，不能根据上述产生内过电压的各种原因，分别选取不同的过电压倍数，而是采取统一的内过电压的计算倍数。各级电压的内过电压的计算倍数，一般应取下列数值：

（1）对地绝缘，以设备的最高运行相电压 $U_{xg}$ 为基准：

| | |
|---|---|
| 15～60kV 及以下（在非有效接地电力网中） | $4.0U_{xg}$ |
| 110～154kV（在非有效接地电力网中） | $3.5U_{xg}$ |
| 110～220kV（在有效接地电力网中） | $3.0U_{xg}$ |
| 330kV（在有效接地电力网中） | $2.75U_{xg}$ |
| 500kV（在有效接地电力网中） | $2.5U_{xg}$ |

（2）相间绝缘：3～220kV 的电力网，相间内过电压应取对地内过电压的 1.3～1.4 倍；

330kV 的电力网，相间内过电压可取对地内过电压的 1.4～1.45 倍。

## 习　题

1. 什么叫大气过电压和内部过电压？
2. 试述雷云放电的三个阶段。
3. 什么叫直击雷过电压和感应过电压？
4. 什么叫雷电波陡度？什么叫雷暴日和雷暴小时？
5. 试说明雷电波是时间的函数，也是距离的函数。
6. 波速和波阻抗与哪些因素有关？怎样计算？
7. 何谓全反射？
8. 雷电波从串联电感或并联电容中通过时，对雷电波有何影响？
9. 试述雷电波侵入变压器绕组时，始态电压分布曲线、稳态电压分布曲线和最大电压分布曲线各是怎样的。
10. 雷电波在变压器绕组间传播时，在低压绕组上会出现什么现象？
11. 切空载变压器的过电压是怎样产生的？
12. 影响切空载变压器过电压的因素有哪些？有何保护措施？
13. 合空载线路的过电压是怎样产生的？
14. 切空载线路的过电压是怎样产生的？
15. 断路器的并联电阻为什么能降低空载线路的重合闸过电压？
16. 弧光接地过电压是怎样产生的？
17. 什么是铁磁谐振？产生的主要条件是什么？
18. 在中性点非有效接地的电力网中发生单相接地，非故障相电压在哪些条件下会超过线电压？
19. 在中性点有效接地的电力网中发生单相接地，非故障相电压会不会超过相电压？

# 第 十 章

# 过电压保护设备

## 第一节 避雷针和避雷线

避雷针和避雷线又称架空地线，是防直接雷击的有效措施。过去有人认为避雷针的作用是利用它的尖端放电使大地电荷和雷云中电荷悄悄中和而避免形成雷电。但实际运行经验证明，避雷针一般不能阻止雷电的形成，而是将雷电引到自身上来并安全导入地中，从而保证了附近的建筑物和设备免受雷击。

避雷针由接闪器、引下线、接地体三部分组成。独立避雷针还需要支持物，支持物可以是混凝土杆、木杆或由角钢、圆钢焊接而成。接闪器是避雷针的最重要部分，专用来接受雷云放电，可采用直径为 10~20mm，长为 1~2m 的圆钢，或采用直径不小于 25mm 的镀锌金属管。引下线是接闪器与接地体之间的连接线，它将接闪器上的雷电流安全引入接地体，所以应保证雷电流通过时引下线不熔化，引下线一般采用直径为 8mm 的圆钢或截面不小于 25mm² 的镀锌钢绞线。如果避雷针的本体是采用铁管或铁塔形式，则可以利用本体做引下线，还可以利用非预应力钢筋混凝土杆作引下线。接地体是避雷针的地下部分，其作用是将雷电流直接泄入大地。接地体埋设深度不小于 0.6m，垂直接地体的长度不应小于 2.5m，垂直接地体之间的距离一般不小于 5m。接地体一般采用直径为 40mm 的镀锌钢管或 40mm×40mm×5mm 角钢。引下线与接闪器之间以及引下线本身接头，都要可靠连接，连接处不许用铰合方法，必须用烧焊或线夹、螺钉。

避雷线主要用来保护架空线路，它由悬挂在空中的接地导线、接地引下线和接地体组成。

### 一、避雷针保护范围的确定

保护范围是指保护物在此空间范围内不致受雷击。保护范围的大小与避雷针的高度有关。

1. 单支避雷针的保护范围

单支避雷针的保护范围如图 10-1 所示，避雷针地面上保护半径计算式为

$$r = 1.5h \qquad (10-1)$$

式中　$r$——保护半径，m；

　　　$h$——避雷针的高度，m。

在空间的保护范围是一个近似锥形的立体空间。这个立体空间是这样确定的：从针的顶点向下方各作 45° 的斜线交过 $1/2h$ 的地面平行线，构成锥形保护空间的上部；从距针底沿地面各方向的 $1.5h$ 向上述交点作连接线，构成锥形保护空间的下部。如果用公式表达保护半径应按下式确定：

当 $h_x \geqslant h/2$ 时，

$$r_x = (h - h_x)p = h_a p \qquad (10-2)$$

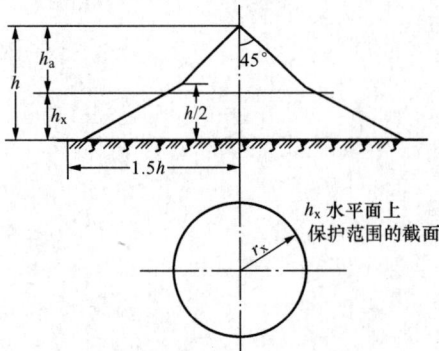

图 10-1　单支避雷针的保护范围

当 $h_x < h/2$ 时，

$$r_x = (1.5h - 2h_x)p \qquad (10-3)$$

上二式中　　$r_x$——避雷针在 $h_x$ 水平面上的保护半径，m；

　　　　　　$h_x$——被保护物的高度，m；

　　　　　　$h$——避雷针的有效高度，m；

　　　　　　$p$——避雷针的高度影响系数，当 $h \leqslant 30$m 时，$p=1$，当 $30 < h \leqslant 120$m、$p = \dfrac{5.5}{rh}$。

【例 10-1】　　在变电站附近，有一个高 80m，装有避雷针的烟囱，如图 10-2 所示。试确定变电站是否在保护范围内。

**解**　由图可知变电站铁构架的高度 $h_x = 10$m，避雷针的有效高度 $h_a = h - h_x = 80 - 10 = 70$（m）。

由于 $h_x < \dfrac{h}{2}$，根据式（10-3）得

$$\begin{aligned} r_x &= (1.5h - 2h_x)p \\ &= (1.5 \times 80 - 2 \times 10) \times \frac{5.5}{\sqrt{80}} \\ &= 61 \text{(m)} \end{aligned}$$

由以上计算结果可见变电站处于避雷针的保护范围之内。

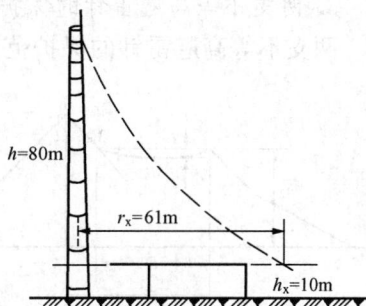

图 10-2　例 10-1 图

2. 两支等高避雷针的保护范围

两支等高避雷针的保护范围如图 10-3 所示。

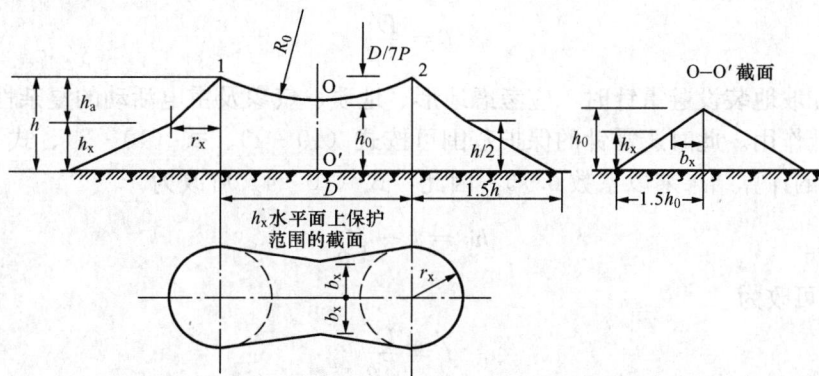

图 10-3　两支等高避雷针的保护范围

首先按照单支避雷针确定保护范围方法，确定两针外侧的保护范围，然后按照下述方法确定两针之间的保护范围。

先求出两针之间保护范围上部边缘最低点 O 的高度 $h_0$，$h_0$ 的计算式为

$$h_0 = h - \frac{D}{7p} \quad \text{(m)} \qquad (10-4)$$

式中　$D$——两针之间的距离，m。

通过 O 点及两针顶点画一半径为 $R_0$ 的圆弧，圆弧以下即为两针间保护范围。

$2b_x$ 等于在高度为 $h_x$ 的水平面上保护范围的最小宽度它位于两针连接线的中点，即距每针的距离均为 $\frac{D}{2}$。如已知 $b_x$ 的大小，则在平面上可得 $\left(\frac{D}{2}, b_x\right)$ 两点，由这两点作半径为 $r_x$ 的两圆的切线，便得到两针间 $b_x$ 水平面上的保护范围的截面。

由图 10-3 的 O-O′ 截面图看出 $b_x$ 可由下式确定

$$b_x = 1.5(h_0 - h_x) \tag{10-5}$$

由式（10-2）和式（10-5）可知，当 $D = 7ph_a$ 时，$b_x = 0$。也就是说要两针对被保护物构成联合保护，即使被保护物高度为零，两针的距离 $D$ 也必须小于 $7ph_a$。一般来讲两支避雷针间的距离与针高之比 $D/h$ 不宜大于 5。

**3. 两支不等高避雷针的保护范围**

两支不等高避雷针的保护范围如图 10-4 所示。设针 1、针 2 的高度各为 $h_1$、$h_2$，其水平距离为 $D$，先按单针法确定较高针 1 的保护范围和较低针 2 的外侧的保护范围；然后在较低针 2 的顶部作一条与地面平行的线，并与针 1 的保护边界线相交于点 3，由点 3 对地面作垂线，且将此垂线看作是与针 2 等高的假想避雷针。这样，可按两支等高避雷针的方法确定其保护范围。此时两等高针 2 与针 3 的距离变为 $D'$。设两针间保护范围上部边缘最低点与两针顶部连接线之间的距离（即图 10-4 中点 2、3 间的圆弧的弓高）为 $f$，则有

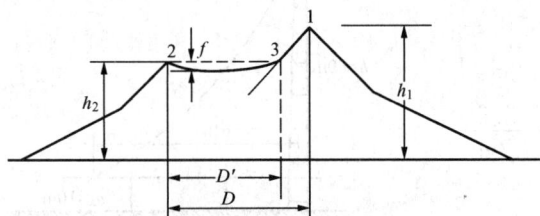

图 10-4　两支不等高避雷针的保护范围

$$f = \frac{D'}{7p} \tag{10-6}$$

在山地和坡地装设避雷针时，应考虑地形、地质、气象及雷电活动的复杂性对避雷针保护范围的降低作用。此时避雷针的保护范围可按式（10-1）、式（10-2）、式（10-3）和式（10-5）的计算结果乘以系数 0.75。因此，式（10-4）可改为

$$h_0 = h - \frac{D}{5p}$$

式（10-6）可改为

$$f = \frac{D'}{5p}$$

上面求得的避雷针的保护范围，虽然不是绝对准确，但运行经验表明，凡是线路或设备处于保护范围内时，受到雷击的可能性很小，一般不大于 0.1%。

**4. 多支避雷针的保护范围**

若避雷针的支数多于两支，即称为多支避雷针。图 10-5 和图 10-6 分别为三支和四支避雷针的保护范围。图 10-5 中，相邻两针间的外侧保护范围按两针法确定其保护范围，$r_x$ 为单支避雷针的保护半径，$b_x'$、$b_x''$、$b_x'''$ 分别为双针 1 和 2、2 和 3、1 和 3 的保护范围的宽度，保护三角形内全部面积，在被保护物最大高度 $h_x$ 水平面上，所有的 $b_x$ 均应大于零。

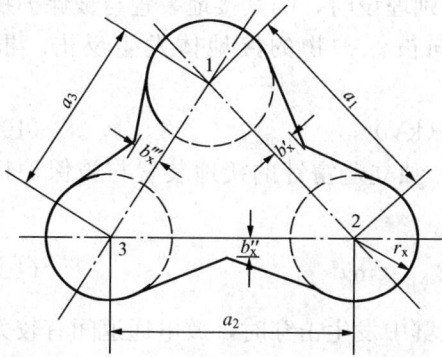

图 10-5　三支避雷针在 $h_x$ 水平面的保护范围　　图 10-6　四支避雷针在 $h_x$ 水平面的保护范围

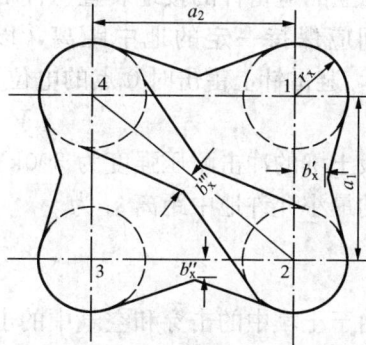

图 10-6 中，四支及以上避雷针形成的四角形或多角形，可先将其分两个或几个三角形，然后分别按三支避雷针的方法计算。若各边保护范围的一侧最小宽度 $b_x$ 大于零时，其全部面积均受到保护。图中，$r_x$ 仍为单支避雷针的保护半径，$b'_x$、$b''_x$、$b'''_x$ 分别为双针 1 和 2 或 3 和 4、1 和 4 或 2 和 3、1 和 3 或 2 和 4 保护范围的宽度。

5. 独立避雷针与被保护物之间距离的确定

当避雷针受到雷击后，它的对地电位很高，如它与被保护设备之间的绝缘距离不够，就有可能由避雷针向被保护的线路或设备放电。这种情况叫做逆闪络或反击，它能将高电位加至被保护线路或设备而造成事故。如图 10-7 所示，避雷针流过幅值为 $I$ 的雷电流 $i$ 时，其冲击接地电阻为 $R_{ch}$，避雷针单位长度的电感为 $L_0$，避雷针与被保护物最近的 $x$ 点的对地电位为

$$V_x = IR_{ch} + h_x L_0 \frac{di}{dt} \qquad (10-7)$$

式中　$L_0$——避雷针单位长度电感，$\mu H/m$；

　　　$I$——雷电流幅值，一般取 150kA；

　　　$di/dt$——雷电流上升的速度。

当雷电流的波头长为 $2.5\mu s$，则 $di/dt=150/2.6=57.7$ $(A/\mu s)$，$L_0=1.3\mu H/m$，则得

$$V_x = 150R_{ch} + 75h_x \qquad (10-8)$$

图 10-7　避雷针与被保护线路及设备间的距离

式（10-7）中，第一项（$IR_{ch}$）为电阻分量，第二项（$hL_0 di/dt$）为电感分量。电阻分量存在于雷电波的整个持续时间内，而电感分量只存在于波头时间 $2.6\mu s$ 以内，所以，二者对空气绝缘的作用有所不同。对前者，可取平均耐压强度为 500kV/m；对后者，可取 750kV/m。为了避免发生反击，独立避雷针与被保护物之间的最小空气距离 $s_k$ 为

$$s_k \geqslant \frac{150R_{ch}}{500} + \frac{75h}{750}$$

$$s_k \geqslant 0.3R_{ch} + 0.1h \quad (m) \qquad (10-9)$$

为了降低雷击避雷针时所造成的感应过电压的影响，在条件许可时，此距离应尽量增大，一般情况下不应小于 5m。

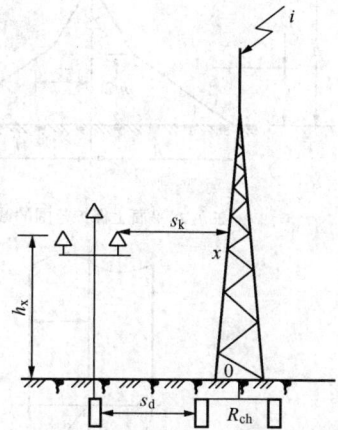

若独立的避雷针的接地装置与杆塔或接地体分别埋设时，则其接地装置与被保护物的接地体之间应保持一定的地中距离，以免在地中向被保护物的接地体发生反击。根据式（10-8），避雷针上雷击时 0 点的电位为

$$V_0 = 150R_{ch} \quad (kV) \tag{10-10}$$

一般土壤的冲击耐压强度为 $300kV/m$。那么，独立避雷针的接地装置与被保护物的接地网间的最小允许地中距离 $s_d$ 为

$$s_d \geqslant \frac{U_0}{300} = 0.5R_{ch} \quad (m) \tag{10-11}$$

但由于土壤中的击穿和空气中的击穿不同，土壤中发生击穿时，放电通道间有较大的压降，根据运行经验，只要求

$$s_d \geqslant 0.3R_{ch} \tag{10-12}$$

在一般情况下，$s_d$ 应大于 3m。从式（10-12）可知，降低冲击接地电阻 $R_{ch}$，可防止反击事故。

## 二、避雷线及其保护

### 1. 单根避雷线的保护范围

确定单根避雷线保护范围的方法如图 10-8 所示。由避雷线向下作与其铅垂面成 $25°$ 的斜面，构成上部的保护空间。在 $h/2$ 处转折，与地面上离避雷线水平距离为 $h$ 的直线端相连的斜面，构成下部的保护空间。

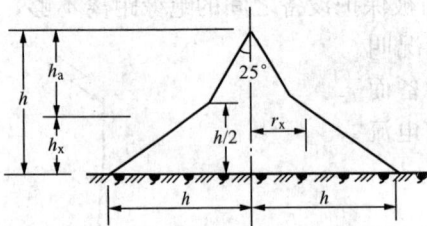

（1）在被保护高度为 $h_x$ 的水平面上，避雷线两侧的保护范围的宽度 $r_x$，可按式（10-13）、式（10-14）确定。

当 $h_x \geqslant \dfrac{h}{2}$ 时，有

$$r_x = 0.47(h - h_x)p \tag{10-13}$$

当 $h_x < \dfrac{h}{2}$ 时，有

$$r_x = (h - 1.53h_x)p \tag{10-14}$$

上二式中　$r_x$——每侧保护范围的宽度；
　　　　　$h$——避雷线悬挂高度；
　　　　　$p$——高度影响系数。

图 10-8　单根避雷线的保护范围

在 $h_x$ 水平面上保护范围的截面

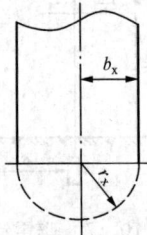

（2）在 $h_x$ 水平面上避雷线端部的保护半径 $r_x$ 也可按式（10-13）、式（10-14）确定。

### 2. 双根避雷线的保护范围

如图 10-9 所示，两线外侧的保护范围，应按单根避雷线的计算方法确定。

两线之间各横截面的保护范围，应由通过两侧避雷线 1、2 点及保护范围上部边缘最低点 O 的圆弧确定。O 点高度按下式计算

$$h_0 = h - \frac{D}{4p} \tag{10-15}$$

式中　$h_0$——两避雷线间保护范围边缘最低点的高度，m；
　　　$D$——两避雷线间的距离，m；

$h$——避雷线的高度，m。

由于悬挂避雷线时，会产生弧垂。因此，应在弧垂最低点处校验避雷线的保护范围。

3. 输电线路架设的避雷线

对于一般输电线路，使用杆塔悬挂避雷线进行防雷保护时，则用保护角决定其保护范围。由避雷线悬挂点向地面作一垂线，并与被保护的导线悬挂点向地面作一连接线，此二线所组成的角度，就是单根避雷线的保护角，用 $\alpha$ 表示。采用双根避雷线保护时，除对两避雷线外侧用保护角确定其保护范围外，对两线之间的部分仍用式（10-15）确定保护范围，如图 10-10 所示。但杆塔上两根避雷线间的距离 $D$，不应超过导线与避雷线间垂直距离的 5 倍。

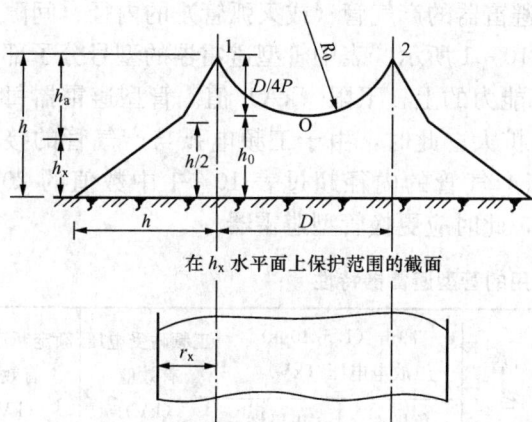

图 10-9 双根避雷线的保护范围

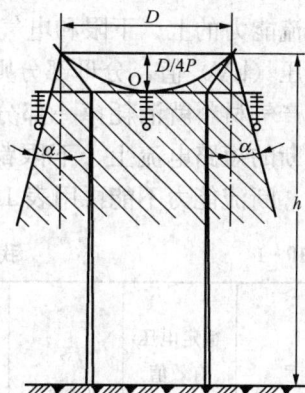

图 10-10 避雷线的保护角

## 第二节 避 雷 器

### 一、管型避雷器

管型避雷器的结构，如图 10-11 所示。它由装在产气管 1 的长为 $s_1$ 的内部间隙（由棒电极 2 对环形电极 3 构成）和长为 $s_2$ 的外部空气间隙构成。当雷电波作用到管型避雷器时，间隙同时击穿，冲击波便入地。间隙击穿后，在系统工频电压的作用下，流过工频续流，此工频续流电弧的高温，使产气管有机绝缘材料的纤维分解出大量气体。这些气体的绝大部分都储存在储气室 4 内，并使管内的压力高达数兆帕甚至大于 10MPa（管型避雷器在储气室这一端是密封后接地的）。高压的气体急速地由其开口端 5 喷出，对电弧产生"纵吹"去游离作用，使电弧在工频续流第一次过零时熄灭，于是系统恢复至正常工作状态，从而解决了保护间隙不能可靠地自动灭弧以致造成供电中断的缺点。

管型避雷器的冲击放电电压取决于内、外部间隙的距离，而它的灭弧特性却只取决于内部间隙的产气情况。因为产气管是由有机绝缘材料制成的，如长期有泄漏电流沿其表面流过，就会使产气管损坏，造成故障，故用外部间隙使产气管在正常工作条件下与电力网隔离。

为了使工频续流电弧熄灭，管型避雷器必须有足够的气体，而产生气体的多少又与流过管型避雷器的工频续电流的大小以及电弧和产气管的接触面有关。工频续电流过小而产气不

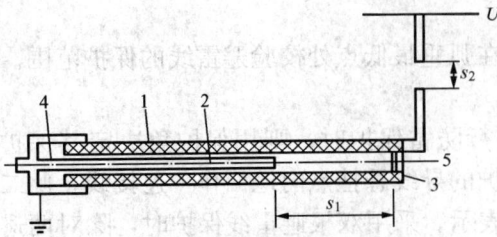

图 10-11　管型避雷器的原理接线图

1—产气管；2—棒电极；3—环型电极；

4—储气室；5—开口

足，反而不能切断电弧，或者即使切断了电弧，但在随后的半个周波内又会重新点弧，故管型避雷器有一个切断电流能力的下限。一般来说，它只用在中性点直接接地系统上，因为中性点非直接接地系统单相接地时的故障电流，大多低于它切断电流能力的下限，此时只能对线路故障电流起保持作用。但如故障电流过大，则产生的气体过多，管内的压力会超过产气管的机械强度，使管型避雷器爆炸，因此管型避雷器又有一个切断电流的上限。管型避雷器的产气管（或灭弧管）的内径、间隙的大小，断流能力的上、下限和电气特性，如表 10-1 所示。表中管型避雷器的型号分子部分为额定电压（kV）值，分母部分则为额定断流能力的上、下限（kA）值。管型避雷器每动作一次，产气材料就消耗掉一部分，内径随即扩大。此时，由于工频电弧与产气管的接触减小，切断的短路电流上、下限都将加大。当产气管的内径超过表 10-1 中数值的 20%～25% 时，断流能力不能再用表 10-1 的数字，此时应更换管型避雷器。

表 10-1　　　　　　　　　　　我国电力系统中用的管型避雷器特性

| 型　号 | 额定电压有效值（kV） | $s_2$（mm） | $s_1$（mm） | 产气管内径（mm） | 冲击（1.5/40$\mu$s）放电电压（kV） | | | | 工频耐受电压有效值（kV） | | 额定断流能力有效值（kA） | |
|---|---|---|---|---|---|---|---|---|---|---|---|---|
| | | | | | 负极性 | | 正极性 | | 干 | 湿 | 上限 | 下限 |
| | | | | | 波前 | 最小 | 波前 | 最小 | | | | |
| GZX1$\frac{35}{0.5-4}$ | 35<br>35 | 120<br>200 | 175 | 7 | 360<br>140 | 225<br>304 | 363<br>405 | 186<br>240 | 118.8 | 104.8 | 0.5 | 4 |
| GZX1$\frac{35}{2-10}$ | 35 | 120 | 150 | 12 | 349.5 | 257 | 364 | 259.5 | 100 | 80 | 2 | 10 |
| GZX1$\frac{6-10}{0.5-4}$ | 6<br>10 | 10<br>30 | 60 | | 84<br>134 | 68.5<br>82 | 90.5<br>136 | 66<br>113 | 43.7<br>50.4 | 35 | 0.5 | 4 |
| GZX1$\frac{6-10}{2-12}$ | 6<br>10 | 10<br>30 | 60 | 9 | 84<br>144 | 76.5<br>80 | 92<br>133 | 64<br>103 | 40.5<br>48 | 27<br>35 | 2 | 12 |

　　管型避雷器的内间隙一般不调节（否则将影响灭弧性能）。当需要调整其冲击放电电压时，只调外间隙 $s_2$，在保证保护要求的前提下，外间隙愈大愈好。$s_2$ 的选择主要考虑被保护设备的伏秒特性与管型避雷器伏秒特性的配合，但 $s_2$ 也不能太小，如果太小会使其发生局部放电，使工频电压作用在产气管上。$s_2$ 的最小容许值如表 10-2 所示。为避免管型避雷器动作喷气时反作用力引起的振动使 $s_2$ 发生变化，在安装避雷器时应尽可能地安装牢固。为了避免管内聚集水分，最好使开口端向下，并垂直安放产气管，或与垂直位置的夹角小于 75°，在污秽地区，此夹角还应更小。为避免灭弧管爆炸，其开口端须注意不得堵塞。管型避雷器的接地引下线应尽可能短直，以减少引下线电感上的电压降，同时应有足够的截面（在 35mm² 或以上），以免熔断。

**表 10 - 2**                    **管型避雷器外间隙的最小容许值**

| 额定电压 (kV) | 3 | 6 | 10 | 20 | 35 | 60 | 110 | |
|---|---|---|---|---|---|---|---|---|
| | | | | | | | 中性点直接接地 | 中性点不直接接地 |
| $s_2$ 最小值（mm） | 8 | 10 | 15 | 60 | 100 | 200 | 350 | 400 |

管型避雷器在使用中还存在一些问题，就是它的寿命（动作次数）有限，且要根据安装地点接地故障电流的数值选用，管型避雷器每动作一次，这些值都要发生变化。管型避雷器安装点接地故障电流又与变压器容量及导线参数有关，当电力网接线改变时，接地故障电流值也要变化，致使难以选到合适的管型避雷器。为克服这些缺点，现在研制一种新型的管型避雷器即无续流管型避雷器。它在两个电极间有一个与产气管壁紧密配合的芯棒，并利用冲击放电时的雷电流产生的气体把芯棒与管壁间夹缝的放电电弧吹灭，以达到灭弧目的。一般在雷电流过零值附近，电极的弧光就熄灭了。这时工频续流不大，也能被雷电流电弧所生的气体强行截断，因此称为无续流管型避雷器。

**二、阀型避雷器**

阀型避雷器在 220kV 及以下系统主要用于限制大气过电压，在超高压系统还将用来限制内过电压。

阀型避雷器是由火花间隙和非线性电阻（即阀片）两元件串联构成。火花间隙元件由多个统一规格的单个火花间隙串联而成。同样，非线性电阻元件也是由多个非线性阀片电阻盘串联而成。阀片的电阻随电流而变化，电流越大，电阻越小；反之，电流越小，电阻越大。

图 10 - 12 为阀型避雷器的工作原理示意图。当电力系统正常时，间隙 1 将阀片 2 和工作母线 3 隔离，这是由于间隙有足够的绝缘强度，在工作电压作用下，间隙不会击穿。当系统中出现了过电压，且幅值超过火花间隙的击穿电压，间隙先击穿，冲击电流通过阀片后流入大地。阀片具有电流大电阻小的特性。因此，当冲击电流通过时电阻变得很小，在阀片上产生的压降（称为残压）不会很高，并低于被保护设备的绝缘耐压值，从而保护设备。当过电压消失后，阀片在工作电压作用下，有工频续流流过避雷器，但工频续流比冲击电流小得多，阀片电阻值变得很大，并使间隙能在工频续流第一次过零时将电弧切断，电网恢复正常运行。

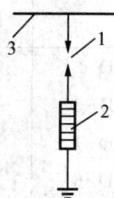

图 10 - 12 阀型
避雷器原理
1—间隙；2—阀片；
3—工作母线

**三、磁吹避雷器**

磁吹避雷器利用磁场对电弧的电动力的作用，使电弧运动（拉长或缩短），以提高间隙的灭弧能力。

磁吹避雷器与阀型避雷器的区别，主要是间隙的结构形状不同。它是由两个装在灭弧盒上的角形电极组成，而且在间隙上串联了两个线圈，如图 10 - 13 所示。这样，当过电压消失，间隙击穿，工频续流流过线圈时，产生磁场。电弧在磁场力作用下被拉入灭弧栅中，电弧被拉长，最终长度可达起始长度的几十倍，从而大大地提高了间隙的灭弧能力。同时，由于续流，电弧被拉得很长，并压得很高，而且处在去游离很强的灭弧栅中，所以电弧电阻可达很高的数值，以致起到限制续流的作用。这样便可以减少一部分阀片，使残压进一步的降低。

磁吹避雷器间隙上串联的两个线圈，当雷电流通过时感抗很大，所以雷电流在避雷器上的压降，除阀片的残压外，还有线圈上的电压降，这样使避雷器性能大大降低。为此，在线

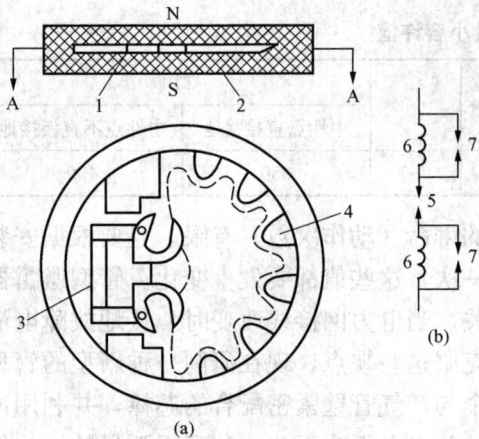

图 10-13　磁吹避雷器

(a) 拉长电弧型的磁吹间隙；(b) 等值电路图
1—电极；2—灭弧盒；3—分路电阻；4—灭弧栅；
5—主间隙；6—磁场线圈；7—分流间隙

圈上必须并联一个小的分流间隙。当雷电流通过线圈并在线圈上产生很大的电压降时，分流间隙击穿，串联线圈被短路，使避雷器上的电压降不致增大。当工频续流通过时，线圈上的感抗变小，线圈上压降也减小，分流间隙上的压降将大于续流在线圈上产生的压降，分流间隙上的电弧将自动熄灭。使续流通过线圈，产生磁吹作用。

磁吹避雷器有 FCD 系列和 FCZ 系列。由于 FCD 系列冲击放电电压和残压均高于同级电压的其他避雷器，因此，通常用于旋转电机保护。FCZ 系列的阀片直径较大，通流容量较大，通常用于变电站的电气设备保护。磁吹避雷器的电气性能见表 10-3 和表 10-4。

表 10-3　　　　　　FCD 系列磁吹避雷器的电气特性（旋转电机用）

| 型　号 | 额定电压(kV, 有效值) | 灭弧电压(kV, 有效值) | 工频放电电压(kV, 有效值) | 冲击放电电压（预放电时间1.5～20μs）(不大于, kV, 幅值) | 残压（波形10/20μs）不大于(kV, 幅值) | | 电导电流(μA) | |
|---|---|---|---|---|---|---|---|---|
| | | | | | 3kA | 5kA | 直流试验电压(kV) | (μA)[①] |
| FCD-2 | 2 | 2.3 | 4.5～5.7 | 6 | 6 | 6.4 | 3 | 10 |
| FCD-3 | 3.15 | 3.8 | 7.5～9.5 | 9.5 | 9.5 | 10 | 4 | 10 |
| FCD-4 | 4 | 4.6 | 9～11.4 | 12 | 12 | 12.8 | 4 | 10 |
| FCD-6 | 6.3 | 7.6 | 15～18 | 19 | 19 | 20 | 6 | 10 |
| FCD-10 | 10.5 | 12.7 | 25～30 | 31 | 31 | 33 | 10 | 10 |
| FCD-13.2 | 13.8 | 16.7 | 33～39 | 40 | 40 | 43 | 13 | 10 |
| FCD-15 | 15.75 | 19 | 37～44 | 45 | 45 | 49 | 15 | 10 |

① 对 FCD 系列的同心圆间隙避雷器，电导电流为 400～600μA，有的厂家生产的 FCD 和 FCD2 的电导电流则为 50～100μA。

表 10-4　　　　　　FCZ 系列磁吹避雷器的电气特性（发变电站用）

| 型　号 | 额定电压(kV, 有效值) | 灭弧电压(kV, 有效值) | 工频放电电压(kV, 有效值) | 冲击放电电压（预放电时间1.5～20μs）(不大于, kV, 幅值) | 残压（波形10/20μs）不大于(kV, 幅值) | | 元件电导电流(μA) | |
|---|---|---|---|---|---|---|---|---|
| | | | | | 5kA | 10kA | 直流试验电压(kV) | μA |
| FCZ-35 | 35 | 41 | 70～85 | 112 | 108 | (122) | | |
| FCZ-60 | 60 | 69 | 117～133 | 178 | 178 | (205) | | |
| FCZ-1105 | 110 | 100 | 170～195 | 260 | 260 | (285) | | |

续表

| 型 号 | 额定电压<br>(kV, 有效值) | 灭弧电压<br>(kV, 有效值) | 工频放电电压<br>(kV, 有效值) | 冲击放电电压<br>(预放电时间<br>1.5～20μs)<br>(不大于，kV，幅值) | 残压（波形 10/<br>20μs）不大于<br>(kV，幅值) | | 元件电导电流<br>(μA) | |
|---|---|---|---|---|---|---|---|---|
| | | | | | 5kV | 10kA | 直流试<br>验电压<br>(kV) | μA |
| FCZ - 110 | 110 | 126 | 235～268 | 362 | 332 | (365) | 96 | 550～750 |
| FCZ - 154J | 154 | 142 | 241～277 | 374 | 374 | (412) | | |
| FCZ - 154 | 154 | 177 | 330～377 | 500 | 466 | (512) | | |
| FCZ - 220J | 220 | 200 | 340～390 | 515 | 515 | (570) | 96 | 550～750 |
| FCZ - 330J | 330 | 290 | 485～560 | 740 | (740) | 820 | 100 | 80～160 |

注 括号中为参考值。

#### 四、氧化锌避雷器

氧化锌避雷器仅由阀片构成，而没有间隙。阀片为以氧化锌为主要原料烧结制成的多晶半导体陶瓷非线性元件。在工作电压作用下，流经氧化锌阀片的电流仅有 1mA，实际上相当于绝缘体。在冲击电压作用时，氧化锌阀片电阻很小。当冲击电压超过某一值（此值称动作电压）时，阀片导通，冲击电流通过阀片泄入大地，从而保护了设备。阀片上的残压与流过它的电流大小无关，而为一定值。当过电压消失后，阀片截止，无工频续流流过。

无间隙、无续流、阀片残压与电流无关是氧化锌避雷器的主要特点。此外，氧化锌避雷器还具有体积小、重量轻、结构简单、通流能力较高的特点，广泛用于线路的防雷保护。

## 第三节 接 地 装 置

#### 一、接地装置的结构

大地是个导电体，当没有电流通过时是等电位体，人们称大地具有零电位。如果地面金属物体与大地牢固连接，正常没有电流流通情况下，金属物体与大地之间没有电位差，即金属物体与大地保持等电位，这就是接地。电力系统中的电气设备或线路某一点，通过金属物（即接电装置）与大地相连接，从而保证供电安全运行。

接地装置由接地体和接地线两部分组成。接地体是指进入地中直接与土壤接触的金属导体，分为单个接地体和多个接地体。兼起接地作用并直接与大地接触的各种金属构件、水泥杆及铁塔基础称为自然接地体。接地线是指由杆塔、电气设备体的接地螺栓至接地体的连接线及多个接地体之间的连接线（或连接用的金属导体）。

接地体按铺设方式不同，可分为水平接地体和垂直接地体。水平接地体是指用圆钢或扁钢水平铺设在地面以下深约 0.5～1m 的坑内的接地体，其长度不应超过 100m。垂直接地体是用角钢、圆钢或钢管等垂直埋入地中的接地体，其长度一般不超过 2.5m，如图 10 - 14 所示。

垂直接地体的间距，一般要求不小于 5m。因为当多根接地体相互靠拢时，接地电流将互相受到排挤，其电流分布如图 10 - 15 所示。这种影响接地电流的散流现象，叫做屏蔽作用。由于这种屏蔽作用使接地装置利用率下降。所以，垂直接地体的间距不应小于接地体长度的两倍，水平接地体的间距也不应小于 5m。输电线路的防雷保护装置，一般采用水平接地体作接地装置。

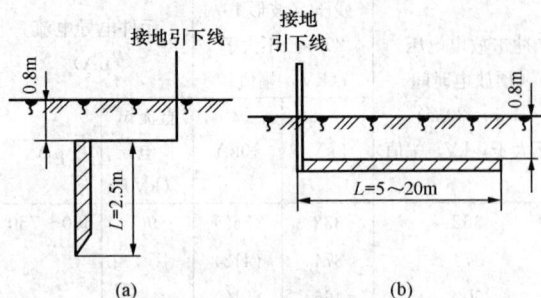

图 10-14  接地体的种类

(a) 垂直接地体；(b) 水平接地体

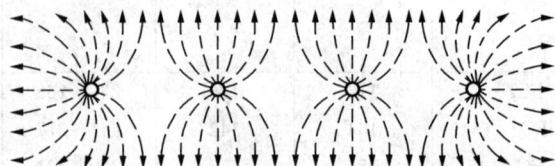

图 10-15  接地体间接地电流的屏蔽作用

接地线可分为接地干线和接地支线。接地线应尽量利用金属结构、钢筋混凝土电杆的钢筋、钢管等。

在接地装置中，各接地体与接地体之间的连接应牢固可靠。在有强烈腐蚀的环境，应采用镀铜和镀锌的接地体。接地装置除断开处必须用螺栓外，均须焊接。焊接时应搭接，其搭接长度：圆钢为直径的 6 倍，并双面焊牢；扁钢为带宽的 2 倍，并三面焊牢。接地装置与杆塔的连接方式如图 10-16 所示。暴露在大气中的接地引下线，多采有镀锌钢绞线。接地体和接地线的最小规格见表 10-5。

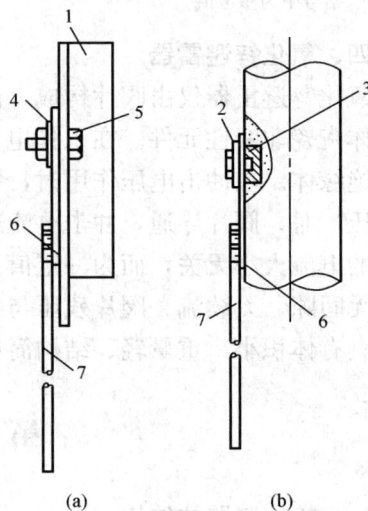

图 10-16  接地装置与杆塔的连接方式

(a) 铁塔；(b) 水泥杆

1—杆塔的角钢腿；2—M16mm 镀锌螺钉；

3—预先焊接在水泥杆主筋上的 M16mm

电螺母；4—垫圈；5—铁塔螺栓；

6—4mm×45mm 镀锌扁铁；7—引线，

一般采用 $\phi$12mm 镀锌圆钢

## 二、电力系统接地类型、要求和范围

### （一）电力系统的接地类型

电力系统中各种电气设备的接地类型可分为：①保护接地，如电气设备外壳接地等；②工作接地，如中性点直接接地、防雷保护装置接地等。

1. 保护接地

为了人身安全，电气设备金属外壳都需接地，这样就可以保证金属外壳正常时为零电位，一旦设备绝缘损坏使外壳带电时不致有危险的电位升高，以保证人身安全。在正常情况下，接地点没有电流流入地中，电气设备的金属外壳保持地电位。但是当电气设备发生故障有短路电流流入大地时，接地点和与它紧密相连的金属导体的电位都会升高，人所站立的地点与接地电气设备之间有电位差，此电位差称为接触电压，人的两脚着地点之间的电位差称为跨步电压。

2. 中性点接地

根据电力系统的正常运行方式，需将系统中性点接地，当电力系统对地短路时，为使流过接地网的短路电流，在接地网上造成的电压 $IR$ 不致太大，在中性点有效接地的系统中，要求 $IR \leqslant 200V$。

**表 10 - 5** 接地体和接地线的最小规格

| 名 称 | | 地 上 | 地 下 | 名 称 | 地 上 | 地 下 |
|---|---|---|---|---|---|---|
| 圆钢直径（mm） | | 6 | 8 | 角钢厚（mm） | 2.5 | 4 |
| 扁钢 | 截面（mm²） | 48 | 48 | 钢管、管壁厚（mm） | 2.5 | 3.5 |
| | 厚（mm） | 4 | 4 | 镀锌钢绞线截面（mm²） | 50 | — |

3. 防雷保护装置接地

电力系统中的防雷保护设备都必须接地，目的是减小雷电流通过接地装置时造成地电位升高。由于雷电流的幅值大、等值频率高，从而提高了土壤中的电场强度，若此电场强度超过了土壤的击穿场强，则在接地体周围的土壤中发生局部火花放电，称为火花效应。

（二）接地的要求

（1）为了保证人身和设备安全，电气设备的外壳宜接地。交流电气设备应充分利用自然接地体接地。

（2）在直流电力回路中，不应利用自然接地体作为回路的接地线或接地体。

（3）设计安装接地装置时，应考虑土壤干燥或冻结等季节变化的影响，使接地电阻一年四季中均能保证为所要求的电阻值。

（4）不同用途和不同电压的电气设备，除另有规定外，应使用一个总的接地体，但保护接地和中性点接地应与防雷保护接地分开，并保持一定的安全距离，以防止雷击电气设备。

（5）在中性点有效接地系统中，应装设能自动切除短路故障的保护装置。在中性点非有效接地系统中，应装设能迅速反应接地故障的信号装置，必要时可装设延时自动切除故障的装置。

（三）接地的范围

（1）电机、变压器的底座和外壳。

（2）电气设备的传动装置。

（3）互感器的二次绕组。

（4）配电盘与控制台的框架。

（5）室内外配电装置的金属架构和钢筋混凝土架构以及靠近带电部分的金属遮拦和金属门。

（6）电力电缆接线盒、终端盒外壳和电线的外皮、穿线的钢管等。

（7）装有避雷线的电力线路杆塔。

（8）安装在配电线路电杆上的电气设备，如柱上油开关、电容器、熔断器等。

（9）避雷器、保护间隙、避雷针的底座。

（10）无防雷装置的 35kV 配电线路当采用铁塔或钢筋混凝土杆时，应接地。

（11）无防雷装置的 3～10kV 配电线路当采用钢筋混凝土杆时，仅在厂区和居民区的那一段，采用环形接地或辐射形接地。

（12）在中性点非有效接地系统中 1kV 以下线路电杆应接地。

凡是需要接地的杆塔，及其上面的避雷线、金属横担、绝缘子的底座等都应有可靠接地。

**三、接地电阻**

1. 接地电阻概念

当接地装置通过接地故障电流时，从接地螺栓起的接地部分与大地零电位点之间的电位差，称为接地装置对地电压或接地装置的电位。接地装置对地电压 $U_j$ 与通过接地体流入地电流 $I_j$ 的比值，称为接地电阻 $R$ 或称工频接地电阻，即 $R = \dfrac{U_j}{I_j}$。接地电阻包括接地线的电阻、接地体的电阻、接地体与土壤间的接触电阻和地电阻等四项。前两项比后两项小得多，所以接地电阻主要取决于后两项。

2. 土壤电阻率

常用的土壤电阻率见表 10-6。

计算防雷保护装置接地电阻需用的土壤电阻率，应取雷雨季节中最大可能的土壤电阻率，即雷雨季节干燥时的土壤电阻率 $\rho$ 与实测土壤电阻率 $\rho_0$。（或接地装置的接地电阻）有如下关系

$$\rho = \rho_0 \psi \tag{10-16}$$

式中　$\psi$——因土壤湿度不同的季节（干湿）系数，见表 10-7。

表 10-6　　　　　　　　　　　　　　　土壤电阻率参考值

| 类别 | 名　称 | 土壤电阻率近似值（Ω·m） | 不同情况下土壤电阻率的变化范围（Ω·m） | | |
| --- | --- | --- | --- | --- | --- |
| | | | 较湿时（一般地区、多雨区） | 较干时（少雨区、沙漠区） | 地下水含盐碱时 |
| 泥土 | 陶黏土 | 10 | 50～20 | 10～100 | 3～10 |
| | 泥炭、泥灰岩、沼泽地 | 20 | 10～30 | 50～300 | 3～30 |
| | 捣碎的木炭 | 40 | | | |
| | 黑土、园田土、陶土、白垩土 | 50 | 30～100 | 50～300 | 10～30 |
| | 黏土 | 60 | | | |
| | 砂质黏土 | 100 | 30～300 | 80～1000 | 10～30 |
| | 黄土 | 200 | 100～200 | 250 | 30 |
| | 含沙黏土、砂土 | 300 | 100～1000 | 1000 以上 | 30～100 |
| | 河滩中的沙 | — | 300 | — | — |
| | 煤 | — | 350 | — | — |
| 砂 | 多石土壤 | 400 | — | — | — |
| | 上层红色风化黏土、下层红色页岩 | 500（30%湿度） | — | — | — |
| | 表层土夹石、下层砾石 | 600（15%湿度） | — | — | — |
| | 砂、砂砾 | 1000 | 250～1000 | 1000～2500 | |
| | 砂层深度大于 10m、地下水较深的草原　地面黏土深度不大于 1.5m、底层多岩石 | 1000 | | | |
| 岩石 | 砾石、碎石 | 5000 | — | — | — |
| | 多岩山地 | 5000 | — | — | — |
| | 花岗岩 | 200 000 | — | — | — |
| 混凝土 | 在水中 | 40～55 | | | |
| | 在湿土中 | 100～200 | | | |
| | 在干土中 | 500～1300 | | | |
| | 在干燥的大气中 | 12 000～18 000 | | | |
| 矿 | 金属矿石 | 0.01～1 | | | |

**表 10 - 7　　线路接地装置的季节细数 $\psi$**

| 埋设深度（m） | $\psi$ 值 | |
|---|---|---|
| | 水平接地体 | 2～3m 的垂直接地体 |
| 0.5 | 1.4～1.8 | 1.2～1.4 |
| 0.8～1.0 | 1.25～1.45 | 1.15～1.3 |
| 2.5～3.0 | 1.0～1.1 | 1.0～1.1 |

注　测定土壤电阻率时，如土壤比较干燥，则应采用表中的下限较小值；如比较潮湿，测应采用上限较大值。

除上述的季节系数外，由于在施工时回填土一时不易密实，故施工时实测的接地电阻常要比长期运行中土壤密实后的数值为高。

3. 接地电阻计算

（1）垂直接地体的接地电阻计算式为

$$R_j = \frac{\rho}{2\pi l}\ln\frac{4l}{d} \tag{10 - 17}$$

式中　$l$——垂直接地体的长度，m；

当接地体用圆钢时 $d$ 取圆钢的直径。当用其他钢材时，其等效直径（参考图 10 - 17）为

钢管　　　　$d = d'$

扁钢　　　　$d = b/2$

等边角钢　　$d = 0.84b$

不等边角钢　$d = 0.71\sqrt[4]{b_1 b_2(b_1^2 + b_2^2)}$

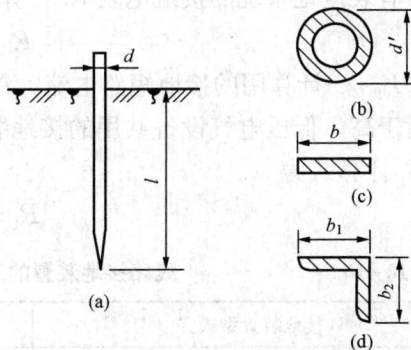

（2）不同形状的水平接地体的接地电阻计算式为

$$R_j = \frac{\rho}{2\pi l}\left(\ln\frac{L^2}{hd} + A\right) \tag{10 - 18}$$

图 10 - 17　垂直接地体和接地体的等效直径
(a) 钢管；(b) 扁钢；(c) 等边角钢；(d) 不等边角钢

式中　$L$——水平接地体的总长度，m；
　　　$h$——水平接地体的埋设深度，m；
　　　$d$——水平接地体的直径或等效直径，m；
　　　$A$——水平接地体的形状系数，可采用表 10 - 8 中数据。

**表 10 - 8　　水平接地体的形状系数 $A$**

| 形 状 | — | ∟ | 人 | ＋ | ＊ | ＊ | □ | ○ |
|---|---|---|---|---|---|---|---|---|
| $A$ | 0 | 0.378 | 0.867 | 2.14 | 5.27 | 8.81 | 1.69 | 0.48 |

（3）以水平接地体为主，且边缘闭合的复合接地体，其接地电阻计算式为

$$R_j = \frac{\sqrt{\pi}}{4}\frac{\rho}{\sqrt{S}} + \frac{\rho}{\sqrt{2\pi L}}\ln\frac{L_2}{1.6hd\times 10^4} \tag{10 - 19}$$

式中　$S$——接地网的总面积，$m^2$。

（4）人工接地体的工频接地电阻也可以用表 10-9 的简易计算式进行计算。

**表 10-9　　人工接地体工频接地电阻（Ω）简易计算式**

| 接地体型式 | 简易计算式 | 备　注 |
|---|---|---|
| 垂直式 | $R_{\mathrm{j}} \approx 0.3\rho$ | 长度 3m 左右的接地体 |
| 单根水平式 | $R_{\mathrm{j}} \approx 0.03\rho$ | 长度 60m 左右的接地体 |
| 复合式（接地网） | $R_{\mathrm{j}} \approx 0.5\dfrac{\rho}{\sqrt{S}}=0.28\dfrac{\rho}{r}$<br>或 $R_{\mathrm{j}} \approx \dfrac{\sqrt{\pi}}{4}\times\dfrac{\rho}{\sqrt{S}}+\dfrac{\rho}{L}=\dfrac{\rho}{4r}+\dfrac{\rho}{L}$ | 1. 为 $S\gg100\mathrm{m^2}$ 的闭合接地网<br>2. $r$ 为与接地网面积 $S$ 等值的圆的半径，即等效半径（m） |

（5）输电线路杆塔的各种型式接地装置的接地电阻，可用表 10-10 中各简易计算式进行计算。

4. 对接地电阻的要求

（1）电力线路及电气设备接地电阻。由于一般低压电气设备耐压水平小于 2000V，所以中性点有效接地系统的接地电阻 $R_{\mathrm{j}}$ 计算式为

$$R_{\mathrm{j}} \leqslant 2000/I_{\mathrm{d}}(\Omega) \tag{10-20}$$

式中　$I_{\mathrm{d}}$——计算用的接地短路电流，A。

对于高、低压电气设备共用的接地装置，要求电气设备对地电压不超过 125V，其接地电阻 $R_{\mathrm{j}}$ 计算式为

$$R_{\mathrm{j}} \leqslant 125/I_{\mathrm{d}}\quad(\Omega) \tag{10-21}$$

**表 10-10　　线路接地装置的工频接地电阻（Ω）简易计算式**

| 接地装置型式 | 杆塔型式 | 简易计算式 |
|---|---|---|
| $n$ 根水平射线（$n\leqslant12$；每根长约 60m） | 各型杆塔 | $R\approx\dfrac{0.062\rho}{n+1.2}$ |
| 沿装配式基础周围敷设的深埋式接地体 | 铁塔 | $R\approx0.07\rho$ |
| | 门型杆塔 | $R\approx0.04\rho$ |
| | V 型拉线的门型杆塔 | $R\approx0.045\rho$ |
| 装配式基础的自然接地体 | 铁塔 | $R\approx0.1\rho$ |
| | 门型杆塔 | $R\approx0.06\rho$ |
| | V 型拉线的门型杆塔 | $R\approx0.09\rho$ |
| 水泥杆的自然接地 | 单杆 | $R\approx0.3\rho$ |
| | 双杆 | $R\approx0.2\rho$ |
| | 拉线单、双杆 | $R\approx0.1\rho$ |
| | 一个拉线盘 | $R\approx0.28\rho$ |
| 深埋式接地与装配式基础自然接地的综合 | 铁塔 | $R\approx0.05\rho$ |
| | 门型杆塔 | $R\approx0.03\rho$ |
| | V 型拉线的门型杆塔 | $R\approx0.04\rho$ |

**注**　表中 $\rho$ 为土壤电阻率（$\Omega\cdot\mathrm{m}$）。

对于仅用于高压电气设备的接地装置，对地电压为 250V，其接地电阻 $R_{\mathrm{j}}$ 计算式为

$$R_j \leqslant 250/I_d \quad (\Omega) \tag{10-22}$$

（2）过压保护接地电阻。

1）防雷保护装置的接地电阻见表 10-11；

2）有避雷线的架空线路的接地电阻见表 10-12；

3）1kV 以下架空线路，在线路分支处和分支线的终杆上将铁脚接地，其接地电阻不大于 20Ω。

表 10-11 防雷保护装置的接地电阻

| 序号 | 防雷保护装置名称 | 接地电阻（Ω） |
|---|---|---|
| 1 | 保护变电站的室外独立避雷针 | 25 |
| 2 | 装设在变电站架空进线上的避雷针 | 25 |
| 3 | 装设在变电站与母线连接的架空进线上的管型避雷器（电气上与旋转电机无联系者） | 10 |
| 4 | 同上（但与旋转电机在电气上有联系者） | 5 |
| 5 | 装设在 10kV 以上架空线路交叉处跨越电杆上的管型避雷器 | 15 |
| 6 | 装设在 35～110kV 架空线路中的管型避雷器 | 15 |
| 7 | 装设在 10kV 以下架空线路电杆上的放电间隙以及装设在 10kV 及以上架空线路相交叉的通信线路电杆上的放电间隙 | 25 |

表 10-12 3kV 及以上架空线路杆塔接地电阻

| 土壤电阻系数（Ω·m） | 杆塔接地电阻（Ω） | 土壤电阻系数（Ω·m） | 杆塔接地电阻（Ω） |
|---|---|---|---|
| 100 及以下 | 10 | | |
| 100 以上至 500 | 15 | 2000 以上 | 敷设 6～8 根射线，接地电阻 30Ω；对连续伸长接地，阻值不作规定 |
| 500 以上至 1000 | 20 | | |
| 1000 以上至 2000 | 25 | | |

5. 冲击接地电阻

在防雷保护接地装置中，由于冲击雷电流波幅值很大、频率很高，作用时间很短，这就不能不考虑接地装置的电感，特别对伸长接地带型的接地装置，电感对电流阻力更大。此时，接地装置的接地电阻和工频实测的接地电阻不同，并大于工频接地电阻，称为冲击接地电阻 $R_{ch}$。单个接地体的冲击接地电阻 $R_{ch}$ 与工频接地电阻 $R$ 的关系为

$$R_{ch} = aR \tag{10-23}$$

式中 $a$——接地体的冲击系数，一般取 $a$ 为 0.2～1.25。

6. 降低接地电阻的技术措施

降低输电线路杆塔和避雷线的接地电阻，应先尽可能利用杆塔金属基础，钢筋混凝土基础，水泥杆的底盘、卡盘、接线盒等自然接地体；当接地电阻不满足要求时，再增加人工接地体。人工接地体应尽量利用杆塔基础坑及施工时已使用的坑埋设，这样既减少土方量，又可深埋，还能避免地表干湿变化的影响。

接地体应尽可能埋设在土壤电阻率较低的土层内。如杆塔处土壤电阻率很高，而附近有较低土壤电阻率土层时，可以用接地线引至较低土壤电阻率处再集中接地，但引线不宜超过 100m。

埋设接地体时，应注意不要埋设在垃圾、炉渣和有强烈腐蚀土壤等土壤电阻率极高处，此时，可以考虑用换土方法，即在接地沟内换上土壤电阻率较低的土壤。如果土壤电阻率较低的土壤距离太远，可在接地体周围土壤中加入化学物，如食物、木炭、炉灰、氮肥渣、电石渣、石灰等，以提高接地体周围土壤的导电性。这种方法不但工程造价较低，而且效果明显。但是，土壤经人工处理后，会降低接地的热稳定性、加速接地体的腐蚀，减少接地体的使用年限。因此，通常是在万不得已的条件下才建议采用。

当地下深处的土壤或水的电阻率较低时，可采取深埋接地极来降低接地电阻。这种方法对砂土壤最有效果。若土壤电阻系数在 3m 深处为 100%，4m 深处就为 75%，5m 深处为 50%，6.5m 深处为 50%，9m 深处为 20%。这种方法可不考虑土壤冻结和干枯所增加的接地电阻率，但施工困难，土方量大、造价高，岩石地带困难更大。

在接地体周围土壤中加入长效网胶降阻剂（其重要成分为强电解质氯化钾、氯化镁、硬化剂——水硫酸氢钠、网状胶体尿醛树脂以及填充保水剂尿素、聚乙烯醇和水等），可以增大接地体外形尺寸。降阻剂有良好的强电解质和水分。这些强电解质和水分被网状胶体所包围，网状胶体的空格又被部分水解的胶体所填充，使它不至于随地下水和雨水而流失，因此能长期保持导电作用。这是目前采用的一种新的积极推广普及的方法，但腐化性较强，有些地方用热镀锡的方法降低对金属接地体的腐化。

在永冻土地区敷设接地装置时，还可以采取下列措施降低接地电阻：

（1）接地装置敷设在溶化地带或溶化地区的水池或水坑中。

（2）敷设深钻式接地体或充分利用其他深埋在地下的金属构件作接地体。

（3）在建筑物溶化地基内敷设接地装置。

（4）除深埋接地体外，还应敷设约 0.5m 的伸长接地体，以便在夏季表层化冻时起散流作用。

（5）在接地体周围人工处理土壤，以降低冻结温度和土壤电阻率。

## 习 题

1. 避雷针由哪几部分组成？避雷针为什么能起到直击雷的保护作用？

2. 一根 2m 高的避雷针，被保护物高 7m，试绘出其保护范围。

3. 某电厂烟囱高 100m，顶端直径 5m，烟囱上端有一根避雷针高出烟囱 3m，烟囱曾被雷击损坏，为什么？如何改进？

4. 什么叫反击？反击过电压大小和什么有关？

5. 为了避免反击，独立避雷针与被保护物之间的最小空气距离和地中距离各为多少？

6. 双根避雷线的保护范围如何确定？

7. 什么叫保护角？

8. 试述管型避雷器的工作原理。

9. 试述阀型避雷器的工作原理。

10. 简述磁吹避雷器的灭弧原理。

11. 试述氧化锌避雷器的特点。

12. 如何降低接地电阻值。

# 第十一章

# 输配电线路过电压保护

## 第一节  架空输电线路过电压保护

### 一、避雷线在线路防雷保护中的作用

由第十章知，避雷线是架空线路直击雷保护的最好设施。架空线路装设避雷线，是为了防止雷电直击档距中的导线时产生危及线路绝缘的过电压。装设避雷线后，雷电流就可沿避雷线经接地引下线进入大地，从而保证线路的安全供电。当雷击避雷线时，由于接地引下线接地电阻大小不同，在杆塔顶部会造成不同的电位；同时雷电波在避雷线中传播时，在线路导线中耦合出一个雷电波。但这一雷电波及杆塔顶部电位作用到线路绝缘的过电压幅值都比在雷电直击档距中导线时产生的过电压幅值低得多。下面我们将分别分析。

1. 降低线路绝缘所承受的过电压幅值

架空输电线路的绝缘由瓷绝缘和空气绝缘构成。

当雷击无避雷线线路杆塔顶部时，杆塔顶部的电位 $V_{td}$（即杆塔上绝缘子的电位）根据式（10 - 7）可得

$$V_{td} = IR_{ch} + hL_0 \frac{\mathrm{d}i}{\mathrm{d}t} = IR_{ch} + L_{td} \frac{\mathrm{d}i}{\mathrm{d}t} \qquad (11 \text{-} 1)$$

式中  $I$——雷电流幅值；

$R_{ch}$——杆塔的冲击接地电阻；

$h$——杆塔顶部高度；

$L_0$——杆塔单位长度电感，见表 11 - 1；

$L_{td}$——杆塔等值电感 $L_{td} = L_0 h$；

$\frac{\mathrm{d}i}{\mathrm{d}t}$——雷电流上升的速度。

当雷击有避雷线线路杆塔顶部时，雷电流大部分 $i_{gt}$ 经过被击杆塔入地，小部分电流则经过避雷线由相邻杆塔入地，如图 11 - 1 所示。

表 11 - 1    杆塔的单位长度电感和波阻

| 杆塔型式 | 杆塔单位长度电感（μH/m） | 杆塔波阻（Ω） |
|---|---|---|
| 钢筋混凝土单杆（无拉线） | 0.84 | 250 |
| 钢筋混凝土单杆（有拉线） | 0.42 | 125 |
| 钢筋混凝土双杆（无拉线） | 0.42 | 125 |
| 有两条引下线的门型木杆 | 0.84 | 250 |
| 有四条引下线的 AH 型木杆 | 0.60 | 180 |
| 塔型铁塔 | 0.50 | 150 |
| 门型铁塔 | 0.42 | 125 |

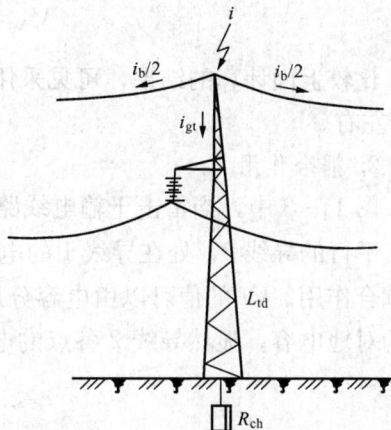

图 11 - 1   雷击杆塔顶部或附近避雷线

**表 11-2　分流系数 β 值**

| 线路电压（kV） | 单避雷线 | 双避雷线 |
| --- | --- | --- |
| 110 | 0.90 | 0.86 |
| 220 | 0.92 | 0.88 |

流经被击杆塔入地的电流 $I_{gt}$ 与电流 $I$ 的关系式为

$$I_{gt} = \beta I \qquad (11-2)$$

式中　$\beta$——杆塔的分流系数，$\beta$ 小于1。对一般档距的架空线路，可取分流系数 $\beta$ 值见表 11-2。

这样，雷击杆塔顶部时，杆塔顶部电位 $V_{td}$ 为

$$V_{td} = I_g t R_{ch} + L_{td}\frac{di}{dt}$$
$$= \beta I R_{ch} + L_{td}\beta\frac{di}{dt} \qquad (11-3)$$

比较式（11-3）和式（11-1）可知，由于避雷线的分流作用，降低了雷击杆塔顶部的电位，且分流系数 $\beta$ 愈小，杆塔顶部电位愈低。

取雷电波波头长度为 $2.6\mu s$，于是 $\frac{di}{dt}=\frac{I}{2.6}$，则

$$V_{td} = \beta I\left(R_{ch}+\frac{L_{td}}{2.6}\right) \qquad (11-4)$$

如图 11-2 所示，当雷击无避雷线线路档距中部的导线 A 点时，若导线波阻抗 $Z$ 等于雷电通道的波阻抗 $Z_1$，雷直击于架空线路时的电流要小于统计测量的雷电流，即为 $\frac{I}{2}$，则加于杆塔上绝缘子的电位为 A 点的最大电位，可用下式计算

$$V_A = \frac{Z}{2}\times\frac{I}{2} = \frac{IZ}{4} \qquad (11-5)$$

取 $R_{ch}=10\Omega$，$Z=400\Omega$，$I=15kA$，$h=16m$，$L_{td}=0.42\times16=6.72\mu H$，$\beta=0.90$。根据式（11-4），可计算雷击有避雷线线路杆塔顶部时，杆塔顶部电位 $V_{td}$（即杆塔上绝缘子电位）为

$$V_{td} = 0.9\times15\left(10+\frac{6.72}{2.6}\right) = 170(kV)$$

根据式（11-5），可计算雷击无避雷线线路档距中部导线 A 点时的电位 $V_A$（即杆塔上绝缘子的电流）为

$$V_A = \frac{15\times400}{4} = 1500(kV)$$

比较上面计算的结果，可见采用避雷线时加于线路绝缘子串的电位比无避雷线时将降低8倍左右。

2. 耦合作用

图 11-3 中，当雷击于输电线路的导线 1，幅值为 $U$ 的电压波在导线 1 中进行时，与导线 1 平行的导线 2，处在导线 1 的电压波的电磁场内，而获得了一定的电位 $V_2$，这种现象称为耦合作用。$V_2$ 的值可以由电容分压求得。图中 $C_{12}$ 为导线 1 和导线 2 间的电容，$C_{22}$ 为导线的对地电容。显然导线 2 各点的电位为

$$V_2 = U\frac{C_{12}}{C_{22}+C_{12}}$$
$$V_2 = K_0 U \qquad (11-6)$$

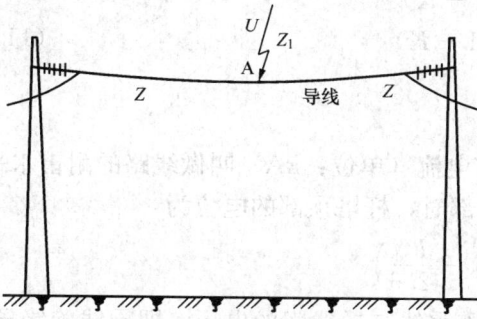

图 11-2　雷击档距中部导线

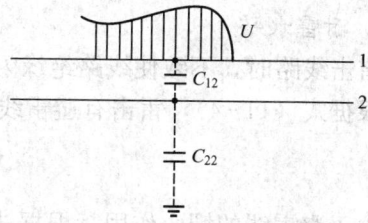

图 11-3　耦合作用

式中导线间的几何耦合系数 $K_0$ 值可估算为：110kV 以上的线路，$C_{22} \approx 4C_{12}$，$K_0 \approx 0.2$；35kV 及其以下的线路，$C_{22} \approx 3C_{12}$，$K_0 \approx 0.25$。

当导线 1 受直接雷击后，由于雷电压幅值 $U$ 较大，所以在传播中，导线 1 将产生强烈的电晕，就等于增大了导线 1 的直径，称为电晕效应。此时两导线间的耦合系数 $K$ 将加大为

$$K = K_1 K_0 \tag{11-7}$$

式中　$K_1$——电晕效应校正系数，其值和导线 1 本身的电位有关，但永远大于1，见表 11-3。

知道导线 2 由导线 1 耦合而得的 $V_2$ 后，即可求出导线 1 和导线 2 之间绝缘所受电压 $U_{12}$

$$U_{12} = U - V_2 = U(1 - K) \tag{11-8}$$

由式（11-6）和式（11-8）可知，由于导线的耦合作用，导线 2 上的

表 11-3　　　　耦合系数的电晕效应校正系数

| 线路额定电压（kV） | 20～35 | 60～110 | 154～330 |
|---|---|---|---|
| 双避雷线 | 1.1 | 1.2 | 1.25 |
| 单避雷线 | 1.15 | 1.25 | 1.3 |

注　当雷直击避雷线档距中央时，由于电位极高，取 $K_1 = 1.5$；35kV 及以下线路无避雷线时，可取 $K_1 = 1.15$。

电位及导线间绝缘所受的电压都比雷电压幅值小。显然，雷击避雷线时，由于避雷线的耦合作用，将使线路上所受的电压降低。

3. 屏蔽作用

从第八章知道，感应过电压对 35kV 及其以下的水泥杆的线路会引起一定的闪络事故。如果线路上装有避雷线，由于避雷线是接地的，对导线有屏蔽作用。这是因为，先导电荷产生的电力线有一部分被避雷线截住，导线上感应的束缚电荷减小，感应过电压也减小，约从 $U_g$ 下降到 $U_g(1 - K)$，$K$ 为避雷线与导线间的耦合系数。

式（11-8）是在 $s > 65$m 时使用的。如果 $s < 65$m 雷击事实上就被避雷线或杆塔所吸引而击于线路本身。当雷击于杆塔或输电线路附近的避雷线（针）时，空中迅速变化的电磁场将在导线上感应出符号相反的过电压。在无避雷线时，对一般高度的线路，这一感应过电压的最大值可用下式计算

$$U_g = \alpha h_d \quad \text{(kV)} \tag{11-9}$$

式中　$h_d$——导线悬挂的平均高度，m；

　　　$\alpha$——系数，其值等于以雷电流（单位：kA/μs）平均陡度，一般取 $I/2.6$。

在有避雷线时，由于它的屏蔽效应，式（11-9）的 $U_g$ 值将下降为

$$U'_g = U_g(1-K)$$
$$= \alpha h_d(1-K) \tag{11-10}$$

**二、输电线路的耐雷水平和雷击跳闸率**

**1. 耐雷水平**

雷击线路时，不致使线路绝缘闪络的最大雷电流（单位：kA）叫做线路的耐雷水平。

根据式（11-4），雷击有避雷线线路杆塔顶部时，杆塔顶部的电位为

$$V_{td} = \beta I\left(R_{ch} + \frac{L_{td}}{2.6}\right)$$

由于避雷线的耦合作用，根据式（11-8）避雷线与导线间的电压，即导线绝缘子串所承受的电压为

$$U_{td}(1-K) = \beta I\left(R_{ch} + \frac{L_{td}}{2.6}\right)(1-K)$$

此外，当雷击杆塔顶部（或避雷线）时，在导线上产生感应过电压，根据式（11-10）可知，感应过电压最大值为

$$U' = U_g(1-K)$$
$$= \alpha h_d(1-K)$$
$$= \frac{I}{2.6}h_d(1-K)$$

所以导线绝缘子串所承受的电压最大值为

$$U_j = U_{td}(1-K) + \alpha h_d(1-K)$$
$$= \beta I\left(R_{ch} + \frac{L_{td}}{2.6}\right)(1-K) + \frac{I}{2.6}h_d(1-K)$$
$$= I\left(\beta R_{ch} + \frac{\beta L_{td}}{2.6} + \frac{h_d}{2.6}\right)(1-K) \tag{11-11}$$

式（11-11）中，当 $U_j$ 值等于或大于某一相绝缘子串的 $U_{50\%}$（$U_{50\%}$ 为绝缘子50%的冲击放电电压值）时，将会产生杆顶对该相导线闪络反击。此时，雷击杆塔顶部的耐雷水平为

$$I = \frac{U_{50\%}}{(1-K)\left[\beta\left(R_{ch} + \frac{L_{td}}{2.6}\right) + \frac{h_d}{2.6}\right]} \tag{11-12}$$

由式（11-12）可知，雷击杆塔顶部的耐雷水平与避雷线和导线间的耦合系数 $K$、分流系数 $\beta$、冲击接地电阻 $R_{ch}$、杆塔等值电感 $L_{td}$ 及绝缘子串的冲击放电电压 $U_{50\%}$ 有关。在电力工程上常采用降低接地电阻 $R_{ch}$ 和提高耦合系数 $K$ 来提高线路的耐雷水平。提高耦合系数的方法是将单避雷线改为双避雷线，或在导线下方增设架空地线，又称耦合地线。其作用增强导、地线间耦合作用。

**2. 雷击跳闸率**

输电线路受雷击后，如果雷电流超过线路的耐雷水平，即发生绝缘闪络。绝缘闪络是否能引起线路跳闸呢？在中性点直接接地的电力系统中，因为一相对地接地电流很大，故会引起跳闸；但对于中性点不直接接地的电力系统，当一相对地闪络时，工频短路电流很小，就不会引起线路跳闸，仍能继续送电，必须再向第二相反击后，才能形成相间短路的较大电流，引起线路跳闸。

　　绝缘发生闪络的原因，一是由于雷击有避雷线线路的杆塔顶部或避雷线；二是由于雷电绕过避雷线直击于导线（即绕击）。

　　雷击杆塔及杆塔附近的避雷线时，雷电流从杆塔顶部入地，杆塔顶部产生较高的电位，此电位对一相导线反击使绝缘子串闪络。另外，雷击避雷线档距中央时，雷击点离杆塔接地点较远，雷电波遇到很大的阻抗，因此雷击点电压升高，这个电压也作用在避雷线和导线的空气绝缘上有可能使空气绝缘击穿，而发生闪络。但运行经验证明，当空气距离 $s$ 满足以下条件时，就不会发生避雷线与导线空气绝缘闪络。

$$s \geqslant 1.2\%L + 1 \tag{11-13}$$

式中　$s$——空气距离，m；

　　　$L$——档距，m；

　　　1——常数，m。

同样，雷击避雷线档距中央时，因为雷电流是经两侧的杆塔入地，这个雷电流流过杆塔时，产生的杆塔顶部电位比雷直击杆塔顶部时小得多，也很难引起绝缘子串的闪络。因此我们只考虑雷击杆塔及其附近的避雷线时，发生闪络引起的跳闸的情况。那么，每百千米线路每年雷击杆塔的跳闸次数为

$$n_1 = 0.6h_{\mathrm{d}}g\eta p_1 \tag{11-14}$$

式中　$h_{\mathrm{d}}$——避雷线的平均高度；

　　　$g$——击杆率，即雷击杆塔次数与雷击线路总次数的比；

　　　$\eta$——建弧率，闪络转变为稳定工频电弧的概率；

　　　$p_1$——雷击杆塔时雷电流大于耐雷水平的概率。

　　避雷线对线路的保护并非绝对的，雷电有可能绕过避雷线直击于导线，即具有一定的绕击率，因此每百千米线路每年的绕击跳闸次数 $n_2$ 为

$$n_2 = 0.6h_{\mathrm{d}}\eta p_{\mathrm{a}}p_2 \tag{11-15}$$

式中　$p_{\mathrm{a}}$——绕击率；

　　　$p_2$——雷绕击导线时雷电流大于耐雷水平的概率。

　　所以，有避雷线的线路每百千米 40 个雷暴日雷击总跳闸率 $n$ 为

$$\begin{aligned} n &= n_1 + n_2 \\ &= 0.6h_{\mathrm{d}}g\eta p_1 + 0.6h_{\mathrm{d}}\eta p_{\mathrm{a}}p_2 \\ &= 0.6h_{\mathrm{d}}\eta(gp_1 + p_{\mathrm{a}}p_2) \quad [\text{次}/(100\mathrm{km} \cdot 40 \text{雷暴日})] \end{aligned}$$

### 三、架空输电线路过电压保护措施

　　输配电线路的防雷措施，应根据线路的电压等级、系统的运行方式及负荷的重要性等条件（包括考虑雷电活动的强弱、地形地貌的特点和土壤电阻率的高低以及当地原有线路的运行经验），通过技术经济比较确定。

　　输配电线路的电压等级愈高，输送的功率愈大，其重要性一般也越大，也就更需要可靠的防雷措施。但随着电压等级的增加，线路上每串绝缘子的个数也增加，其防雷的能力也就有自然增大的趋势。这对线路防雷工作是十分有利的一方面。不过线路电压等级愈高，线路的平均高度也增高，线路功率输送的范围也增大，即每条线路的长度也增长，这就使线路落雷次数也要增加。而且在线路杆塔受雷击后，由于杆塔增高、杆塔电感增大，使杆顶电位也增大，因而容易对导线产生反击。这又是不利的一方面。所以，在确定防雷措施时，这些因

素都应加以注意。

1. 装设避雷线及降低接地电阻

避雷线能使作用到线路绝缘子串的过电压幅值降低，能对导线起屏蔽作用，避免雷直击导线。避雷线的保护范围呈带状，十分适于保护输电线路。因此装设避雷线是输电线路的主要防雷措施之一。

对于装设避雷线的输电线路，在一般土壤电阻率地区，其耐雷水平不宜低于表11-4所列数值。

表 11-4　　　　　　　　　　　有避雷线的输电线路的耐雷水平　　　　　　　　　　　（kA）

| 额定电压（kV） | 35 | 60 | 110 | 154 | 220 | 330 |
|---|---|---|---|---|---|---|
| 一般线路 | 20～30 | 30～60 | 40～75 | 90 | 80～120 | 100～140 |
| 大跨越中央和进线保护段 | 30 | 60 | 75 | 90 | 120 | 140 |

注　1. 进线保护段的定义在线路防雷保护措施 5 中叙述；
　　2. 较大值用于多雷区或较重要的线路；
　　3. 双回路或多回路杆塔的线路，应尽量达到表中的数值。

在一般情况下，220kV 及其以上的线路应沿全球装设避雷线；330kV 及其以上的线路应采用双避雷线；架设在山区的 220kV 线路，也采用双避雷线。杆塔上避雷线对边导线的保护角，一般采用 20°～30°。330kV 线路及 220kV 线路且采用双避雷线的保护角一般可采用 20°左右，重冰区的线路，不宜采用过小的保护角。至于 500kV 及其以上的超高压输电线路，由于绝缘子串很长，30kA 以下的雷击均不会造成线路绝缘闪络，即使直接击于相导线上也是如此。但为了对更大幅值的雷电流进行保护，对 500kV 及其以上的线路仍装设双避雷线，而且输电线路离地面越高，保护角就得越小（有时小于 20°），才能得到同样保护效果。

对于 110kV 线路一般沿全球装设避雷线，在雷电活动特殊强烈的地区，宜装设双避雷线。60kV 线路，当负荷重要且所经地区年平均雷暴日在 30 日以上时，也宜沿全球装设避雷线。对山区单避雷线杆塔的线路，其保护角一般采用 25°左右。

在计算杆塔顶部电位时，我们得知，杆塔接地装置或避雷线接地装置的接地电阻的降低，是降低杆顶电位的关键性因素。接地电阻愈小，雷击时引起的过电压愈小，防雷效果就愈好。

避雷线和降低杆塔接地电阻相配合，对于 110kV 及其以上的水泥杆或铁塔线路是一种最有效的防雷措施。其可使雷击过电压降低到线路绝缘子串容许的程度，而所增加的费用，一般不超过线路总造价的 10%。但随着线路电压等级降低，线路绝缘水平也降低，这时，即使花很大投资架设避雷线和改善接地电阻，也不能将雷击引起的过电压降低到这些线路绝缘所能承受的水平。因此，对于 35kV 及其以下的水泥杆或铁塔线路，一般不沿全线架设避雷线，但仍然需要逐基杆塔接地。因为这时若一相因雷击闪络接地，良好接地的杆塔实际上起到了避雷线的作用。这在一定程度上可以防止其他两相的进一步闪络，而系统如果是消弧线圈接地时，又能有效地排除单相接地故障。

有避雷线的线路，每基杆塔（不连避雷线）的工频接地电阻，在雷季干燥时不宜超过表11-5 所列的数值。

**表 11 - 5** 　　　　　　　　　有避雷线的架空线路每基杆塔的工频接地电阻 　　　　　　　　　（Ω）

| 土壤电阻率（Ω·m） | 100 及其以下 | 100 及其以上至 500 | 500 及其以上至 1000 | 1000 及其以上至 2000 | 2000 及其以上 |
|---|---|---|---|---|---|
| 接地电阻 | 10 | 15 | 20 | 25 | 30* |

　＊　如土壤电阻率很高，接地电阻很难降低到 30Ω 时，可采用 6～8 根总长度不超过 500m 的放射形接地体或连续伸
　　　长接地体，其接地电阻不受限制。

　　在小接地短路电流系统中，对 35kV 及其以上电压无避雷线的线路，应采取措施减少雷击引起的多相短路，或两相异点接地引起的断线事故。这些措施是将水泥杆和铁塔以及木杆线路中的铁横担均接地，其接地电阻可不受限制，但在多雷区不宜超过 30Ω，同时在接地时应充分利用杆塔自然接地作用。只有在土壤电阻率不超过 100Ω·m，或有运行经验的地区，才可不另设人工接地装置。

　　2. 采用系统中性点经消弧线圈接地

　　架设在轻雷区（即前述少雷区，年平均雷暴日不超过 15 日的地区）或运行经验证明雷电活动轻微地区的 110kV 线路，一般不沿全线架设避雷线，但应尽量采用系统中性点经消弧线圈接地或自动重合闸装置以减少停电次数。

　　有些架设在雷电活动较强的山岳丘陵地区的 110kV 线路，为了减少雷击引起的多相短路事故，也可以考虑将系统中性点经消弧线圈接地。但此时必须注意，只有在电力系统结构简单，不能满足安全供电的要求而且对联网影响不大时，才可以改用消弧线圈接地。

　　3. 增加耦合地线

　　有些装设单避雷线的线路，其接地电阻又很难降低时，可在杆塔顶部再架一条避雷线，改为双避雷线的线路，或不改变杆顶结构而在导线下面增加一条架空地线，叫做耦合地线。耦合地线虽然不能减少绕击率，但在雷击杆顶时能起分流作用和耦合作用。运行经验证明，增加耦合地线的线路，跳闸率约可降低一半。此外，在一些山区 110kV 单杆线路，耦合地线有平衡另一侧导线荷载，减轻杆塔歪头的作用；同时还解决了山区单、双杆混用时，单、双避雷线过渡处的多次剪断和锚固的问题，因为在双杆段，单杆的耦合地线可以引到杆塔顶部，变成了避雷线。

　　4. 加强线路绝缘和利用木质绝缘

　　线路绝缘水平的高低，直接影响线路的造价，因此在满足线路正常运行和内过电压要求的前提下，只能在很有限的范围内考虑加强线路绝缘。对于挂有避雷线的水泥杆和铁塔线路，一般只是对个别高杆塔在充分降低接地电阻的前提下，才考虑增加绝缘子以补偿由于塔身电感增大使雷击塔顶时电压升高的不利因素，其余正常线段不宜轻易增加绝缘。

　　木杆能够增加线路绝缘子串的冲击绝缘强度，我国现在尚存一些木杆线路，但新建线路已不用木杆。这些尚存的木杆线路最好不用铁横担，以便更好地利用木质绝缘。

　　当雷电流沿着绝缘子串的闪络途径通过木横担时，若维持沿木杆的电弧，平均电场强度就需要超过某一个限度。如果沿木杆的工频平均电场强度较低时，电弧就很易熄灭。只要横担长度能满足平均电场强度 $E \leqslant 6kV/m$，就不会因雷击建弧而引起跳闸了。

　　5. 装设线路自动重合闸装置

　　各级电压的线路应尽量装设自动重合闸装置。线路绝缘子在雷击闪络后大多能在跳闸后自动恢复绝缘性能，所以一般自动重合闸的成功率为 75%～95%，35kV 及其以下的线路为

50%～80%。在少雷区的 110kV 线路一般可不沿全线架设避雷线，但应装设自动重合闸装置，以防万一遭受雷击时能减少停电。高土壤电阻率地区的输电线路雷击后容易产生绝缘子闪络，所以也必须装置自动重合闸装置。在中性点直接接地电网中，经验表明，绝大多数雷害是单相闪络，所以可采用单相自动重合闸，以减轻断路器的检修工作量，并减轻对用户供电的影响。

对 3～10kV 的配电线路，除广泛利用瓷横担以提高绝缘外，还应尽量采用自动重合闸装置，或自动重合熔断器装置，以减少雷击针式绝缘子时的闪络事故。

### 四、线路互相交叉跨越时的保护措施

当输电线路互相交叉或跨越电压较低的线路时，为保证雷击交叉档也不导致交叉点发生闪络，两交叉线路的导线之间，或当下方线路有避雷线时，上方导线与下方避雷线之间的垂直距离（当导线温度为 40℃时）应不小于表 11-6 规定的数值。

表 11-6　　　　同级电压线路相互交叉或与较低线路、通信线路交叉时的交叉距离　　　　（m）

| 额定电压（kV） | 1 以下 | 3～10 | 20～110 | 154～220 | 330 |
|---|---|---|---|---|---|
| 交叉距离 | 1 | 2 | 3 | 4 | 5 |

对按发热条件选择导线截面的线路，还应校验当导线为最高允许温度时的交叉距离，此距离应大于按内过电压考虑的输电线路最小空气间隙，且不得小于 0.8m。

当 3kV 及其以上的同级电压线路互相交叉，或与较低电压线路或通信线路交叉时，对交叉档一般需要采取下列保护措施（对交叉距离比表 11-6 所列数值大 2m 及以上时，则不用采取保护措施）：

（1）交叉档两端的水泥杆或铁塔（上、下方线路共 4 基），不论有无避雷线，均应将杆塔接地。

（2）交叉档两端为木横担的水泥杆的电力线路且无避雷线时，应在杆上装设管型避雷器或保护间隙。

（3）若交叉档两端为木杆的低压线路或通信线路时，应在杆上装设保护间隙。

装设保护间隙的方法：在门型木杆上，可由间隙经横担与主杆固定外沿杆身敷设接地引下线构成。在使用针式绝缘子的单木杆上，可在距绝缘子固定点 750mm 处绑扎接地引下线构成。对通信线路，可由杆顶沿杆身敷设接地引下线构成。

线路交叉档两端的绝缘不应低于其邻档杆塔的绝缘。交叉点应尽量靠近上方或下方的线路杆塔，以减少导线因塑性伸长、覆冰、过载温升、短路电流过热而增大弧垂的影响和降低雷击交叉档交叉点上的过电压。如交叉点至最近杆塔的距离不超过 40m，雷击时此杆塔的上述保护措施将先起作用，此时则可不在此线路交叉档的另一杆塔上装设交叉保护用的管型避雷器或保护间隙，也无需装设杆塔接地装置。

### 五、大档距和特殊杆塔的保护措施

跨越河川、峡谷的高杆塔（高度在 40m 以上）以及换位杆塔，其耐雷水平应不低于同一线路的其他杆塔。

用避雷线保护的大跨越杆塔，其保护角不应超过 20°，其塔脚接地电阻应不大于 15Ω，即使土壤电阻率大于 2000Ω·m 时，也不宜超过 20Ω，且杆塔每增高 10m，绝缘子串应增加 1 片。对全高超过 100m 的杆塔的绝缘子串的数量，应结合运行经验，通过雷电过电压的计

算确定。

对现有无避雷线保护的大跨越杆塔，必须用管型避雷器进行保护，并比正常档距的绝缘子串增加 1 片绝缘子。

新建的未沿全线架设避雷线的 35kV 及其以上电压的输电线路中的大跨越段，宜架设避雷线。采用木杆或木横担的大跨越档，其避雷线两端的杆塔应装设管型避雷器或保护间隙。

大跨越档导线与避雷线间的距离，为防止雷击档距中央避雷线时发生反击，应符合下列要求

$$s_2 \geqslant 0.1I \tag{11-16}$$

式中　$s_2$——导线与避雷线间的距离，m；

　　　$I$——雷击档距中央避雷线时的耐雷水平，kA。

但如为防止雷击档距中央避雷线时建立稳定工频电弧的条件，则宜符合下式要求

$$s_3 \geqslant 0.1U_n \tag{11-17}$$

式中　$s_3$——导线与避雷线间的距离，m；

　　　$U_n$——线路额定电压，kV。

上述两式所列的距离，一般都应进行计算，选其较小值。若属于进线段内的大档距，为防止危险的雷电波侵入发电厂或变电站内，则导线与避雷线的距离必须符合式（11-16）的要求。

### 六、变电站进线段输电线路的保护

一般将变电站进出口 2km 左右长的一段线路，称为进线段。

为了使变电站内的阀型避雷器能可靠地保护变压器，必须设法使避雷器中流过的雷电流幅值 $I$ 不超过 5kA。如果进线段设有架设避雷线，那么当变电站进线雷击时，流过变电站内避雷器的雷电流幅值可能超过 5kA，其陡度也会超过允许值。因此，这种对沿线不架设避雷线的架空线路，在靠近变电站一般长 1～2km 的进线上必须加装避雷线或避雷针。图 11-4 为 35～110kV 无避雷线线路的变电站进线段的保护接线。

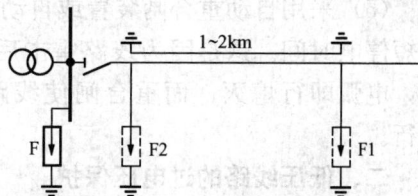

进线段的避雷线保护角为 20° 左右，最大不应超过 30°，以减少在进线段中发生绕击的机会。当雷击

图 11-4　变电站进线段保护

进线段以外的导线时，因导线的波阻抗和避雷器串联，故有限流作用，使流入变电站内的避雷器 F 的雷电流幅值不超过 5kA。

图 11-4 中，对铁塔和铁横担的钢筋混凝土杆线路，以及全线有避雷线的线路，其进线段首端，一般不装设管型避雷器 F1。只有在冲击绝缘水平较高的线路，如木横担木杆线路，木横担或陶瓷横担的钢筋混凝土杆线路的进线段的首端，才装设 F1。其工频接地电阻不宜超过 10Ω。目的是为了限制流过变电站内阀型避雷器 F 的雷电流幅值不超过 5kA。

在雷季，如变电站进线断路器或隔离开关可能经常断开运行，同时线路侧又带电，则必须在靠近隔离开关或断路器处装设一组管型避雷器 F2。这是因为，当线路受雷击时，雷电波沿线路传播到隔离开关或断路器断开处产生全反射而电压升高，这种过电压使断开处设备发生闪络。这样在线路侧带电的情况下，将会引起工频短路，将绝缘支座烧毁，威胁设备安全运行，故必须装设 F2 加入保护。

F2 外间隙值应整定在断路器断开时，能可靠地保护隔离开关及断路器；而在断路器闭合时不应动作，并在变电站内阀型避雷器的保护范围内。

# 第二节　配电网过电压保护

## 一、配电线路的过电压保护

电压为 10kV 的架空线路，由于分布广、支线多、电压等级较低，其绝缘水平较低，当线路遭受雷击时，常发生绝缘子击穿和烧断事故，尤其以装有铁横担的钢筋混凝土杆的线路更为严重。为了保证安全可靠供电，对 10kV 的配电线路的过电压保护，一般可采用以下措施：

（1）装有铁横担的钢筋混凝土杆线路，为了提高线路的绝缘水平，全部采用高一级电压的绝缘子。

（2）位于市区内的部分配电线路，如果正处于高层建筑的屏蔽范围以内，虽然遭受直击雷过电压的机会较少，但是感应过电压仍可能引起线路跳闸。因此，这种线路应尽可能对地保持足够的绝缘。

（3）同级电压线路相互交叉或与较低电压线路、通信线路交叉时，交叉线路档距两端的钢筋混凝土杆均应接地，其接地电阻不宜超过 30Ω，交叉线路导线间的垂直距离不得小于 2m。

（4）配电线路上的柱上开关和负荷开关等设备应装设阀型避雷器。对于经常开路运行而又带有电压的柱上开关或隔离开关的两侧，也均应装设阀型避雷器，且避雷器的接地应和柱上开关金属外壳连接起来共同接地，其接地电阻应不大于 10Ω。

（5）采用自动重合闸装置或自动重合熔断器可减少雷击线路绝缘子时的闪络事故，并能缩短停电时间。这是因为线路雷击后造成稳定的电弧而形成短路，使线路跳闸，线路断开后，电弧即行熄灭，而重合闸使线路再次接通，此时电弧一般不会重燃，线路恢复正常运行。

## 二、低压线路的过电压保护

低压线路分布很广，尤其在多雷地区单独架设的低压线路，很容易遭到雷击。由低压线路直接引入户内，低压电气设备绝缘又低，人身接触机会又多，所以必须考虑低压线路保护以及当雷击线路时，雷电波沿低压线路侵入用户室内的防雷保护问题，一般可采取以下保护措施：

（1）在多雷区，当变压器采用 Yyn 接线或 Yy 接线时，宜在低压侧装设一组低压避雷器（该避雷器可以用阀型避雷器也可用氧化锌避雷器）。当变压器中性点不接地时，除应在中性点处装设击穿保险外，其钢筋混凝土杆也应接地，接地电阻不宜超过 50Ω。

（2）对于重要用户，宜在低压线路进入室内前 50m 处装一组低压避雷器，入室后再装一组低压避雷器。

（3）低压进户线、电杆上的绝缘子铁脚必须可靠接地，其接地电阻不应超过 30Ω。这样，当低压线路受雷击时，雷电流将通过接地引下线引入大地，从而避免雷电波进入室内而造成人身设备事故。

（4）对于易受雷击的地段，直接与架空线路相连接的电动机或电能表，宜加装低压避雷器。

### 三、配电变压器过电压保护

1. 逆变换过电压和正变换过电压

对于 Yyn0 接线的配电变压器，在低压侧未装避雷器保护的情况下，当高压配电线路受雷击时，变压器高压侧避雷器首先动作，雷电波在接地电阻上产生压降。由于避雷器接地引下线和变压器低压绕组中性点共同接地，所以这个压降作用在零线上，而低压侧出线相当于经导线波阻接地，因此这个压降绝大部分都加在变压器低压绕组上。由于雷电波是冲击高频波，故在高压绕组上出现高电压。又由于高压绕组出线端的电位受避雷器固定，因此这个电压沿高压绕组分布，且在中性点达最大值，致使中性点附近的绝缘击穿。这种过电压称为逆变换过电压。

对于低压线较长、分布较广，而低压侧未装避雷器的 Yyn0 接线的配电变电压器，当低压线受雷击，雷电波传到配电变压器低压绕组时，由于低压侧中性点接地，低压绕组将有雷电流产生的磁通，在高压绕组上感应出电动势，使高压侧产生高电压，称为正变换过电压。

2. 过电压保护措施

(1) 配电变压器高压侧宜采用阀型避雷器保护。容量在 100kV·A 以上的变压器，其接地电阻不应大于 4Ω；容量为 100kV·A 及以下的变压器，其接地电阻不应大于 10Ω。为了防止避雷器正常运行中或雷击时发生故障，应使避雷器处于跌落式熔断器保护范围之内，即安装在熔断器内侧。

(2) 为了避免雷电流在接地电阻上的压降与避雷器的残压叠加一起作用在变压器主绝缘上，应将避雷器接地端的接地线与变压器外壳连在一起。这样，作用在变压器主绝缘上的电压只有残压了。但是，雷电流在接地电阻的压降，使变压器外壳电位提高，可能产生外壳对低压绕组反击。为此，必须把低压绕组的中性点也连在变压器外壳上。这样，当外壳电位提高时，低压绕组电位随之提高，保护外壳和低压绕组电位不变，避免了反击。

(3) 在多雷区为了防止正、逆变换过电压，在变压器低压出线处，安装一组低压避雷器或击穿保险器。

采用 YZn11 接线的配电变压器可抑制止、逆变换过电压。YZn11 接线的配电变压器，其高压绕组与 Yyn0 相同，但低压侧不同。YZn11 接线变压器的低压绕组为曲折星形连接，即把每一相绕组分成相等两段，分别绕在两个铁芯柱上，然后将一个铁芯柱上的一段绕组和另一个铁芯柱上另一段绕组相反地串联起来，成为一相绕组，再按星形接法把三相末端接在一起，如图 11-5 所示。

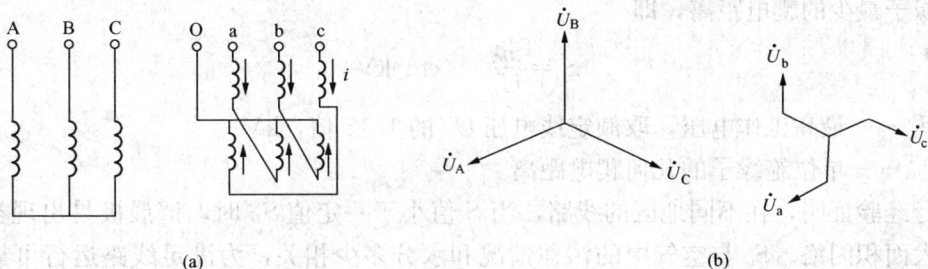

图 11-5　YZn11 接线变压器
(a) 接线图；(b) 相量图

对于 Yyn11 接线的配电变压器，当低压线路受雷击时，三相导线通过雷电流，因中性点接地，低压绕组也会流过雷电流，由于采用曲折星形连接，在每个铁芯柱上两段绕组中流过的雷电流大小相等，方向相反，因此，产生的磁通正好互相抵消，铁芯上的总磁通等于零。这样，就不会在高压绕组中产生感应电动势，从而消除了三相正变换过电压（消除三相逆变换过电压的分析与消除正变换过电压的道理相同）。

# 第三节　绝　缘　配　合

## 一、概述

电力网的绝缘包括电气设备的绝缘、导线的绝缘以及线路的绝缘。

各种过电压可能先受到各种限压措施（例如避雷线、避雷器、断路器的并联电阻等）的限制，然后作用在绝缘上。绝缘配合就是根据线路及设备所在电网中可能出现的各种电压（正常工作电压和过电压）、考虑各种限压措施及投资费、维护费，以确定线路及设备必要的绝缘水平。

对于 220kV 及以下电压的线路绝缘，一般应能耐受通常可能出现的内过电压，且能避免在正常工作时，由于绝缘污秽引起的闪络事故，还应按规定的耐雷水平进行校验，以保证耐受大气过电压的作用。

330kV 及以上电压的线路绝缘，由于送电距离很长，可能引起很大的工频电压升高及内部过电压，所以应采取措施限制工频电压升高及内部过电压，如采用并联电抗器或装有并联电阻的断路器等。

线路绝缘和变电站绝缘之间一般不需要考虑绝缘配合问题。因为变电站是专靠避雷针、避雷器及进线段等保护的，如降低线路绝缘使之与变电站绝缘配合，则会使线路事故大为增多。

## 二、线路的绝缘配合

架空导线的绝缘包括绝缘子串和导线对杆塔的空气间隙。线路的绝缘配合是指根据大气过电压及内过电压的要求，决定线路绝缘子串中绝缘子的片数和正确选择导线对杆塔的空气间隙。

1. 线路绝缘子串中的绝缘子片数的确定

在海拔 1000m 及以下的地区，直线杆线路绝缘子串片数 $n$，应按最高工作电压下污秽条件规定的爬电比距和内过电压倍数初步选定。爬电比距 $S$ 的定义为平均每千伏线电压应具备的绝缘子最少的爬电距离，即

$$S = \frac{n\lambda}{U_m} \quad (\text{cm/kV}) \tag{11-18}$$

式中　$U_m$——最高工作电压，取额定线电压 $U_n$ 的 1.15 倍，kV；

　　　$\lambda$——单位绝缘子的几何爬电距离。

运行经验证明，在不同地区的线路，当 $S$ 值小于一定值 $S_0$ 时，清晨极易出现雾闪，有时甚至大面积闪络。$S_0$ 与空气中的污秽情况和水分多少相关，为满足线路运行可靠性的要求，根据外绝缘污秽程度不同，将污秽划分为 5 个等级，表 11-7 给出了各种污秽情况的 $S_0$ 值。将表中 $S_0$ 值代入式（11-18），且考虑绝缘子爬电距离有效系数 $k_e$ 后，即可求得最高

工作电压下每串绝缘子的片数 $n_g$。其计算式为

$$n_g \geqslant \frac{S_0 U_m}{k_e \lambda} \qquad (11-19)$$

表 11-7                          污秽等级和爬电距离

| 污秽等级 | 污湿特征 | 线路爬电比距 $S_0$ (cm/kV) | | |
|---|---|---|---|---|
| | | 盐密 (mg/cm²) | 220kV 及以下 | 330kV 及以上 |
| 0 | 大气清洁地区及离海岸盐场 50km 以上无明显污染地区 | ≤0.03 | 1.39 (1.60) | 1.45 (1.60) |
| Ⅰ | 大气轻度污染地区，工业区和人口低密集区，离海岸盐场 10～50km 地区，在污闪季节中干燥少雾（含毛毛雨）或雨量较多时 | >0.03～0.06 | 1.39～1.74 (1.60～2.00) | 1.45～1.82 (1.60～2.00) |
| Ⅱ | 大气中等污染地区，轻盐碱和炉烟污秽地区，离海岸盐场 3～10km 地区，在污闪季节中潮湿多雾（含毛毛雨）但雨量较少时 | >0.06～0.10 | 1.74～2.17 (2.00～2.50) | 1.82～2.27 (2.00～2.50) |
| Ⅲ | 大气污染较严重地区，重雾和重盐碱地区，近海岸盐场 1～3km 地区，工业与人口密度较大地区，离化学污源和炉烟污秽 300～1500m 的较严重污秽地区 | >0.10～0.25 | 2.17～2.78 (2.50～3.20) | 2.27～2.91 (2.50～3.20) |
| Ⅳ | 大气特别严重污染地区，离海岸盐场 1km 以内，离化学污源和炉烟污秽 300m 以内的地区 | >0.25～0.35 | 2.78～3.30 (3.20～3.80) | 2.91～3.45 (3.20～3.80) |

　　注　爬电比距计算时取系统最高工作电压。表中括号内数值为按标称电压计算的值。

　　绝缘子爬电距离有效系数应由各绝缘子几何爬电距离在试验和运行中提高污秽耐压的有效性来确定，并以 XP-70、XP-160 型绝缘子的 $k_e$ 为基础，其值取 $k_e=1$。

　　几种常见绝缘子爬电距离有效系数 $k_e$ 见表 11-8。

表 11-8                        绝缘子爬电距离有效系数 $k_e$

| 绝缘子型号 | 盐密 | | | |
|---|---|---|---|---|
| | 0.05 (mg/cm²) | 0.10 (mg/cm²) | 0.20 (mg/cm²) | 0.40 (mg/cm²) |
| 浅钟罩型绝缘子 | 0.90 | 0.90 | 0.80 | 0.80 |
| 双伞型绝缘子（XWP2-160） | 1.0 | | | |
| 长棒型瓷绝缘子 | 1.0 | | | |
| 三伞型绝缘子 | 1.0 | | | |
| 玻璃绝缘子（普通型 LXH-160） | 1.0 | | | |
| 深钟罩玻璃绝缘子 | 0.8 | | | |
| 复合绝缘子 | ≤2.5 (cm/kV) | | >2.5 (cm/kV) | |
| | 1.0 | | 1.3 | |

**【例 11 - 1】**　　某经过污秽区的 330kV 线路，采用 XP - 70 型悬式绝缘子（爬电距离 $\lambda =$ 29cm），试按工作电压要求确定绝缘子串的绝缘子片数 $n_g$。

**解**　由式（11 - 19）得

$$n_g \geqslant \frac{S_0 U_m}{K \lambda} \geqslant \frac{1.45 \times (330 \times 1.15)}{1 \times 29} = 18.9 \quad 取 19 片$$

由于式（11 - 19）是由线路运行经验得到的，其中已经计及可能存在零值绝缘子，因此，所得 $n_g$ 值即为实际应取值，不需要再加零值片数。

中性点非有效接地系统可能带单相接地故障运行，此时非故障相的电压可升到线电压。因此，中性点非有效接地系统的爬电比距较大，在污秽区Ⅲ、Ⅳ级地区，宜采用防污绝缘子或绝缘子涂刷有机硅等防污涂料。

按工作电压要求初步选定每串绝缘子数 $n_g$ 后，还应根据内部过电压计算倍数的要求进行校验。此时，应考虑到内部过电压波及到整个电网，每条线路都难免有零值绝缘子存在，所以，应保证在每扣去 1 片预留零值绝缘子（对 330～500kV 线路因每串片数多且机械负荷大，也可以扣去 2 片）后，它们在工频下的湿放电电压或操作冲击波（波形一般取 250/2500ms）下的湿闪电压 $U_{sh}$ 仍比内部过电压的计算值高 10%，即

$$U_{sh} = 1.1 K U_{xgm} \tag{11 - 20}$$

式中　$U_{xgm}$——系统最高运行相电压幅值，kV；

　　　　$K$——内部过电压计算倍数（以电网最高运行相电压幅值为基数），66kV 以下取 4.0，110kV 及 220kV 取 3.0，330kV 取 2.2，500kV 取 2.0。

在没有完整的绝缘子操作冲击波湿闪电压数据时，只能近似用绝缘子工频湿闪电压代替，对常用的 XP - 70 型 $n_{ne}$ 片绝缘子串的工频电压幅值为

$$U_{sh} = 60 n_{ne} + 14 \quad (kV)$$

$$n_{ne} = \frac{U_{sh} - 14}{60} \tag{11 - 21}$$

**【例 11 - 2】**　某 330kV 线路，采用 XP - 70 型悬式绝缘子。试按内部过电压要求确定绝缘子串子片数。

**解**　按式（11 - 20）得

$$U_{sh} = 1.1 K U_{xgm} = 1.1 \times 2.2 \times \frac{1.15 \times 330 \sqrt{2}}{\sqrt{3}} = 942.2 (kV)$$

按式（11 - 21）得

$$n_{ne} = \frac{U_{sh} - 14}{60} = \frac{942.2 - 14}{60} = 15.4 \quad 取 16 片$$

考虑零值绝缘子后所需绝缘子层数为 17 片。

在中性点有效接地系统中，$n_{ne}$ 一般与 $n_g$ 相等或稍小，而在非有效接地电网中，$n_{ne}$ 一般比 $n_g$ 大 1。

最后，每串绝缘子片数再按大气过电压进行校验。在特殊高杆塔以及高海拔地区，大气过电压要求的 $n_{da}$ 往往大于 $n_g$ 和 $n_{ne}$，此时大气过电压成为 $n$ 值的决定因素。

现将决定输电线路各级电压直线杆每串 XP - 70 型绝缘子的片数，分别按工作电压要求的 $n_g$ 值、内部过电压要求的 $n_{ne}$ 值、大气过电压要求的 $n_{da}$ 值均列于表 11 - 9 中。

**表 11-9　　海拔 1000m 及其以下的非污秽区各级电压线路直线杆每串 XP-70 型绝缘子片数 $n$**

| 线路额定电压（kV） | | 35 | 66 | 110 | | 154 | | 220 | 330 | 500 | 750 |
|---|---|---|---|---|---|---|---|---|---|---|---|
| 中性点接地方式 | | 非有效接地 | 有效接地 | 非有效接地 | 有效接地 | 非有效接地 | 有效接地 | 有效接地 | 有效接地 | 有效接地 | |
| 按工作电压要求的 $n_g$ 值 | 按式（11-19）计算的 $n_g$（当 $s_0=1.6$ 时），$n_g$ 值应取数 | 1.9 | 3.64 | 6.06 | | 8.5 | | 12.1 | 18.2 | 27.59 | |
| | | 2 | 4 | 6~7 | | 9 | | 12~13 | 18~19 | 27~28 | |
| 按内部过电压要求的 $n_{ne}$ 值 | 内部过电压计算倍数 $K$ 按式（11-21）计算的 $n_{ne}$，$n_{ne}$ 值应取数 | 4 | 4 | 3 | 3.5 | 3 | 3.5 | 3 | 2.75 | 2.5 | |
| | | 3.19 | 5.36 | 6.5 | 7.45 | 8.78 | 10.11 | 12.2 | 16.5 | 26 | |
| | | 3 | 5 | 6.5 | 7~8 | | 10 | 12~13 | 17~18 | 26 | |
| 按大气过电压要求的 $n_{da}$ 值 | | 3* | 5 | 7 | 7 | 9 | 9 | 13 | 19 | 25 | 32 |
| 综合 $n_g$、$n_{ne}$ 和 $n_{da}$ 的要求后，实际采用的 $n$ 值 | | 3 | 5 | 7 | 7 | 9 | 10 | 13 | 19 | 28 | |

**注**　1. 全高超过 40m 有避雷线的杆塔，高度每增加 10m，应增加 1 片绝缘子；

　　2. 500kV 线路选用 XP-160 型绝缘子。

*　按感应过电压要求计算的 $n_{da}$ 值。

对线路耐张杆来说，运行经验表明，由于耐张绝缘子串所受机械荷载较大，易于损坏，所以预留零值绝缘子片数应比直线杆多 1 片，因此耐张杆每串绝缘子片数应比表 11-7 所示直线杆的 $n$ 值多 1 片。

海拔在 1000m 及其以上时，由于空气密度降低，绝缘子串的闪络电压也随之下降，此时每串绝缘子的数量 $n_H$ 应按下式选取

$$n_H = n[1+0.1(H-1)] \tag{11-22}$$

式中　$H$——线路所在地海拔高度，km。

此式在 $H=1\sim3.5$km 时适用。

运行经验说明：采用以上方法定出的线路每串绝缘子片数，能避免工作电压下的雾闪和内部过电压下的闪络，而且在接地电阻合格时，能满足对线路跳闸率的要求。

2. 选择导线对杆塔的空气间隙

导线对杆塔的空气间隙选择，应从安全和经济两方面来考虑。间隙选择过大，会增加塔头尺寸，增大线路造价和投资；但选择的最小间隙，也应满足运行电压和内过电压计算倍数的要求，同时其冲击强度应与耐雷水平要求的绝缘子串的冲击放电电压相适应。

线路导线对杆塔的空气间隙，一般受大气过电压幅值作用的可能性较高，内过电压幅值作用则次之，工作电压幅值作用最低，但就作用的持续时间来说，次序却相反。在确定间隙大小时，还应当考虑风吹导线使绝缘子摆动的不利因素。在海拔 1000m 及以下地区，对工作电压来说，计算用风速 $v_g$ 显然应取线路的最大计算风速 $v_{zd}$。对内部过电压来说，考虑其持续时间较短，计算用风速 $v_{ne}$ 采用线路最大计算风速 $v_{zd}$ 的 50%。对大气过电压来说，其持续时间极短，因此计算用风速 $v_{da}$ 一般采用 10m/s；只在气象恶劣时，才采用 15m/s。因此，

在上述三种情况下的计算风偏角 $\theta_g$、$\theta_{ne}$ 和 $\theta_{da}$ 不同，如图 11-6 所示。

按工作电压选定线路的空气间隙 $s_g$ 时，应满足下式要求

$$U_{gf} = K_1 U_{xg}$$

式中　$U_{gf}$——考虑风偏角后，间隙 $s_g$ 在工频电压下的放电电压，kV；

　　　$U_{xg}$——额定相电压，kV；

　　　$K_1$——考虑空气密度变化影响（约可下降 8%）、空气湿度变化影响（约可下降 9%）以及其他不利因素后，采取的安全系数，对中性点直接接地的 220kV 及以下线路取 $K_1=1.6$，对 330kV 及以下线路取 $K_1=1.7$，对中性点非直接接地的电网取 $K=2.5$（计及单相接地运行）。

按内部过电压选定线路空气间隙 $s_{ne}$ 时，应满足

$$U_{ne} = 1.2 K U_{xg}$$

式中　$U_{ne}$——按内部过电压要求考虑风偏角后，间隙 $s_{ne}$ 的工频放电电压或操作冲击波下的 50% 放电电压，kV；

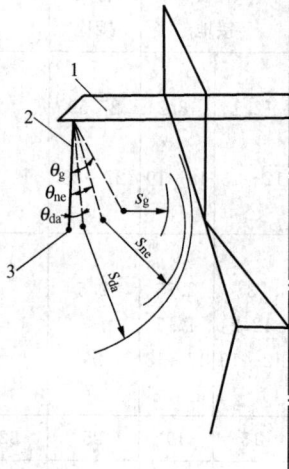

图 11-6　工作电压、内过电压及大气过电压下的风偏角
1—杆塔；2—绝缘子串；3—导线

　　　$K$——内过电压倍数；

　　　$U_{xg}$——额定相电压。

按大气过电压选定线路空气间隙 $s_{da}$ 时，应使 $s_{da}$ 的冲击绝缘强度与非污秽地区的绝缘子串的冲击放电电压相适应。

一般来说，在 220kV 及以下线路中，对空气间隙选择起决定作用的是大气过电压。按照以上要求所得各级电压输电线路的最小空气间隙应符合表 11-10 的要求。如果用的是木杆且无接地引下线时，空气间隙可减小 10%。3～10kV 输电线路当采用悬式绝缘子时，其空气间隙可参照表 11-9 中 20kV 级的数据。

在设计空气间隙时，应注意留有一定裕度，以考虑杆塔尺寸误差、横担变形和拉线施工误差等不利因素。

**表 11-10　　　　　　　　　　　输电线路的最小空气间隙**

| 额定电压 (kV) | 20 | 35 | 66 | 110 | | 154 | | 220 | 330 | 500 | 备　注 |
|---|---|---|---|---|---|---|---|---|---|---|---|
| | | | | 有效接地 | 非有效接地 | 有效接地 | 非有效接地 | | | | |
| 最小空气间隙 (cm) | 2 | 3 | 5 | 7 | 7 | 10 | 10 | 13 | 19 | 28 | XP-70 型绝缘子片数 |
| | 35 | 45 | 65 | 100 | 100 | 140 | 140 | 190 | 260 | 370 | 按大气过电压（$s_{da}$） |
| | 12 | 25 | 50 | 70 | 80 | 100 | 110 | 145 | 220 | 270 | 按内部过电压（$s_{ne}$） |
| | 5 | 10 | 20 | 25 | 40 | 35 | 55 | 55 | 100 | 125 | 按最大工作电压（$s_g$） |

注　污秽地区加强绝缘时，间隙一般仍用表中（运行电压间隙）数值。

海拔超过 1000m 时，每增高 100m $s_g$ 和 $s_{ne}$ 应较表 11-9 中的数值增大 1%。因为高海拔或高杆塔而增加绝缘子片数时，$s_{da}$ 也应按正比例增大。

根据运行经验，按以上方法选取的空气间隙值能避免在内部过电压下发生闪络，只有在

风速超过设计风速的极个别条件下才会发生工作电压下的放电；在大气过电压下如果线路绝缘闪络，绝大部分是沿绝缘子串发生，沿空气间隙的放电是极少见的。

## 习　　题

1. 简述避雷线的作用。
2. 什么叫做耦合作用？
3. 什么叫输电线路的耐雷水平？
4. 耐雷水平和哪些因素有关？如何提高线路的耐雷水平？
5. 输电线路绝缘发生闪络跳闸的原因是什么？
6. 架空输电线路过电压保护措施有哪些？
7. 简述对线路互相交叉跨越的过电压保护有何要求？
8. 简述对大档距和特殊杆塔的过电压保护有何要求？
9. 分析变电站进线段过电压保护措施。
10. 配电线路主要的过电压保护措施有哪些？
11. 简述低压架空线路的过电压保护措施。
12. 什么叫正、逆变换过电压？
13. 怎样防止正、逆变换过电压？
14. 对配电变压器过电压保护有何要求？
15. 什么叫绝缘配合？配电线路的绝缘配合指的是什么？
16. 何谓爬电比距？线路绝缘子串中绝缘子片数如何确定？
17. 如何选择导线对杆塔的空气间隙？

# 第十二章

# 输配电线路的事故预防

由于架空线路分布很广，又长期处于露天之下运行，所以经常会受到周围环境和大自然变化的影响，从而使架空线路在运行中会发生各种各样的故障。据历年运行情况统计，在各种故障中多属于季节性故障。为了防止线路在不同季节发生故障，就应有针对性的采取相应的反事故措施，从而保证线路安全运行。

造成线路故障的主要原因有：

(1) 风力过大。风力超过杆塔的机械强度，就会使杆塔歪倒或损坏，并使导线产生振动、跳跃和碰线。

(2) 雨量影响。毛毛细雨能使脏污绝缘子发生闪络，甚至损坏绝缘子。倾盆大雨久下不停时，会使河水暴涨或山洪暴发，造成倒杆事故。

(3) 冰雪过多。当线路导线、避雷线上出现严重覆冰时，首先是加重导线和杆塔的机械荷载，使导线弧垂过分增大，从而造成混线或断线；当导线、避雷线上的覆冰脱落时，又会使导线、避雷线发生跳跃现象，因而引起混线事故。此外，由于瓷瓶或横担上积聚冰雪过多，进而引起绝缘子的闪络事故。

(4) 雷电的影响。雷电不仅会使绝缘子发生闪络或击穿，有时还会引起导线断线等事故。

(5) 鸟害。鸟在杆塔上筑巢或在杆塔上停落，有时大鸟穿过导线飞翔，均可能造成线路接地或短路等事故。

(6) 环境污染。在工业区，特别是化工区或其他有污源地区，所产生的尘污或有害气体，会使绝缘子的绝缘水平显著降低，以致发生闪络事故。有些氧化作用很强的气体，则会腐蚀金属杆塔、导线、避雷线和金具等。

(7) 气温变化。空气温度变化时，导线的张力也变化。在炎热的夏天，由于导线的伸长，使弧垂变大，可能会造成交叉跨越处放电事故；而在寒冷的冬天，由于导线收缩，弧垂变小，应力增加，又可能造成断线事故。

除上述各点之外，其他造成线路事故的原因还很多。如外力影响的事故，在线路附近放风筝，在导线附近打鸟放枪，在杆塔基础旁边挖土以及线路附近有高大树木等。这些都会影响线路正常运行，也可能造成严重的事故。

但是，只要我们严格执行各种运行、检修制度，切实做好维护和检修工作，认真执行各项反事故技术措施，即可保证架空线路的安全运行，上述各种事故是可以避免的。

## 第一节　污秽和防污工作

架空线路的绝缘子，当表面粘附污秽物质后，在潮湿的天气里，吸收水分而具有导电性，致使绝缘子的绝缘水平大为降低，绝缘子表面的泄漏电流增加，以致在工作电压下也可能发生绝缘子闪络，通常称为污闪。

## 一、污秽的种类

按污秽的来源可分为：

（1）自然污秽。指无人参与在自然条件所生的污秽，如在空气中飘浮的微尘、海风带来的盐雾、盐碱严重地区大风刮起的尘土以及鸟类粪便等。

（2）工业污秽。指在工业生产中所产生的工业型污秽。如火电厂、化工厂、水泥厂、煤矿、蒸汽机车等工业企业排出的烟尘或废气等。

按污秽的形态可分为：

（1）颗粒性污秽。这种污秽物质，一般是各种形式的颗粒，如氧化铝、氧化钙、氧化硅等灰尘、烟尘。

（2）液体性污秽。如冷却塔、喷水池放出的水雾、水滴和酸雨等。

（3）气体性污秽。这些污秽物质弥漫在空气中，且有很强的覆盖力。如各种化工厂排出的 $NO_2$、$SO_2$、$CO_2$、$CO$ 等气体，海风带来的盐雾等。

## 二、污秽绝缘子的沿面放电

污秽绝缘子的沿面放电（简称污闪）是在工频运行电压长期作用下产生的。

各种污秽物质的性质不同，对架空线路的影响也不同。普通的灰尘容易被雨水冲刷掉，所以对绝缘性能影响不大。可是工业粉尘附着在绝缘子表面上能形成一层薄膜，就不易被雨水冲掉，因此对绝缘影响极大。煤烟中的氧化硅、氧化铝和硫；水泥厂喷出飞尘中的氧化钙和氧化硅；盐雾中的氯化钠（NaCl）。这些污秽物质在干燥时，电阻很大，导电不好。对线路安全运行没有很大危险，但在雾、雨、雪那样的潮湿天气里，绝缘子表面污物吸收水分而呈离子状态，此时电导大为增加，泄漏电流也急剧增加。泄漏电流大小与积污量、污秽物导电性能、污层吸潮性能的强弱以及水分的导电性能有关。当泄漏电流增加时，绝缘子表面某些污层较薄的地方或潮湿程度较轻的地方，尤其是像直径最小的绝缘子钢脚附近电流密度大的地方，局部污秽表面首先发热而烘干，形成高电阻的干燥带。此干燥带的电压降迅速增高，如果空气的耐压强度低于加在干燥带上的电压，则在干燥带上首先发生局部放电。此时电压全部加在绝缘子干燥带的其余部分，当电压大于此部分空气的耐压强度时，使整个绝缘子发生闪络。当一个绝缘子发生闪络时，绝缘子串上的电压便加在其余绝缘子的干燥带上，迫使所有绝缘子快速串联放电而形成污闪。

污闪和其他类型闪络有所区别，污闪的电弧总是从表面开始的，只有在最终阶段，才使绝缘子串附近空气击穿。图 12-1（a）所示为沿面放电；图 12-1（b）所示为击穿。

## 三、架空输电线路污闪事故的特点和危害

### 1. 污闪事故的特点

（1）污闪事故一般均在工频运行电压长时间作用下发生。

（2）污闪事故具有明显的季节性，往往发生在初秋到来年初春，我国东北、西北地区约 200 天，华北地区约 180 天，华中地区约 150 天，华东地区约 120 天。由于冬秋季节积聚了较多的污秽，来年初春润物的细雨大雾促使闪路发生。在一天之

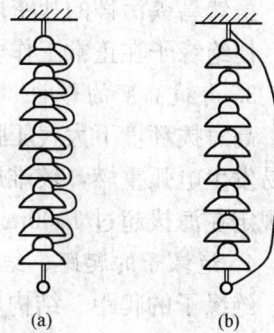

图 12-1 污闪现象

中，又以傍晚到清晨较易发生污闪。大雾、毛毛细雨、凝露、雨加雪是污闪最易发生的天气。

（3）直线串绝缘子比耐张绝缘子更容易发生污闪。原因是耐张绝缘子水平悬挂，污秽容易被雨水或风冲刷，特别是耐张水平绝缘子采用普通型，自洁性能好且积污轻。

（4）直线双串绝缘子比单串绝缘子易污闪，特别是 500kV 以上带均压环的双串绝缘子更易污闪，原因是双串耐压比单串降低约 10%。

（5）绝缘子串有覆水、积雪现象，当冰雪消融时更易发生污闪。

2. 污闪事故的危害

污闪会导致绝缘子伞盘炸裂损坏、劣化瓷绝缘子钢帽炸裂、导线掉串，从而造成长时间的停电。

污闪事故面积大、持续时间长。污闪事故一旦发生，往往不能依靠重合闸迅速恢复送电，有时导致导线断线。同时，在处理污闪事故时，需要更换一批损坏的绝缘子，更换损坏的导线，还需要清扫绝缘子，这样一来，处理事故时间更长，停电损失也大，所以大面积污闪为恶性事故。1990 年春天，我国华北地区出现了历时 13 天的罕见大雾天气，并夹杂着雨雪，相对湿度平均达到 98%，能见度只有 2m。由于这样恶劣的天气袭击着华北电网，出现了全网性的污闪事故，使通往京、津、唐的 500kV 超高压线路断电，数十条 220kV 和110kV 架空线路跳闸，使华北电网解列成几个孤立的小电网，造成严重的经济损失。

污闪除了容易引起绝缘子闪络，还能引起避雷线、杆塔上的金属部件发生锈蚀。

污闪事故发生时，对附近的电视、通信设备也是一个干扰源，影响收听和观看的效果。

从以上可知，污闪事故是电力系统的一种恶性事故，必须认真对待。

**四、输电线路污闪事故的影响因素**

1. 大气污染

火电厂、化工厂、水泥厂、钢铁厂及矿山等工业排出大量烟尘或废气等污染物，随着气压、风速、温度等条件的变化形成严重的污染源，使绝缘子表面长期遭受积污，当其表面污秽层充分受潮后，其绝缘电阻快速下降，泄漏电流增加，从而导致闪络事故发生。

天气出现覆冰、覆雪时，对绝缘子的污闪电压有不同影响。若绝缘子先污染，后结冰时在相同的爬距下，无论在冻结状态还是在融化状态下，其污闪电压可提高。通常情况是，冰雪在空气中受到污染后往往冻结在绝缘子上，这时污闪电压最低，极易发生闪络事故。

2. 鸟粪污染

虽然鸟粪污秽的盐密度不高，但是鸟粪排在绝缘子串上表面，缩短了绝缘子的有效爬距，使绝缘子在正常工作电压下更容易发生污闪事故。

3. 海拔高度的影响

高海拔环境下大气压强较低，极易发生放电现象，并且电弧较粗，在交流过零后，电路极易发生电弧重燃，较难熄灭，所以，在高海拔、低气压下运行的输电线路应加强绝缘，规程规定在海拔超过 1000m 以上时，海拔每增高 300m，放电间隙增大 3%。

4. 绝缘子的爬距、结构的影响

绝缘子的爬距、结构、材料与污闪电压密切相关。一般情况下，污闪电压随爬距的增大而增加。绝缘子的结构形状直接影响绝缘子的防污性能。若绝缘子表面光滑，不易形成涡流，积污量较小，可提高污闪电压。

**五、防止污闪事故的措施**

为了防止污闪事故，必须采取适当的技术和组织措施。

1. 确定线路污秽的季节

根据历年发生污闪事故的时间和气候条件，找出污闪事故与季节、天气等因素的关系，从而确定线路容易发生污闪的季节，以便使防污工作在污闪季节之前完成。

2. 查清污秽的性质

每个季节架空线路所通过的环境不同，污秽性质和严重程度也不同，因而对线路的危害程度也不同，所采取的防污措施也就不同。因此，查清污秽的性质是正确确定防污措施的重要工作。要查清污秽的性质，首先要测定绝缘子污秽等值附盐量。

等值附盐密度（简称盐密）$W_0$ 是衡量绝缘子表面污秽导电能力的一个主要参数指标，并用与污秽物水溶液导电系数大小相等的氯化钠量表示，单位绝缘子表面附着污秽的严重程度为

$$W_0 = \frac{W}{S} \quad (mg/cm^2) \tag{12-1}$$

式中　$W$——被测绝缘子表面污秽的等值附盐量，mg；

　　　$S$——被测绝缘子表面积，$cm^2$。

等值附盐量测定方法：

（1）采集污秽，对悬式绝缘子串取其中盐密最大一片，用 300mL 的蒸馏水和毛刷清洗绝缘子表面的污秽 2～3 次，然后将各次洗下的污秽（污样）混合起来供测量用。

（2）测量污秽液的电阻或导电系数。将污秽液装进一定尺寸的两端有电极的试管内，用绝缘欧姆表、万用表、水阻表或电流、电压等方法测量其电阻，或用仪表测量其导电系数。测量时将污秽液用玻璃棒搅拌均匀，并测量当时的温度。

（3）含盐量计算。在测量时如污秽液的温度不足 +20℃，则应将测量的电阻或导电系统换算为 +20℃时的数值，即

$$R_{20} = R_t \frac{20+t}{40} \tag{12-2}$$

式中　$R_t$——污秽温度为 $t$℃的电阻值。

按 20℃导电系数与含盐量的关系曲线，查出与测量值相应的含盐量。由于电阻或导电系数与含盐量关系曲线，是表示 100mL 污秽中的含盐量 $W_0'$，而清洗时使用的水量是 $V$mL，因此，绝缘子污秽的含盐量为

$$W = \frac{V}{100} W_0' \tag{12-3}$$

将式（12-3）代入式（12-1），就可求出相应的等值附盐量（盐密）$W_0$。

根据污秽与线路的地理位置关系和线路上的降污量情况，可定出污秽地区的范围和污秽性质及污秽的等级，输电线路污秽等级标准如表 11-6 所示。

3. 防污闪事故的技术措施

目前比较有效的防污秽技术措施有以下几项。

（1）做好绝缘子的定期清扫。绝缘子清扫周期一般是每年一次，但还应根据绝缘子的脏污情况及对污样分析的结果适当确定清扫次数。清扫的方法有停电清扫、不停电清扫、不停电水冲洗三种方法。

1）停电清扫：即在线路停电以后工人上杆塔，用抹布擦拭，如遇到用干布擦不掉的污垢时，也可用水湿抹布擦，也可用醮有汽油的布擦，或用肥皂水擦也行，但必须用净水冲洗

一下绝缘子以免有碱性物附着在绝缘子上。无论用哪种方式擦绝缘子最后都应用干净的布再擦一遍。

2）不停电清扫：一般是利用装有毛刷或绑以棉纱的绝缘杆，在运行线路上擦拭绝缘子。所使用的绝缘杆的长短取决于线路电压的高低，在清扫时工作人员与带电部分，必须保持足够的安全距离，并应有监护人。

3）不停电水冲洗：带电水冲洗绝缘子的清扫方法和其他方法相比较，有设备简单、效果良好，可以带电进行，工作效率高，改善了工人的工作条件等优点，其具体要求和方法见第十五章。

（2）定期测试和及时更换不良绝缘子。线路上如果存在不良绝缘子，线路绝缘水平就要相应地降低，再加上线路周围环境污秽的影响，就更容易发生污秽事故。因此，必须对绝缘子进行定期测试，发现不合格的绝缘子就应及时更换，使线路保持正常的绝缘水平。一般1~2年就要进行一次绝缘子测试工作，其测试方法将在第十三章中讨论。

（3）提高线路绝缘水平。提高绝缘水平以增加泄漏距离的具体办法是：增加悬垂式绝缘子串的片数；对针式绝缘子，提高一级电压等级；将配电线路的断引处或终端杆的单茶台改成双茶台；也可将1个茶台和1片悬式绝缘子配合使用。

（4）采用防污绝缘子。采用特制的防污绝缘子或将一般悬式绝缘子表面涂上一层涂料或半导体釉，以达到抗污闪的能力。

1）在污秽严重的地段，可将一般悬式绝缘子更换成防污绝缘子。

2）防污涂料绝缘子：如前所述，对一般绝缘子，当绝缘子瓷件表面的污秽物质吸潮后，便形成导电通路。如果在绝缘子瓷件表面上涂上一层涂料，使具有涂料瓷件表面上的污秽物质不能吸潮，或吸潮后仍然是孤立的颗粒，而不能形成导电通路，这样就增强了绝缘子的抗污能力。

那么，涂料为什么能够增强绝缘子的抗污能力呢？这是因为，涂料本身是一种绝缘体，同时又有良好的斥水性，空气中的水分在涂料表面只能形成一个孤立的微粒，而不能连成一片，故可提高绝缘子的绝缘强度。即当污秽物质落在涂料上时，由于涂料是油性的，能将污秽物包围起来，使污秽形成一个个孤立的微粒，由于这些微粒的外面包着一层斥水性很强的涂料，因此里面的污秽物，也就不易吸潮。这就是涂料能提高绝缘子抗污性能的道理。

涂料大致分两种类型。一种是有机硅类，例如有机硅油、有机硅蜡等。这些涂料都具有较好的性能，而且施工方便，缺点是造价高，寿命短，有效期一般只有3个月，最长也不超过6个月。另一种是蜡类，即由地蜡、凡士林、黄油、石蜡、松香等按一定比例配制的，性能也很好，而且寿命较长，有效期为5年左右。

我国有的地区使用"地蜡1∶1.5"的蜡类涂料，其配方是：地蜡1份，凡士林1.5份。把这两种东西放在铁锅内熔化，搅匀（在120℃）。然后涂刷在绝缘子表面上。涂料的厚度为1mm左右为宜，太厚易裂，太薄影响寿命。在涂刷绝缘子时，还要注意绝缘子与涂料的温差不要太大，一般控制在70~90℃之间，以免绝缘子炸裂。涂刷后的绝缘子在运输、安装时都应很好保护，以免碰破涂层，影响效果。

一般情况，涂料绝缘子在有效期间可以不作清扫，但有的地区如适当增加水冲洗，可以延长涂料寿命，提高抗污性能。

3）半导体釉绝缘子：这种绝缘子与一般绝缘子不同点是表面涂有含半导体材料的釉。

当这种绝缘子表面污秽时，在潮湿的天气里，就会有较大的泄漏电流并使绝缘子表面温度升高，因而促使半导体导电系数增加，则电阻减少。泄漏电流愈大，温度就愈增加，如此循环下去就会将污秽层烘干（一般绝缘子表面温度比周围环境的温度高1～2℃）。这样，就可能使绝缘子不受潮，从而达到不发生闪络的目的。

## 第二节　线路覆冰及其消除措施

### 一、架空线路覆冰的原因

架空线路的覆冰是在初冬和初春时节（气温在－5℃左右），或者是在降雪或雨雪交加的天气里，在架空线路的导线、避雷线、绝缘子串等处均会有冰、霜和湿雪混合形成的冰层。这是一层结实而又紧密的透明或半透明的冰层，形成覆冰层的原因，是由于在自然界物体上附着水滴，当气温下降时，这些水滴便凝结成冰，而且越结越厚。

有时，也会在导线表面上结上一层白霜，呈冰渣性质，其质量比坚实的覆冰轻得多，但其厚度却大得多。一般当空气中有大量水分且有微风时，最易形成霜。

在湿雪降落时，湿雪一方面粘在导线上，同时又会浸透正在结冰的水，使冰层越来越厚，最厚可达10cm以上。

当风向与线路平行时，覆冰的断面呈椭圆形；当风向与线路垂直时，覆冰的断面呈扇形，即在导线的一个侧面；当无风时，覆冰则是均匀的一层。

此外，覆冰还与线路走向有关，在冷、热空气的交汇处经过的线路，覆冰就更严重。覆冰在导线或绝缘子上停留的时间也是不同的，这主要决定于气温的高低和风力的大小，短则几小时，长则达几天。

2008年冬春交替季节，在我国南方一些地区发生了历史罕见的长时间冻雨天气，输电架空线路覆冰远远超过设计覆冰厚度，导线覆冰最厚达到110mm，造成导地线断线，上万基杆塔压倒或拉倒，造成大面积停电，经济损失严重。这次覆冰故障发生的原因是：

（1）气象影响是本次覆冰故障形成的主要因素。长时间0℃左右的雨雪天气，使水能够凝结成冰；85%以上的大气湿度，保证了空气中有足够的过冷的水滴；1m/s以上的风速，将大量过冷水滴源源不断地输向输电线路，与导地线、绝缘子、杆塔等表面不断碰撞加速线路覆冰。

（2）山区地形为线路覆冰提供了上述的气象条件。本次覆冰地区，湖泊、江河分布密集，高山大岭，植被较好，水汽充分，温度较大，这些都为线路覆冰提供了良好的气象条件和地形条件。

（3）季节和海拔的影响促成本次覆冰的形成。倒春寒气候，冷暖气流交汇频繁，空气湿度较大，气温适宜，高海拔促成本次覆冰的形成。

（4）上述原因使覆冰不断增加，造成导地线严重覆冰。当天气回暖时，又引起导地线不均匀脱冰，使导地线产生了较大的张力差而断线，并连续不断拉倒杆塔。

### 二、因覆冰而发生的事故

导线和避雷线上的覆冰有时是很厚的，严重时会超过设计线路时所规定荷载。如果导线、避雷线发生覆冰时还伴着强风，其荷载更要增加，这可能引起导线或避雷线断线，使金具和绝缘子串破坏，甚至使杆塔损坏。尤其是扇形覆冰，它能使导线发生扭转，所以对金具和绝缘子串威胁最大。常见的线路覆冰事故有以下几种：

（1）杆塔因覆冰而损坏。一般是由于直线杆塔某一侧导线断线所造成的。此时，由于带覆冰的导线在该杆塔的另一侧形成较大的张力，使杆塔受到过大的荷载，故造成倒杆或倒塔事故。

（2）导线覆冰事故。如果导线在杆塔上是垂直排列的，当导线和避雷线上的覆冰有局部脱落时，因各导线的荷载不均匀，会使导线发生跳跃现象，从而使导线发生碰撞，造成短路故障。

（3）线路各档距覆冰不均引起事故。由于线路各档距内的覆冰不均等原因，会使各档距内的弧垂发生很大变化。有严重覆冰的档距内的导线荷载很大，将使导线严重下垂，以致有时使导线离地面距离减小到十分危险的程度，因而发生事故。

（4）绝缘子串覆冰事故。虽然绝缘子上冰层厚度所增加的质量不大，但却降低了绝缘子串的绝缘水平，会引起闪络接地事故，甚至烧坏绝缘子，其后果也很严重。

**三、覆冰的防止和消除措施**

为了防止覆冰所引起的故障，设计杆塔时，应考虑由于覆冰所形成的外加荷载。对经常发生严重覆冰的地区，架设耐覆冰式的线路，这种线路的杆塔较一般杆塔的机械强度大，档距较短，导线张力较小。为了避免碰线，导线应采用水平排列的布置方法，并应适当地加大导线和避雷线之间的距离。

选择线路路径时，应注意避开冷、热空气的交汇处。

但是在覆冰特别严重的地区，上述措施还是不够的，覆冰仍可引起破坏线路的事故。因此，在运行中必须观察导线上产生覆冰的情况，并采取适当的措施予以消除。

消除导线上的覆冰，有电流溶解法和机械打落法等。

1. 电流溶解法

这种方法，主要是加大负荷电流或用短路电流来加热导线使覆冰溶解落地，达到除冰的目的。具体做法有以下三种。

（1）用改变电力网的运行方式来增大线路负荷电流。

（2）将线路与系统断开，并将线路的一端三相短路起来，另一端用特设的变压器或发电机来供给短路电流。

当采用增大线路负荷电流来加热导线的做法时，应在覆冰开始形成的初期，即加大负荷电流，作为预防措施。但是这种办法会使线路的电压降低、增大电能损耗，所以不能长期使用。

当用短路法来融化覆冰时，则应根据线路长度、导线的截面和材料，准备好必要的设备，其容量应事先计算好，使之能够满足融冰的要求。对于铜线及钢芯铝线，在周围气温为 $-5℃$，风速为 $5m/s$ 时，融冰所需时间和电流的关系曲线如图 12-2 所示（图中虚线为周围气温低于 $-5℃$ 时的曲线）。短路融冰法的接线如图 12-3 所示。

在进行融冰以前，应注意检查长时间通过短路电流的系统接线和设备。用短路电流融冰时最好不要使用发电厂和变电站的接地网，而采用单独的接地装置，以免发生危险。

用短路电流融冰时，还应派人到线路上去观察覆冰的溶化过程，当覆冰已开始从导线上脱落时，应立即切断融冰电流，否则时间一长，会使导线过热，特别应注意导线的连接处。

在一般的设备条件下，电流融冰法是很难实现的，因此除了在重冰区外，其实用价值不大。

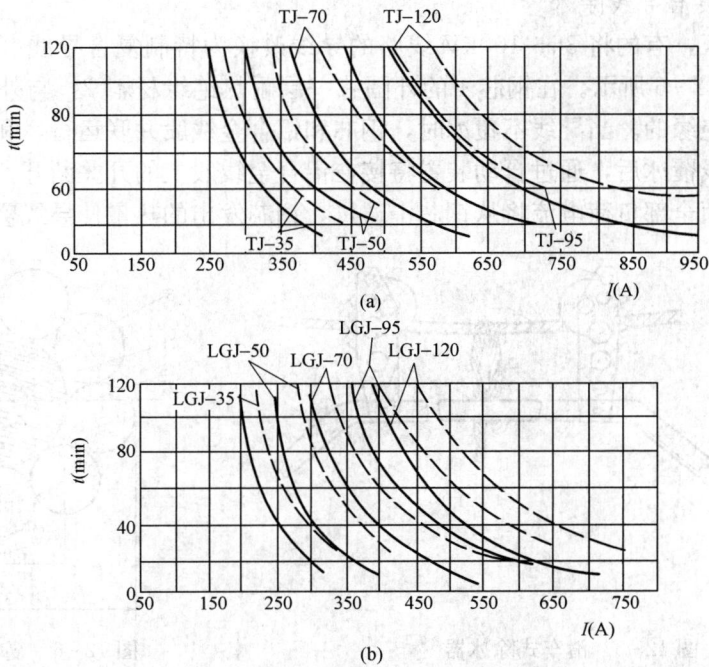

图 12-2 融冰所需时间和电流的关系曲线
(a) 导线为铜线；(b) 导线为钢芯铝线

## 2. 机械除冰法

机械除冰主要采用下列几种做法：

(1) 从地面上向导线或避雷线抛掷短木棍，打碎覆冰，使之脱落。也可以用木杆或竹竿进行敲打，使覆冰脱落。如果线路停电困难也可用绝缘杆来敲打覆冰。

(2) 用木制套圈套在导线上（见图 12-4），并用绳子顺着导线拉，便可消除覆冰。

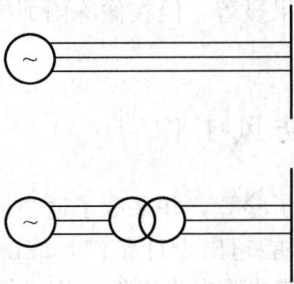

图 12-3 短路融冰法的接线图

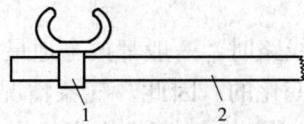

图 12-4 木制套圈除冰器
1—套圈；2—牵引杆

(3) 用滑车式除冰器来除冰，这种除冰器的构造如图 12-5 所示。

总之，机械除冰法是比较原始的，除冰器的样式各地区也都不相同，其种类很多，本书不再介绍。

机械除冰法主要缺点是，必须停电进行，费时、费力。采用机械除冰法时，必须保证导线和避雷线不发生任何机械损坏。

### 3. 采用特别复合导线除冰

在我国重冰区，有的将35～100kV线路的导线改换为特制复合导线（或称防冰导线）。导线的构造如图12-6所示。在钢芯1的外围有一层耐热绝缘材料2，与外部的导电部分的铝合金线股3是绝缘的。当导线不覆冰时，钢芯和铝合金线股并联运行，和普通钢芯铝导线是一样的。当导线覆冰后，通过自动装置将接在铝合金线股上的开关断开，铝合金线股不再通过负荷电流，而全部负荷电流将从钢芯中通过，钢芯发出的热量使导线覆冰消除。

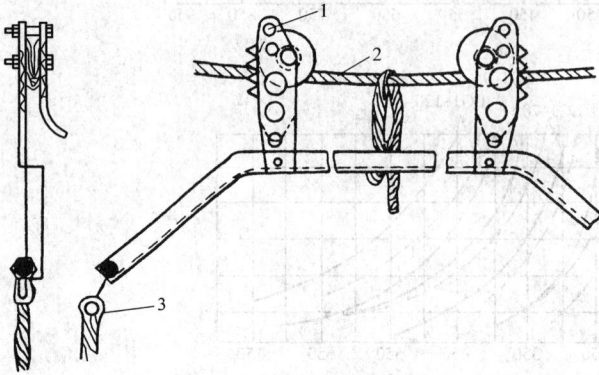

图 12-5   滑车式除冰器
1—滑车；2—导线；3—牵引绳

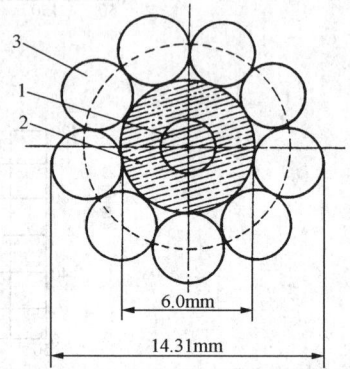

图 12-6   复合导线结构

有的国家还采用另一种防冰导线，这种导线是在普通导线的表面上涂敷一层氟树脂薄膜，这层薄膜有抗水性，当水滴或雪花落在上面时，像水珠落在油面一样打滑，立即滚落下来，故不会与导线粘结而结冰。

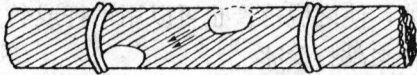

图 12-7   塑料脱雪环

### 4. 导线上安装脱雪环

脱雪环是由塑料制成的。如图12-7所示。它以间隔约半米的距离，套紧在导线上。导线覆雪后，会在重力的作用下顺线股下滑停止在雪环处，因受到重力或风力作用而脱落，这一措施在多雪地区使用效果显著，但在像冻雨那样的天气里则很难发挥其作用。

## 第三节   线路的防风工作

在设计架空线路时，一般都按当地最大风力做了验算，并采取了适当措施。但是自然界情况是复杂的、变化的。因此，气象情况仍然有可能超出设计条件，或由于设计时考虑不周，日常的维护工作疏忽，而发生事故。由于风力使线路发生事故，称风偏事故。

### 一、风偏事故现象和原因

1. 杆塔发生倾斜或歪倒

由于风力过大超过了杆塔的机械强度，杆塔会发生倾斜或歪倒而造成杆塔损坏或停电事故，主要原因是：

（1）风力超过杆塔设计强度。

（2）杆塔部件腐蚀，强度降低。

（3）杆塔在修建后，由于基础未夯实，经过两季和一段时间后，基础周围的土壤可能发生不均衡的下沉，从而引起杆塔歪斜。

（4）由于冬季施工，回填土是冻结的土壤，到了春天土壤开始解冻，并使基础附近的土壤松动，因而造成杆塔歪斜。

（5）杆塔各连接部分松动或拉线锈蚀等原因，也会使杆塔发生故障。

2. 导线对地电位体或对其他相导线发生放电

在风的作用下，导线与地电位体之间或与其他相导线之间空气间隙小于大气击穿电压而造成放电事故，主要原因和现象如下：

（1）架空线路导线、避雷线呈悬链线状。当风速超过设计时，会造成导线对塔身放电；直线杆塔绝缘子串在水平风荷载的作用下产生导线摇摆，使其与地电体（如杆塔、拉线等）之间的空气间隙减少，形成单相接地短路故障。

（2）线路施工单位、竣工验收运行单位和运行管理单位没有全部复核导线的弧垂和线路通道两侧的树木、建筑物风偏距离。在风力作用下，导线摇摆使其发生放电，形成接地短路故障。

（3）耐张杆塔在施工时跳线太长或跳线串为单铰链挂点，在风力作用下左右摇摆，造成跳线对塔身安全间隙不够，而形成单相接地短路故障。

（4）运行中为了增加爬电比距，将绝缘子加长，虽然未超过设计风速，但由于风的作用，使导线对塔身等地电位体放电，形成单相接地短路事故。

（5）线路施工时，由于未按设计要求架设，致使各相导线的弧垂不同，档距中间导线在风的作用下导线摇摆的频率不同，使相间空气间隙减少而形成两相短路事故。另外，导线的排列方式在换位处由于风作用易出现地线对导线或导线之间产生放电，形成单相接地短路和相间短路事故。

3. 绝缘子串摇摆角的确定

架空线路导线水平偏移的因素主要有水平风荷载、垂直档距、水平档距、绝缘子串长等。根据图 12-8 所示，绝缘子串摇摆角 $\alpha$ 的计算公式为

$$\alpha = \arctan \frac{g_1 l_v}{g_4 l_h} \qquad (12-4)$$

式中　$l_h$——杆塔水平档距，m；

$\quad\ \ l_v$——杆塔垂直档距，m；

$\quad\ \ g_1$——导线单位长度垂直荷载，kN/m；

$\quad\ \ g_4$——导线单位长度垂直荷载，kN/m。

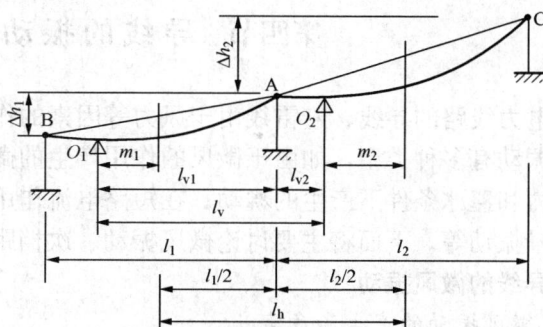

杆塔的水平档距和垂直档距如图 12-9 所示。

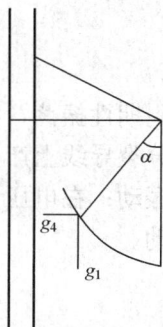

图 12-8　绝缘子串摇摆角　　　　　图 12-9　杆塔的水平档距和垂直档距

从图 12-9 可知，相邻两档距导线中点之间的水平距离称水平档距 $l_h$，数值上就是相邻两档距 $l_1$、$l_2$ 之和的算术平均值，即

$$l_h = \frac{l_1 + l_2}{2} \tag{12-5}$$

相邻两档距导线最低点 $O_1$ 和 $O_2$ 之间的水平距离称为垂直档距 $l_v$。即

$$l_v = l_{v1} + l_{v2} = l_h + (\pm m_1 \pm m_2) \tag{12-6}$$

其中，$m_1$ 和 $m_2$ 的正负号选取原则：对高于悬点 A 的档距取"一"号，对于低于悬点 A 的档距则取"＋"号。

**二、各种不同风力对导线和避雷线的影响**

(1) 当风速为 0.5～4m/s 时（相当于 1～3 级风），容易引起导线或避雷线振动而发生断股甚至断线。

(2) 当风速为 5～20m/s 时（相当于 4～8 级风），导线有时会发生跳跃摇摆现象，从而易引起单相接地相间短路故障。

(3) 大风时各相导线摇摆频率不同，也易发生单相接地或相间放电短路故障。

**三、防风偏事故的基本措施**

(1) 掌握线路所通过地区大风的规律。由于各个地区的具体地形不同，各个地区风力大小也不一样，所以必须掌握风的规律（例如最大风速、常年风向、大风出现的季节和日数等），以便在大风到来之前做好一切防风准备工作。

(2) 对杆塔及其基础进行全面检查，如果是发现基础坑内的土壤下沉，应填补土壤予以夯实；当发现杆塔有倾斜时，应分析找出原因，并设法立即扶正，同时将基础夯实。对于配电线路还应加装人字形拉线。

(3) 检查杆塔拉线的松紧程度，松动的应调紧。还应检查拉线及埋入部分的腐蚀或锈蚀情况，严重时应以更换。

(4) 在大风来之前应对导线、避雷线和跳线的弧垂进行测量，特别是导线排列方式改变的档内的弧垂，应对每相导线进行测量，复核线间距离，弧垂误差应达到有关规程的规定，确保此类导地线变化档发生因间距不足的放电事故。

(5) 在大风来之前应对导线与地电位体之间的空气间隙进行测量。如：检查在风偏情况时导线与塔头的空气间隙；测量新建建筑物的高度；检查导线与通道中树木、建筑物的空气间隙。同时还应测量档距中导线最低点对地电位体的空气间隙，若发现不符合规程要求应及时进行调整。

## 第四节　导线的振动和防振

架空电力线路的导线、避雷线由于风力等因素的作用而引起周期性振荡，称为导线的振动。导线振动有多种类型，如由于微风的作用产生的微风振动；分裂导线上产生的次档距振动；在风力和覆冰条件下产生的舞动；在短路电流作用下产生的振动；在电压和雨的作用下产生的电晕振动等。下面将主要讨论微风振动、次档距振动和舞动。

**一、导线的微风振动**

(一) 微风振动的产生和危害

在线路的档距中，导线和避雷线，受到与线路方向垂直的、稳定的又比较缓慢的微风作

用时，产生每秒有几个到几十个周波，并且在整个档距 $l$ 中形成一些幅值较小的一般不超过几个厘米的静止波，称微风振动，如图 12-10 所示。

导线振动时的最高点叫做波峰 1，当另外的一点停留在原有位置时，便形成所谓的波节 2，两个相邻波节之间的距离叫做振动的半波长，由两个相邻的波组成振动的全波 $\lambda_1$。导线振动时两波峰之间的垂直距离叫做振幅 $\lambda_2$。

在发生振动时，因为导线振动很快，所以，在振动时不容易察觉，只是觉得导线在某些地方看起来好像是双线一样。通常遇到导线振动时，在线路上可以听见有撞击的声音。这种声音是从导线和悬挂导线的金具相碰所发出来的。

前面我们提到过，导线的振动是由于从线路侧面吹来的均匀的微风所造成的。这种风速是 $0.5\sim4\text{m/s}$。当这种微风垂直于线路方向作用于导线时，在其背风面上、下侧将交替形成气旋如图 12-11 所示。这种气旋越过导线便产生一些轻微的垂直方向的冲击。当冲击频率与档距中拉紧的导线的某一自然振动频率相等时，便产生谐振，此谐振称为导线的振动。

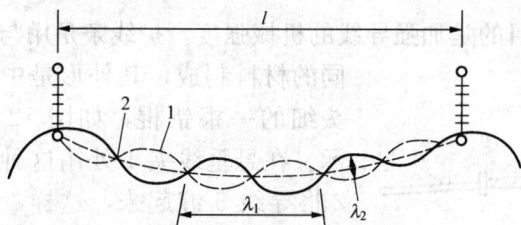

图 12-10　导线的振动

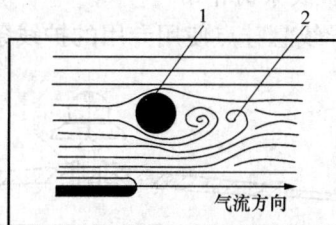

图 12-11　引起导线振动的气旋
1—导线；2—气旋

导线振动的可能性和振动过程的性质（频率、波长、振幅），取决于很多因素：即导线的材料和直径；线路的档距和导线张力；导线距地面的高度；风的速度和方向以及线路经过地区的性质等。

风速在 $0.5\sim0.8\text{m/s}$ 时，导线便产生振动。当风速增大时，在接近地面的大气层里，由于地面摩擦的结果，便出现气旋。气旋随着风速的增加而包围所有更高的气层，并破坏了上层气流的均匀性。也即破坏了导线悬挂处气流的均匀性，使导线停止振动。

当风向与导线轴线的夹角在 $90°\sim45°$ 时，便可观察到稳定性的振动；在 $45°\sim30°$ 时，振动便具有较小的稳定性；而小于 $20°$ 时，一般不出现振动。

线路经过地区的地形条件如地势，自然遮蔽物（植物）和所有各种靠近线路的建筑物对靠近地面风的风速，风向和风的均匀性有很重大的影响，因而也影响导线的振动情况。平坦、开阔的地带有助于气流的均匀流动，并形成促进导线强烈振动的条件。线路沿斜坡通过和跨越不深的山谷和盆地，对风的均匀性没有重大影响，因而不妨碍振动的发生。对于在地形极其交错的地区（山区），即在线路下或线路附近有深谷，堤坝和各种建筑物，特别有树木时，这就不同程度上破坏了气流的均匀性，使振动不易出现。

导线的振动除和风速、风向及路径有关外，还与导线的悬挂高度、线路档距和导线平均运行应力等有关。

随着导线悬点高度的增加，将减弱自然遮蔽物对于风的影响，扩大了产生振动的风速范围，增加了振动时间。

当档距增大时，导线长度增加，导线悬点也必须增高，振动的半波数目增加，其相对的振动频率数也增加。

实际上在小于100m的档距上，很少看到导线振动，而档距超过120m时，导线才有因振动而引起破坏的危险性。在具有高悬挂点的大档距（大于500m）上导线振动特别强烈。不仅对于导线有破坏的危险，同时能引起金具甚至塔身的破坏。

导线的年平均运行应力，是指导线在年平均气温及无外荷载条件下的静态应力，它是影响振动的关键因素。若此应力增加，就会增大导线振动的幅值，同时提高了振动频率，所以在不同的防振措施下，应有相应的年平均运行应力的限值。若超过此限值，导线就会很快疲劳而导致破坏。

（二）防振的措施

防振的方法有两种类型：一种是用护线条或特殊线夹专为防止振动所引起的导线损坏；另一种是采用防振锤、防振线（阻尼线）来吸收振动的能量以消除振动。

1. 护线条的作用

在导线悬挂点使用专用的护线条，其目的是加强导线的机械强度。护线条是用与导线相

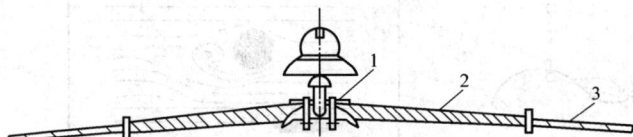

图 12-12 护线条

同的材料制成，其外形是中间粗两头细的一根铝棍，如图 12-12 所示。在悬垂线夹 1 处用这种护线条 2 将导线 3 缠起来，这样，当导线发生振动时，就可防止导线在悬垂线夹出口处发生剧烈的波折，也即增加了导线的强度。运行经验证实，采用护线条，不仅能很好的保护导线，而且能减少导线的振动。

2. 防振锤

防振锤是由两个形状如杯子的生铁块组成。两个生铁块分别固定在一根钢绞线的两端，而钢绞线的中部用线夹固定在导线上。如图 12-13 所示。当导线振动时，线夹随导线一同上、下振动，由于重锤的惰性，使钢绞线两端不断上下弯曲，使钢绞线股间及分子间都产生摩擦，从而消耗振动能量。钢绞线弯曲得越激烈，所消耗的能量也愈大，使风传给导线的振动能量被消耗得不能产生大幅度的振动，而且风传给导线的能量也随振幅下降而下降。防振锤消耗的能量也随振幅下降而下降，最终在能量平衡条件下，以很低的振幅振动。一般是在每一档距内的每一条导线两端上安装防振锤，如图 12-14 所示。

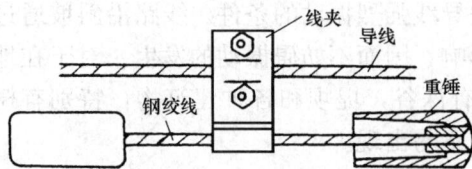

图 12-13 防振锤

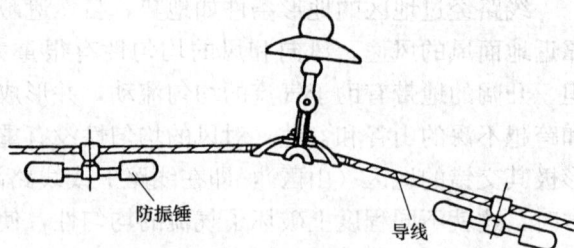

图 12-14 防振锤安装方式

为了获得防振锤的最佳防振效果，在选择防振锤时，应以防振锤的钢绞线能产生最大挠度为原则，以便消耗更多的能量。为此，防振锤本身的自振频率范围要同导线可能发生的振

动频度范围相适应，且重锤的质量要适应。一般可根据导线截面选择防振锤的型号，如表
12-1所示。

**表 12-1**　　　　　　　　　　　**防振锤型号与架空导线配置表**

| 防振锤型号 | 架空线截面（mm²） | 总长（mm） | 总重（kg） | 钢绞线规格 |
|---|---|---|---|---|
| FD-1 | 35～50 | 300 | 1.5 | 7/2.6 |
| FD-2 | 70～95 | 370 | 2.4 | 7/3.0 |
| FD-3 | 120～150 | 450 | 4.5 | 19/2.2 |
| FD-4 | 185～240 | 500 | 5.6 | 19/2.2 |
| FD-5 | 300～400 | 550 | 7.2 | 19/2.6 |
| FD-6 | 500～630 | 550 | 8.6 | 19/2.6 |
| FG-35 | 35 | 300 | 1.8 | 7/3.0 |
| FG-50 | 50 | 350 | 2.4 | 7/3.0 |
| FG-70 | 70 | 400 | 4.2 | 19/2.2 |
| FG-100 | 100 | 500 | 5.9 | 19/2.2 |

若导线振动强烈时，一个防振锤不足以将此能量消耗至足够低水平，就需要安装多个防振锤，由表12-2可知。

**表 12-2**　　　　　　　　　　　**防 振 锤 安 装 个 数**

| 导 线 直 径 $d$（mm） | 档　距（m） | | |
|---|---|---|---|
| | 1个 | 2个 | 3个 |
| $d<12$ | ≤300 | 300～600 | 600～900 |
| $12≤d≤22$ | ≤350 | 350～700 | 700～1000 |
| $22<d<37.1$ | ≤450 | 450～800 | 800～1200 |

根据导线型号（或直径）和档距长度即可确定防振锤的安装个数，一般在每个档距内每一条导线上安装两个防振锤。

为了使防振锤安装后达到预期的效果。防振锤的安装位置必须做到两点：

（1）必须尽量靠近波腹点，因波腹点使防振锤甩动最大，消耗的振动能量最多。

（2）对最高和最低振动频率的振动波都应有抑制作用，由于导线振动出现的频率和波长并不是一个，而是在一定范围内变化。为此，应仔细选择防振锤的安装位置。

当悬挂点每侧只安装一个防振锤时，其防振锤的安装位置应在线夹出口处第一个半波内。为了使防振锤对各种波长都有良好的防振效果，防振锤的安装原则是，在最大波长和最小波长情况下使防振锤的位置安装在第一个半波范围内，并对这两种波长的波节点或波峰点都有相等的接近程度，即防振锤安装位置距这两种波长的波峰点的位移角相等，即 $\Delta Q_m = \Delta Q_m$，如图12-15所示。从图12-15可见，因为 $Q_m = 90 - \Delta Q_m$，$Q_n =$

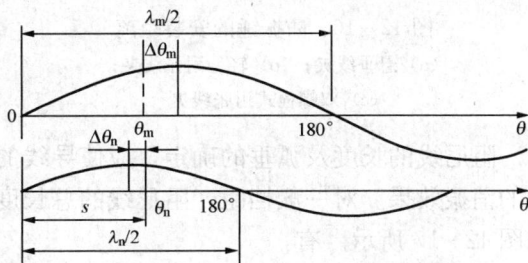

图12-15　防振的安装位置

$90+\Delta Q_n$，所以 $Q_m+Q_n=180°$。此时防振锤的安装距离 $S$ 为

$$S=\frac{\lambda_m}{2}\cdot\frac{Q_m}{180°}\ \text{或}\ S=\frac{\lambda_n}{2}\cdot\frac{Q_n}{180°}$$

经整理，防振锤的安装距离 $S$ 的计算公式为

$$S=\frac{\frac{\lambda_m}{2}\times\frac{\lambda_n}{2}}{\frac{\lambda_m}{2}+\frac{\lambda_n}{2}}\quad(\text{m})\tag{12-7}$$

式中　$\dfrac{\lambda_m}{2}$——最大半波长，m；

　　　　$\dfrac{\lambda_n}{2}$——最小半波长，m。

$\dfrac{\lambda_m}{2}$ 和 $\dfrac{\lambda_n}{2}$ 的计算式为

$$\frac{\lambda_m}{2}=\frac{d}{400V_m}\sqrt{\frac{9.81T_m}{W}}=\frac{d}{400V_m}\sqrt{\frac{9.81\delta_m}{g_1}}\tag{12-8}$$

$$\frac{\lambda_n}{2}=\frac{d}{400V_m}\sqrt{\frac{9.81T_n}{W}}=\frac{d}{400V_m}\sqrt{\frac{9.81\delta_n}{g_1}}\tag{12-9}$$

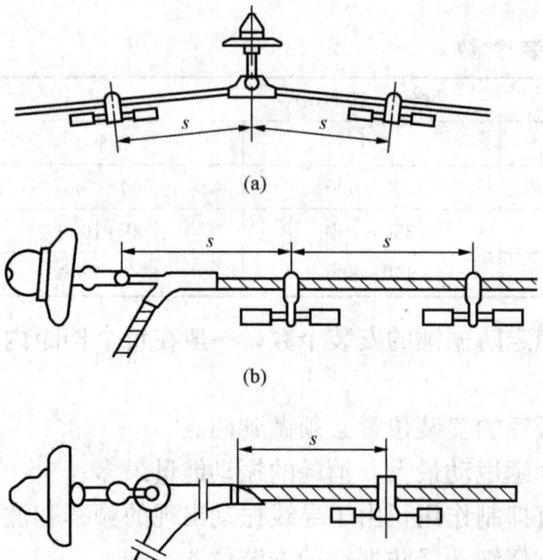

图 12-16　防振锤的安装距离
(a) 悬垂线夹；(b) 轻型耐张线夹；
(c) 双螺栓式耐张线夹

式中　$\delta_m$、$\delta_n$——最低温度和最高温度的导线应力，MPa；

　　　$V_m$、$V_n$——振动时上限和下限风速，m/s；

　　　　　$d$——导线的直径，mm；

　　　　　$g_1$——导线自重重比载，N/（m·mm²）；

　　　$T_m$、$T_n$——最低温度和最高温度的导线张力，N。

防振锤的安装距离通常是指从线夹出口到防振锤固定线夹中心间的距离，如图 12-16 所示。

3. 阻尼线

根据国内外运行试验证明，阻尼线有较好的防振效果，它在高频率的情况下，比防振锤有更好的防振性能。阻尼线取材容易，最好采用与导线同型号的导线作阻尼线（避雷线也可采用与其型号相同的材料）。

阻尼线的长度及弧垂的确定，应使导线的振动波在最大波长和最小波长时，均能起到同样的消振效果。对一般档距，阻尼线的总长度可取 7～8m，导线线夹每侧装设 3 个连接点，如图 12-17 所示。有

$$l_1 = \frac{1}{4}\lambda_\text{n}$$

$$l_1 + l_2 + l_3 = \left(\frac{1}{4} \sim \frac{1}{6}\right)\lambda_\text{m} \quad (12 - 10)$$

$$l_2 = l_3$$

式中　$\lambda_\text{n}$——最小振动波波长，m；

　　　$\lambda_\text{m}$——最大振动波波长，m。

阻尼线与导线的连接一般采用绑扎法，或用 U 形夹子夹住。阻尼线花边的弧垂 $f$ 与防振效果关系不大，一般手牵阻尼线自然形成弧垂即可，约取 10～100mm。

4. 采用自阻尼导线

自阻尼导线，又称防振导线，其结构如图 12 - 18 所示。在钢芯 1 与内层铝线 2 之间，内层铝线与外层铝线之间，都保持有 1.0mm 的间隙。这种导线在运行时，由于各层线材的质量不同，所受的拉力不同，因之固有频率也不同。当导线振动时，层间相互冲击干扰而使振动受阻尼。冲击振动的能量被吸收并转为热能、声能等形式的能，也使振动受到阻尼。

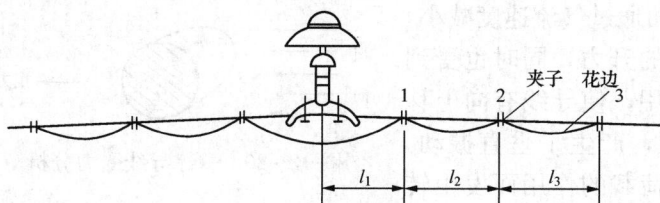

图 12 - 17　阻尼线

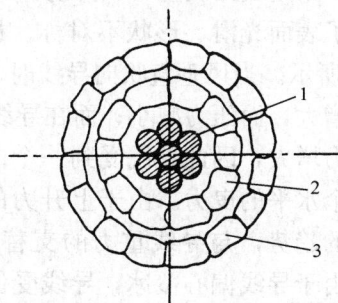

图 12 - 18　自阻尼导线

采用自阻尼导线防振的优点是：

（1）可取消传统的线路防振装置和防振锤等，从而减少了投资和防振装置的维护工作。

（2）为了防止导线振动，设计时使平均运行应力取值较低。采用自阻尼导线后，可提高平均运行应力，从而使导线弧垂减小，达到降低杆高或加大档距的目的。

（3）自阻尼导线免除了防振锤由于消耗能量集中于档距中有限的几点，或档距的一部分。而产生的防振锤安装处导线疲劳断股和防振锤本身损坏的危险性。

**二、次档距振动**

所谓次档距就是分裂导线间隔棒之间的距离。

上述的微风振动，在分裂导线的各子导线上也会产生。但是由于各子导线间都装有间隔棒，振动的各个导线互相牵制，对子导线的微风振动有一定程度的抑制作用。因此分裂导线一般不采取其他防振措施。

当分裂导线作水平排列的子导线处于迎风侧，子导线受所形成的旋涡气流的空气动力作用时，分裂导线的子导线就会产生振动，称次档距振动。这种振动主要在水平方向上，并沿椭圆轨迹运动，如图 12 - 19 所示。产生次档距振动的风速为 4～18m/s，振动频率为 0.7～2Hz，次档距振动，与子导线间距 $s$ 对其子导线的直径 $d$ 比值有关，还与次档距的长度有

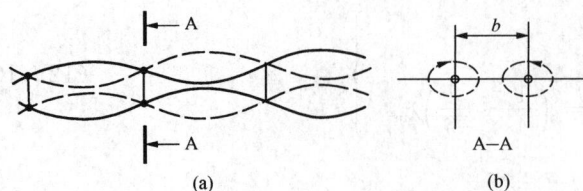

图 12-19　次档距振动
(a) 俯视图；(b) A—A 视图

关。根据有关资料说明，当 $s/d$ 在 15～18 以上时，未发现严重的次档距振动；当 $s/d$ 在 14～10 时，也较少发生次档距振动；若 $s/d$ 小于 10 时，便可能发生次档距振荡。

次档距振动的后果，使间隔棒和线夹反复受到拉力和压力，造成间隔棒松动、磨损、导线损伤和线夹松动。防次档距振动的措施主要有：

(1) 选择适当的子导线的间距 $s$；

(2) 将子导线悬挂在不同的对地高度上，如垂直悬挂，次档距振动很少发生；

(3) 安装阻尼间隔棒吸收振动能量，缩小间隔棒的距离；

(4) 在三、四分裂导线上，使用双分裂间隔棒，由于间隔棒夹头间次档距不等长，破坏了次档距导线可能振动的条件。

### 三、导线的舞动

架空线路发生导线舞动，几乎全发生在导线上有覆冰情况时。导线覆冰后，在迎风面形成了表面光滑、形状不对称、机翼形的断面，如图 12-20 所示。当风垂直吹向导线时，导线上部通过的气流速度增大，而压力减小；而在导线下面通过气流速度减小，压力增大，因此导线受到一个向上的升力，同时也受到一个水平的曳力。由于上升力的作用，使导线有向上移动的趋势，与导线重力的交替作用，产生了垂直振动。又由于导线偏心覆冰，导线受偏心荷载的作用而发生转动，

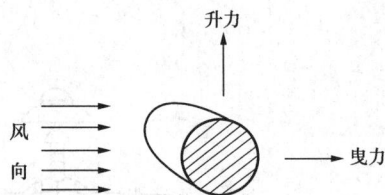

图 12-20　覆冰导线受力分析

这种转动受风的影响时正时负而使导线产生了扭摆振动。当导线垂直振动和扭摆振动频率相耦合时就会产生舞动。

导线的微风振动，由于频率小、幅值小，人的眼睛不易察觉。但是舞动确不然，导线大幅度的上下振动，在档距中可以形成一个、两半或三个波。同时还伴有摆动，若顺线路方向观去，舞动的轨迹呈椭圆形。

导线舞动时，覆冰的厚度一般为 2～5mm，气温通常为 0～5℃，风速为 8～16m/s。舞动的发生与线路经过地区的地理条件有关。地形平坦，没有任何障碍物，或是不跨越风口地区，平稳的风力容易发生舞动。导线的截面大、档距大，比截面小、档距小的线路更容易发生舞动，这是因为截面大，固有的频率低，比较容易与风吹导线的冲击频率相接近而产生共振。分裂导线比单导线更容易产生舞动，因为各子导线受间隔棒固定之后，由于不易扭转，更易于在导线表面形成不对称覆冰，易于激发起舞动。

导线舞动的振幅较大，而且轨迹呈竖长的椭圆形，因此极易在档距中引起相间短路或接地，导线上下排列时更为严重。导线舞动时，导线拉力变化很大，除间隔棒损坏外，绝缘子串也受到剧烈的抖动，从而使金具、绝缘子受到损坏。导线相互碰撞，造成磨损和电弧烧伤甚至断线。因此，导线的舞动常出现大面积的停电事故，其恢复工作也很艰巨。如何防止导线的舞动，使舞动损失降到最小程度，是电力工作者一项重要的任务。

前面讲过，导线上覆冰是产生舞动的一个主要条件，因此防止导线覆冰是一项防止舞动

的有效措施，本章第二节的防止覆冰的措施也是防止舞动的措施。此外，在各相导线之间，装设由合成绝缘材料或玻璃丝绝缘材料制成的质量轻、机械强度高的绝缘间隔棒，可以抑制舞动时的相间短路。在线路原有档距中间增加杆塔，以缩小档距，降低弧垂，从而减少舞动的产生。还可采用自阻尼导线、在导线上安装特制的吸收舞动能量的机械阻尼装置和制止导线扭动的摆锤等方法，也可以抑制导线的舞动。

**四、防振工作**

（1）对线路全线进行一次登杆检查，如发现导线断股、歪杆、零部件破损等缺陷应进行彻底维修或更换。特别是导线和绝缘子固定点和耐张线夹固定导线夹口，应认真仔细检查，对固定处无铅包带者，应立即补铅包带。

（2）按一般规定原线路因档距小，原先没有安装防振锤，此次事故后，对处于开阔地带小档距也安装防振锤，沿线全部加装护线条，减少发生振动的机率。

（3）适当调整导线弧垂，降低平均运行应力，因导线振动的振幅和波长直接与导线张力有关，它是影响系统振动的关键因素。当年平均运行应力增大时，导线振幅也相应增大，容易使导线疲劳而断股。所以，可适当放松一点弧垂，以降低导线运行张力，尽量减少导线振动的机率。

（4）加强线路维护，提高安装和检修质量。线路施工完毕后，都要严格按照有关规程对杆塔和金具所有连接和紧固螺栓进行一次紧固检查。必要时使用防松螺栓或对螺母外螺纹冲打两处，以防螺母松动。

（5）提高思想认识，加强对架空线路的防振观念。在线路运行中，常发生几次导线混线事故，认识到这是一种谐振现象，也要认识到这是微风振动所引起的。结合实际，可采取加长导线横担，增加导线相间距离等措施，相应减少导线振动事故。

# 第五节 防暑过夏工作

随着夏季到来，气温升高，雨水增多，植物生长茂盛，这给架空线路安全运行带来很大影响。为了保证线路安全运行，我们必须做好防暑过夏工作，主要包括检查交叉跨越距离、防洪、防风和防止树木引起的事故等。

**一、检查交叉跨越**

在夏天，由于气温高，导线弧垂增大，会使交叉跨越距离变小，容易发生事故。因此，在巡视线路时，应检查交叉跨越距离，检查时应注意以下几个问题：

（1）运行中的线路，导线弧垂的大小主要决定于气温、导线温升和导线上的垂直荷载。当导线温度最高或导线结冰时，都有可能使弧垂变大。因此在检查跨越距离是否合格时，各地区应用导线结冰或最高温度来验算。

（2）档距中导线弧垂的变化是不一样的，靠近档距中心的弧垂变化大，靠近导线固定处变化小。因此，在检查交叉跨越时，一定要注意交叉点距杆塔的距离。在同样的交叉距离下，交叉点越靠近档距中心，危险性越大。

（3）检查交叉距离时，应记录当时的气温，以便对照。

**二、架空线路的防洪**

由于架空线路经过平原、丘陵，跨过山谷、河川，或在水库下游通过，因此在夏季洪汛季节，就有可能遭受洪水的袭击而发生事故。所以，架空线路的防洪工作是非常重要的。

1. 洪水对架空线路的危害

洪水对线路杆塔的危害主要有下列几种情况：

（1）杆塔基础土壤受到严重冲刷流失，因而破坏了基础的稳固性，造成杆塔倾倒；

（2）基础已被洪水淹没，水中的漂浮物（树木、柴草等）挂到杆塔或拉线上，这就增大了洪水对杆塔的冲击力，若杆塔强度不够，则造成倒杆事故；

（3）跨越江河的杆塔，由于其导线弧垂比较大，跨越距离较小，故随洪水而来的高大物件容易挂碰导线，致使造成混线、断线或杆塔倾倒；

（4）位于小土堆、边坡等处杆塔，由于雨水的浸泡和冲刷引起坍塌、溜坡，造成杆塔的倾倒。

2. 防洪对策及基本要求

综上所述，由于洪水而造成的事故，往往是由于杆塔的倾倒引起的。而且在洪水中进行抢修比较困难，有时甚至不能马上进行抢修，故会影响正常供电。因此，防洪必须以预防为主，事先摸清水情，了解洪水规律，对有被洪水冲击可能的杆塔应在汛期前认真检查，及时采取防洪措施。

架空线路防洪的技术措施很多，要根据具体情况，全面进行技术经济比较后决定，具体办法有：

（1）对杆塔基础周围的土壤，如果有下沉、松动的情况，应填土夯实，在杆根处还应培出一个高出地面不小于30cm的土台；

（2）采用各种方法保护杆塔基础的土壤，使其不被冲刷或坍塌，围桩如图12-21（a）所示；

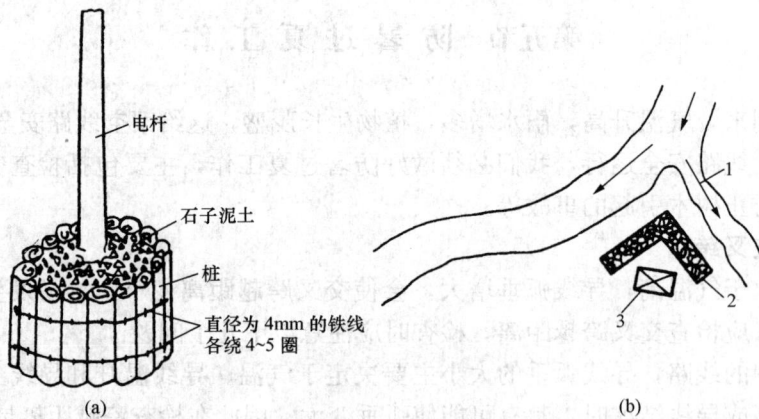

图 12-21　防洪措施
(a) 围桩；(b) 护堤
1—水流方向；2—护堤；3—杆塔位置

（3）对于设在水中或汛期有可能被水浸淹的杆塔，应根据具体情况增添支撑杆或拉线；

（4）在汛期有可能被洪水冲击的杆塔，根据具体情况，应增添护堤，如图12-21（b）所示。

### 三、树木的修剪和砍伐

春夏两季，树木生长速度很快，在线路下面或附近的树木就有可能碰触导线。在大风天气里树枝摇摆，有时也会发生断枝、倒树的情况，因为树木本身水分较大，当触及架空线路时，就会造成接地或烧伤导线等故障，还可能引起火灾。

为了防止树木引起线路故障，就必须适当进行树木的修剪和砍伐工作，以使树木与线路之间能保持一定的安全距离。

架空线路通过林区时，必须留出通道，1～10kV 线路的通道宽度应不小于线路宽度加10m。35～500kV 线路的通道宽度，应不小于线路宽度加上林区主要树木生长高度的 2 倍。通道附近超过主要树种高度的个别树木，应进行砍伐。但下列情况，可以不留通道。

(1) 树木自然生长高度不超过 2m。

(2) 电力线路与树木自然生长高度间的垂直距离，在导线最大弧垂时应符合下列数值：

| 线路电压（kV） | 1～10 | 35～110 | 154～220 | 330 | 500 |
| --- | --- | --- | --- | --- | --- |
| 最小垂直距离（m） | 3.0 | 4.0 | 4.5 | 5.5 | 7.5 |

(3) 架空线路通过公园、绿化区和防护林带时，通道宽度应和有关单位协商解决，但树木和边线在最大偏斜时的距离不得小于下列数值：

| 线路电压（kV） | 1～10 | 35～110 | 154～220 | 330 | 500 |
| --- | --- | --- | --- | --- | --- |
| 距离（m） | 3.0 | 3.5 | 4.0 | 5.0 | 7.0 |

(4) 架空线路通过果树林、经济作物体（茶、油桐等）以及城市绿化用的灌木林时，不必留出通道，但导线至树梢的距离应不小于下列数值：

| 线路电压（kV） | 1～10 | 35～110 | 154～220 | 330 |
| --- | --- | --- | --- | --- |
| 距离（m） | 1.5 | 3.0 | 3.5 | 4.5 |

树木修剪后和修剪前的距离可比上列数值差 ±0.5m；如保持上述距离确有困难时，可与有关单位协商适当缩小距离并增加修剪次数，以照顾实际情况。

在修剪、砍伐树木时，必须根据现场的具体情况，携带必要的工具和安全用具，做好一切安全措施，以防发生人身和设备事故。

在伐树时，要有全局观点，既要照顾到线路的供电安全，也要照顾到绿化、防风和林业生产等需要。因此，应与有关单位协商。

## 第六节　防止鸟害和外力的破坏

### 一、防止鸟类对架空线路的危害

#### （一）鸟害事故的发生和危害

鸟类，特别是鹤、鹭，在越冬迁徙或栖息时停留在线路杆塔的横担和避雷线上。由于它们的主食是鱼虾等水产品，到了傍晚、半夜或凌晨，此时空气潮湿，排泄的鸟粪会沿绝缘子表面或外侧下落，如稀鸟粪达一定长度呈连续状态时，就有可能引发鸟粪短接空气间隙而闪络跳闸。此类鸟害故障与鸟类活动的周围环境有关，一般是丘陵与农田的交界处，人类活动少，杆塔周围有湿地、水塘、水库或水田等。

架空线路的杆塔多位于荒郊野外，且一般是所占地区的最高构筑物，鸟类喜欢居住于高处，在杆塔上筑巢产卵孵化，尤其是乌鸦和喜鹊特别喜欢在横坦上筑巢。当这些鸟类嘴里叼着树枝、柴草、铁丝等物，在线路上空往返飞行和筑巢过程中，会有个别的枝条跌落或下垂，就有可能短接绝缘子或空气间隙，而引起放电；如果枝条为金属物，在跌落下垂过程中引起放电，这种放电现象，就是单相接地短路事故。

体形较大的鸟类栖息在杆塔上，在栖息或起飞时，翼展宽度大，在线路上飞行或打架，会造成杆塔构件与带电部分的绝缘距离不足，而产生放电事故。

当单相接地或短路事故发生时，引起跳闸或停电，在导线或绝缘子表面上有灼伤，从而损坏了导线或绝缘子。

（二）防止鸟害的工作和措施

由上可见，在鸟类活动频繁的季节，应积极开展防止鸟害工作，以保证线路安全运行，下面介绍防止鸟害的工作和措施。

1. 防止鸟害工作

科学、合理地划分鸟害区，便于针对性采取防止鸟害措施。鸟害区的划定，一方面要结合历史的鸟害故障情况；另一方面必须通过艰苦、细致的观察、调查，了解鸟类活动规律及鸟类习性。调查内容有：

（1）识别鸟类，掌握其生活习性和活动规律，在线路及杆塔上栖息的情况等。鹤类、鹭类、乌鸦、喜鹊等易引发鸟类闪络；鹤类一般体形较大，食量大，摄入水分多，粪便一次排泄量多，极易造成 220kV 及以上线路发生鸟类闪络事故；鹭类虽然体形小，但排泄的粪便电导率高，也易引发鸟类闪络事故；乌鸦、喜鹊等属于中体形鸟类，一般不会造成鸟粪闪络，但容易发生鸟巢材料下挂短接故障。

（2）分析鸟害产生的原因。鸟害产生的原因不同，防范措施也不同。若鸟害故障是由于鸟粪下落和鸟巢材料下挂短接空气间隙而放电，因此防鸟害重点是防止鸟粪下落和鸟巢材料下挂短接。

增加巡线次数，随时拆除鸟巢，特别对筑在耐张绝缘子串上的，筑在跳线上方的，筑在导线上方的以及距带电部分过近的鸟巢应及时拆除。拆除鸟巢时，电杆下面应有专人监护，并应使用绝缘工具。

2. 防止鸟害措施

（1）在线路绝缘子串挂点横担处安装防鸟刺，鸟刺是将 1m 钢绞线或直径为 2～3mm 的钢丝一端固定在一起，一般股数为 10～20 股，另一端均匀散开呈半球形分布，将固定端用螺栓固定在杆塔绝缘子串悬挂点的上方，以驱逐鸟在此处栖息停留，防止它们在栖息时排泄鸟粪。

（2）在电杆横担绝缘子串悬挂点处加装防鸟网，使鸟在此处落脚时造成鸟爪缠绕而达到驱赶作用。

（3）在杆塔上挂有带颜色或能发声响物品，如挂小红旗、挂风铃，防鸟滚轮、转动风车、感应储能鸣响惊鸟装置等。另外，在鸟类集中处还可以用猎枪或爆竹来惊鸟。这些方法虽然行之有效，但时间长，鸟类习以为常而失去作用，所以，最好是各种方法轮换使用。

（4）在绝缘子串挂点处横担下方安装大隔板或在横担侧绝缘子串上加一片超大盘径的绝缘子或大盘径硅橡胶裙罩，防止鸟类下落而造成短接放电。

（5）在绝缘子串悬挂点处安装光滑挡板或翻板，防止鸟类在此处筑巢。

（6）在塔身内斜叉铁较多的位置（避开绝缘子串悬挂处）安装人工鸟巢，促使鸟类在人工鸟巢内繁衍生息。

**二、防止外力破坏造成线路故障**

外力破坏是指人们有意或无意而造成的线路故障。而大量的外力破坏是由于人们疏忽大意或对电的知识了解不够而引起的。例如，砍伐树木、建筑机械施工、机耕作业、焚烧、爆破、交通事故及异物短路等。另外也有有意的外力破坏，主要有偷盗电力设备、人为短路等。下面介绍几类外力破坏的原因和危害。

（1）盗窃铁塔塔材和拉线。最常见的方式是拆卸螺栓、盗窃斜铁等。有的盗窃拉线或使杆塔歪斜，甚至引发倒杆塔事故。在退役线路、新建线路或停电检修数日线路处，会发生盗窃导线案件。

（2）建筑施工机械碰撞线路是最常见的外力破坏形式，如塔吊、吊车、混凝土泵车、打桩机等。

（3）其他施工单位在架空线路附近穿越其他电力线路、缆车线路、通信线路等架空施工时，在放线、紧线过程中，会出现上下弹跳及左右摇摆而造成对线路距离不足或碰线放电事故。

（4）在地表面上进行开挖或平整土地时，可能引起滑坡和杆塔倾倒等现象。另外，在地下开采作业，可能引起地表塌陷、滑坡等，而使杆塔倾倒。

（5）异物短路也是近年来一种常见的外力破坏，主要异物有广告布、气球飘带、锡箔纸、塑料布、风筝线等一些轻包装材料。这些异物一般长度长、质量小、面积大，遇风即可能随风飘荡，当其缠绕到导线、避雷线和杆塔上，再遭遇雨雷时，可能引起放电。对于锡箔纸等导电物质，一旦短接了导线与接地体，就会发生放电。

（6）在线路通道内发生火险或焚烧秸秆、垃圾时，产生导电颗粒，降低空气绝缘强度，而引起线路对地或相间短路事故。

（7）在架空线路沿线处开山炸石、勘探等爆破时，飞石会损伤导线、避雷线、杆塔构成件而引起线路跳闸，甚至引起断线事故。

为了防止或减少外力破坏，必须加强电气知识和安全用电的宣传，积极宣传和普及电力法律、法规知识，增加群众保护电力设施的意识。同时，加强与公安机关等有关部门的联系，做好各方面防外力破坏工作。如，对道路边杆塔或拉线应做好防撞装置及涂刷反光漆，在易盗区杆塔上加装防盗措施，在取土区杆塔附近布置保护范围的警示牌等。缩短巡视周期、加强巡视，对架空线路附近的开发区、大型施工区等，与开发建设单位加强联系，应根据情况及时发隐患通知书；对线路通道区内的树木、毛竹，根据其生长特点加强季节性特巡，根据规程规定及时处理。

习　　题

1. 常见的季节性故障有哪些？
2. 污秽有哪几种？
3. 为什么污秽会使绝缘子的绝缘水平降低？绝缘子闪络有何现象？
4. 防污秽有哪些技术措施？
5. 架空线路在什么自然条件下容易覆冰？覆冰对线路或导线有何影响？

6. 消除导线覆冰有哪些方法？

7. 风对架空线路有何影响？

8. 导线的微风振动是如何产生的？它与哪些因素有关？

9. 叙述防止微风振动的措施及原理。

10. 何谓次档距振动？次档距振动是如何产生的？它和哪些因素有关？

11. 导线舞动是如何产生的？如何防止其舞动？

12. 对架空线路应做好哪些防暑过夏工作？

13. 鸟类活动会造成哪些线路故障？如何防止鸟害？

# 第十三章

# 输配电线路的巡视和运行中的测试

## 第一节 架空线路的巡视

架空线路的运行监视工作，主要采取巡视和检查的方法。通过巡视与检查，从而掌握线路运行状况及周围环境的变化，以便及时消除缺陷，预防事故的发生，并确定线路检修内容。

架空线路的巡视（巡线），按着工作性质和任务，以及规定的时间不同，分定期巡线、特殊与夜间巡线、故障性巡线和预防性检查。

### 一、定期巡线

定期巡线，通常也叫正常巡视，目的是为了全面掌握线路各部件的运行情况及沿线的情况。巡视周期，一般规定至少每月要进行一次巡线。但是，根据线路的周围环境，设备情况及季节的变化，必要时可以增加巡线次数。如鸟类活动频繁的季节，高峰负荷时期，以及线路附近有施工时，就应当对线路的有关地段适当增加巡线次数，以便随时发现和掌握线路情况。

（一）输电线路的巡视

1. 巡视沿线情况

（1）应消除防护区内的草堆、木材堆、垃圾堆以及倒下时可能损伤导线的树枝和天线。

（2）应查明沿线正在进行的工程情况和各种异常现象。如：在防护区内栽植树木、挖渠、土石方爆破、敷设地下管道或电缆，修建道路、码头、卸货场和射击场等，以及出现河流泛滥、水库溢洪、山洪暴发、流冰、杆塔被淹、线路下出现可移动的设施等各种异常现象。

此外，还应观察巡线及检修用的道路、桥梁和便桥的损坏情况。

2. 杆塔的巡视检查

（1）杆塔本身及各部件有无歪斜变形现象。

（2）杆塔基础培土情况：周围土壤是否有突起或下沉，基础本身有无开裂、损伤或下沉的情况。

（3）杆塔部件的固定情况：是否有铁螺栓或铁螺丝帽的丝扣长度不够、螺丝松扣、绑线折断和松弛等情况。

（4）铁塔部件是否有生锈、裂纹和变形；水泥杆有无裂纹、剥落和钢筋外露情况；木杆各构件有无腐朽、烧焦和断裂的缺陷。

（5）杆塔上是否有鸟巢及其他外物。

（6）塔基周围的杂草是否过高，在杆塔上是否有蔓藤类植物附生。

3. 导线及避雷线的巡视

（1）线条是否有断股、损伤或闪络烧伤的痕迹。

（2）三相导线弧垂是否有不平衡现象，导线对地、对交叉设施及其他物体间的距离是否符合有关规定要求。

（3）导线和避雷线是否锈蚀严重。

4.导线或避雷线的固定和连接处的巡视

（1）线夹上有无锈蚀、是否缺少螺丝和垫圈以及螺帽松扣、开口销丢失或脱出现象。

（2）连接器（压接器）有无变色或过热现象，结霜天气连接器上有无霜覆盖，背向阳光看连接器上方有无气流上升，其两端导线有无抽签现象。

（3）释放线夹船体部分是否自挂架中脱出。

（4）导线在线夹内有无滑动现象，护线条有无损坏、散开现象；防振锤有无串动、偏斜、钢丝断股情况；阻尼线有无变形、烧伤、绑线松动现象。

（5）跳线是否有弯曲变形或距杆塔过近现象。

5.绝缘子与瓷横担的巡视检查

（1）绝缘子和瓷横担是否脏污、瓷质部分是否有裂纹或破碎现象，瓷面是否有闪络痕迹。

（2）绝缘子串和瓷横担是否有严重偏斜现象，其固定金具有无生锈、损坏或缺少开口销和弹簧销的情况。

（3）针式绝缘子铁脚螺丝有无丢失。

6.防雷及接地装置的巡视检查

（1）管型避雷器的外部间隙是否发生了变动，避雷器是否动作过，其固定是否牢固，接地线是否完好。

（2）阀型避雷器的瓷套是否完好，有无裂纹破损现象，表面有无脏污，底部密封是否完好。

（3）保护间隙有无变形和烧伤情况，间隙距离是否有变动，辅助间隙是否完好，有无锈蚀情况。

（4）避雷器与引下线连接是否牢固，其连接处是否缺少线夹。

（5）接地引下线与接地装置的连接处是否牢固，杆塔上是否缺少固定接地引下线用的卡钉。

（6）双避雷线间的连接线及避雷线与铁塔间的连接线是否缺少。

7.拉线的巡视检查

（1）拉线是否有锈蚀、松弛、断股和各股铁线受力不均的现象。

（2）接线桩、保护桩是否有腐朽损坏。

（3）拉线地锚是否松动、缺土及土壤下陷现象。

（4）拉线棒（地下）、楔型线夹、UT型线夹、拉线抱箍等金具是否有锈蚀和松动；UT型线夹的螺帽是否有丢失；花篮螺丝的止动装置是否良好。

（5）拉线在木杆上的捆绑处有无勒入木杆内的现象。

（二）配电线路的巡视

配电线路的巡视内容和输电线路的巡视内容基本相同。由于配电线路设备种类较输电线路多而复杂，所以，巡视时除对上述各项进行巡视检查外，还应对特殊设备进行巡视检查。

（1）对变压器、柱上油断路器要检查有无漏油、渗油情况，油量是否充足合格；检查变压器响声是否正常；变压器套管是否清洁，有无破损裂纹及放电痕迹等现象。

（2）对于开关设备要检查触点接触情况及引线间的距离是否合格。

（3）检查变压器、接地装置、零线、避雷器引线等接线是否正确和牢固。

（4）对配电线路的周围环境，尤应认真巡视。

巡线工作一般可由一个人进行，而处于山区、林区的送电线路，在巡线时至少由两人进行。单人巡线时，不容许登杆处理缺陷。两人巡线时，可以一人登杆检查或处理缺陷，另一人应做好监护工作，登杆人员还必须注意保持与带电部分有足够的安全距离。

还需指出，在巡线时，必须仔细查明线路各部件的缺陷情况，并做好记录。

## 二、特殊与夜间巡线

特殊巡线就是在导线结冰、大雾、粘雪、冰雹、河水泛滥、解冻、森林起火、地震以及狂风暴雨等发生之后，对线路的全线、某几段或某些元件，进行仔细地巡视，以查明是否有什么异常现象。

对重要用户线路进行专门巡视，以确保在某一期间供电可靠性，一般是在某一政治任务、节日或主要外事活动等需要时进行的。

夜间巡线是为了检查导线连接器及绝缘子的缺陷。因为在夜间可以发现在白天巡线中所不能发现的缺陷。如：电晕现象（由于绝缘子严重脏污而发生的绝缘子表面闪络前的表面放电现象）；由于导线连接器接触不良，当通过负荷电流时，温度上升很高，致使导线的接触部分烧红，这在夜间均可看到。

夜间巡视应在线路负荷最大而且在没有月光的时间进行。夜间巡视，每年至少应进行一次，每次巡线人数不得少于两人，并应走线路的外侧进行巡视。

## 三、故障性巡线

当线路发生故障时，需要进行故障性巡线，以查明线路接地及跳闸原因，找出故障点，查明故障情况。

事故巡线时，除了注意线路本身和各部件外，还应注意附近的环境。如：树木、建筑物和其他临时的障碍物（它们有可能触及线路而引起事故）；杆塔下有无线头木棍、烧伤的鸟兽以及损坏了的绝缘子等物；还应向沿线居民打听故障时看到什么现象没有。当发现与故障有关物件和可疑物件时，均应收集起来，并应对故障点周围情况作好记录，以便作为分析事故的依据。

在故障巡视时更应注意人身安全，如发现导线断线接地时，所有人员都应站在距故障点8～10m以外的地方，并应设专人看管，绝对禁止任何人走近接地点。同时，应设法及时处理。

## 四、监察性巡视

由工程技术人员或领导进行，为了解线路和沿线情况，从而发现问题，提出对策，并且又可检查运行人员巡视质量，加强运行管理工作。

## 五、架空电力线路的防护区

为保证架空电力线路的安全运行，每条线路都规定其防护区，防护区系指从导线边线向外侧延伸一定距离所形成的两平行线内的区域，如图 13-1 所示。图中 $A$ 为两边导线间的水平距离；$B$ 为延伸距离，所以防护区的宽度 $C$ 为

$$C = A + 2B \quad (m)$$

各级电压等级的线路，导线边线延伸距离见表 13-1。

表 13-1　　　　　　　　　　各级电压导线边线延伸距离

| 线路电压（kV） | 1～10 | 35～110 | 154～330 | 500 |
| --- | --- | --- | --- | --- |
| 延伸距离（m） | 5 | 10 | 15 | 20 |

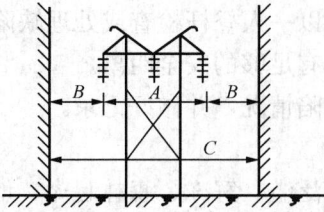

图 13 - 1　线路防护区的宽度

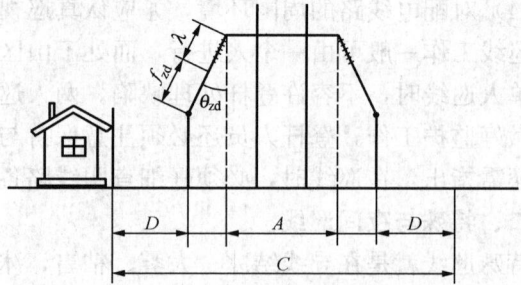

图 13 - 2　人口密集区防护区宽度

在厂矿、城镇等人口密集地区，架空电力线的防护区可略小于表 13 - 1 的规定，但导线边线与建筑物的距离 $D$，在边线最大弧垂和最大计算风速风偏情况下，不得小于表 13 - 2 所列数值，其防护区的宽度 $C$ 见图 13 - 2，其计算式为

$$C = A + 2(\lambda + f_{zd})\sin\theta_{zd} + 2D \quad (\text{m}) \tag{13 - 1}$$

式中　$f_{zd}$——导线最大弧垂，m；

　　　$\lambda$——绝缘子串长度，m；

　　　$\theta_{zd}$——绝缘子串最大计算风速风偏角度，(°)。

表 13 - 2　　　　　　　　　　最大风偏后导线对建筑物的距离 $D$ 值

| 线路电压（kV） | 1～10 | 35 | 60～110 | 154～220 | 330 | 500 |
|---|---|---|---|---|---|---|
| 距离 $D$（m） | 1.5 | 3 | 4 | 5 | 6 | 14 |

## 第二节　架空线路运行中的测试

### 一、架空线路限距和弧垂的测量

架空线路的各种限距及导线弧垂均应符合设计要求。但在运行过程中，所要求的限距可受到破坏，其原因有下列几点。

（1）在线路下面或其附近改建了建筑物，如道路、电信线路或低压线路等；

（2）由于修理工作移动了杆塔或改变了杆塔的尺寸，以及改变了绝缘子串的长度；

（3）杆塔歪斜、导线松弛而未调整或导线经过长期运行而拉长了；

（4）由于相邻两档内荷载不均匀，导线在悬垂线夹内滑动。

由于上述原因，所以在运行中必须经常观察各种限距情况，使其符合设计要求。

在巡视线路时，以眼睛观察来检查所有的限距，同时应注意可能使限距发生变更的原因，如果怀疑某些限距不合乎规定时，必须进行测量。观测耐张、转角、换位等杆塔过引线的限距时，一般均在停电的线路上直接登杆测量；观察导线弧垂、导线跨越和导线交叉与各种建筑物之间的限距时，一般均不停电，而在距高压线路的危险距离以外，采用经纬仪来测量。

用经纬仪测量限距和测量导线弧垂的方法，已在《线路施工》课程讲述了，本书不再重复。

观测弧垂时，当档距不超过五档的耐张段，仅需观测中央附近的长档距弧垂即可；六档以上者应观测两紧线端附近长档距的弧垂，若中央附近有特长档距时，此档距应进行弧垂观测；若一个耐张段中档距彼此相等，则可观测任何一个档距的弧垂。

观测弧垂时，应注意的事项与测量限距的方法及要求相同。

判断弧垂是否合乎要求，首先应记录测量时的温度和弧垂，求出该耐张段间规定档距 $L_{np}$。当不考虑架空线路挂点高差影响时，$L_{np}$ 计算式为

$$
\begin{aligned}
L_{np} &= \sqrt{\frac{\sum L^3}{\sum L}} \\
&= \sqrt{\frac{L_1^3 + L_2^3 + L_3^3 + \cdots + L_n^3}{L_1 + L_2 + L_3 + \cdots + L_n}}
\end{aligned}
\tag{13-2}
$$

式中　$L_1 \sim L_n$——耐张段间的各个档距，m。

每个耐张段的 $L_{np}$ 值，已载入线路设计书中。当所测量的耐张段中，无一档距等于 $L_{np}$ 时，在任意档距 $L$ 中，导线弧垂应为

$$
f = \left(\frac{L}{L_{np}}\right)^2 f_0
\tag{13-3}
$$

式中　$f$——所求档距 $L$ 中导线的弧垂；

　　　$f_0$——相当于档距 $L_{nx}$ 的弧垂（可以在设计给出的弧垂安装曲线表中查出）。

例如，某一线路耐张段，此区段分为 173、180、230m 三个档距，其 $L_{np}=200$m。因为三个档距中无一与 $L_{np}$ 相等，所以任意档距间的弧垂应按式（13-3）进行换算。设观测档的档距 $L=180$m，测量时的温度为 20℃，由安装表查出 $L_{np}=200$m 时的 $f_0=4.05$m，由式（13-3）可得档距 $L=180$m 时导线的弧垂为

$$
f = \left(\frac{180}{200}\right)^2 f_0 = 0.81 f_0 = 0.81 \times 4.05 = 3.28 \quad (\text{m})
$$

如实际测得的弧垂小于上列数值，则导线的张力过紧，应适当将导线放松；如大于上列数值，则导线过松，应将导线收紧；如实测弧垂与安装表要求的弧垂相差在 ±5% 以内，则不必调整。

## 二、导线连接器的检验

导线连接器（导线接头）是导线最薄弱的地方，很容易发生故障。发生这种故障的主要原因是：①安装导线连接器时压接得不紧；②在施工中损坏了连接器或导线的线股。因而降低了导线连接处的机械强度，容易引起事故。所以，要求施工时必须保证质量，并进行认真的检查和试验。

此外，有些故障常常是由于导线通过电流使连接处发生高热造成的。这是由于导线连接处与连接器的电气接触不良，接触面之间的紧密程度降低，致使接触面产生了氧化，因而连接器电阻增加；当电流（特别是短路电流）通过连接器时，就会产生高热，厉害时能够把连接器烧红，使导线个别线股烧断，甚至烧坏该连接器，造成断线事故。因此线路在运行时，必须对导线连接器的电阻和温度进行检查和测试，以保证线路安全运行。

### （一）导线连接器电阻的测量

由于导线连接器截面比导线截面大，正常时，即接触良好，连接器电阻应该比同样长的一段导线电阻小。如果连接器的电阻增大了，其值比等长导线电阻还要大，这就说明连接器的电气接触已经劣化。如果连接器电阻和同样长度导线的电阻比值大于 2 时，则此连接器不合格，则应立即更换。

根据规定，铜导线连接器每 5 年至少检验一次；铝线及钢芯铝线连接器每 2 年至少检验

一次。测量连接器电阻的方法有两种。

1. 带电测量

带电测量连接器的电阻，是用一种特制的检验杆进行的。用这种方法测量的线路必须是水平排列的，如果是三角形排列，只可以测量下面一相或两相导线上的连接器。

检验杆（图 13 - 3），是由几根电木管所组成的。杆上端有一根横的电木管 1，管的两端有接触钩 2，还有一只带整流器 $D$ 的直流毫伏表 mV（图 13 - 4）。把接触钩压在运行中的导线上时，毫伏表指针就指示出两钩之间导线上的电压降 $U_c$；如果把接触钩压在连接器的两端，就指示连接器内的电压降 $U_1$。

$$U_1 = R_1 I, \quad U_c = R_c I$$

所以

$$\frac{R_c}{R_1} = \frac{U_c/I}{U_1/I} = \frac{U_c}{U_1} \tag{13 - 4}$$

式中　$R_c$——两钩之间导线的电阻；

　　　　$R_1$——两钩之间连接器的电阻；

　　　　$I$——通过的负荷电流。

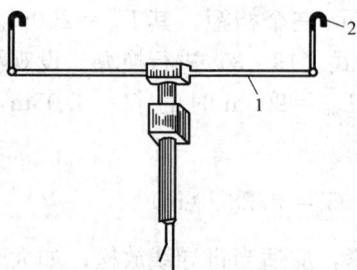

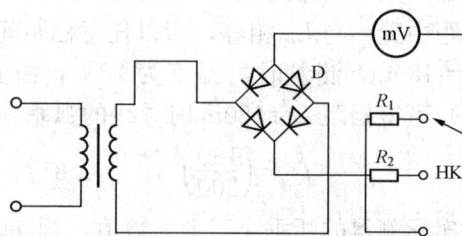

图 13 - 3　检验杆　　　　　　　图 13 - 4　带电测量用的仪器接线图

由式（13 - 4）可以看出，如果测出连接器和同样长导线的电压降，就可以求得连接器和导线电阻的比值。

用检验杆带电测量连接器电阻时，导线中必须有负荷电流 $I$ 流过，为了使毫伏表有较大的指示，就应在线路负荷较大时进行测量。另外，为了便于在各种不同大小的工作电流下进行测量，在仪器中还接有切换开关 HK 和附加电阻 $R_1$、$R_2$。

为了避免误差，测量导线的电压降时，应在距离连接器 1m 以外的地方进行。这是因为连接器的接触劣化时，电流在连接器的附近是集中在外层导线上，所以越靠近连接器，电压降就越大。而在 1m 以外的地方，电流在导线中的分布已经均匀，可测出准确的结果。

检验杆的接触钩，是用钢制成的，这种钢钩用在铝线和钢芯铝线上可以保证良好的接触。在测量时，如果表针不起，只将检验杆来回摇动数次，就可以把铝线上的氧化层擦掉，得到良好的接触。而在铜导线上，由于氧化层很难刮掉，不能保证良好接触，因此铜导线连接器带电测量就成问题，一般在停电之后进行。

带电测量时，应遵守带电作业有关规程，在雷电、降雪、下雾和潮湿的天气，以及在风速超过 5m/s 时，均不能进行。

2. 停电测量

停电测量，是当线路停电后，用蓄电池或变电站的直流电源供给直流电流来进行测量的。其测量原理同带电测量一样。

测量的工具是一根试杆，如图 13-5 所示，杆上装有接触钩 3，接触钩挂在导线 1 上，接触钩之间的距离约为 4m。调节可变电阻器 8，使电源 5 回路中的电流大约为 6~12A，然后把连好毫伏表 7 的接触钩 9 用试杆 4 先后挂到连接器 2 和离开连接器 1m 处的导线上，并从毫伏表分别读出电压降 $U_1$ 和 $U_c$。然后可求出其电阻比。为了方便起见，可将毫伏表、电流表 6、可变电阻器等，预先装在一只箱内。如图 13-6 所示的试验箱接线图。

停电测量时，一般不把导线落下来，只在特殊情况下，如测量跨过山谷的导线上的连接器时，才把导线落下来在地面上测量。

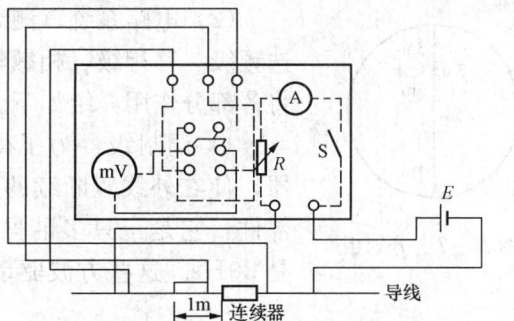

图 13-6　试验箱接线图

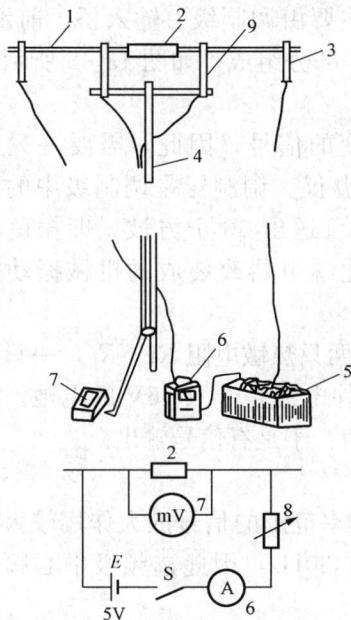

图 13-5　停电测量连接器电阻

**（二）用红外线测温仪来测量导线连接器温度**

红外线测温仪是一种远距离和非接触带电设备的测量温度的装置，目前用于送变电工程上有 HW-2 型和 HW-4 型两种。前者是小型手提式的，距离测温点 1~5m 以内；后者是比较大型手提式的，距离测温点在 50m 左右。这两种测温仪内部结构原理基本相同。现以 HW-2 型测温仪为例，来叙述红外线测温仪的原理、结构及测量方法。

1. 红外线及其测量原理

红外线是一种电磁波，它的波长是在 0.76~1000μm 之间，在物理学中，我们知道白光在棱镜下可分为红、橙、黄、绿、青、蓝、紫等七种颜色的光。它们的波长由红光最大依次到紫光最短，而且紧挨着红光，因此称为红外线。

红外线和可见光一样呈直线传播，能折射、反射和被吸收，也可用透镜进行聚焦等。

红外线是我们肉眼看不见的，但太阳能几乎有 50% 是以红外线辐射的形式传送到地球上来的。因此，红外线与热的传送有着密切的关系。任何物体，不论它是否发光，只要温度高于绝对零度（-273℃），都会一刻不停地辐射红外线。温度高的物体，辐射红外线较强；反之，辐射的红外线较弱。因此，我们只要测定某物体辐射的红外线多少，就能测定该物体的温度。红外线测温仪就是根据此原理而制成的。

2. 红外线测温仪的结构

红外线测温仪是由光路系统和电路系统两部分组成。光路系统是负责瞄准目标，并将目标辐射的红外线接收进来，使其转换成电信号。而电路系统则完成电信号的测量任务，下面将分别叙述测温仪各部分结构。

（1）光路系统。HW-2 型测温仪的光路系统，是采用单透镜式，镜头是可调的。对于不同距离的被测目标，可以通过调节镜头，使目标的辐射能全部聚焦到热敏元件上。热敏元件是一种半导体器件，它的电阻随着温度的变化而有较明显的变化。当红外线照到热敏电阻上时，由于红外线的能量使热敏电阻温度升高，使电阻值发生变化，这样就将红外线辐射转变成了电信号。

瞄准系统实际上是一只小型的望远镜，镜内有一块"分划板"，可将不同距离的目标，瞄准在分划板相应的位置上，如图 13-7 所示。

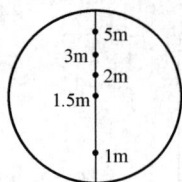

图 13-7　分划板

（2）电路系统。测温仪的电路主要由调制级、输入桥、前置级、选频级、移相级、相敏整流和电源等部分组成，如图 13-8 所示，现将各部分作用介绍如下。

1）调制级：为了得到一个交变的信号，因此，需要一只调制器，使红外线以断续的形式进入测温仪。调制器是调制级中的主要部件，它是一只多谐振荡器，每秒可送出 30 个方波，即振荡频率是 30Hz。这些方波驱动一只由极化继电器改装成的机械振动式调制片。

2）输入桥：它是由热敏元件和元件电池组成的电桥。两只热敏电阻 $R_1$、$R_2$，一只用作接收红外线辐射，另一只是用作补偿环境温度变化的。元件电池是 2 只 15V 的电池。当工作元件接收红外线辐射后，电阻发生变化，则电桥失去平衡，于是有信号输出。

3）前置级：将输入桥输出的信号作一次放大。

4）选频级：选频级也是一组放大器，它只是对某一频率范围的信号放大作用较大，而对其他频率的信号放大作用很小。由于方波信号是调制在 30Hz，因此选频级中心频率为 30Hz，并将此信号选出来放大。

5）移相级：由于信号经放大后，将有一定的相移，移相级的作用就是补偿这一部分的相移。

6）输出级：输出级也是一组放大器，是将移相的信号再放大后，输出去测量。在这一级中还有"ε值修正"的调整。所谓ε值，就是同样温度的物体，由于物质及表面状况不同，

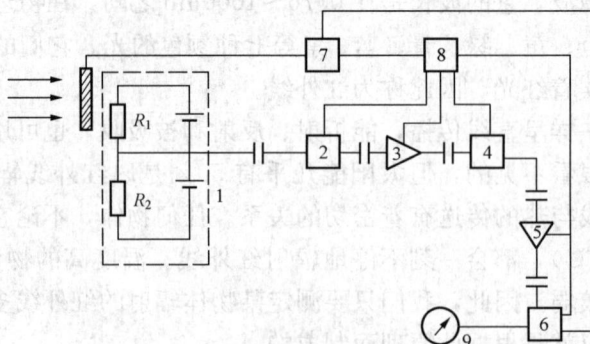

图 13-8　HW-2 型红外测温仪原理电路图

1—输入桥；2—前置级；3—选频级；4—移相级；5—输出级；

6—相敏整流；7—调制级；8—电源；9—表头

发射的红外线强度也不同，ε 称为比辐射率。为了使不同的物质，同样的温度，所测得的温度也一定要相同。因此，一定要改变输出级的放大倍数，以使输出的值一样，"ε 值修正"就是为达到此目的。

7) 相敏整流：就是将输出级输出的信号整流后进行测量，并从表头刻度上直接读出温度值。因此，可直接测得被测目标的表面温度。

3. 测量方法

(1) 合上电源开关，这时应能听到极化继电器的振动声音；

(2) 转动测量选择开关到与被测物表面温度相应的温度量程；

(3) 将 ε 值调整到与被测物 ε 值相应位置（表面氧化了的铜、铝导线接头，其 ε 值一般为 0.8～0.9）；

(4) 调整调零电位器，使仪器指示为零；

(5) 取下镜头盖、将镜头调节到与被测物相应的距离；

(6) 瞄准导线连接器某一部位，这时可以从仪表上直接读出连接器被测部位高于环境温度的温度差值（温升）。

### 三、绝缘子的测试

#### (一) 绝缘子串上的电压分布

悬式绝缘子主要由铁帽、铁脚和瓷件三部分组成。从理论分析，可将这三部分看成一个电容器，其铁帽和铁脚分别为两个极，瓷件可作为介质。假设每个绝缘子的电容为 $C_0$，绝缘子串可以看成由几个电容 $C_0$ 串联的等值电路。此外，绝缘子上的金属部分又分别和接地杆塔以及和导线形成电容 $C_1$ 和 $C_2$。因此，绝缘子串上的电压分布可由电容所组成的等值电路来表示，如图 13-9（a）所示。

实际上，每个绝缘子的电容 $C_1$ 或 $C_2$ 互不相等，其大小决定于该绝缘子对杆塔和导线的相对位置。但是，为了分析方便，可以近似地假设对于每个绝缘子都相同。这样，电路在交流电压作用下，每个电容都将流过电容电流，并在电容上产生压降。流过每个串联电容 $C_0$ 的电流，包括三个分量：

(1) 贯穿所有串联电容的电流分量 $I_0$ 对每个 $C_0$ 都相同，如图 13-9（b）所示；

(2) 由对地电容 $C_1$ 引起的电流分量为 $I_1$，流过每个 $C_0$ 的 $I_1$ 值都不相等，并随着离横担距离增加而增加，因此靠近导线的绝缘子流过的电流最多，电压降也最大，如图 13-9（c）所示；

(3) 由对导线电容 $C_2$ 引起的电流分量为 $I_2$，流过每个 $C_0$ 的 $I_2$ 值也不相等，并随着离导线的距离增加而增加，同样可知，靠近横担的绝缘子流过的电流最多，电压降也最大，如图 13-9（d）所示。

由此可见，每个 $C_0$ 上分布的电压是由这三个电流分量的总和在 $C_0$ 上引起的压降。因此，由于 $C_1$ 和 $C_2$ 的影响，沿绝缘子串电压分布是不均匀的。从图 13-9（a）中绝缘子上电压和绝缘子序号的关系曲线可以看出，从导线算起的第一个绝缘子上承受的电压最大。故该绝缘子上的电场强度较大，会引起电晕甚至闪络放电，从而加速了绝缘子老化。为此，在超高压绝缘子串的上、下端装有均压环，如图 13-10 所示。这是为了增加绝缘子对导线的电容 $C_2$，以改善电压的分布，降低了靠导线第一片绝缘子的电压。

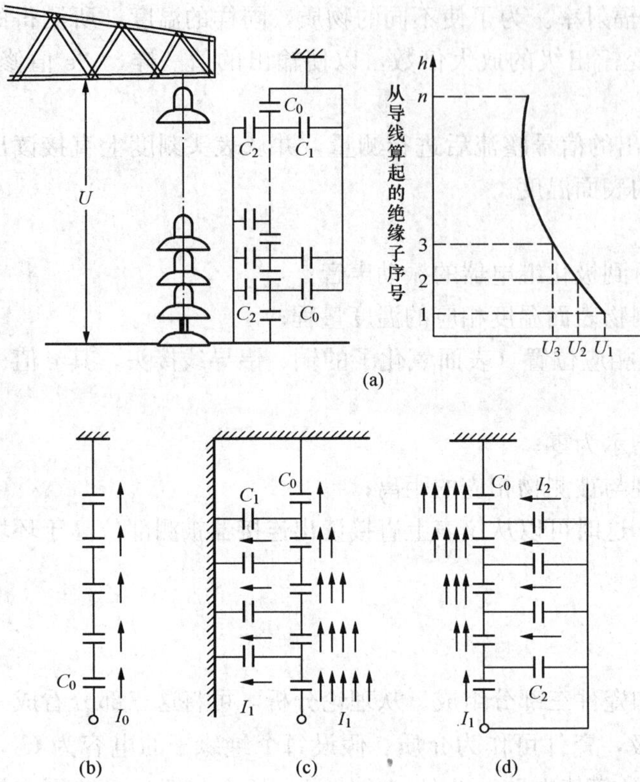

图 13 - 9　绝缘子串的等值电路和绝缘子串上的电压分布 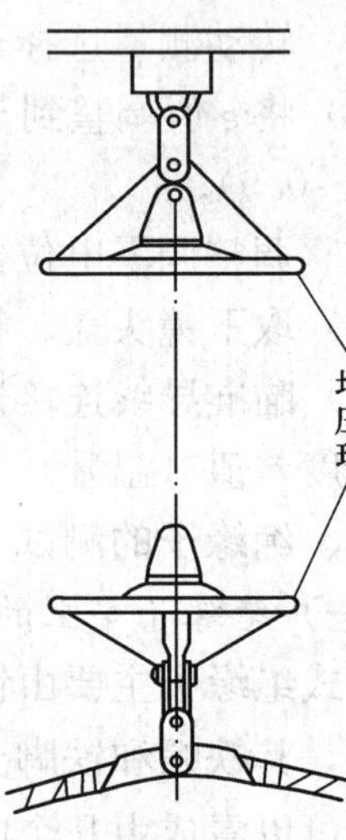　　　图 13 - 10　均压环

**（二）绝缘子串电压分布的测定**

架空线路在运行中，除了加强巡线从外部观察绝缘子外，还必须采用特制的工具进行带电试验。主要测量绝缘子串上每个绝缘子上的电压分布是否符合标准，悬式绝缘子串电压分布标准见表 13 - 3。如果在某一绝缘子串中带有损坏的绝缘子，则损坏的绝缘子上没有电压分布，而加在该绝缘子上的电压将分布在其他良好的绝缘子上。现介绍两种测量电压分布的方法。

表 13 - 3　　　　　　　　　　　悬式绝缘子串电压分布标准

| 工作电压（kV） | | 绝缘子型式 | 类　别 | 按由横担数起绝缘子元件顺序的分布电压（kV） | | | | | | | | | | | | | |
|---|---|---|---|---|---|---|---|---|---|---|---|---|---|---|---|---|---|
| 线 | 相 | | | 1 | 2 | 3 | 4 | 5 | 6 | 7 | 8 | 9 | 10 | 11 | 12 | 13 | 14 |
| 220 | 127 | XP - 70 | 正常的 | 8 | 6 | 5.6 | 5 | 5 | 5 | 5 | 6 | 6.5 | 7 | 9 | 12 | 16 | 31 |
| | | | 有缺陷的，小于 | 4 | 3 | 3 | 2 | 2 | 2 | 2 | 3 | 3 | 3 | 4 | 6 | 8 | 16 |
| 110 | 65 | XP - 70 | 正常的 | 8 | 5 | 5 | 4.5 | 6.5 | 8 | 10 | 17 | — | — | — | — | — | — |
| | | | 有缺陷的，小于 | 4 | 2 | 2 | 2 | 3 | 4 | 5 | 9 | — | — | — | — | — | — |
| 35 | 20 | XP - 70 | 正常的 | 4 | 3.5 | 4.8 | 8 | — | — | — | — | — | — | — | — | — | — |
| | | | 有缺陷的，小于 | 2 | 2 | 2 | 4 | — | — | — | — | — | — | — | — | — | — |

## 1. 火花间隙法

图 13-11 是最早采用的火花间隙测杆。这种测杆是一根长为 3～5m 的绝缘杆，其末端有一个叉形金属头 1。当试验绝缘子串 2 上的每一个绝缘子时，叉的一端与被试绝缘子的铁帽相接触，而另一端逐渐靠近被试绝缘子的铁脚。在叉与绝缘子两端相碰之前，所形成的间隙上作用的电压，就是被试绝缘子上的分布电压。若该绝缘子完好，则在间隙比较大的时候，就开始产生火花放电；如果绝缘子有缺陷，分布电压降低，则只有在金属叉靠近绝缘子时，才会产生火花放电；若金属叉已和铁脚相碰也不产生火花放电，则表明此绝缘子已被击穿，为零值绝缘子。因此，可以根据火花声音的大小，来判断绝缘子的好坏。当然这方法是粗略的，不能准确决定部分损坏的绝缘子。

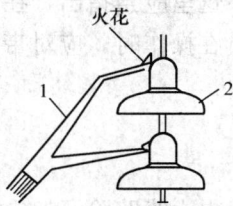

图 13-12 中 1 是具有可调放电间隙的测杆，它可以测得各个绝缘子上的电压分布。这种测杆是由绝缘材料制成，杆长为 3～5m，上端装有金属叉 2。金属叉可以在 90°范围内旋转，在互相绝缘的叉子的两端有一球间隙 $h$，此间隙距离可以改变。测量时，将叉接触被试绝缘子的铁帽和铁脚，改变间隙的距离，使其放电，就可在测杆的测度盘上读出被测绝缘子的电压分布。直到两球完全靠近而仍不放电时，则表明该绝缘子已被击穿。与火花间隙相串接的电容器 $C$，是用来防止在放电时间隙短路的。

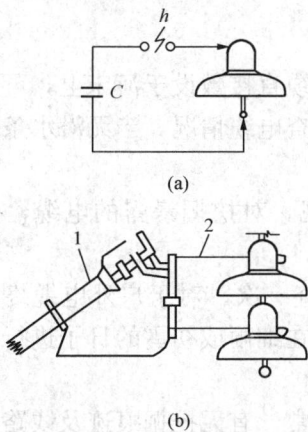

图 13-12　可调放电间隙试验
(a) 示意图；(b) 实测图

图 13-13　高阻杆结构及测量示意图

## 2. 高电阻绝缘测量法

用高电阻杆配合微安表直接测量各绝缘子的对地电压，如图 13-13 所示。当用约 300MΩ 的高电阻经过一个桥式整流电路与一端接地的微安表串联进行测量时，必须手执测杆接地端，并用高电阻杆从高压端开始逐个去碰绝缘子的金属帽，便可从微安表的读数，取得各绝缘子的对地电压。使用高电阻测杆时，应严格检查串联电阻的完好状况，以防止因沿面放电或击穿而造成电网接地故障，甚至危及测试人员安全。

检查绝缘子的顺序是从靠近横担绝缘子开始，直至把这一串绝缘子试完为止。测试时必须作好记录，在测量过程中，需要特别谨慎地注意电压分布较低和火花间隙小（1～2mm）的一些绝缘子。

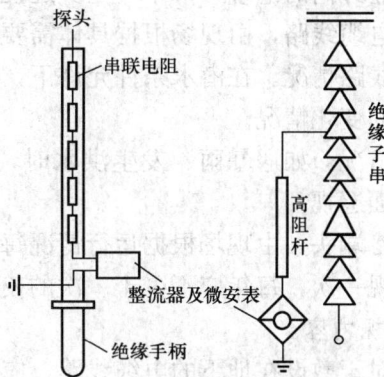

在一串绝缘子中，若发现不良的绝缘子（或零值绝缘子）接近半数，则应停止测量，再不能继续向电压分布高的绝缘子测试了，以免造成事故。

这里应当指出，在雨、雾、潮湿天气或大风时，禁止进行绝缘子电压分布的测定。操作人员在操作时，应对带电部分保持足够的安全距离。

## 第三节　电力电缆的运行

电力线路除了架空线路之外，还有电力电缆线路。电力电缆与架空线路相比，其主要优点是供电可靠，这是因为电缆线路寿命较长，其线路埋设在地下或管道中，不受外界干扰，不存在架空线路经常发生断线、混线、倒杆、雷击等事故；其次，电力电缆易于解决工业集中地区和城市的供电问题，不会影响市容、厂容，不至于形成蜘蛛网式密集的供电线路。电力电缆的主要缺点是投资大，大约为架空线路的 3～10 倍。另外，电缆故障的测寻和修理比较困难，不像架空线路那样易于维修。下面主要介绍电力电缆的运行和故障探测。

**一、电缆线路的巡视**

1. 巡视周期

巡视周期主要根据敷设电缆沿线的环境、电缆的类型和负荷情况而定。一般敷设在土中、隧道中以及沿桥梁架设的电缆，每三个月至少巡视一次。根据季节及城市基建工程的特点，应增加巡视次数。

电缆竖井内的电缆，每半年至少巡视一次。

水底电缆线路，由现场根据具体需要规定，如水底电缆直接敷设于河床上，可每年检查一次水底线路情况。在潜水条件允许下，应派遣潜水员检查电缆情况，当无潜水条件时，可测量河床的变化情况。

特殊情况，如遇暴雨、发生洪水时，应进行特殊巡视。对挖掘暴露的电缆，按工程情况，应加强巡视。

电缆终端头，由现场根据运行情况每 1～3 年停电检查一次。对于户外电缆终端头，每三个月巡视一次，每年应不少于一次的夜间巡视，并选择在细雨或初雪的日子进行。

2. 巡视内容

（1）对于敷设在地下的电缆线路，应查看路面是否正常，有无挖掘痕迹及线路标桩是否完整无缺等。

（2）在地下电缆的防护区，应查看有无堆放垃圾、矿渣、建筑材料、笨重物件、酸碱性排泄物及其他有害的化学物品。

地下电缆的防护区为线路两侧 0.75m 所形成两平行线内区域。

（3）在水底电缆的防护区内，有无打桩、抛锚、撑篙、炸鱼、挖砂等行为。

水底电缆的防护区为距电缆 100m 的两平行线内的水域。

（4）对于通过桥梁的电缆，应检查桥梁两端电缆是否拖拉过紧，保护层或槽有无脱开或锈蚀现象。

（5）人井内电缆铅包在排管口及挂钩处，不应有磨损现象，并检查衬铅是否失落；人井墙壁应无裂缝和漏水情况，排管口应无脱开现象。

（6）隧道内的电缆要检查电缆位置是否正常，接头有无变形漏油，温度是否正常，构件是否失落、通风、排水，照明等设备和设施是否完整。应特别注意防火设施是否完善，隧道内是否有积水或堆积污物。

（7）充油电缆应检查油压是否正常。油压系统的压力箱、管道、阀门、压力表是否正常。并注意与构架绝缘部分的零件，有无放电的现象。

（8）应经常检查临近河岸两侧的水底电缆，是否有受潮水冲刷现象，电缆盖板有否露出水面或移位。同时检查河岸两端的警告牌是否完好，瞭望是否清楚。

（9）应检查电缆终端套管是否完整清洁；引出线连接点是否紧固，有无发热情况，有无漏油漏胶现象；接地点是否良好，有无松动、断股现象；防雷设施是否完整。

巡视电缆线路的结果，应记入巡线记录簿内。运行部门根据巡视结果，编制小修和大修计划，采取对策消除缺陷。若发现电缆线路有重要缺陷，应及时采取措施，消除缺陷。

## 二、电缆负荷的监视与温度的测量

### 1. 电缆负荷的监视

运行中的电缆，长期允许工作温度不应超过规程中规定数值。如果长时间过负荷将使电缆温度过高，加速电缆绝缘的老化，缩短使用寿命，并可能造成事故。因此对电缆的负荷进行监视是非常重要的，其监视方法如下：

（1）变电站对每条配出的电缆线路都装有电流表，并在表盘上标有冬季、夏季最高允许负荷的控制红线，若负荷超过了红线，应立即报告领导，并采取措施将电流降下来。

（2）电缆负荷除用表盘上的电流表测量外，还可以用钳型电流表，由专人负责进行测定。根据测量的结果，运行人员应系统地进行分析，对有问题的电缆线路采取措施，以保证安全运行。

（3）对多条电缆并用的线路，还应分别测出各条电缆的电流，以防由于接触不良而造成电流分配不均，引起过负荷。

### 2. 电缆温度的测量

电缆线路在运行中除了经常测量负荷外，必须检查电缆外皮的温度，以确定电缆有无过热现象。

测量电缆表面温度一般选择在夏季或负荷最大时和散热条件最差的线段（一般不少于10m）。测量仪器可使用热电偶、线绕测量电阻等。测量电缆温度时，应同时测量环境的温度。但必须注意，测量周围环境温度的仪器装置点应与电缆保持一定的距离，一般不小于3m，并无其他热源。

直接敷设在地下的油浸纸绝缘电缆的表面温度一般不宜超过表 13-4 所列数值。

表 13-4　　　　　　　　　油浸纸绝缘电缆表面温度

| 额定电压（kV） | 3 及以下 | 6 | 10 | 20~35 |
|---|---|---|---|---|
| 允许温度（℃） | 60 | 50 | 45 | 35 |

经验证明，将所测电缆表面温度加上 15~20℃ 的温度差，就是电缆芯大约的发热温度。也可用下式来计算

$$t = t' + \frac{I^2 Pnr}{100s} + 6.32\left(\frac{I}{100}\right)^2 \times \frac{\gamma}{2}(℃) \tag{13-5}$$

式中　$t$——电缆芯的实际发热温度，℃；

     $t'$——所测电缆表面温度，℃；

     $I$——测量时电缆负荷电流，A；

     $P$——电缆铜导线在 50℃ 时的电阻系数，$P=0.021\Omega \cdot mm^2/m$；

     $r$——电缆绝缘层及保护层热电阻之和，$\Omega/cm$；

     $s$——电缆芯截面积，$mm^2$。

电缆芯最高允许温度见表 13-5。

**表 13-5**                          **电缆芯最高允许温度**

| 最高允许温度(℃)    电缆额定电压(kV) <br> 电缆类型 | 3 及其以下 | 6 | 10 | 20～35 |
|---|---|---|---|---|
| 粘性浸渍纸绝缘 | 80 | 65 | 60 | 50 |
| 不滴流纸绝缘 | — | 80 | 65 | 65 |
| 橡皮绝缘 | — | 65 | — | — |
| 聚氯乙烯绝缘 | — | — | 65 | — |
| 交联聚乙烯绝缘 | — | — | 90 | 80 |

### 三、电缆的腐蚀和预防

电缆的腐蚀通常是指电缆的铅包或铝包的腐蚀，电缆的腐蚀由杂散电流和化学作用而引起的，其腐蚀是缓慢进行的而且被腐蚀金属护套都在钢甲或油麻护层之内，一般不易发现而被忽视，所以必须引起注意。

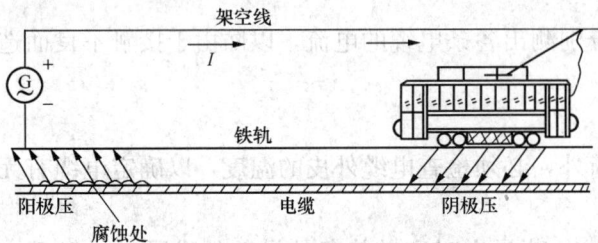

图 13-14   地中电流分布

**1. 杂散电流的腐蚀和预防**

交流电流引起的腐蚀并不严重，所以不被注意，但是直流电流，如电气化铁道流入大地的杂散电流引起的电缆腐蚀就比较严重。电气机车的架空线都是接在电源的正极上，钢轨接在电源负极上，如图 13-14 所示。由于电流沿轨道和地下向电源的负极流集，其中有一小部分电流流经电缆的包皮，所以地下电缆将有杂散电流流进和流出。

根据直流电路中的串联负荷正负极的规定，电流（正电荷）从钢轨流出处为正极，那么电流流进电缆包皮处为负极，此处称阴极地带。电流流进钢轨为负极，那么电流从电缆流出处为正极，此处称阳极地带。

在阴极地带的土壤中，如果没有碱性液体电缆的铅包不致发生腐蚀。在阳极地带上的铅皮则极易发生腐蚀，当杂散电流密度大于 $1.5\mu A/cm^2$ 时，就会有腐蚀的危险，此时应采取措施，防止或减少杂散电流通过铅包。

腐蚀的化合物呈褐色的过氧化铅时，一般可判定为阳极地带杂散电流腐蚀；呈鲜红色（也有呈绿色或黄色）的铅化合物时，一般可判定为阴极地带杂散电流腐蚀；铅包腐蚀生成物为痘状或带淡黄或淡粉红的白色，一般可判定为化学腐蚀。

防止杂散电流腐蚀可用以下三种方法：

（1）排除路面积水，采用浸过沥青的枕木和混凝土路面，以提高钢轨与大地之间的绝缘，提高钢轨与大地之间的接触电阻，从而减少杂散电流。

（2）电缆在接近电车轨道的地方，应安装在绝缘管内（如陶瓷管或浸过沥青的石棉水泥管），以加强绝缘。

（3）在杂散电流密集的地方安装排流设备，即用一根导线把电缆铅包和钢轨连接起来，排流导线应接以串联调整电阻、电流表及熔丝，串联电阻的选择应根据铠装的发热情况，使杂散电流不致太大，并使电缆铅包对大地电位差不宜大于1V。

2. 化学腐蚀和预防

产生化学腐蚀原因很多，主要有两种：一种是电缆在制造过程中，由于金属护套的外护层用料不当，内含有对铅或铝有腐蚀性的物质，如油麻内含有石炭酸等；另一种是周围环境不良所致。如土壤中含有酸、碱、氯化有机腐蚀物等。

防止化学腐蚀应从电缆制造厂方面和排除腐蚀源入手。要求电缆厂在制造过程中，所用的金属护套外的护层本身不带有腐蚀的物质。由于铅包电缆更易腐蚀，因此常采用挤塑套防护。

在设计电缆线路时，应作充分调查，收集线路经过地区的土壤资料，进行化学分析，确定土壤腐蚀程度，以采取防腐措施。如用中性土壤作电缆铺垫和敷盖，或用沥青涂刷电缆外皮，硫化电缆外皮等。"硫化"是在铅表面上用人工方法，得到一层有高度抵抗化学腐蚀性质的硫酸铝盐（亚硫酸盐）。方法是在普通煤焦油里加上3‰的净硫煮到100℃后涂在保护层上。最好将电缆敷设在管道里。

在电缆线路保护区内，严禁倾倒酸、碱、盐及其他有害化学物品。

**四、电力电缆的故障探测**

电力电缆在运行中，由于机械损伤、绝缘受潮和变质、铅包腐蚀等原因而发生故障，且其故障点用肉眼看不到，只能靠电气测量的结果来判断，特别是地下电缆，故障点的寻测就更为困难。若故障探测不快、不准、延误修复使故障扩大，将影响正常供电。因此，迅速而准确的探测电缆线路的故障点，是电缆线路运行中的一项十分重要的工作。

电缆故障的探测，首先应确定故障性质，以便选择适当的测量方法；其次，确定故障的地段；最后，确定故障点。

（一）电缆故障性质的确定

确定电缆故障的性质，一般可用500～1000V的绝缘电阻表，在电缆线路两端分别测量各芯对铝包以及各芯间的绝缘电阻，如图13-15（a）、（b）所示。测定之后，还必须作连续性的试验，如图13-15（c）所示，即在电缆一端，把所有的缆芯短接并接地，另一端分别对各缆芯进行测量，从而确定各导体（缆芯）是否完好。

电缆故障性质可分为两大类：第一类，由于缆芯之间或缆芯对护层间的绝缘损坏，因而形成的相间短路或单相接地和闪络；第二类，由于缆芯连续性破坏，因而形成完全断线或不完全断线。

（二）电缆故障地段的确定

电缆故障地段的确定，是用仪器在电缆的一端测出到

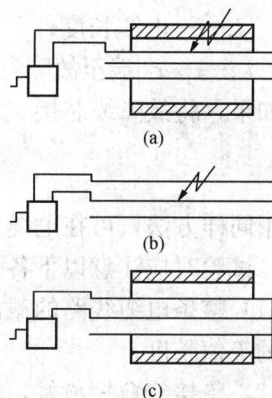

图13-15　电缆故障性质的确定
(a) 单相接地；(b) 相间短路；
(c) 完全断线

故障点的电缆长度，而实际测定的往往是这个长度与电缆全长的比值。因此，要求测量的误差应不大于1%。其方法有：电压降法和电桥法，驻波法和脉冲法等。

电压降法和电桥法原理是：由于电缆线路的参数（电阻、电感、电导和电容）是沿线均匀分布的，即单位长度电阻和电容为常数。因此，只要测定故障点两点电阻或电容之比，即可得到故障点两边电缆长度之比，因而便可求得到故障点的电缆长度。

驻波法和脉冲法原理是：由于缆芯电感和缆芯对护层的电容均匀分布，可视为均匀长线，即电磁波沿缆芯的传播速度为常数，且到达故障点将发生反射。因此，只测定脉冲波到故障点的传播时间，即可计算出到故障点的电缆长度。现介绍两种主要的电桥法和脉冲法。

### 1. 电桥法

当电缆一芯或数芯经低电阻（几十千欧以下）接地或短路时，可用单臂电桥来测寻故障地段。用此法时，电缆必须有一芯是良好的，否则须借用其他并行的线路或安装临时线作为回路。

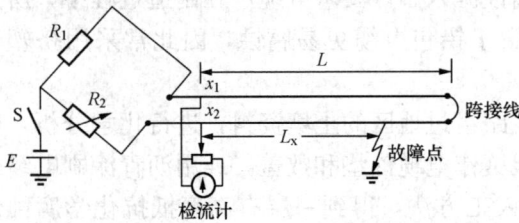

图 13 - 16　电桥法接线

测量前，先在电缆一端，把故障的缆芯和一根良好的缆芯短路，如图 13 - 16 所示。电缆另一端接上一个电桥，电桥检流计直接接在电缆芯上，这样可以使连接线的电阻和接触电阻从回路部分转移到比较大的桥臂电阻中去，以减少测量误差。

当将故障缆芯接 $x_2$，良好缆芯接 $x_1$ 时，称正接法。合上开关 S，接通电源 E，调节可变臂 $R_2$ 使电桥平衡，则有

$$\frac{R_1}{R_2} = \frac{2L - L_x}{L_x}$$

$$L_x = \frac{R_2}{R_1 + R_2} \times 2L \qquad (13 - 6)$$

式中　$R_1$——电桥固定臂电阻值；

　　　$R_2$——电桥可变臂电阻值；

　　　$L$——电缆长度；

　　　$L_x$——$x_2$ 端至故障点的长度。

如果，将故障缆芯接 $x_1$，良好缆芯接 $x_2$ 时，称反接法。此时则得

$$L_x = \frac{R_1}{R_1 + R_2} \times 2L \qquad (13 - 7)$$

用同样方法，可在电缆另一端进行测试，将四次试验结果取平均值。为了保证试验的准确度，试验时应注意以下各点：

（1）整条电缆线路的截面应该相同，如有不同截面连在一起时，应按其电阻换算至同一截面的等值长度；

（2）跨接线愈短愈好，其截面应不小于电缆芯的截面，从电桥接至电缆的引线也应尽量采用截面较大的短线；

（3）试验时，如有交流杂散电流影响，以致检流计偏转不稳定，可用滤波器来消除其影响。

对于电缆相间短路或接地故障的测试，基本上和单相接地故障相似，这里不再赘述。

2. 脉冲法

脉冲法，是将脉冲波送到缆芯上去，利用反射波的情况来判定故障点。如果缆芯良好，在电缆首端发出的波，一直要到导线末端才反射回来，因此时间较长。如果，缆芯中间有故障，则脉冲达到故障点时即向首端反射，所以出现反射波时间较短。反射波的出现和出现的时间利用示波器可以确定。因此，只要已知电缆中波的传播速度，即可定出故障点至电缆首端的距离。

如果，设至故障点的距离为 $L_x$，故障缆芯反射波所需时间为 $t_b$，波速 $v$，则

$$2L_x = vt_3$$

$$L_x = \frac{vt_b}{2} \tag{13-8}$$

波速可由下式确定

$$v = \frac{2L}{t_g} \tag{13-9}$$

上二式中 $L$——良好电缆全长；

$t_g$——良好缆芯反射波所需时间。

利用脉冲法判定电缆故障点的仪器，即脉冲探测器，它是由脉冲发生器和示波器组成的。图 13-17 为示波器显示的波形，图中 0 点是送出去的脉冲波，而在 13.9 和 23.3 两点则是故障点的反射波。当反射波和发送的脉冲方向相同，如图 13-17（b）所示，这是断线故障。如果方向相反，如图 13-17（a）所示，则是短路或接地故障。为了从示波器上直接确定到故障点的距离，可以先将脉冲波送到良好的缆芯上去，取得示波器光幕上相当于电缆总长度的格数。然后把脉冲波送到有故障的缆芯上去，量取故障的格数。从这两个格数之比，就可以求得到故障的距离。

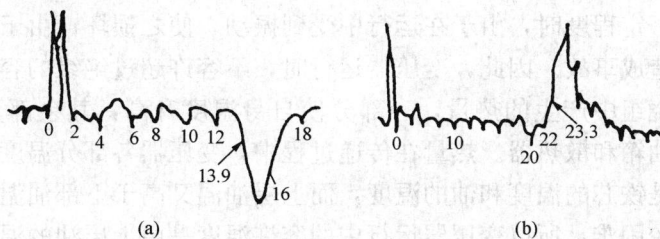

图 13-17 用脉冲法探测故障的示波图
（a）来自短路处的反射波；（b）来自断线处的反射波

（三）电缆线路故障点的确定

前面几种探测电缆故障的方法都有一个共同的缺点，即测量结果必须进行计算，并且需要实测电缆的长度，可能产生几米到几十米的测量误差。因此，还必须确定电缆的故障点（定点）。所谓定点，即用仪器在现场测定故障点所在的实际位置。因此，要求测量的绝对误差应不大于 1m。定点方法的原理，就是在故障点附近捕捉相关的电磁现象或派生的其他现象，以确定故障点所在位置。定点的方法主要有感应法和声测法，下面仅介绍声测法。

声测法是利用电容器充电后经过球间隙向故障缆芯放电，并在故障点附近用接收器来判断故障点的准确位置，如图 13-18 所示。

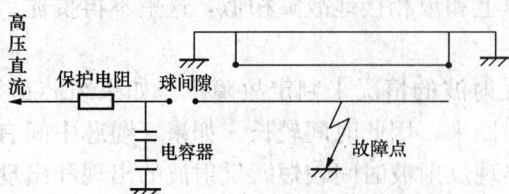

图 13-18　声测法接线图

当高压直流电向电容器充电到一定电压时，球间隙被击穿，电容器即向故障缆芯放电，在故障点产生火花，放电时发出声音。如果采用特殊的接收器，在故障点附近几米内，就能听到放电声，声音最响的地方即为故障点。

听棒就是一种接收器。听棒是由一根硬质细长的木棒做成的，下端金属尖端接触地面，上端金属片以供侧听，运行经验表明，有半数以上的故障可用听棒进行定点。

为了测量时听到较大的声音，就要求充电电容应足够大（一般为 $0.4\sim1.0\mu L$），充电电压不可太低，一般可参考下列数值选择：

| 电缆额定电压（kV） | 充电电压（kV） |
|---|---|
| 6.6 | 20～25 |
| 10 | 25～30 |
| 35 | 30～40 |

# 第四节　配电设备运行

## 一、对配电变压器的要求

（一）变压器的容许值

1. 容许温度和温升

变压器在运行中要产生铜损和铁损，其结果将使变压器的铁芯和绕组发热，温度升高。如果变压器温度太高，变压器绕组的绝缘就会因长期受热而老化。温度愈高，绝缘老化愈快，当绝缘老化到一定程度时，由于在运行中受到振动，使之损坏；由于绝缘老化，便很容易被高电压击穿而造成事故。因此，变压器运行时，不容许超过绝缘的容许温度。

变压器铁芯和绕组中产生的热量，一部分使自身温度升高，其余部分则传递给变压器油，再由油传递给油箱和散热器。热量在传递过程中，变压器各部分温度是不相同的，绕组的温度最高，其次是铁芯的温度和油的温度，而上层油温又高于下部油温。由于测量变压器绕组和铁芯的温度较困难，所以变压器运行中的容许温度是由上层油的温度来检查的。

配电变压器采用 A 级绝缘，即浸渍处理过的有机材料，如纸、木材、棉纱等。当最高周围空气温度为 $+40^\circ C$ 时，这类绝缘材料的最高工作温度为 $105^\circ C$。由于绕组的平均温度比油温高 $10^\circ C$，所以变压器上层油温不宜超过 $85^\circ C$，最高不能超过 $95^\circ C$。

为了便于检修和正确反映出绕组的温度，变压器不但规定最高容许温度，还必须规定容许温升。变压器温度与周围空气温度的差值就叫做变压器的温升，当周围空气温度为 $+40^\circ C$ 时，绕组的容许温升为 $65^\circ C$，则上层油的容许温升为 $55^\circ C$。例如有一台配电变压器，当周围空气温度为 $30^\circ C$ 时，其上层油温为 $65^\circ C$，这时变压器上层油未超过容许值，上层油的温升为 $65^\circ C-30^\circ C=35^\circ C$ 也未超过容许值，故变压器运行是正常的。若周围空气温度为 $42^\circ C$，上层油温为 $97^\circ C$ 时，虽然温升 $97^\circ C-42^\circ C=55^\circ C$，没有超过规定值，但由于上层油温已超过规定值，故仍不容许运行。若周围空气温度为 $-20^\circ C$，上层油温为 $50^\circ C$ 时，虽然上层油温未超过容许值，但上层油的温升 50℃－（－20℃）＝70℃，超过了容许值，故也不容许运行。

2. 容许过负荷

变压器过负荷运行，温升就要增加，如果变压器无限制的过负荷，就会严重缩短变压器的寿命。但变压器运行中的负荷与周围空气温度的变化都很大，在不影响变压器寿命的前提下，变压器可以在高峰负荷及冬季时过负荷运行。变压器正常容许过负荷按下述原则进行。

（1）在高峰负荷期间，变压器的容许过负荷倍数和容许的持续时间可参考表 13 - 6 所列的数值。

表 13 - 6　　　　　　　　　　　　变压器过负荷容许时间　　　　　　　　　　（h：min）

| 过负荷倍数 | 过负荷上层油的温升（℃） | | | | | |
|---|---|---|---|---|---|---|
| | 18 | 24 | 30 | 36 | 42 | 48 |
| 1.05 | 5：50 | 5：25 | 4：50 | 4：00 | 3：00 | 1：30 |
| 1.10 | 3：50 | 3：25 | 2：50 | 2：10 | 1：25 | 0：10 |
| 1.15 | 2：50 | 2：25 | 1：50 | 1：20 | 0：35 | — |
| 1.20 | 2：05 | 1：40 | 1：15 | 0：45 | — | — |
| 1.25 | 1：35 | 1：15 | 0：50 | 0：25 | — | — |
| 1.30 | 1：10 | 0：50 | 0：30 | — | — | — |
| 1.35 | 0：55 | 0：35 | 0：15 | — | — | — |
| 1.40 | 0：40 | 0：25 | — | — | — | — |
| 1.45 | 0：25 | 0：10 | — | — | — | — |
| 1.50 | 0：15 | — | — | — | — | — |

（2）变压器在夏季的最高负荷每低于变压器额定容量的 1％时，则可在冬季过负荷 1％，但以 15％为限。

（3）当配电线路发生事故时，为了保证对重要用户继续供电，容许变压器短时间过负荷。其事故过负荷的倍数和时间可参照表 13 - 7 的数值。

表 13 - 7　　　　　　　　变压器事故过负荷的倍数和时间

| 过 负 荷 倍 数 | 1.30 | 1.45 | 1.60 | 1.75 | 2.00 | 2.40 | 3.00 |
|---|---|---|---|---|---|---|---|
| 容许的持续时间（min） | 120 | 80 | 30 | 15 | 7.5 | 3.5 | 1.5 |

3. 变压器容许的电压变动

变压器在电力网中运行时，由于电力系统运行方式的改变，昼夜负荷的变动及发生事故等情况，电力网的电压总有一定的波动，因而加在变压器高压绕组的电压也是变动的。当电网电压低于变压器所用分接头电压时，对于变压器本身没有什么损害，只是可能降低变压器的出力。当电网电压高于变压器所用分接头额定电压较多时，则对变压器的运行会产生不良的影响。

（1）由于电源电压增高时，变压器的励磁电流增加，磁通密度增加，造成变压器铁芯因损耗增加而过热；

（2）由于励磁电流的增加，变压器所消耗的无功功率也随之增加，使变压器实际出力降低；

（3）由于励磁电流的增加，磁通密度增大，使铁芯饱和，引起低压绕组电势波形发生畸变，由原来的正弦波变为尖顶波，这对变压器的绝缘有一定的危害。

　　根据上述分析，变压器高压绕组所加的电压可以较额定值高，但一般不能超过额定值的5%，即不论电压分接头在任何位置，若高压侧所加的电压不超过其相应额定值的1.05倍，则变压器低压绕组可带额定电流。变压器的低压侧电压值，不准高于额定电压的5%，也不准低于额定电压的10%，若不符合上述容许值时应调整变压器的分接头。

　　4. 变压器中性线电流的容许值

　　对于Y，yn0接线的配电变压器，若中性线电流太大，则在中性线上会产生较大的电压降，使负荷中性点发生位移，并影响用户正常工作。所以，规定中性线电流不得超过低压线圈额定电流的25%，否则就应调整负荷。

　　5. 变压器绕组绝缘电阻的容许值

　　变压器安装或检修后，在投入运行前以及长期停用后，均应测量变压器的绝缘电阻。测量时，一般采用1000~2500V的绝缘电阻表。

　　变压器在运行中所测量的绝缘电阻值，应和投入运行前在同一温度、同一绝缘电阻表电压时所测得的绝缘电阻相比较，若降低了50%或更低时，则认为不合格，应停止运行。

　　变压器绝缘电阻容许值可参考表13-8所列的数值。新变压器或大修干燥后的变压器的绝缘电阻应达到表中的良好值，运行中的变压器应达到最低值。

表13-8　　　　　　　　　　　变压器容许的绝缘电阻　　　　　　　　　　　（MΩ）

| 项　目 | 温度（℃） | 10 | 20 | 30 | 40 | 50 | 60 | 70 | 80 | 90 |
|---|---|---|---|---|---|---|---|---|---|---|
| 一次对二次及一次对地 | 良好 | 900 | 450 | 225 | 120 | 64 | 36 | 19 | 12 | 8 |
| | 最低 | 600 | 300 | 150 | 80 | 43 | 24 | 13 | 8 | 5 |
| 二次对地 | 良好 | 60 | 30 | 15 | 8 | 5 | 4 | 2 | 2 | 2 |
| | 最低 | 40 | 20 | 10 | 5 | 3 | 2 | 1 | 1 | 1 |

　　（二）配电变压器在运行中的要求

　　1. 变压器的声响应正常

　　变压器通电后，就有嗡嗡地响声，这是由于交流电通过变压器绕组时，在铁芯里产生周期性变化的交变磁通，从而引起铁芯振动的结果，这种声响是正常的。当变压器内部或外部发生故障时，例如：变压器过负荷，变压器个别零件松动，内部接触不良或有击穿的地方，以及系统短路等都会产生其他杂音。

　　2. 变压器应无漏油渗油现象，其油位及油的颜色也应正常

　　变压器油的作用是绝缘和散热。合格的油色是淡黄色，油位应指示在相应的监视线上。为了保证配电变压器正常运行，对变压器油应定期检验，一般3年至少检查一次，其质量标准应符合有关规定。

　　3. 套管应保持清洁完好

　　变压器的套管应保持清洁、无裂纹、无破损和放电痕迹。当变压器的套管上存在有上述缺陷时，在小雨或大雾和降湿雪天气时，瓷套管的泄漏电流就会增加，绝缘也相应下降，甚至会产生对地闪络。

　　**二、配电变压器的巡视**

　　配电变压器可安装在室内和室外。安装在室外的有柱上变压器台和地上变压器台。对于

负荷较集中的供电区和高压用户，配电变压器一般安装在室内，称配电所或称变电亭。随着城市建设的发展，用电负荷大而对可靠性要求又高，采用箱式配电所或称箱式变电站，它是将配电变压器、高低开关及保护装置安装在一个壳体内，或分别安装几个壳体内，为了防火、防爆，配电变压器采用干式变压器。无论配电变压器安装在室内还是室外，由于变压器负荷不断变化，变压器温度也变化，对变压器正常运行有影响，特别是安装在室外的配电变压器，经常处于自然气象条件、大气污染以及外力破坏环境中，对变压器正常运行影响很大，因此为了保证安全供电必须做好变压器的巡视检查工作，发现缺陷及时处理，使变压器始终处于良好状态中。

巡视一般指对变压器外部检查，通常每两月最少巡视一次。巡视主要内容为：

（1）变压器的油面、油色是否正常，有无渗油、漏油现象。

（2）油温是否正常，若发现温度过高应查明原因。

（3）检查套管是否清洁，有无裂纹、放电痕迹，胶垫是否老化破裂等。

（4）变压器的声音是否正常，如发出金属撞击声，则可能是夹件松动；如发生匝间短路，则由于局部发热使油沸腾而发生的咕噜咕噜的响声；如果是铁芯接地线断裂，会发出放电的劈裂声；如果铁芯接地线接触不良，则会断断续续地发出吱吱声。

（5）检查高、低压引线及母线有无异状，与其他导线有无接触的可能。

（6）检查一、二次侧的熔丝是否合适，各触点有无接触不良及烧损现象。

（7）对于柱上变压器台和地上变压器台，检查台架有无锈蚀、倾斜，固定是否牢固，接地引下线是否良好，台下有无易燃物，台周围有无杂草，围栏是否安全可靠。

（8）警告牌及各种标志、铭牌是否完备，字迹是否清晰。

### 三、配电变压器熔丝保护

（一）配电变压器熔丝的选择

配电变压器一般采用熔丝作为过负荷及短路保护。安装在室外的配电变压器高压侧一般安装 RW 型跌落式熔断器；安装在配电所或箱式配电所的配电变压器，当采用负荷开关时，也都串接户内 RN1 型管型熔断器。

配电变压器容量在100kVA 以上者，高压侧熔丝的额定电流应取变压器高压侧额定电流的 1.5 倍；100kVA 以下者应 2 倍。配电变压器低压侧熔丝的额定电流一般取变压器低压侧额定电流的 1.2 倍。

在放射形配电网中，要适当地选择干线、分支线上的熔丝额定电流，图 13 - 19 中，两个熔丝 RW1 和 RW2 串接在干线上，靠近电源的 RW2 熔丝的额定电流要比靠近线路末端的 RW1 熔丝的额定电流大。故当 d 点发生短路时，RW1 先断切除了故障，而 RW2 不断，仍对无故障部分

图 13 - 19　放射形配电网熔丝装置

的线路继续供电。RW1 熔丝额定电流按负荷 1 的额定电流 1.5 倍来选择；RW2 熔丝额定电流应按干线总负荷电流或短路电流来选择。

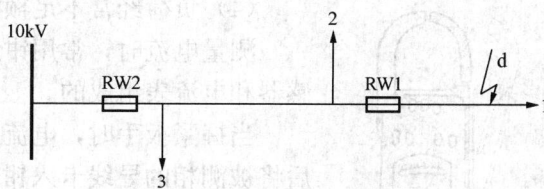

（二）熔丝更换

变压器高、低压侧熔丝熔断后，都要进行分析，查明熔断原因方可更换。熔丝熔断有以

下几种情况：

（1）若变压器高压侧一相熔丝熔断，熔断处没有明显的弧光烧痕，大多属于熔丝规格小，机械强度不够，安装时间长，接点氧化接触不良等原因所致。

（2）若变压器高压侧两相或三相熔丝熔断，很可能是变压器内部或套管上发生了短路故障。如果此时发生变压器喷油，更说明是变压器内部发生了短路故障。

（3）如果变压器高低压侧熔丝全部熔断，却没有发生喷油现象，也闻不到烧焦的气味，则很可能是由于低压网短路引起的。用兆欧表检查变压器，若没有发现不正常现象，此时可将低压侧断开，试送变压器运行正常。说明变压器本身无故障，则应寻找低压网的短路处，并加以处理。

（4）如果变压器低压侧熔丝熔断，可能是短路故障或接触不良引起的。若某一相熔丝熔断，很可能是三相负荷不平衡引起的。

（5）熔丝两端固定处接触不良，固定处过热而熔断。

总之，无论变压器高、低侧熔丝熔断时，都要查明原因，消除故障，更换合格的熔丝后才能恢复供电。

### 四、配电变压器运行中测试

#### （一）电压测量

我们知道，受电设备均有一定的电压标准。如果电压降低，就会使电灯亮度降低；电动机要维持同样的出力，则将引起电流增加，使电动机绕组过热。如果电压过高，则使电动机的铁芯损耗增加，铁芯过热；灯泡寿命也要大大缩短，有时甚至烧坏。为了保证受电设备安全运行，必须测定变压器运行中的电压，以便及时调整过高或过低的电压。

电压测量，也即测量变压器二次出口电压和最远接户线的终端电压，若电压有长期过高或过低情况，则应停电后及时调整变压器分接开关，使电压尽量接近额定值。

#### （二）电流测量

为了监视变压器运行情况，必须测量变压器的负荷电流，如果变压器负荷有下列情况之一，则应进行调整。

（1）变压器三相电流不平衡度不大于 15%；

（2）变压器中线电流超过低压绕组额定电流的 25%；

（3）负荷电流超过变压器的额定电流；

（4）负荷经常不足额定容量的 1/2。

测量电流时，常用钳形电流表，如图 13 - 20 所示。它是由电流互感器和电流表组成的。

当握紧扳手时，电流互感器铁芯即可张开（如图中虚线所示），然后将被测相的导线卡入钳口为电流互感器初级，放松扳手，使铁芯的钳口闭合后，接在次级绕组上的电流表便指示出被测电流值。

钳形表使用中注意事项：

（1）测量时应使被测导线处于钳口中央，否则会有误差，如测量大电流后立即去测小电流时，应张合铁芯数次以消除铁芯中的剩磁；

（2）在测量前应调整表头在"零位"；

（3）被测的电流大小未知时，应先通过转换开关将电流表调到最

图 13 - 20　钳形电流表

高量限，然后再回档减至适宜量限位置；

（4）应保持钳口的清洁，携带使用时不应受到强烈震动。

（三）相位核定

为了使并列运行的变压器，符合并列条件，在并列前，必须核定变压器的相位。定相试验接线如图 13 - 21 所示。定相时，先将第一台变压器的一次和二次侧各相分别接到相应的相序上。再将第二台变压器一次侧各相接到相应的相序上，并用电压表分别测定两台变压器 a 相间、b 相间和 c 相间的电压，若所测电压为零或接近于零时，即可并列运行。

（四）绝缘电阻测量

配电绝缘是否良好，对配电变压器的正常运行关系很大，定期用兆欧表测量变压器绝缘电阻，可以大致了解变压器的绝缘是否受潮、污秽。测量应在干燥天气下进行，气温一般 5℃ 以上，采 2500V 兆欧表。

图 13 - 21  变压器定相试验接线

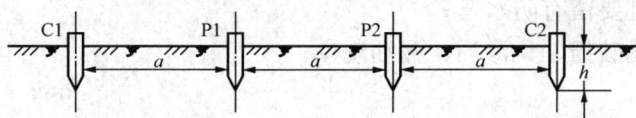

绝缘电阻测量方法如下：

（1）拆除被试变压器的电源及一切引出线后，将变压器高、低压端子对地放电；

（2）用干燥、清洁的软布擦去套管表面污垢；

（3）测量高压对地绝缘时，应将低压线圈与外壳一并接地；测量低压对地绝缘时，同样将高压线圈与外壳一并接地；

（4）测量前，将兆欧表进行开路试验和零位校验；

（5）按规定的方法进行接线和试验；

（6）试验完毕后应将被试变压器进行放电，并记录被试变压器的温度。

（五）接地电阻测量

测量接地电阻须用专门的仪表，通常采用 ZC - 8 型接地电阻测量仪。这种测量仪是按补偿法原理做成的，有三个端钮和四个端钮两种。有四个端钮时，应将"P2"和"C2"短接后再接至被测的接地体。三端钮式测量仪的"P2"和"C2"已在内部短接，故只引出一个端钮"E"，测量时直接将"E"接至被测接地体即可。端钮"P"和"C"分别接上电压辅助探针和电流辅助探针，并将探针按规定的距离插入地中。

1. 对电压辅助探针和电流辅助探针的要求

在利用接地电阻测量仪测量接地电阻时，辅助探针本身的接地电阻是测量的关键。如果探针的接地电阻太大时，会直接影响仪器的灵敏度，甚至测不出数来。电流辅助探针本身的接地电阻应不大于 250Ω，电压辅助探针本身的接地电阻应不大于 1000Ω。这些数值对大多数种类土壤来说是容易达到的。如在高土壤电阻率地区进行测量时，可将探针周围的土壤用盐水弄湿，其本身的接地电阻就会大大降低。探针一般采用直径为 0.5cm，长度为 0.5m 的镀锌铁棒做成。

2. 土壤电阻率的测量

土壤电阻率的测量如图 13 - 22 所示，在被测地区，按照直线排列埋在土壤内的四根棒，它们之间的

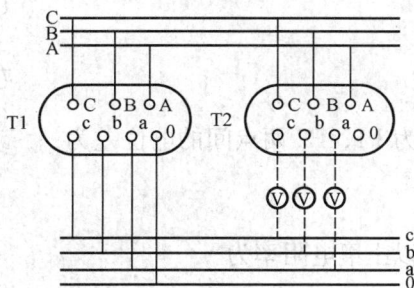

图 13 - 22  土壤电阻率的测量

距离为 $a$，棒的埋入深度 $h$ 应不低于 $\frac{a}{20}$ ，电极分别为 C1、P1、P2、C2。用四端钮接地电阻测量仪时，可将仪器四个端钮分别接在 C1、P1、P2、C2 电极上。从 C1、C2 端通入电流，则 C1、C2 对内侧两个电极 P1、P2 上产生的电位为

$$U_{P1} = \frac{\rho I}{2\pi}\left(\frac{1}{a} - \frac{1}{2a}\right)$$

$$U_{P2} = \frac{\rho I}{2\pi}\left(\frac{1}{2a} - \frac{1}{a}\right)$$

因为 P1、P2 两点间的电位差为

$$U_{P1} - U_{P2} = \frac{\rho I}{2\pi a}$$

所以土壤电阻率为

$$\rho = 2\pi a \frac{U_{P1} - U_{P2}}{I} = 2\pi a R (\Omega \cdot cm) \tag{13-10}$$

式中　$R$——实测的接地电阻读数，$\Omega$；

　　　$a$——棒之间的距离，cm。

3. 接地电阻的测量方法及注意事项

（1）测量前将仪器放平，然后调零，使指针指在红线上。

（2）将被测杆塔接地体和端钮 E 连接，电压探针和电流探针分别与仪器的端钮 P1、C1 连接，其电极布置一般如图 13-23 所示。图中 $l$ 为接地体最长放射线长度，电流探针至接地体的距离 $d_{13}$ 一般取 $l$ 的 4 倍，电压探针至接地体的距离 $d_{12}$ 取 $l$ 的 2.5 倍。

（3）所有连线截面一般应不小于 $1\sim1.5mm^2$。

（4）使用绝缘电阻表，当发现有干扰、指针摆动时，应注意改变几个转动速度，以避免外界的干扰，使指针稳定。

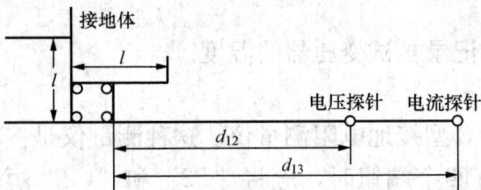

图 13-23　电极布置

**五、柱上开关电器的运行**

柱上多油断路器、跌落式熔断器及避雷器等是配电线路中广泛应用的开关电器，这些电器运行的状态是否良好，直接关系到电网的正常运行，为此对这些开关电器必须定期巡视检查，以保持良好运行状态。

（一）柱上多油断路器的运行

1. 柱上多油断路器的要求

柱上多油断路器是配电线路中的一种电气设备，可用来带负荷拉开或接通电路，还可断开故障时的短路电流，具体要求如下：

（1）柱上多油断路器应该有明确的拉合闸标志；

（2）各相引线要有良好的绝缘，且要留有防水弯；

（3）套管应保持清洁，无裂纹、无破损、无渗油、漏油现象；

（4）安装断路器的支架应牢固；

（5）装设断路器的电杆脚钉应完整无缺；

（6）拉合断路器时，应使用绝缘杆或绝缘绳，操作人员应与带电部分保持足够的安全

距离；

(7) 断路器外壳应接地良好，经常开路的断路器须在两侧加装避雷器。

2. 柱上多油断路器的检查

结合线路巡视对柱上多油断路器进行外部检查每年至少一次，其外部检查内容如下：

(1) 油箱渗油、漏油、油面是否正常；

(2) 套管是否清洁，有无裂纹、破损及放电烧伤痕迹；

(3) 引线合格，线间距离和弧垂合适；

(4) 安装断路器的支架是否牢固，操作时摇摆；

(5) 切、合指示的位置是否正确；

(6) 接地线是否完整牢固。

对柱上多油断路器进行内部检查，其检查内容如下：

(1) 绝缘油色是否变化，油质如何；

(2) 切、合操作是否灵活；

(3) 检查触头烧伤情况，接触是否良好，三相动作是否同期；

(4) 检查柱上多油断路器密封情况，有无变化；

(5) 检查跳闸回路是否按整定值跳闸，且无卡着现象。

对柱上多油断路器，还要定期用 2500V 的兆欧表进行绝缘电阻的测量，其值不小于 300MΩ 时，大修后及运行 13 年还要耐压试验。

(二) 跌落式熔断器的运行

跌落式熔断器是室外变压器台中的一种电气设备，它是配电变压器的过负荷和短路保护电器，可分断和闭合空载变压器及空载线路，为了保证配电线路正常供电，应对跌落式熔断器进行巡视和检查。

1. 跌落式熔断器常见的故障

(1) 熔丝管合不上，或合上又掉不下来，或熔丝已断而瓷管不跌落。其原因可能是熔丝管上断动触头歪扭，或熔丝管上下触头间距离与绝缘支柱上下静触头间距离不配合。熔丝管上下触头间距离过长就会合不上，这样一来熔丝已断而不跌落；过短可能合上又掉不下来。

(2) 绝缘支柱中部或上部断裂。

(3) 绝缘支柱污闪，处于污秽地区较为发生，为此可采用防污跌落式熔断器。

(4) 熔丝管烧毁。

2. 跌落式熔断器的检查

(1) 瓷件是否清洁，有无裂纹、损伤、放电痕迹。

(2) 触头是否烧损、熔化，弹簧片的弹性是否良好。

(3) 活动部分在分、合时是否灵活，上下触头接触是否良好。

(4) 熔丝管有无变形、起层、炭化等现象。

3. 跌落式熔断器的操作

(1) 拉开变压器高压侧跌落式熔断器应先断开低压侧熔断器。

(2) 当拉开三相变压器高压侧跌落式熔断器时，一般应先拉开 B 相，后拉开 A、C 相。

(三) 阀型避雷器的运行

阀型避雷器是用来保护配电变压器和柱上油断路器，一般安装在变压器、油断路器、电缆头所在的电杆上。要求阀型避雷器瓷件表面不得有裂纹、破损及掉釉等情形。避雷器与被保护设备间的引线应尽量缩短。避雷器的封口处应密闭良好，连接点不应受机械力的作用，接地引下线应良好完整。

## 第五节　线路运行资料的建立和积累

建立及时和定期的资料整理制度，做好必要的图表记录，随时掌握线路的全部情况，适时提出改进意见，是保证线路安全运行时必不可少的工作。

**一、架空线路运行技术资料**

线路运行除了应具备有关线路设计、施工技术资料和有关规程外，还必须作好下列技术记录：

（1）线路缺陷记录。

（2）线路检修记录。

（3）连接器试验记录。

（4）接地电阻测定记录。

（5）交叉跨越测量记录。

（6）事故障碍及异常运行记录。

（7）线路预防性检查试验周期表。

（8）绝缘子测定分析统计表。

（9）线路污秽地段记录。

（10）防洪设施记录。

**二、配电变压器运行资料**

（1）变压器电流、电压测量及负荷分布记录。

（2）接地电阻测定记录。

（3）变压器缺陷及处理记录。

（4）历年变压器事故及故障记录。

（5）变压器小修记录。

（6）变压器试验记录。

（7）变压器分布图和低压线路系统图。

（8）变压器台账，包括厂名、厂号、相别、容量、位号、安装年月及地址。

（9）变压器二次熔丝熔断记录。

**三、电缆运行技术资料**

（1）电缆线路的地形图。

（2）电缆线路网络的系统图。

（3）电缆线路原始记录，包括准确长度、截面积、电压、型号、安装日期、线路参数、中间接头及终端头的型号、编号、装置日期。

（4）电缆线路事故记录。

（5）电缆试验记录。

### 四、防雷运行工作技术资料

（1）架空输电线路防雷接线图。

（2）配电系统防雷装置布置图——在配电线路平面图上画出各种防雷装置安装地点、型式。

（3）架空线路雷击闪络情况记录，包括各条线路的闪络次数，其中引起跳闸的次数及重合闸动作情况；闪络的原因；发生闪络的杆塔的杆型及绝缘子型式；避雷器（保护间隙）动作情况。

（4）架空线路雷害事故的原因和分析记录。

（5）每次配电线路雷击断线事故记录。

（6）配电变压器雷击损坏情况、原因记录。

（7）避雷器试验与检修记录。

（8）接地电阻测量检查记录。

### 五、架空线路设备缺陷的分类

线路设备缺陷按其危害程度，可分为一般缺陷、严重缺陷、危急缺陷三类。

（1）一般缺陷。指设备状况不符合规程标准和施工工艺要求，但近期内不影响安全运行，可在周期性检查中予以解决的缺陷。

（2）严重缺陷。指设备有明显损坏、变形，发展下去可能造成故障，必须列入近期检修计划予以消除的缺陷。

（3）危急缺陷。指设备缺陷直接影响安全运行，随时可能导致发生事故，必须迅速处理。

### 六、架空线路定级工作

根据线路完好状况可分如下三类。

一类线路：技术状况良好，或虽有一般缺陷，但仍能保证安全、满供。

二类线路：技术状况基本良好，或个别部件有较严重缺陷，但经过运行考验仍能基本上保证安全运行。

三类线路：技术状况不好或普遍存在较严重缺陷，或故障频繁。

一、二类线路统称完好线路，完好线路与线路总数的比值称设备完好率。

## 习　　题

1. 为什么要巡线？巡线分哪几种？
2. 巡线的工作内容有哪些？
3. 什么是架空电力线路的防护区？
4. 架空线路在运行中为什么要进行限距和弧垂测量？
5. 导线连接器电阻的测量方法有哪些？
6. 用红外线测温仪测量导线连接器温度的原理是什么？
7. 绝缘子串上的电压是怎样分布的？为什么？
8. 如何测量绝缘子串上的电压分布？
9. 电缆线路巡视的周期是多少？巡视包括哪些内容？

10. 用何种方法监视电缆的负荷和温度？
11. 电缆腐蚀的原因是什么？如何预防？
12. 用什么方法可以判断电缆故障的性质？
13. 叙述探测电缆故障点的几种主要方法，及其探测原理。
14. 配电变压器容许值主要有哪些？为什么变压器运行时不能超过容许值？
15. 对运行中的配电变压器有何要求？
16. 配电变压器在运行中，电压、电流和相位如何测定？
17. 杆塔接地体的接地电阻如何测定？
18. 对柱上多油断路器、避雷器有何要求？

# 第十四章

# 输配电线路的检修

## 第一节　线路检修工作的分类

输配电线路的检修是根据巡线报告及检查与测量的结果，进行正规的预防性修理工作。其目的是为了消除在线路的巡视与检查中所发现的各种缺陷，以预防事故的发生，确保安全供电。输配电线路的检修一般可分为维修、大修、改进工程和事故抢修等四类。

### 一、维修

为了维持输配电线路及附属设备的安全运行和必须的供电可靠性而进行的检修工作称为维修，有时也称为小修。

输配电线路的维修工作，是指线路的一般维护和少量的检修，如：①杆塔和拉线基础的培土。②修理巡线小道，砍伐影响线路安全运行的树木、杂草。③添补少量的螺栓、脚钉、塔材。④紧固螺栓，调整拉线，涂刷设备标志。⑤消除杆塔上的鸟巢及其他物等。

维修工作由运行人员或维护班人员进行，也可根据工作量由检修工负责。

### 二、大修

为了提高设备的健康水平，恢复输配电线路及附属设备至原设计的电气性能或机械性能而进行的检修称为大修。大修的周期，一般为一年一次。

### 三、改进工程

改进工程指为提高输配电线路的供电能力，改善系统接线而进行的增建或撤除等改进工作。

改进工程的工作量一般也较大，与大修工程的区别在于，大修一般为处理缺陷，而不改变原设备的规格，不增加新设备；而改进工程则不限于处理缺陷，一般都改变了某些设备的规格或者增加新设备。

### 四、事故检修

事故检修指由于自然灾害，如地震、洪水、冰雹、暴风以及外力破坏等，所造成的输配电线路的倒杆、杆塔倾斜、断线、金具或绝缘子脱落和混线（接地或相间短路）等停电事故，需要尽力迅速进行的抢修工作。

线路大修及改进工程主要包括以下几项内容：

(1) 根据防汛、防污等防事故措施的要求而调整线路的路径。

(2) 更换或补强线路杆塔及其部件。

(3) 更换或补修导线、避雷线并调整弧垂。

(4) 更换绝缘子或加强线路绝缘水平而增装绝缘子。

(5) 改装接地装置。

(6) 杆塔基础加固。

(7) 更换和增装防振装置。

(8) 杆塔金属部件的防锈刷漆。

(9) 处理不合理的交叉跨越。

## 第二节　检修工作的组织措施

线路检修工作的组织措施，包括制定计划、检修设计、准备材料及工具、组织施工及竣工验收等等。

### 一、制定计划

一般是每年第三季度进行编制下年度的检修计划。编制的依据，除按上级有关指示及按大修周期确定的工程外，主要依靠运行人员提供的资料。然后，根据检修工作量的大小、轻重缓急、检修力量、资金条件、运输力量、检修材料及工具等因素，进行综合考虑。再将全年的检修工作列为维修（维护及小修）、大修及改进工程计划，并按检修项目，编写材料工具表及工时进度表，以分别安排到各个季度，报上级批准。

### 二、检修设计

线路检修工作，应进行线路检修设计，即使是事故抢修，在时间允许的条件下，也应进行检修设计。只有现场情况不明的事故抢修，时间紧迫需马上到现场处理的检修工作，才由有经验的检修人员到现场决定抢修方案，领导检修工作，但抢修完成后，也应补绘有关的图纸资料，转交运行人员。

每年的检修工作计划，经上级批准后，设计人员即按检修项目进行线路检修设计，并应按下列依据进行设计。

（1）缺陷记录资料；

（2）运行测试结果；

（3）反事故技术措施；

（4）采用行之有效的新技术及技术革新内容；

（5）上级颁发的有关技术指示。

检修设计的主要内容包括下列各项：

（1）杆塔结构变动情况的图纸；

（2）杆塔及导线限距的计算数字；

（3）杆塔及导线受力复核；

（4）检修施工的多种方案比较；

（5）需要加工的器材及工具的加工图纸；

（6）检修施工达到的预期目的及效果。

### 三、准备材料及工具

施工开始前，应根据检修工作计划中的检修项目和材料工具计划表，准备必需的材料和备品。需预先加工或进行电气强度试验和机械强度试验的，就要及时进行，并做好记录。还要检查必需的工具、专用机械、运输工具和起重机械等。

此外，要准备好检修工作的场地，对于准备的材料及工具，需预先运往现场的（如水泥杆及卡盘、底盘、拉盘等），则经大搬运及小搬运送到检修工作的场地。其他小件材料及工具，应存放在专用的场所，以便由检修人员准时带往现场。

### 四、组织施工

（1）根据施工现场情况及工作需要将施工人员分为若干班、组，并指定班、组的负责人及负责安全工作的安全员（工作监护人），安全员应由技术较高的工作人员担任。还要指定材料、工具的保管人员及现场检修工作的记录人员。

（2）组织施工人员了解检修项目、检修工作的设计内容、设计图纸和质量标准等，使施工人员做到心中有数。需要施工测量的应及时进行。

（3）制订检修工作的技术组织措施，并应尽量采用成熟的先进经验和最新的研究成果，以便施工中在保证质量的基础上提高施工效率，节约原材料并缩短工期或工时。

（4）制订安全施工的措施，并应明确现场施工中各项工作的安全注意事项，以保证施工安全。

（5）施工中的每项工作在条件允许时，可组织各班、组互相检查，且应由专人进行深入重点的现场检查，确保各项检修工作的安全和质量。

**五、竣工验收**

在线路检修施工过程中，根据验收制度由运行人员进行现场验收。对不符合施工质量要求的项目要及时返修。

线路检修工作竣工后，要进行总的质量检查和验收，然后将有关竣工后的图纸资料转交运行单位。

# 第三节　检修工作的安全措施

**一、断开电源和验电**

对于停电检修的线路，首先必须断开电源。在配电系统，还要防止环形供电和低压侧用户备用电源的反送电，并应防止高压线路对低压线路的感应电压。为此，对待检修的线路，必须用合格的验电器在停电线路上进行验电。

电压为 110kV 及其以下线路用的验电器，是一根带有特殊发光指示器的绝缘杆。验电时须将此绝缘杆的尖端渐渐地接近线路的带电部分，听其有无"吱吱"的放电声音，并注意指示器有无指示，如有亮光，即表示线路有电压。经过验电证明线路上已无电压时，即可在工作地段的两端，各使用具有足够截面的专用接地线将线路三相导线短路接地。若工作地段有分支线，则应将有可能来电的分支线也进行接地。若有感应电压反映在停电线路上时，则应加挂接地线，以确保检修人员的安全。挂好接地线后，才可进行线路的检修工作。

**二、挂接地线**

1. 对接地线的要求

（1）接地线应使用多股软铜线编织制成，截面积不得小于 $25mm^2$，并且是三相连接在一起的（见图 14-1 中 3）。

（2）接地线的接地端应使用金属棒做临时接地（见图 14-1 中 4），金属棒的直径应不小于 10mm，金属棒打入地下的深度应不小于 0.6m。如利用铁塔接地时，允许每相个别接地，但铁塔与接地线连接

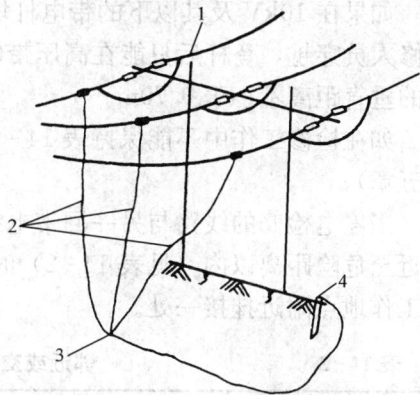

图 14-1　挂接地线示意图
1—已停电线路；2—各相接地线；3—三相接地线短路点；4—临时接地用金属棒

部分应清除油漆，接触良好。

2. 挂接地线和拆接地线的步骤

挂接地线时，先接好接地端，然后再接导线端，接地线连接要可靠，不准缠绕。必须注意：若在同一杆塔的低压线和高压线均须接地时，则应先接低压线，后接高压线；若同杆塔的两层高压线均须接地时，应先接下层，后接上层。

拆接地线的顺序则与上述相反。

挂、拆接地线时，应有专人监护，且工作人员应使用绝缘棒或绝缘手套，人体不得触碰地线。

三、登杆检修的注意事项

（1）如果检修双回线路或检修结构相似的并行线路时，在登杆检修之前必须明确停电线路和带电线路的位置、名称和杆号，还应在监护人监护下登杆，以免登错杆塔，发生危险。

（2）对新立的电杆，在杆基尚未完全牢固以前，严禁攀登。遇有冲刷、起土、上拔的电杆，应先培土加固，或支好架杆，或拉临时拉线后，再行登杆。

（3）如果需要松动导线、避雷线或拉线时，在登杆前也应先检查杆根，并打好临时拉线或支好架杆后，再行登杆。

（4）当需在带电杆塔上刷油、除鸟窝、紧杆塔螺丝、检查避雷线、查看金具及绝缘子时，则检修人员活动范围及其所携带工具、材料等与带电导线最小距离不得小于表 14-1 的规定。

表 14-1　　　　　　　在带电线路杆塔上工作的安全距离

| 电压等级（kV） | 10 及以下 | 20～35 | 44 | 60～110 | 154 | 220 | 330 | 500 |
|---|---|---|---|---|---|---|---|---|
| 安全距离（m） | 0.70 | 1.00 | 1.20 | 1.50 | 2.00 | 3.00 | 4.00 | 6.00 |

进行上述工作时，必须使用绝缘无极绳索及绝缘安全带。所谓无极绳索，就是绳索的两端要相接，连接成一圆圈，以免使用时另一端飘荡到带电的导线上去。还应在风力不大于五级，并有专人监护下进行工作。

如果在 10kV 及其以下的带电杆塔上进行检修工作，因为线路的线间距离很小，不允许检修人员穿越，登杆后只能在高压带电线路下面进行工作，且要求人体与最下层高压带电导线的垂直距离不小于 0.70m。

如在检修工作中不能保持表 14-1 的距离时，应按照带电作业要求进行（带电作业见第十五章）。

当停电检修的线路与另一回带电线路邻近或交叉，以致工作时可能与另一回导线接触或接近至危险距离以内（见表 14-2）时，则另一回线路也应停电并予接地。但接地线可以只在工作地点附近挂接一处。

表 14-2　　　　　　　邻近或交叉其他电力线工作的安全距离

| 电压等级（kV） | 10 及以下 | 35（20～44） | 66～110 | 154～220 | 330 | 500 |
|---|---|---|---|---|---|---|
| 安全距离（m） | 1.0 | 2.5 | 3.0 | 4.0 | 5.0 | 7.0 |

### 四、恢复送电之前的工作

（1）在恢复送电之前应严禁约时停送电。用电话或报话机联系送电时，双方必须复诵无误。

（2）检修工作结束后，必须查明所有工作人员及材料工具等确已全部从杆塔、导线及绝缘子上撤下。然后，才能拆除接地线（拆除接地线后即认为线路已可能送电，检修人员不得再登上杆塔进行任何工作）。在清点接地线组数无误并按有关规定交接后，即可恢复送电。

## 第四节　线路的检修工作

### 一、停电登杆检查清扫

停电登杆检查，可将地面巡视难以发现的缺陷进行检修及消除，从而达到安全运行的目的。

停电登杆检查应与清扫绝缘子同时进行，对一般线路每两年至少进行一次，对重要线路每年至少进行一次，对污秽线路段按其污秽程度及性质可适当增加停电登杆检查清扫的次数。停电登杆检查的项目有：

（1）检查导、避雷线悬挂点，各部螺栓是否松扣或脱落；

（2）绝缘子串开口销子、弹簧销子是否齐全完好；

（3）绝缘子有无闪络、裂纹或硬伤等痕迹，针式绝缘子的芯棒有无弯曲；

（4）防振锤有无歪斜、移位或磨损导线；

（5）护线条的卡箍有无松动或磨损导线；

（6）检查绝缘子串的连接金具有无锈蚀、是否完好；

（7）瓷横担、针式绝缘子及用绑线固定的导线是否完好可靠。

### 二、杆塔基础检修

当杆塔的混凝土基础表面有裂纹时，应用水泥砂浆涂抹，以使其表面紧密、光滑、不透水，但对一般干缩缝可不作处理。

混凝土基础因腐蚀而发生酥松时，必须找出原因，订出以后的预防措施，以免杆塔因基础的机械强度不足而倾斜或倒杆。对已发生酥松的基础，应除去酥松部分，重新浇灌。

基础下沉或发生倾斜时，也应进行研究，采取措施，适当处理。

对混凝土基础的铁塔地脚螺栓，因浇灌不良而有松动时，应凿开重新浇灌。

重新浇灌混凝土基础时，应注意下列事项。

（1）地脚螺栓式基础。浇入基础中的铁塔地脚螺栓，安装前应除锈，并将丝扣部分包裹，在安装和浇制时应保持螺栓位置的牢固正确。

（2）主角铁插入式基础。应连带铁塔最下段结构组装找正，然后方可进行浇制。找正好的主角铁应加以临时固定，并在浇制中随时检查其位置。

（3）混凝土基础的浇制。每个基础的混凝土应连续浇成。如因故中断，其中断时间超过2h以上时，不得连续浇制。此时必须等待混凝土的抗压强度不小于 $120N/cm^2$ 后，将旧面打毛，将毛面用水清洗并先浇一层与原混凝土同样成分的水泥砂浆，然后再继续浇制。

浇制铁塔基础本体的容许误差应不超过表 14-3 的规定。

**表 14 - 3　铁塔基础本体容许误差表**

| 误　差　名　称 | 容许误差 |
|---|---|
| 保护层厚度 | ±20% |
| 立柱倾斜 | 1% |
| 断面长宽尺寸 | −1% |
| 同一基础面同组地脚螺栓相互距离尺寸 | ±2mm |
| 地脚螺栓或主角铁与基础边缘的最小距离 | ±5mm |
| 地脚螺栓露出基础面 | +10，−5mm |

**表 14 - 4　拉线基础本体容许误差表**

| 误　差　名　称 | 容许误差 |
|---|---|
| 断面尺寸 | −1% |
| 拉线与基础边缘最小距离 | ±20mm |

浇制拉线基础本体容许误差应不超过表 14 - 4 的规定。

整个铁塔基础的各部分尺寸，在填土夯实后检查时，其容许误差应不超过表 14 - 5 的规定。

**表 14 - 5　　　　整基铁塔基础容许误差表**

| 误　差　名　称 | 容　许　误　差 | |
|---|---|---|
| | 地角螺栓式基础 | 主角铁插入式基础 |
| 基础相对地脚螺栓间的距离（包括对角线） | $\pm\dfrac{2}{1000}$ | — |
| 基础顶面间高差（指抹面后） | 5mm | — |
| 基础主角铁间相互距离（包括对角线） | — | $\pm\dfrac{1}{1000}$ |
| 基础主角铁操平印记间的高差 | — | 5mm |
| 整基基础中心与中心桩间垂直、顺线路方向的偏移 | 30mm | 30mm |
| 整基基础与线路中心线间扭转 | 5′ | 5′ |

水泥杆的底盘表面应保持水平，其安装误差应不超过下列规定：

（1）两底盘中心连线的中点 2 与中心桩 3 之间在横线路及顺线路方向的偏离应不大于 30mm（见图 14 - 2 中 1～5）；

（2）两底盘中心在垂直线路方向的扭转（迈步）应不大于根开的 $\dfrac{4}{1000}$（见图 14 - 2 中 $d_1$ 及 $d_2$）；

（3）同一基杆各底盘中心的根开误差应不大于根开的 $\dfrac{3}{1000}$；

（4）底盘在满足设计坑深的容许误差值后，其相互间高差应不超过 20mm（见图 14 - 2 中 $h_1$）。

水泥杆底盘安装找正后，应立即填土夯实至底盘表面，以防立杆时走动。

### 三、杆塔检修

#### （一）一般规定

组装杆塔所用的铁附件及杆塔上所有外露的铁件都必须采取防锈措施。如因运输、组装及起吊损坏防锈层时，应补刷防锈漆。

杆塔各构件的组装应紧密、牢固。有些交叉构件在交叉处有空隙，应装设与空隙相同厚

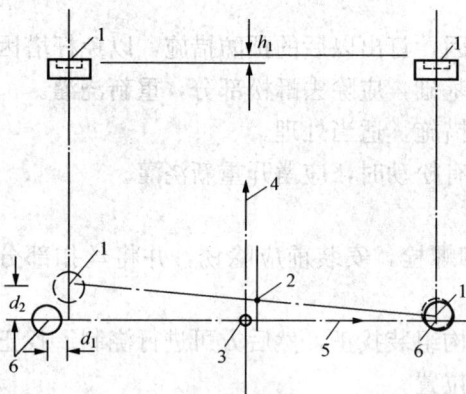

图 14 - 2　底盘安装误差示意图
1—底盘；2—底盘中心连线的中点；3—中心桩；
4—顺线路方向；5—垂直线路方向；6—设计杆位
$d_1$—根开误差；$d_2$—迈步误差；
$h_1$—底盘相互间高差

度的垫圈或垫板，以免松动。

用螺栓连接杆塔构件时应符合下列规定：

(1) 螺杆应与构件面垂直，螺头平面与构件间不得有空隙；

(2) 螺母紧好后露出丝扣应不少于 2 扣；

(3) 承受剪力的螺栓，其丝扣不得位于连接构件的剪力面内；

(4) 必须加垫者，每端垫圈不应超过 2 个。

螺栓的穿入方向应符合表 14 - 6 规定。

表 14 - 6　　　　　　　　　　　　杆塔构件螺栓穿入方向

| 杆塔种类 | 螺栓位置 | 螺栓穿入方向 |
|---|---|---|
| 铁塔 | 水平方向 | 由内向外穿入 |
| | 垂直方向 | 由下向上穿入 |
| 水泥杆 | 顺线路方向 | 由送电侧穿入或在施工前标明 |
| | 垂直线路方向 | 杆塔外侧，由内向外；杆塔中间，背向电源，由左向右穿入 |
| | 垂直方向 | 由下向上穿入 |

杆塔的全部螺栓应紧固两次。第一次在杆塔组立后，第二次在架线后。铁塔螺栓在第二次紧固后，应逐个将螺母外侧螺杆的相对位置打冲两处，或涂以铅油，以防止螺母松动。

水泥杆的螺栓在第二次紧固后，应逐个在露出螺母的丝扣上涂以铅油。

转角塔及终端塔在架线后的容许倾斜与挠度应不大于杆塔高度的 $\frac{5}{1000}$。如超过此标准时，应根据当时负荷条件具体验算，查明原因，并研究处理。转角杆及终端杆（水泥杆及木杆）在架线后应不向受力侧倾斜。

（二）铁塔的检修

铁塔零件锈蚀超过剖面面积 30％以上，或因其他原因损坏降低了机械强度，应更换或用镶接板补强。在不影响构件安全运行的情况下补强采用焊接，当不能用焊接时，则可用螺栓连接。所有未镀锌的零部件及油漆脱落和锈蚀处都应清除铁锈，补刷油漆。所刷油漆应符合下列要求：

(1) 刷漆前，铁件上铁锈及旧油漆层应彻底清除；

(2) 所刷油漆要均匀、不起泡、不堆起；

(3) 刷油漆应在晴天进行，受潮未干部分不得刷油漆；

(4) 0℃以下及＋35℃以上天气不得进行刷油漆工作。

在铁塔大修及刷油漆时，须将铁塔全部螺栓检查并复紧一次。

（三）水泥杆的检修

用钢圈连接的水泥杆，焊接时应遵守下列规定：

(1) 钢圈焊口上的油脂、铁锈、泥垢等污物应清除干净；

(2) 钢圈应对齐，中间留有 2～5mm 的焊口间隙，如钢圈有偏心现象时，应按钢圈找正；

(3) 焊口合乎要求后，先点焊 3～4 处，点焊长度为 20～50mrn，然后再行施焊。点焊所用焊条应与正式焊接用焊条相同；

（4）电杆焊接必须由持有合格证的焊工操作；

（5）雨、雪、大风中只有采取妥善防护措施后方可施焊，如当气温低于-20℃焊接时，应采取预热措施（预热温度为100～120℃），焊后应使温度缓慢地下降；

（6）焊接后的焊缝应符合表14-7规定，当钢圈厚度为6mm及其以上时应采用多层焊，焊缝中严禁堵塞焊条或其他金属，且不得有严重的气孔及咬边等缺陷；

**表14-7    钢圈焊接焊缝尺寸        (mm)**

| 钢圈厚度 | 焊池高度 | 焊缝宽度 |
|---|---|---|
| 6 | 1.5 | 11～13 |
| 8 | 2.0 | 14～18 |
| 10 | 2.5 | 17～21 |

（7）焊完的水泥杆其弯曲度不得超过杆长的$\frac{2}{1000}$。如弯曲超过此规定时，必须割断调直后重新施焊；

（8）接头焊好后，应根据天气情况，加以遮盖，以免接头未冷却时，突然受雨淋而变形；

（9）钢圈焊接完毕须将熔渣去掉，并在整个钢箍外露部分，涂以防锈漆；

（10）施焊完成并检查后，应在规定的位置打上焊工代号的钢印。

水泥杆的杆面裂纹未达到0.2mm时，可应用水泥浆填缝，并将表面涂平，在靠近地面处出现裂纹时，除用水泥浆填补外，并在地面上下1.5m段内涂以沥青。水泥有松动或剥落者，应将酥松部分凿去，用清水冲洗干净，然后用高一级的混凝土补强。如钢筋有外露，应先彻底除锈，并用水泥砂浆涂1～2mm后，再行补强。修补水泥杆的工作，不宜在+5℃以下的天气进行。

用法兰盘连接的水泥杆连接处应紧密。允许在法兰盘间加铁垫片以调直杆身，但垫片应不超过3个，垫片总厚度应不大于5mm。

（四）横担的检修

所使用的铁横担必须热镀锌或涂防锈漆，对已锈蚀的横担，应除锈后涂漆。固定横担的螺栓必须拧紧，以防止横担倾斜或落下等故障。

**四、拉线的检修**

拉线棒应按设计要求进行防腐，拉线棒与拉线盘的连接必须牢固。采用楔形线夹连接拉线的两端，在安装时应符合下列规定：

（1）楔形线夹内壁应光滑，其舌板与拉线的接触应紧密，在正常受力情况下无滑动现象，安装时不得伤及拉线；

（2）拉线断头端应以铁线绑扎；

（3）拉线弯曲部分不应有松股或各股受力不均现象。

拉线在木杆上固定处，必须加拉线垫铁；在水泥杆上固定，应用拉线抱箍。

**五、导线及避雷线检修**

（一）导线及避雷线损伤的处理标准

导线在同一截面处的损伤，不超过下列容许值时，可免予处理：

（1）单股损伤深度不大于直径的$\frac{1}{2}$；

（2）损伤部分的面积不超过导电部分总截面的5%。

导线损伤有下列情况之一者必须锯断重接：

（1）钢芯铝线的钢芯断一股；

（2）多股钢芯铝线在同一处磨损或断股的面积超过铝股总面积的 25％，单金属线在同一处磨损或断股的面积超过总面积的 17％（同一处指补修管的容许补修长度，下同）；

（3）金钩（小绕）、破股，已形成无法修复的永久变形；

（4）由于连续磨损，或虽然在允许补修范围内断股，但其损伤长度已超出一个补修管所能补修的长度。

导线损伤在下列范围内时允许补修，其补修标准见表 14-8、表 14-9。当用补修管补修导线时，导线损伤范围应位于补修管两端各 30mm 以内。

表 14-8　钢芯铝线损伤后补修标准表

| 补修方式 | 损伤范围 |
|---|---|
| 补修管 | 同一处损伤的面积占铝股总面积的 7％～25％ |
| 缠绕 | 在同一截面积处的损伤超过免予处理范围，但其面积占铝股总面积的 7％及其以下 |

表 14-9　单金属线损伤后补修标准表

| 补修方式 | 损伤范围 |
|---|---|
| 补修管 | 同一处损伤的面积占铝股总面积的 7％～17％ |
| 缠绕 | 在同一截面积处的损伤超过免予处理范围，但其面积占铝股总面积的 7％及其以下 |

作为避雷线的钢绞线，7 股者外层断一股必须割断重接；19 股者允许断一股，但应将断头以绑线扎牢。

（二）导线及避雷线的连接

关于导线及避雷线的连接，在连接前应先将导线、避雷线及连接管的接触表面用汽油清洗干净。导线与避雷线的清洗长度为连接部分的 1.25 倍。清洗后的连接管应妥善保管。

铝导线及铝制连接管的彼此接触部分经过清洗后，还要清除表面的氧化膜。在清除之前，应先涂上一层中性凡士林油，再用细钢刷进行擦刷，擦刷清除氧化膜后应保留表面凡士林油（但采用爆破压接时，不准涂油）。若凡士林油被沾污，应抹去重涂。

每一档距内每根导线或避雷线只准有 1 个直线连接管及 3 个补修管。补修管间或补修管与直线连接管间的距离不应小于 15m。

直线连接管或补修管与悬垂线夹的距离越远越好（至少须位于护线条或防振锤的安装范围以外），与释放线夹的最小距离应满足设计要求，与耐张线夹的距离应不小于 15m。

1. 钳压后的尺寸规定

钳压法将在输配电线路施工课程中讲述，各种导线的钳压口数及压后尺寸应符合表 14-10 的规定。钳压后，导线端头露出管外长度应不小于 20mm，导线端头的绑线不得拆除。钳压时要有一定顺序（如图 14-3 中 1～14 所示），LGJ-240 型导线的压接要用两根连接管，且压后尺寸、绑线等均应在图中标出。

2. 液压后的尺寸规定

液压连接管压接的尺寸标准应符合表 14-11 规定。

3. 对压接后的连接管的要求

（1）连接管因压接而发生弯曲时，其弯曲度应不大于 1％，若大于 1％时允许校直。

（2）压接后或压弯校直后的连接管不得有裂纹，如发生裂纹时必须割去重接。

表 14 - 10　　　　　　　　　　　　　　导线钳压口数及压后尺寸表

| 线号 | | 35 | 50 | 70 | 95 | 120 | 150 | 185 | 240 |
|---|---|---|---|---|---|---|---|---|---|
| 压口数 | 铜、铝线 | 6 | 8 | 8 | 10 | 10 | 10 | 10 | 12 |
| | 钢芯铝线 | 14 | 16 | 16 | 20 | 24 | 24 | 26 | 2×14 |
| 压后尺寸<br>（mm） | 铜　　线 | 14.5 | 17.5 | 20.5 | 24.0 | 27.5 | 31.5 | — | — |
| | 铝　　线 | 14.0 | 16.5 | 19.5 | 23.0 | 26.0 | 30.0 | 33.5 | — |
| | 钢芯铝线 | 17.5 | 20.5 | 25.0 | 29.0 | 33.0 | 36.0 | 39.0 | 43.0 |

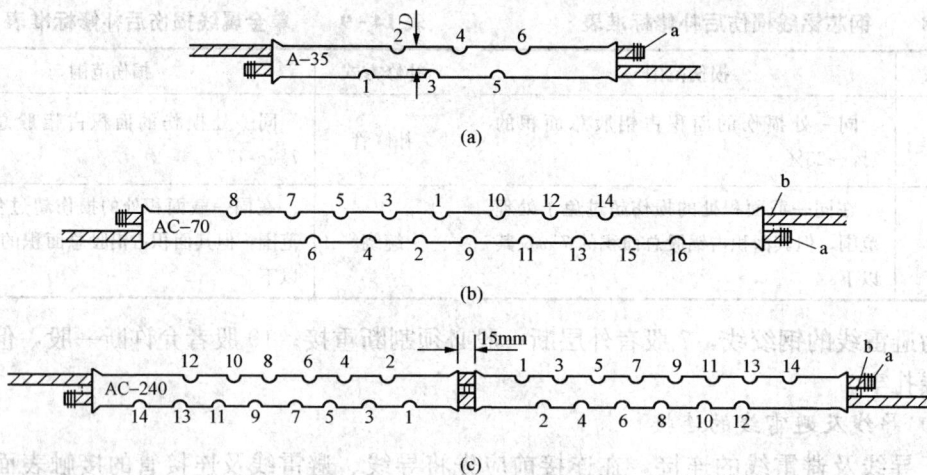

(a)

(b)

(c)

图 14 - 3　钳压连接管操作示意图
（a）LJ—35；（b）LGJ—70；（c）LGJ—240
1～14—压口顺序
a—绑线；b—垫片；D—压后尺寸

表 14 - 11　　　　　　　　　　　　　液压式直线连接管标准尺寸

| 型号及截面<br>（mm²） | 铝线 | | 钢线 | | 铝线<br>外径<br>（mm） | 钢线<br>外径<br>（mm） | 铝　　管 | | | | 钢　　管 | | | | 最低<br>破坏<br>力<br>（N） | 保证<br>握着力<br>（N） |
|---|---|---|---|---|---|---|---|---|---|---|---|---|---|---|---|---|
| | 股数 | 每股<br>直径<br>（mm） | 股数 | 每股<br>直径<br>（mm） | | | 压前长 | 压后长 | 压前<br>外径 | 压后<br>外径 | 压前长 | 压后长 | 压前<br>外径 | 压后<br>外径 | | |
| | | | | | | | 尺　　　寸　　　（mm） | | | | | | | | | |
| LGJ-70 | 6 | 3.87 | 7 | 1.3 | 11.7 | 3.9 | 440 | 478 | 27.5 | 22.2 | 110 | 130 | 8 | 6.8 | 23 000 | 21 000 |
| LGJ-95 | 28 | 2.11 | 7 | 1.8 | 13.9 | 5.4 | 400 | 448 | 36 | 30 | 120 | 140 | 18 | 15.2 | 33 400 | 30 100 |
| LGJ-150 | 28 | 2.61 | 7 | 2.0 | 17.0 | 6.6 | 470 | 488 | 40.25 | 33.5 | 190 | 210 | 23 | 18 | 48 900 | 44 000 |
| LGJ-185 | 28 | 2.89 | 7 | 2.5 | 19.1 | 7.5 | 470 | 488 | 42 | 34 | 190 | 210 | 23 | 19 | 62 000 | 55 800 |
| LGJ-240 | 28 | 3.28 | 7 | 2.8 | 21.5 | 8.4 | 470 | 488 | 52 | 43 | 203 | 223 | 23 | 20 | 78 600 | 70 700 |
| GJ-35 | | | 7 | 2.2 | | 6.6 | 610 | | | | 300 | 218 | 18.8 | 15.8 | 44 500 | 40 000 |
| GJ-35 | | | 7 | 2.6 | | 7.8 | 200 | | | | 200 | 230 | 22 | 19 | 44 500 | 40 000 |
| GJ-50 | | | 7 | 3.0 | | 9.0 | | | | | 240 | 270 | 22 | 19 | 59 200 | 53 300 |

（3）压接后的尺寸必须用最小读数为 0.1mm 的卡尺进行测量，其尺寸误差允许值应经拉力试验确定。

（4）对呈六角形的连接管，压后不应有扭曲现象。

（5）压接后的导线连接管应进行电气性能试验。连接管的测定标准见第十章。

（6）压接后的连接管口及外露已压钢管表面应涂以防潮油漆。

4. 爆炸压接

除了用钳压法及液压法连接导线、避雷线外，还可用爆炸压接法。

爆炸压接的原理是，利用炸药在极短时间内放出大量的高温和高压气体进行压接的。一般每 kg 炸药可放出 143～430kJ 的热量，可使爆压物温度升高 2000～5000℃。但由于爆速很高（约 2000～9000m/s），爆炸时间很短（只有几微秒），所以这很高的温度在没有将连接管完全熔化时，就完成了压接。

（1）用硝铵炸药爆炸压接。药包的规格即装药量和松紧度，是决定爆炸压接质量的关键问题，这种炸药性质难以掌握，压接质量很不稳定，完好率较差。

（2）用导爆索压接。导爆索虽有性能稳定操作方便的优点，但爆速较高，爆压时必须有足够的缓冲垫层，故近年来多用塑-B 型太乳炸药。

（3）用塑-B 型炸药爆炸压接。这种压接方法是将炸药制成带状，直接包贴到涂完保护层的连接管上，使炸药容易与管壁接合。塑-B 炸药可塑性好，而且在−40℃左右仍能起爆，适于我国北方冬季爆炸压接使用。

在爆压前应用牢固支架将线托起，使药包离地面约 1.5m，防止飞石伤人，避免地面反射波损伤管线。耐张管的引流管应缠黑胶布保护，以防烧伤。每次爆压只准爆压 1 个管，不准同时爆压几个管，避免因先爆压的管震动引起其他管错位，造成质量不良。

5. 导线及避雷线连接后的紧线及弧垂标准

导线及避雷线的紧线，应在杆塔基础的混凝土强度达到 100% 的设计要求；同时，全耐张段内的杆塔已全部检查验收合格后，方可进行。此外，在紧线前还应按规定，在紧线杆塔上打好临时拉线。紧线工作应在白天进行，如遇大风、雾、雷等天气影响弧垂观测时应停止紧线。

观测弧垂时的实测温度必须足以代表导线与避雷线的真实情况。弧垂观测档的选择应符合下列规定：

（1）耐张段在 6 档及其以下时，靠近耐张段中间选择一档作为观测档；

（2）耐张段在 7～15 档时，靠近耐张段两端各选择一档作为观测档；

（3）耐张段在 15 档以上时，在耐张段两端及中间各选择一档作为观测档；

（4）弧垂观测档的选定应力求符合两个条件，即档距较大和悬挂点高差较小。

导线和避雷线弧垂的误差在挂线后检查时，应不大于+6%～2.5%，但其正误差最大值应不大于 500mm。小于 400m 的耐张段，或档距小于 400m 的孤立档，在未使用可调金具时，容许弧垂误差为+5%～−2.5%。特殊大跨越及特殊大档距的弧垂误差容许值要按设计规定或经计算决定。

三相导线或两条避雷线的弧垂应力求一致，三相的不平衡值，当档距为 400m 及其以下时，不得超过 200mm；当档距为 400m 以上时，不得超过 500mm。

**六、绝缘子及金具检修**

绝缘子运到杆位，在安装前应先清除其表面尘垢及附着物，并逐个用 2500V 绝缘电阻表进行绝缘测定，其绝缘电阻不得小于 300MΩ。

金具有镀锌剥落者应除锈后补刷红丹及油漆。

悬垂绝缘子串除设计规定必须倾斜者外，应垂直地平面。在个别情况下，在顺线路方向绝缘子串与地平面垂直线的夹角一般不应超过 5°。

悬垂绝缘子串上的穿钉及弹簧销子，在两边导线者一律向外穿，在中间导线者从脚钉侧穿入。

耐张绝缘子串上的穿钉及弹簧销子一律向下穿。

固定穿钉的开口销子，每个都必须开口 60°～90°的角度。开口后不得有折断、裂纹等现象。禁止用线材代替开口销子。穿钉呈水平方向时，开口销子的开口侧应向下。

金具上各种连接螺栓均应有防止因振动而自行松扣的措施，如加弹簧垫、用双螺母或在露出丝扣部分涂以铅油。

采用针式绝缘子时，导线与绝缘子的固定应满足下列规定：

（1）直线杆上导线应安装在绝缘子顶槽中；转角杆上导线应安装在转角外侧边槽中。

（2）绑扎铝线或钢芯铝线时，应先在导线上包扎铝包带两层，包扎长度应使两端露出绑扎处不小于 20mm。

（3）绑扎线的安装应符合设计规定。扎紧时不得损伤导线。

安装涂料绝缘子应注意：

（1）涂料配方应严格按照规定比例；

（2）绝缘子表面涂料厚度应均匀；

（3）运输及安装过程中不得使绝缘子表面涂料脏污或被蹭掉；

（4）为定期试验分析而换下的涂料绝缘子应标明线路名、杆号，并装入特制绝缘子支架，尽量保持绝缘子表面原受污状态。

使用瓷横担，必须有符合国家标准的出厂合格证，每批应抽出 3 只作机械电气性能试验。瓷横担一般用在直线杆上，其机械强度的安全系数应不低于 3，其固定处上下应加毡垫或橡胶垫。瓷横担两侧档距不应相差太大，因为张力差过大会造成横担偏斜。

# 第五节　特殊检修实例

## 一、检修任务

某 110kV 线路采用门型直线水泥杆，杆高 15.4m，铁横担、无拉线，双避雷线的型号为 GJ-35，导线型号 LGJ-120、水平排列，绝缘子串用 XP-70 型、7 个。

由于在顺线路方向外侧 A 相导线发生断线故障，水泥杆上横担弯曲，悬垂固定线夹磨损，须立即进行三个检修项目：①更换横担；②连接导线；③更换悬垂固定线夹。

本线路现已停电，急需进行抢修，要求尽快恢复供电。此时的气象条件为：气温 10℃；风速 5m/s；晴天，宜于登杆检修工作。

## 二、准备工作及操作步骤

（1）准备好导线的牵引绳索、滑车及绞磨；

（2）准备好爆破压接导线的连接管，导火索及雷管等引爆材料，爆压用的炸药，处理导线接头的工具，清洗连接管及导线接头的材料及工具；

（3）准备好需更换的横担及悬垂固定线夹；

（4）将断线导线的两个断头分别固定在两组绞磨的绞盘上，在断线档附近的 2 基或 4 基杆的横担上绑好滑车，松开 A 相导线固定线夹，将 A 相导线放入滑车内；

（5）用两组绞磨将断线导线的两个断头拉近后固定，进行爆压连接，并检查压接质量；

（6）在更换横担及悬垂固定线夹前，先将各相绝缘子靠横担处的金具固定在电杆上；

（7）更换准备好的横担，将各相绝缘子串从电杆挂回此横担上；

（8）将 A 相导线放入固定在横担上的滑车内，更换悬垂固定线夹，然后再将 A 相导线从滑车放回已更换好的悬垂固定线夹内；

（9）在绞磨处缓慢地将 A 相已爆压连接好的导线逐渐放松，最后脱离绞磨；

（10）调整导线弧垂后，将导线固定在悬垂固定线夹内；

（11）拆除杆上的滑车，结束杆上的工作。

**三、技术组织措施**

（1）人员组织：工作负责人 1 人，杆上电工 2 人，地面监护 2 人，绞磨 2 组，每组 4 人，安全员 1 人，爆压导线 2 人，爆压安全员 1 人，共 17 人。

（2）施工时间要求（略）。

（3）技术措施：按有关规定明确检修项目的技术要求和质量标准，并认真履行工作票手续。

**四、安全措施**

（1）按停电作业的规定挂好接地线。工作完毕再将地线拆下并清点。

（2）攀登杆塔脚钉时，必须检查脚钉是否牢固。

（3）在杆上工作，必须使用安全带。安全带应系在电杆及牢固的构件上，系安全带后必须检查扣环是否扣牢。杆上作业转移位置时，不得失去安全带保护。

（4）现场人员应戴安全帽，杆上人员应防止掉下东西；使用的工具、材料应用绳索传递，不得乱扔；应防止无关人员在杆下逗留。

（5）爆压导线的人员应经过专门培训。爆压工作应有专人指挥及负责安全。准备起爆时，除点导火索的人以外，都必须离开危险区，进行隐蔽。电雷管的接线和点火起爆，必须由同一人进行，并在点燃导火索后，应立即离开危险区。

（6）起爆前要再次检查危险区内是否有人停留，并设专人警戒。爆压过程中严禁任何人进入危险区内。

（7）爆压时要考虑杆上工作人员的安全及对附近电力线、通信线的影响。

（8）用绞磨牵引导线过程中，在受力导线及牵引绳索的周围及上下方，严禁有人逗留和通过。固定绞磨的地桩（地锚）也应牢靠。

（9）使用滑车时，应将开门勾环扣紧，防止绳索或导线自动跑出。

（10）绞磨及所用牵引绳索，应经过检查合格方可使用。

（11）现场工作负责人应与工作许可人有可靠的通信联系。

## 第六节　电力电缆线路检修

电力电缆线路检修通常包括预防性试验、维修和大修。预防性试验主要进行直流耐压试验；维修是指电缆缺陷处理；大修是指更换电缆等。

**一、电力电缆的绝缘监督**

1. 油浸纸绝缘电缆的绝缘监督

我们知道，对运行中的油浸纸绝缘电缆定期进行直流耐压试验是电缆绝缘监督工作的一个有效手段，根据电缆绝缘测试结果、运行中是否发生过故障和电缆线路上的缺陷情况，权衡对安全运行的影响程度，可定期对电缆绝缘进行分级，做好绝缘监督工作。以下是对35kV以下油浸纸绝缘电缆绝缘进行分级：

（1）一级绝缘　指电缆直流耐压试验项目齐全，结果合格，与历次试验结果比较无明显差别；电缆投运后未发生过运行故障；运行和检修中未发现（或已消除）绝缘缺陷。

（2）二级绝缘　指电缆直流耐压试验中重要试验项目合格，有个别次要项目试验不合格；电线线路上权留有不影响安全运行的一般绝缘缺陷。

（3）三级绝缘　指电缆直流耐压试验中有一个及以上主要试验项目不合格；试验超过规定期限；电缆运行故障较多；需降低标准进行试验；电缆线路留有威胁安全运行的绝缘缺陷。

运行中的每一根电缆都必须建立绝缘监督资料档案，技术部门根据电缆试验结果定期对绝缘进行分级，并将绝缘监督工作列入月度运行及检修工作中去，以确保电缆安全运行。

2. 交联聚乙烯绝缘电缆的绝缘监督

交联聚乙烯绝缘电缆的结构和绝缘介质特性完全不同于油浸纸绝缘电缆，外界温度和湿度对它的影响很大。实践证明，高倍数的直流耐压试验不一定能发现交联聚乙烯绝缘电缆及附件本身存有的缺陷，反而会对电缆绝缘造成伤害，加速绝缘的老化。按国标规定，仅在投运前的交接试验中对交联聚乙烯绝缘电缆进行直流耐压试验，而对于运行中的交联聚乙烯绝缘电缆的绝缘监督可采用在线监测。

在线监测是用叠加直流电压法可带电测量电缆的绝缘电阻，带电测量微直流成分，带电测量电缆介质损耗 tanδ 值等。通过测量电缆绝缘的有关参数，可以判断出电缆绝缘老化情况。下面介绍叠加直流电压法中的一种测试方法，这种方法是采用三相星形电抗器测量电缆的绝缘电阻，如图14-4所示。

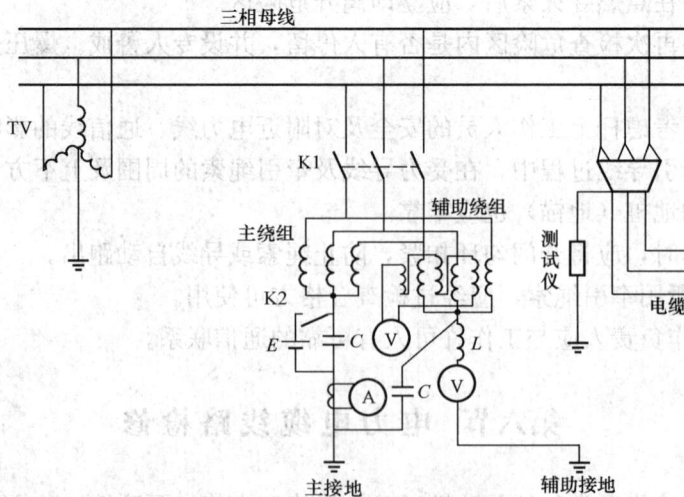

图 14-4　采用三相星形电抗器测量电缆的绝缘电阻

在三相母线上安装一组三相星形连接的电抗器，同时在电抗器接地回路中接入一 LC 并联谐振回路，以保证电路对工频交流的高阻抗和对直流的低阻抗，从而使直流电压较容易叠加上去。测量前保证电缆的金属护套仅在一端接地，测量时在线路中通过附加的直流电源施加一个约 50V 的直流电压 E 到电抗器的中性点上，在被测电缆屏蔽引出的接地线与接地体之间接入绝缘电阻测试仪（包括微直流放大器和显示器等设备），通过读取流过电缆绝缘层的泄漏电流来测定电缆的绝缘电阻值，由此可对交联电缆绝缘状况进行有效的绝缘在线监督。

**二、交联聚乙烯电缆常见缺陷的处理**

1. 电缆设备缺陷

电缆设备缺陷是指已投入运行或备用的电缆线路存在的威胁安全的异常现象，根据其性质可分为以下三类：

（1）一般缺陷 指性质一般，情况轻微，短时间内对安全运行影响不大，可列入月度检修计划处理的缺陷。

（2）重要缺陷 指性质重要，情况严重，虽可继续运行，但在短期内不能保证安全运行，必须尽快处理的缺陷。

（3）紧急缺陷 指性质严重，情况危急，即将导致人身伤亡或大面积停电，必须立即进行处理的缺陷。

从目前运行中电缆的缺陷情况看，交联聚乙烯电缆的缺陷要大大少于油浸纸绝缘电缆，但绝缘中的水树枝现象已成为运行中交联电缆一种最为常见的缺陷，也是影响其安全运行的最大隐患。水树枝现象是树枝化放电现象一种，树枝化放电现象是固体介质击穿前漫长先导击穿过程，此现象就像树枝发芽一样，在引发树枝萌芽之前已有漫长的诱导期。树枝萌芽之后，或者很快发展到固体击穿或者经漫长的发展（老化）过程，最后导致固体介质击穿。交联聚乙烯电缆在制造和运行中一旦受潮，在电场长期作用下会引起水树枝，使电缆的绝缘特性大大降低，最后导致击穿。

2. 交联电缆缺陷处理

（1）校潮 电缆敷设前锯下约 30cm 的一段电缆，剥去外护层和铜屏蔽，放在加热到 150℃的电缆油中，如果油中没有泡沫和爆裂响声，则可判定电缆无潮气。

（2）去潮 一旦发现交联电缆线芯进水，则必须对其进行去潮处理，可以采用在线路一端利用已备的干燥介质（氮气和干燥空气）强制灌入线芯吸收水分，同时在线路的另一端抽真空，从而达到去潮目的。其去潮回路及接口如图 14 - 5 和图 14 - 6 所示。

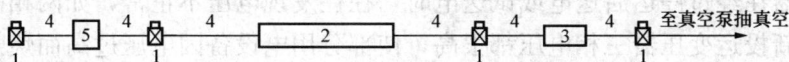

图 14 - 5 去潮回路接线图

去潮工作前先将电缆 2 两端自动滴水约 10h，当工作环境相对湿度在 50％以下时，可对三相线芯同时开始抽真空。此时将干燥介质 5 的阀门 1 关闭，抽 20h 以后真空度在 250Pa 以下，然后打开干燥介质阀门灌入氮气或干燥空气（时间控制在 4～6h），同时在另一端继续抽真空。当最终的真空度达到 150Pa 以下时，可以在干燥管 4 中放入硅胶，倘若硅胶不变色，则可以判定电缆线芯内已无水分存在，去潮工作可以结束。

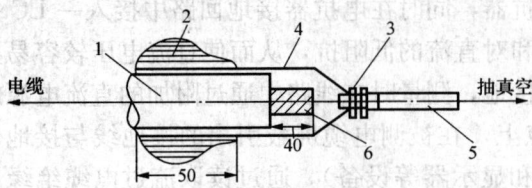

图 14-6  抽真空管路与电缆接口结构图

1—电缆绝缘；2—自粘胶带；3—螺帽；4—铅套管；

5—塑料管；6—电缆线芯

（3）密封  电缆端口进行密封处理是抑制水分入侵的有效措施。图 14-7 所示为电缆塑料封头的结构图，施工时剥除电缆外护层 200mm 及铜屏蔽层，在端口处包绕二层防水胶带 4，同时在铜芯和绝缘层端口涂硅胶 8 约 20mm 厚，待硅胶基本固化后，套入 PVC 塑料封套 7，并用扎线 6 扎牢，然后在塑料封套处包绕二层防水包带 5，最后套入长度为 250mm 的热缩套头 3 进行热缩，在搭口处分别包绕二层防水包带 2 和 PVC 塑料带 1。

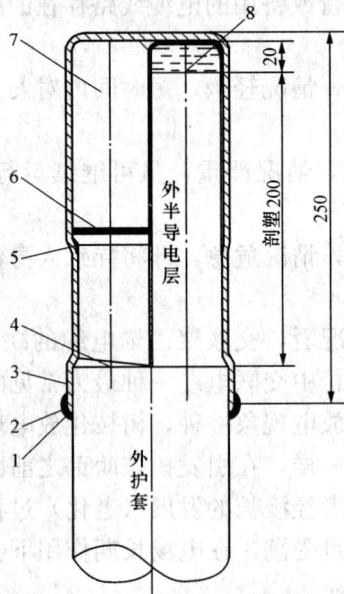

图 14-7  电缆塑料封头结构图

# 第七节  配电变压器检修

## 一、配电变压器常见的故障及分析

（一）配电变压器常见的故障现象

（1）变压器在经过停运后送电或试送电时，往往发现电压不正常，如两相高一相低或指示为零；有的新投运变压器三相电压都很高，使部分用电设备因电压过高而烧毁。

（2）高压保险丝熔断送不上电。

（3）雷雨过后变压器送不上电。

（4）变压器声音不正常，如发出"吱吱"或"噼啪"响声；在运行中发出如青蛙"唧哇唧哇"的叫声等。

（5）高压接线柱烧坏，高压套管有严重破损和闪络痕迹。

（6）在正常冷却情况下，变压器温度失常并且不断上升。

（7）油色变化过甚，油内出现炭质。

（8）变压器发出吼叫声，从安全气道、储油柜内外喷油，油箱及散热管变形、漏油、渗油等。

（二）故障分析

1. 声音异常

（1）缺相时的响声。当变压器发生缺相时，若第二相不通，送上第二相仍无声，送上第三相时才有响声；如果第三相不通，响声不发生变化，和二相时一样。发生缺相的原因大致有三方面：①电源缺一相；②变压器高压保险丝熔断一相；③变压器由于运输不慎，加上高压引线较细，造成振动断线（但未接壳）。

（2）调压分接开关不到位或接触不良。当变压器投入运行时，若分接开关不到位，将发出较大的"啾啾"响声，严重时造成高压熔丝熔断；如果分接开关接触不良，就会产生轻微的"吱吱"火花放电声，一旦负荷加大，就有可能烧坏分接开关的触头。遇到这种情况，要及时停电检修。

（3）掉入异物或穿心螺杆松动。当变压器夹紧穿心螺杆松动，铁芯上遗留有螺帽零件或变压器中小金属物件时，变压器将发出"叮叮当当"的敲击声或"呼…呼…"的吹风声以及"吱啦吱啦"的像磁铁垫片的响声，而变压器的电压、电流和温度却正常。这类情况一般不影响变压器的正常运行，可等到停电时进行处理。

（4）变压器高压套管脏污和裂损。当变压器的高压套管脏污，表面釉质脱落或裂损时，会发生表面闪络，听到"嘶嘶"或"哧哧"的响声，晚上可以看到火花。

（5）变压器的铁芯接地断线。当变压器的铁芯接地断线时，变压器将产生"哔剥哔剥"的轻微放电声。

（6）内部放电。送电时听到"噼啪噼啪"的清脆击铁声，则是导电引线通过空气对变压器外壳的放电声；如果听到通过液体沉闷的"噼啪"声，则是导体通过变压器油面对外壳的放电声。如属绝缘距离不够，则应停电吊心检查，加强绝缘或增设绝缘隔板。

（7）外部线路断线或短路。当线路在导线的连续处或 T 接处发生断线，在刮风时时接时断，接触时发生弧光或火花，这时变压器便发出像青蛙的"唧哇唧哇"的叫声；当低压线路发生接地或出现短路事故时，变压器便发出"轰轰"的声音；如果短路点较近，变压器将发出吼叫声。

（8）变压器过负荷。当变压器过负荷严重时，就发出低沉的如重载飞机的"嗡嗡"声。

（9）电压过高。当电源电压过高时，会使变压器过励磁，响声增大且尖锐。

（10）绕组发生短路。当变压器绕组发生层间或匝间短路而烘干时，变压器会发出"咕嘟咕嘟"的开水沸腾声。

2. 温度异常

变压器在负荷和散热条件、环境温度都不变的情况下，较原来同条件时的温度高，并有不断升高趋势。引起温度异常升高的原因有：

（1）变压器匝间、层间、股间短路。

（2）变压器铁芯局部短路。

（3）因漏磁或涡流引起油箱、箱盖等发热。

（4）长期过负荷运行，事故过负荷。

（5）散热条件恶化等。

**3. 喷油爆炸**

喷油爆炸的原因是变压器内部的故障短路电流和高温电弧使变压器油迅速老化，而继电保护装置又未能及时切断电源，使故障较长时间持续存在，使箱体内部压力持续增长，高压的油气从防爆管或箱体其他强度薄弱之处喷出形成事故。其原因是：

（1）绝缘损坏

匝间短路等局部过热使绝缘损坏；变压器进水使绝缘受潮损坏；雷击等过电压使绝缘损坏等导致内部短路的基本因素。

（2）断线产生电弧

绕组导线焊接不良、引线连接松动等因素在大电流冲击下可能造成断线，断点处产生高温电弧使油气化促使内部压力增高。

（3）高压分接开关故障

配电变压器高压绕组的调压段线圈是经分接开关连接在一起的，分接开关触头串接在高压绕组回路中，和绕组一起通过负荷电流和短路电流，如分接开关动静触头发热，跳火起弧，使调压段线圈短路。

**4. 严重漏油**

变压器运行中渗漏油现象比较普遍，油位在规定的范围内，仍可继续运行或安排计划检修。但是变压器油渗漏严重，或连续从破损处不断外溢，以至于油位计已见不到油位，此时应立即将变压器停止运行，补漏和加油。

变压器油的油面过低，使套管引线和分接开关暴露于空气中，绝缘水平将大大降低，因此易引起击穿放电。引起变压器漏油的原因有：焊缝开裂或密封件失效；运行中受到震动；外力冲撞；油箱锈蚀严重而损坏等。

**5. 套管闪络**

变压器套管积垢，在大雾或小雨时造成污闪，使变压器高压侧单相接地或相间短路。变压器套管因外力冲撞或机构应力、热应力而破损也是引起闪络的因素。变压器箱盖上落异物，如大风将树枝吹落在箱盖时引起套管放电或相间短路。

**二、配电线路检修范例（柱上配电变压器台缺陷处理）**

（一）准备阶段

1. 准备工作安排（见表 14-12）

表 14-12　　　　　配电变压器台缺陷处理准备工作安排

| √ | 序号 | 内　容 | 标　准 | 责任人 | 备　注 |
|---|---|---|---|---|---|
| | 1 | 明确工作任务 | 本次作业为 10kV××线××号配电变压器台停电处理触点过热工作 | | |
| | 2 | 确定作业方法 | 将过热的触点去除氧化膜重新连接 | | |
| | 3 | 审核并签发工作票 | 1）审核工作票填写的正确性；<br>2）交工作票签发人进行签发 | | |
| | 4 | 召开班前会 | 1）组织学习本次作业的作业指导书；<br>2）做好危险点分析及控制措施；<br>3）交待安全注意事项；<br>4）学习检修质量技术标准；<br>5）交待人员分工 | | |

## 2. 作业人员要求（见表 14-13）

**表 14-13** 　　　　　　　配电变压器台缺陷处理作业人员要求

| √ | 序号 | 内　容 | 责任人 | 备　注 |
|---|---|---|---|---|
|  | 1 | 作业人员的精神状态饱满，无社会干扰及思想负担 |  |  |
|  | 2 | 现场作业人员除指定联系人外，其他作业人员在作业期间内不准使用通信设备 |  |  |
|  | 3 | 所有作业人员有安全上岗证。认真执行《安规》和现场安全措施，互相关心施工安全，并监督安规和现场安全措施的实施 |  |  |
|  | 4 | 所有作业人员统一着装，作业人员个人安全用具齐全 |  |  |
|  | 5 | 明确监护任务，监护人要始终在工作现场，对班组成员的安全要认真监护，及时纠正不安全动作，不得擅自脱岗 |  |  |

## 3. 工器具准备（见表 14-14）

**表 14-14** 　　　　　　　配电变压器台缺陷处理工器具准备

工器具准备人：＿＿＿＿＿＿　　　　工器具收回人：＿＿＿＿＿　　　　年　月　日

| √ | 序号 | 名　称 | 规格/编号 | 单　位 | 准备数量 | 实际回收数量 | 备　注 |
|---|---|---|---|---|---|---|---|
|  | 1 | 绝缘杆 |  |  |  |  |  |
|  | 2 | 验电器 |  |  |  |  |  |
|  | 3 | 高压接地线 |  |  |  |  |  |
|  | 4 | 低压接地线 |  |  |  |  |  |
|  | 5 | 绝缘手套 |  |  |  |  |  |
|  | 6 | 钳压机 |  |  |  |  |  |
|  | 7 | 断线钳 |  |  |  |  |  |
|  | 8 | 安全带 |  |  |  |  |  |
|  | 9 | 脚扣 |  |  |  |  |  |
|  | 10 | 安全围栏 |  |  |  |  |  |
|  | 11 | 警告牌 |  |  |  |  |  |
|  | 12 | 传递绳 |  |  |  |  |  |
|  | 13 | 梯子 |  |  |  |  |  |

**注** 准备的工器具根据现场情况具体确定。

## 4. 材料准备（见表 14-15）

**表 14-15** 　　　　　　　配电变压器台缺陷处理材料准备

材料准备人：＿＿＿＿＿＿　　　　材料收回人：＿＿＿＿＿＿　　　　年　月　日

| √ | 序号 | 名　称 | 规格/编号 | 单　位 | 准备数量 | 实际回收数量 | 备　注 |
|---|---|---|---|---|---|---|---|
|  | 1 | 铜铝过渡端子 |  |  |  |  |  |
|  | 2 | 铝芯绝缘导线 |  |  |  |  |  |
|  | 3 | 橡胶绝缘自粘胶带 |  |  |  |  |  |

续表

| √ | 序号 | 名　称 | 规格/编号 | 单　位 | 准备数量 | 实际回收数量 | 备　注 |
|---|---|---|---|---|---|---|---|
| | 4 | 高压熔丝 | | | | | |
| | 5 | 低压熔丝 | | | | | |
| | 6 | 绑线 | | | | | |

**注**　准备的材料根据现场情况具体确定。

### 5. 危险点分析及安全控制措施（见表 14 - 16）

表 14 - 16　　　　　　配电变压器台缺陷处理危险点分析及安全控制措施

| √ | 序号 | 危险点 | 安　全　控　制　措　施 |
|---|---|---|---|
| | 1 | 触电伤害 | 1）作业前必须拉开二次隔离开关，一次跌开式断路器。将供给到该变压器台的其他电源全部停电；<br>2）验电，并挂好接地线；<br>3）严禁徒手摘挂跌落熔丝管；<br>4）雷电时严禁进行操作；<br>5）变压器台上作业，工作人员与高压带电部位保持安全距离（10kV≥0.7m），并设专人监护；<br>6）变压器台高压引下线有电，吊车吊换变压器时应注意吊臂及钢丝绳与带电部位保持安全距离（10kV≥1m），并设专人监护 |
| | 2 | 高处坠落 | 1）登高作业，应系好安全带；<br>2）安全带要系在牢固的主材上；<br>3）登杆前检查脚扣、安全带是否牢固可靠 |
| | 3 | 高处坠物伤人 | 1）绳索传递工器具、材料；<br>2）作业人员戴好安全帽，防止上端掉落材料、工器具，砸伤下方工作人员 |
| 签名确认 | | | |
| | | | |

### 6. 人员分工（见表 14 - 17）

表 14 - 17　　　　　　配电变压器台缺陷处理作业人员分工

| √ | 序　号 | 作　业　内　容 | 分组责任人 | 作业人员 |
|---|---|---|---|---|
| | 1 | 停电、送电 | | |
| | 2 | 验电、挂接地线 | | |
| | 3 | 材料准备 | | |
| | 4 | 工器具准备 | | |
| | 5 | 触点过热处理 | | |

（二）作业阶段

1. 作业开工（见表 14-18）

表 14-18　　　　　　　配电变压器台缺陷处理作业开工

| √ | 序号 | 内　容 | 标　准 | 责任人签名 |
|---|---|---|---|---|
| | 1 | 停电 | 1）操作前核对停电变压器台的线路名称、杆号，是否与作业票任务相符；<br>2）通知重要用户减负荷；<br>3）操作前监护人与操作人（工作许可人）在作业票上签名，由工作许可人操作，监护人监护；<br>4）先断开变压器台低压侧隔离开关，后断开跌开式断路器，顺序为先拉中间相，再拉下风相，后拉上风相。由监护人唱票，操作人复诵 | |
| | 2 | 验电 | 对验电器自检合格后再进行验电，验电时必须戴绝缘手套。逐相进行（先验低压后验高压） | |
| | 3 | 挂接地线 | 验明确无电压后挂接地线，接地线应先接接地端，后接导线端，人员不能触碰接地线 | |
| | 4 | 工作许可 | 工作许可人监督作业人员落实完成停电、验电、挂接地线后，当面通知工作负责人，并在工作票上签字，履行工作许可手续 | |
| | 5 | 宣读工作票 | 履行完工作许可手续后，工作负责人宣读工作票，交待有电部位及现场安全措施。经提问无误后，作业人员在危险点预测卡上签字 | |
| | 6 | 辅助安全措施 | 根据定置图及围栏图布置现场辅助安全措施 | |

2. 作业内容、步骤及工艺标准（见表 14-19）

表 14-19　　　　配电变压器台缺陷处理作业内容、步骤及工艺标准

| √ | 序号 | 检修内容 | 工艺标准 | 检修结果 | 责任人签名 |
|---|---|---|---|---|---|
| | 1 | 首先拆除台上变压器的各部连接引线 | 拆除引线时，应注意相位 | | |
| | 2 | 选择在二次侧更换变压器时应拆除低压引上线横担。在一次侧更换变压器时应拆除变压器台上高压母线 | 拆除一次侧引线时与带电部分保持0.7m的安全距离 | | |
| | 3 | 利用吊车使变压器承力，拆除变压器底脚及中腰卡具 | 起吊时钢丝绳的夹角不应大于60°。否则，应采用专用吊具或调整钢丝套 | | |

| √ | 序号 | 检修内容 | 工 艺 标 准 | 检修结果 | 责任人签名 |
|---|---|---|---|---|---|
| | 4 | 对变压器进行外观检查，测量绝缘电阻 | 1) 变压器的铭牌清楚、牢固，额定电压、容量符合要求；<br>2) 分接头开关切换良好，分接头位置正确；<br>3) 持有变压器试验合格证和油化验合格证；<br>4) 一次对二次及地不小于 300Ω，二次对地不小于 20Ω | | |
| | 5 | 起吊变压器应执行"起重"的规定，将变压器稳妥地吊下、吊放在变压器台上。如放不到位，可人工平移到位 | 采用汽车吊起重时，应检查支撑稳定性，注意起重臂升张的角度。回转范围与邻近带电设备 0.7m 的安全距离，并设专人监护 | | |
| | 6 | 安装变压器底脚及中腰卡具时与拆除程序相反 | 杆上变压器距地面一般为 2.5～3.0m。安装变压器后，变压器平面坡度不应大于 1/100 | | |
| | 7 | 依次恢复全部接线，并保持各部安全距离，接点接触牢固 | 确保相位准确，各部接头接触良好 | | |
| | 8 | 检查更换变压器一、二次熔丝 | 一、二次熔丝容量是否合适，各处接点有无锈蚀、过热和烧损现象。根据变压器容量更换合适的一、二次熔丝 | | |

3. 竣工（见表 14-20）

**表 14-20 配电变压器台缺陷处理作业竣工**

| √ | 序号 | 内 容 | 负责人签名 |
|---|---|---|---|
| | 1 | 结束后进行自检、互检、验收检，检查施工标准、有无遗漏工具材料 | |
| | 2 | 工作负责人清点人数，由监护人监督拆除现场接地线及辅助安全措施，并核对拆撤接地线组数是否与挂接地线组数一致 | |
| | 3 | 办理工作终结手续 | |
| | 4 | 恢复送电，监护人唱票，操作人复诵 | |
| | 5 | 工作终结后检查设备有无异常，检查用户用电是否正常 | |
| | 6 | 检查无误后，全体作业人员撤离作业现场 | |

（三）总结阶段（验收总结）（略）

# 习　　题

1. 线路大修及改进工程包括哪些主要内容？
2. 停电检修怎样进行验电和挂接地线？
3. 对接地线有何要求？挂接地线和拆接地线的顺序是怎样的？
4. 登杆检查应包括哪些项目？
5. 以螺栓连接杆塔构件时应符合哪些规定？
6. 以螺栓连接杆塔构件时，螺栓的穿入方向应符合哪些规定？
7. 用钢圈连接的水泥杆，在焊接时应遵守哪些规定？
8. 导线受何种损伤时，必须锯断重接？
9. 压接后的连接管应符合哪些要求？
10. 试述在观测线路导线弧垂时，对观测档的选择。
11. 检修绝缘子和金具时应注意什么？
12. 油浸纸绝缘电缆的绝缘如何分级？
13. 交联聚乙烯电缆设备如何分类？
14. 交联聚乙烯电缆在制造和运行中受潮如何处理？
15. 配电变压器常见故障有哪些？

# 第十五章

# 带 电 作 业

## 第一节 带电作业的优点

带电作业或称不停电作业，是在运行的线路上（其他带电设备）进行检修或改造的一种方法。它与停电检修相比较，具有以下几方面的优点。

1. 提高供电可靠性，保证不间断供电

供电可靠性是电力系统一项重要指标，可是停电检修方法，却满足不了各用电部门的要求。移动杆塔或横担，哪怕是更换一片绝缘子，也必须停电，因而很多的工矿企业不得不因线路停电检修而停止生产，从而造成巨大的损失，给生产带来了极大的不便。而带电作业，尤其是等电位作业，为及时处理线路设备的缺陷，对用户不间断供电提供了行之有效的保证，也提高了用户的经济效益和社会效益。

2. 加强了计划性，可及时安排检修工作

采用带电作业可以及时地安排检修计划。过去消除线路缺陷必须将线路停电，由于供电的需要，不得不把一些尚不致立即影响供电的缺陷，汇入缺陷记录本内，以便在适当的时期，集中进行一次停电检修。这样，一方面不仅使设备的缺陷得不到及时消除，而且影响供电的可靠性，也使大量的检修工作集中在较短的时间内来完成，给组织检修力量带来一定的困难。另一方面在计划停电检修的日期，如遇有特殊情况而不能停电时，检修人员就会窝工。如果采用带电作业，上述一些问题就可能得到解决。所以，采用带电作业，由于不受停电的时间限制，不必向用户约定停电时间，当发现了设备缺陷以后，只要气象条件允许，就可以及时地根据设备缺陷的程度，列入年、季、日检修计划。这样，不仅加强了检修工作的计划性，充分发挥检修的力量，而且还保证了检修质量。

3. 节省了检修时间

带电作业是具有高度组织性的半机械化作业，如果平时对不同的检修工作，采取一定的工作方式，并配备相应的工具；对各种操作进行专门的训练，操作人员具有熟练的技术，则在每次检修中均可迅速地完成任务。例如，更换 220kV 直线绝缘子串，连准备工作时间在内，一般只要 30～35min；更换耐张绝缘子串亦不超过 1h，与停电检修之比，既减轻了劳动强度，又大大节省了检修时间。

4. 减少了建设投资

在未推行带电作业前，因为线路设备有可能停电，故在设计时，常常要充分考虑备用设备的问题。例如，某些线路本可以用单回线路供电，但考虑到检修时不影响对用户供电，常需采用双回线路，这不仅增加了设备的数量和线损，加重了维护运行的负担，同时也耗费了国家资金。如果采用带电作业，则大部分的检修工作都可在不停电的情况下进行，也就不必为了检修而设计和建设双回路线路。

## 第二节 带电作业的原理和方法

电对人体的作用有两个方面，一方面人体直接接触带电体时，由于电流通过人体造成伤害；另一方面，是人体进入带电体附近，虽未触及带电体，却处于高电场中，使人感到难受。

我们知道，当人体站在地面上（零电位），如果直接接触带电体（高电位），由于有电位差，就有一个电流流过人体。电流大小取决于电位差和人体电阻的大小。

电流对人体的作用，有热性质、化学性质和生物性质，轻者使人体表面局部伤害，重者使人体正常机能受到破坏，导致死亡。根据国内外多次试验证明，交流电在 0.5mA 以下，直流电不超过 5mA 时，人体根本不会感到电流存在，在 1mA 左右，人体开始有针刺和发麻的感觉，但可以摆脱电极；在 5mA 及其以上时，就能发生痉挛，不能摆脱电极，血压上升，呼吸困难；当电流达到 0.1A 时，人的心脏就将停止跳动。因此，在带电作业时，不论采取何种方法，只要严格控制流过人体的电流在 1mA 以下，人体就不会有危险，也不会有任何不适之感。

在高电场中，尽管人体没有直接接触到带电体，也没有用绝缘工具去接触带电体，但人体仍然会产生这样或那样的感觉，如风吹感、异常感、针刺感等，此时电场强度均为 240kV/m，如果电场强度达到 $500\sim700kV/m$，时，人体就会有麻木、刺痛的感觉，达到难以忍受的程度，严重时发生沿面放电或空气间隙击穿，造成人体弧光放电。

根据上述原理，目前带电作业的操作方法，一般可分为间接操作和直接操作两种类型。

**一、间接作业法**

从欧姆定律可知，要在很高的电压下使流过人体的电流小于 1mA，唯一的办法就是在电路中，增加一段很高的绝缘电阻来弥补人体电阻的不足，即用绝缘电阻在 $10^{10}\Omega$ 以上的工具把电路隔绝起来。这样，流过人体电流很容易限制在 1mA 以下。所以，间接作业法是操作人员站在接地体（杆塔或地面）上，并与带电设备保持一定安全距离，利用绝缘工具对带电设备进行检修，即地→人→绝缘工具→带电设备。

间接作业法适用于 35kV 及其以下电压等级的线路，因为这些设备的间隙距离比较小，工作人员如果不采取措施就进行带电作业，则可能招致放电或接地，甚至会造成人身或设备事故。

绝缘工具在间接作业法中占有极其重要的地位，绝缘工具的好坏，直接影响作业人员的安全，所以在选择和配备绝缘工具时，必须慎重考虑。

绝缘工具是直接接触带电设备进行操作的工具，它除了必须具备绝缘性能高的要求外，还必须具备足够的机械强度。因为要利用这些工具按一定的方式将带电体挪离待修设备，使待修设备脱离电源进行检修，不但要受电场力的作用，也要承受操作时机械力的作用。

间接作业法所用的绝缘工具，主要有绝缘操作杆、支线杆、吊线杆、拉线杆等。在进行各种操作时，还要配合适当的附属工具。将带电体挪离原来位置的操作法，归纳起来，可用：升、降、支、拉、紧、吊、张、缩八个字来表示。

升、降：在 $6\sim35kV$ 针式绝缘子或瓷横担的线路带电作业时，将顶相导线或三相的 3 根导线同时升高，使其脱离绝缘子，以便更换绝缘子、横担或电杆。

在 35kV 及其以上输电线路的直线杆塔上，往往用绝缘滑车组将带电导线悬挂后降低，使其完全脱离绝缘子串，以便整串清扫或更换绝缘子、横担和电杆。

吊、支：在更换 35kV 及其以上输电线路的直线悬式绝缘子时，可将带电导线用吊线杆吊住，以便用取瓶器更换单片绝缘子或整串绝缘子。

在更换角度不大的转角杆的整串绝缘子时，则需用吊线杆及支线杆共同操作，使带电导线能支住，不致移位。

拉、张：为了加大作业人员的安全距离，可将带电导线用拉线杆拉开，或用绝缘绳滑车组将带电导线向外张开，滑车组可以固定在杆塔上或横担上，也可固定在地面的地锚上。

紧、缩：在更换大转角耐张绝缘子时，需用绝缘拉杆或绝缘拉板（需配以紧线丝杆）、绝缘绳滑车组、扁带紧线器等工具将带电导线收紧，以承受导线拉力、使绝缘子串松弛，以便更换单片绝缘子或整串绝缘子。

组装工具和操作时应注意的事项：

（1）支、拉、吊线杆操作导线时所用的铁钩、固线夹等，必须夹牢导线，以防止在支、拉、吊导线时，沿导线滑动；

（2）各种卡具和电杆固定器，必须牢靠地紧固在电杆上，其安装位置应适应受力方向，以防止受力后歪扭；

（3）复式滑车丝绳组的安装位置，必须符合工作上的需要，滑车挂钩应用绑线封缠上，以防止脱钩；

（4）利用支、拉线杆支开导线时，要握紧支、拉线杆，慢慢松出或拉回，勿使导线摆动过大，以防止支、拉不住；

（5）支、拉线杆支出或拉回后，应立即拧紧电杆固定器上的绝缘杆杆夹的螺帽，以防止跑杆和受力缩回；

（6）下部牵引用多条丝绳固定在电杆抱箍上时，松解任何一条丝绳都必须检查所打开的丝绳是否正确，以免误松解其他受力的丝绳；

（7）根据检修性质和设备结构情况，应在电杆的中部或适当位置打上临时拉线，以防止电杆摆动过大；

（8）支、拉、吊线杆在各种工作状态下（主要是支、拉、吊开导线后的静止状态）与杆塔的夹角应适应受力方向。

## 二、直接作业法

根据欧姆定律可知，如果要使通过人体的电流不超过 1mA，若人体电阻按 $1000\Omega$ 来计算，人体在电路中所承受的电压只有 1V 左右，即人体上各点几乎没有电位差，根据这个原理，产生了直接作业法。直接作业法，就是操作人员穿上均压服，利用绝缘工具（一般是绝缘软梯或绝缘斗臂车）或直接沿 220kV 线路的耐张绝缘子串进入带电设备（或导线）的强电场，使操作人员的电位与带电设备电位相等，然后直接接触带电设备，进行检修工作，此方法又称等电位作业法。它与间接作业法相比，具有操作方便、灵活、检修质量好、效率高等特点，因此在带电作业中得到了十分广泛的采用。

直接作业可分为等电位作业和带电自由作业。等电位作业，就是操作人员穿上全套均压服，借助于绝缘工具、硬梯或绝缘台等绝缘工具与大地绝缘，这是操作人员从零电位过渡到高电位之间的桥梁。当操作人员与大地绝缘起来后，就可以直接接触带电导线，这时人体与带电导线电位相等，操作人员就可用双手在带电导线上作业。

采用这种方法作业时，流过等电位操作人员人体电流有两部分：一部分就是接触或脱离带电导线时，带电导线对人体产生充、放电电流，其中小部分流过人体；另一部分是在带电导线上作业时，当操作人员两点接触带电导体时，人和带电导线形成并联电路，有部分负荷电流流过操作人员。由于人体和均压服并联，而均压服的电阻不大于 20Ω，远远小于人体电阻，所以充、放电电流或负荷电流主要在均压服中流动，使流经人体的电流降低到人不能感觉的数值。

带电自由作业，就是操作人员穿上全套均压服不依靠绝缘工具而直接登上杆塔，从耐张绝缘子串上进入作业地点，然后用手直接操作。由于作业时可以不依靠绝缘软梯类工具，操作人员可自由进出高电场，在带不同电位的 220kV 及其以上电压线路的耐张绝缘子串上作业或移动，所以称为带电自由作业。

在超高压线路上运行的绝缘子串，每片绝缘子都承受很高的电压。由表 13-3 可知，220kV 线路用 14 片 XP-70 型绝缘子，靠近导线一片，电压分布为 31kV；靠近横担的一片，电压分布为 8kV。但每片绝缘子都有很高的绝缘水平（如 XP-70 型绝缘子干弧放电电压为 75kV，湿弧放电电压为 45kV，击穿电压 110kV）。虽然操作人员在绝缘子串上作业或移动要短接部分绝缘子，但线路的绝缘水平强度还是很大的。当带电操作人员，进出电场时，只要穿上全套均压服，逐一将绝缘子所分布的电压短接，步步进入，逐步移动，就可以从接地处经过绝缘子串进入到带电导线上，或在绝缘子串中某一部分进行作业。当部分绝缘子串短接后，其两端的电容电流必然流过操作人员，由于所穿的均压服是全屏蔽的，所以可以起到分流保护作用，人身舒适，工作安全方便，因而得到广泛应用。

对带电作业有下列要求：

（1）必须采用合格的均压服。作业时，必须戴均压帽和均压手套，穿均压衣裤，穿均压袜子，并用导线连接起来，而且要连接紧密、牢固、可靠。要防止均压服因老化而导致电阻值增大。因此，在每次使用之前，必须测量其电阻，全套均压服的电阻值不得大于 10Ω。

（2）作业前必须确定零值绝缘子的片数，要保证绝缘子串中有足够数量的良好绝缘子。电业安全工作规程规定，在 220kV 及 330kV 设备或线路上，沿绝缘子串进入强电场工作时，除应采取安全技术外，扣除人体短接的绝缘子和零值绝缘子后，良好的绝缘子片数为：220kV 应不少于 9 片；330kV 应不少于 16 片。若不满足上述规定，不得采用带电自由作业。

（3）采用均压服逐步短接绝缘子时，势必减少了横担和导体间的有效空气间隙，如果空气间隙过小，在过电压状态下超高压静电场可能对均压服发生尖端放电，危及人身安全，当短接 220kV 线路绝缘子时，要求保持有效空气间隙的组合距离（即绝缘子串长度减去约 0.5m 操作人员工作宽度）为 1.6m，并要求不能同时接触不同相别的两相。作业时应避免大挥手、大摆动以及前倒后仰等动作，以防空气间隙过分减少。

（4）在带电自由作业时，必须停用自动重合闸装置，严禁用棉纱、汽油、酒精等擦拭带电体及绝缘部分，防止起火。

### 三、配电线路带电作业方法

#### （一）作业方式

1. 绝缘杆作业法（间接作业法）

绝缘杆作业法是指作业人员与带电体保持规定的安全距离，通过绝缘工具进行作业的方式。在作业范围窄小或线路多回架设，作业人员有可能触及不同电位的电力设施时，作业人员应穿戴绝缘防护用具，对带电体应进行绝缘遮蔽，绝缘杆作业法既可在登杆作业中采用，也可在斗臂车的工作斗或其他绝缘平台上采用。

2. 绝缘手套作业法（直接作业法）

绝缘手套作业法是指作业人员借助绝缘斗臂车或其他绝缘设施（人字梯、靠梯、操作平台等）与大地绝缘并直接接近带电体，作业人员穿戴全套绝缘防护用具，与周围物体保持绝缘隔离，通过绝缘手套对带电体进行检修和维护的作业方式。采用绝缘手套作业法时无论作业人员与接地体和邻相的空气间隙是否满足规定的安全距离，作业前均需对人体可能触及范围内的带电体和接地体进行绝缘遮蔽。在作业范围窄小，电气设备布置密集处，为保证作业人员对邻相带电体或接地体的有效隔离，在适当位置还应装设绝缘隔板或隔离罩等限制作业者的活动范围。

在配电线路带电作业中，不允许作业人员穿戴屏蔽服和导电手套，不采用等电位方式进行作业。绝缘手套作业法不是等电位作业法。

配电线路无论是裸导线还是绝缘导线，在带电作业中均应进行绝缘遮蔽，按以上作业方式进行检修和维护。

（二）作业步骤及注意事项

（1）人员的准备。作业前应根据作业项目确定操作人员，如作业当天出现某作业人员明显精神和体力不适的情况时，应及时更换人员，不得强行要求作业。

（2）工具的准备。作业前应根据作业项目，作业场所的需要，按数配足绝缘遮蔽用具、防护用具、操作用具、运载用具等，并检查是否完好，工器具及防护用具应分别装入规定的工具袋中带往现场。在运输中应严防受潮和碰撞，在作业现场应选择不影响作业的干燥、阴凉位置，分类整理摆放在防潮布上。

绝缘斗臂车在使用前应认真检查其表面状况，若绝缘臂、斗表面存在明显脏污，可采用清洁毛巾或棉纱擦拭，清洁完毕后应在正常工作环境下置放 15min 以上，斗臂车在使用前应空斗试操作 1 次，确认液压传动、回转、升降、伸缩系统工作正常，操作灵活，制动装置可靠。

（3）作业方案的准备。作业负责人应针对作业项目制定作业方案，对较简单的或经常性的作业，可在实施作业的当天在现场制订出作业方案，对较为复杂的作业，应在实施作业的前一天进行调查，研究制订出作业方案，作业负责人应结合方案明确指示每位作业人员的分工，并在班前会议上对作业内容、作业顺序及安全注意事项等作出详细说明。

（4）工器具的检查。到达现场后，在作业前应检查确认在运输、装卸过程中工具有无螺帽松动，绝缘遮蔽用具、防护用具有无破损，应检查、摇测绝缘作业工具。

（5）作业人员在工作现场要仔细检查电杆及电杆拉线，以及上部的腐蚀状况，必要时要采取防止倒塌的措施。应根据地形地貌，将斗臂车定位于最适于作业位置，斗臂车应良好接地，作业人员进入工作斗应系好安全带，要充分注意周边电信线路和高低压线及其他障碍物，选定绝缘斗的升降回转路径，平稳地操作。

（6）在工作过程中，斗臂车的发动机不得熄火，工作负责人应通过泄漏电流监测报警仪实时监测泄漏电流是否小于规定值，凡具有上、下绝缘段而中间金属连接的绝缘伸缩臂，作业人员在工作过程中不应接触金属件，升降或作业过程中，应避免绝缘斗同时触及两相导线。工作斗的起升、下降速度不应大于 0.5m/s，斗臂车回转机构回转时，作业斗外缘的线速度不应大于 0.5m/s。

（7）采用斗臂车作业前，应考虑工作负载及机具和作业人员的质量，严禁超载。

（8）绝缘防护用具的穿戴。高压绝缘手套和绝缘靴在使用前要压入空气，检查有无针孔缺陷、绝缘袖套、披肩、绝缘服在使用前应检查有无刺孔、划破等缺陷，若存在严重缺陷应退出使用。

作业人员进入绝缘斗之前必须在地面上穿戴好绝缘安全帽、绝缘靴、绝缘服、绝缘手套及外层保护手套等，并由现场安全监护人员进行检查，作业人员进入工作斗内或登杆到达工作位置时，首先应系好安全带。

(9) 在接近带电体的过程中，要从下方依次验电，对低压线支承件、金属紧固件也要依次验电，确认无漏电现象。对人体可能触及范围内的横担、金属支承件、带电导体亦应验电，验电时人应处于与带电导体保持安全距离的位置。

(10) 对带电部件设置绝缘遮蔽用具时，应从离身体最近的带电体依次设置，即按照从近到远的原则，如对多层分布的带电导线设置遮蔽用具时，应从下层导线开始依次向上层设置。绝缘子遮蔽罩和导线遮蔽罩的设置次序是先放导线遮蔽罩，再放绝缘子遮蔽罩，绝缘子遮蔽罩与导线遮蔽罩的接合处应有大于 15cm 的重合部分。

(11) 在从地面向杆上作业位置吊运工具和遮蔽用具时，工具和遮蔽用具应分别装入不同的吊装袋，应避免混装。

(12) 拆除遮蔽用具时，应从带电体下方（绝缘杆作业法）或者侧方（绝缘手套作业法）拆除绝缘遮蔽用具、拆除顺序是：从离作业人员最远的地方开始依次向近处拆除，如是拆除上下多回路的绝缘遮蔽用具，应从上层开始依次向下顺序拆除，对于导线和绝缘子遮蔽罩，应先拆绝缘子遮蔽罩，然后拆导线遮蔽罩。在拆除绝缘遮蔽用具时，应注意不使被遮蔽体受到显著振动，要尽可能轻地拆除。

(13) 作业负责人应时刻掌握作业的进展情况，密切注视作业人员的动作，根据作业方案及作业步骤及时作出适当的指示，整个作业过程中不得放松危险部位的监护工作。负责人不在时必须指定一名有监护资格的地面监护员，代替作业负责人执行监护工作。作业负责人要时刻掌握作业人员的疲劳程度，保持适当的时间间隔，必要时可以两班交替作业。

## 第三节　带电作业的安全技术

无论采用何种方法的带电作业，操作人员都在邻近带电体或接触带电体情况下作业的。为保护操作人员的安全，都必须防止负荷电流、线路电容电流、线路故障电流在人体通过。因此，带电作业除了要严格遵守停电作业的安全规程外，还必须遵守带电作业的一些特定要求。

### 一、带电作业的各种安全距离

在考虑带电作业的安全距离时，不仅要考虑到线路正常下带电作业人员的安全，而且还要考虑在各种过电压作用下保证操作人员的安全。

电业安全工作规程规定：当雷击时，应停止检修工作；在特殊紧急情况下，必须冒雨、雪、雾和风力在五级以上的恶劣天气进行带电抢修时，应采取可靠的安全措施，并经认真研究请示后，方可进行；若在夜间带电检修，还应有足够的照明。

当考虑过电压作用于带电作业工作点时，除考虑操作过电压外，一般可不考虑工作点的直击雷过电压。但由于天气预报不可能十分准确，故远方落雷的过电压波有可能传到带电作业工作点，这时应考虑到雷电波沿线路传播时的衰减。

对配电线路的带电作业可按下列两种情况考虑：

（1）按距工作点 1km 处导线遭受直击雷作用，雷电波幅值传到工作点按衰减 15% 计算。

（2）按雷击于平行线路 1km 处的某建筑物，在工作点导线上引起的感应过电压。

对 110～220kV 输电线路，可考虑雷电波由 20km 处的地方击于线路，幅值考虑经衰减传到工作点。

至于内过电压，对中性点不接地系统或经消弧线圈接地系统，一般不超过 4～4.5 倍相电压，而对中性点直接接地系统，不超过 3～3.5 倍相电压。

根据上述考虑，并增加 10%～20% 的裕度，确定出用绝缘工具操作时，人身与带电体间的安全距离见表 15-1。

表 15-1　　　　　　　　　　　　　　人身与带电体间的安全距离

| 电压等级<br>（kV） | 10 及其以下 | 35 | 60 | 110 | 154 | 220 | 330 | 500 |
|---|---|---|---|---|---|---|---|---|
| 安全距离<br>（m） | 0.40 | 0.60 | 0.70 | 1.00 | 1.40 | 1.80<br>(1.60)* | 2.00 | 3.6<br>(3.2)** |

\* 受设备条件限制下，必须采取可靠的安全措施，并经局（厂）的总工程师批准可采用。

\*\* 绝缘配合取过电压倍数的 2.0 时可采用。35kV 及其以下的带电设备，不符合表中规定时，必须采取可靠的绝缘隔离措施，方可进行工作。

为了保证带电作业人员安全，除遵守上述表 15-1 规定的安全距离外。在杆塔上的操作人员应位于适当的地方，使接近他的导线处于他的视线范围内。在主杆上作业时，为了避免误接近导线或至小于规定的安全距离，操作人员应力求位于导线平面以上或以下，不宜位于导线同一平面上。在杆塔上的操作人员，不宜位于其身后有导线的地方。如果操作人员必须在这种位置工作时，则应尽可能不向后仰身，不得作大挥手的动作且不得使用细长工具。

等电位作业人员与邻相对地最小距离见表 15-2。

表 15-2　　　　　　　　　　　　等电位作业人员与邻相和对地最小距离

| 电压等级<br>（kV） | 10 及其以下 | 35 | 60 | 110 | 154 | 220 | 330 | 500 |
|---|---|---|---|---|---|---|---|---|
| 距离（m） | 0.6 | 0.8 | 1.0 | 1.5 | 2.0 | 2.5 | 4.0 | 5.0 |

## 二、绝缘工具有效长度

绝缘工具的有效长度，是指工具的全长减去挥手部分及金属部分的长度，绝缘操作杆必须考虑由于使用频率操作时，人手有可能超越握手部分，而使有效长度缩短。具体数值见表 15-3，表中操作杆的有效长度比其他绝缘工具、绳索的有效长度都大 0.3m，这就是考虑操作杆在操作过程中有一个活动范围，所以要增加一个距离。

表 15-3　　　　　　　　　　绝缘操作杆和绝缘工具、绳索的有效长度　　　　　　　　　　m

| 分类 ＼ 电压等级（kV） | 10 及其以下 | 35 | 60 | 110 | 154 | 220 | 330 | 500 |
|---|---|---|---|---|---|---|---|---|
| 操作杆 | 0.7 | 0.9 | 1.0 | 1.3 | 1.7 | 2.1 | 3.0 | 4.3 |
| 工具、绳索 | 0.4 | 0.6 | 0.7 | 1.0 | 1.4 | 1.8 | 2.7 | 4.0 |

在使用绝缘斗臂车进行带电作业时，绝缘臂的最小有效长度应符合表 15-4 所规定的数值。

表 15-4　　　　　　　　　　　绝缘斗臂的最小有效长度

| 电压等级<br>（kV） | 10 | 35～60 | 110～154 | 220 | 330 | 500 |
|---|---|---|---|---|---|---|
| 有效长度<br>（m） | 1 | 1.5 | 2.0 | 3 | | 6 |

　　使用绝缘斗臂车进行等电位作业，在 35kV 及其以下电压时，由于空气间隙较小，对邻相和对接地体的距离往往满足不了要求，此时，应将邻相和接地体用专用绝缘挡板、护套等绝缘用具进行可靠的遮蔽。

　　带电作业时，除有足够的安全距离外，还必须有合格的操作人员、合格的工具和严密的组织措施。带电作业人员，必须通过电业安全规程学习和考试，对每一个作业项目还需要在已停电线路或带电模拟线路进行实际操作训练，以达到正确无误和熟悉地操作。在作业前全体人员必须认真讨论熟悉带电作业工作票。在进行作业过程中，监护人对操作人员的一举一动应不停地全神贯注地进行监护，对较复杂的带电作业项目，还应增加监护人员和操作人员。操作人员必须胆大心细、严肃认真遵守安全规程和操作步骤，听从工作负责人的指挥，杆上杆下密切配合。带电作业的工具必须具备高绝缘性能和足够的机械强度，并要经过试验合格方可使用。

# 第四节　固体绝缘材料和带电作业的主要工具

## 一、固体绝缘材料

　　根据国际电工委员会（IEC）按电气设备正常运行所允许的最高工作温度（即耐热等级），把绝缘材料分为：Y、A、E、B、F、H、C 七个耐热等级。其允许工作温度为：Y—90℃；A—105℃；E—120℃；B—130℃；F—150℃；H—180℃；C—180℃以上。

1. 绝缘粘结和涂料

　　电力工程中的绝缘物件和绝缘工具，往往由几种绝缘材料粘结在一起，或外表面需要涂一层涂料，以加强绝缘。常用的粘结物和涂料有环氧树脂和绝缘漆。

　　（1）环氧树脂。环氧树脂是含有环氧基的高分子聚合物。它本是热磁性树脂，对木材、陶瓷、金属、玻璃等各种材料具有很高的粘结能力，通常用作粘结剂。

　　环氧树脂本身不会硬化，但加入硬化剂后即可变成热固性树脂，具有不溶于水、耐化学稳定性高、可以耐一般酸碱及有机溶剂的侵蚀、电气绝缘性能好、机械强度高等特点。环氧树脂填加玻璃纤维制成的层压制品，机械强度接近于钢材，故称为玻璃钢，而质量却比钢材轻三、四倍。

　　（2）1032 号浸渍漆。1032 号浸渍漆为黄色或褐色的烘干漆，具有较好的干透性、耐热性、耐油性、耐电弧性和附着力，漆膜平滑有光泽，适用于浸渍电机、变压器的绕组。在带电作业绝缘工具制作时，用此漆进行绝缘处理，效果较理想。

2. 塑料

　　塑料是以天然树脂或人造树脂、合成树脂做基础，加入填充剂、增塑剂、润滑剂、颜料剂等制成的高分子有机物。但也有些塑料就是合成树脂本身，不用任何添加剂。如有机玻璃、聚乙烯、聚四氟乙烯等。

塑料比重较轻，有较好的绝缘性能，极小的介质损耗及优良的耐电弧性；对酸、碱等化学药物，也具有良好抗化学能力，不传热，容易加工成型。

常用的塑料有以下几种：

（1）聚氯乙烯。聚氯乙烯是一种通用树脂，具有良好的绝缘性能、机械性能和耐腐蚀性能等优点，在电工中广泛应用。例如，用硬聚氯乙烯做绝缘隔板，用软聚氯乙烯做绝缘套管等。

（2）高压聚乙烯。高压聚乙烯是聚乙烯中最轻的一种。具有优良的绝缘性能和耐化学性能，具有很好的柔软性、抗拉性和透明性，还具有很低的透气性和吸水性、比重小无毒、易于加工等优点，用它可作电线和电缆的绝缘材料，还可加工成绝缘服。

（3）聚丙烯。聚丙烯的主要原料为丙烯，是塑料中较轻的一种。它的密度比水还小，机械性能如抗伸、屈服、压缩程度、硬度等均优于聚乙烯。其耐热性也较好，能耐100℃以上高温度，聚丙烯几乎不吸水，吸水率小于0.01%。它有优良的化学稳定性，除对发烟硫酸、硝酸外，对其他化学物几乎都很稳定。它的高频电性能优良，不受温度影响，成型容易。缺点是收缩性较大，耐磨性不够高，且易老化。聚丙烯广泛用于电缆、电线包皮、可用作高频电气材料的绝缘，带电作业部分绝缘服也可用聚丙烯薄膜制成。

（4）有机玻璃。有机玻璃学名叫聚甲基丙烯酸甲酯。它具有高度的透明性、质量轻、不易碎裂、耐老化、易加工等优点，广泛用于工业部门。它吸水性小，绝缘性能良好，并能在电弧作用下分解大量绝缘性能高的气体。因此，在电工中可作为灭弧材料，用于负荷开关、管型避雷器中。

（5）聚酰胺塑料（尼龙）。聚酰胺塑料是目前广泛应用的工程塑料。它的比重轻，仅为铜的1/7，而它的耐磨效果比铜高8倍。它的吸水性低，并具有良好的电气性能，在电力工程上往往用它制成绝缘绳索。

**3. 天然丝**

天然丝可分家蚕丝与柞蚕丝两种。家蚕丝纤维细且平滑，有白色光泽。其主要成分为蛋白质，可耐较稀的碱液，对酸的抵抗力较强，质地柔软。其耐电、耐热性、耐电弧性较一般塑料为好，绝缘水平较高，1m丝绳的击穿电压可达400kV左右。其抗拉强度较高，因此在电力工程中广泛应用，如在带电作业中制成吊绳、滑车绳、软梯等绝缘绳索。

柞蚕丝耐磨性较家蚕丝强，但质地较硬，绝缘强度较低，常用来做带电作业的均压服。

**4. 天然橡胶**

天然橡胶又叫生胶，是一种黄色半透明状的弹性体，通过磁化加入填充剂后可成为橡皮，是优良的绝缘材料。在硫化过程中，当含硫量在30%以内时，它有较高的弹性及伸长率，称为软橡皮，当含硫量在30%~50%时，成为坚硬和抗耐冲击作用的材料，称为硬橡皮。

在橡皮中加入适量的填充剂，可大大改善其机械性能，提高抗磨性，同时可降低成本，并赋予橡皮一定的颜色。常用的填充剂是滑石粉、氧化锌、瓷土等。但填充剂太多时将使橡皮电气绝缘性能显著地变化。

橡皮有较好的防潮性，电气性能也好，其绝缘强度可达200kV/cm，常用来作10kV及其以下绝缘隔板、绝缘手套、绝缘靴等。橡皮的缺点是耐热性能不高，在较高温度（大于100℃）的作用下会快速老化，甚至变脆或开裂；对光照、臭氧的作用，很不稳定；在汽油、变压器油和苯的作用下会胀大、变形、变脆。因此，仅被利用为做辅助绝缘材料。

## 二、带电作业的主要工具

### （一）绝缘操作工具

间接作业的全部操作和等电位作业的部分操作，都是应用操作工具完成的。操作杆是维持安全距离的部件，操作杆顶端配有通用专用工具，以完成各种操作。

1. 绝缘操作杆

操作杆由环氧树脂玻璃纤维制成，主要包括能完成挑、拉、推等操作的棒式绝缘杆和能完成拿、放、缠绕、绑结等较复杂操作的钳式绝缘杆（又称夹钳）和缠绕杆，如图 15-1～图 15-3 所示。

图 15-1　棒式操作杆

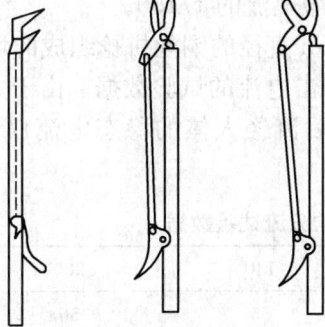

图 15-2　钳式绝缘杆（又称夹钳）

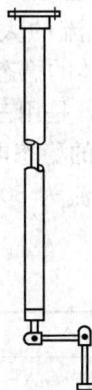

图 15-3　缠绕杆

棒式绝缘杆通常由工具头、金属接头、杆身和尾环组成。金属接头影响安全距离，因此，使用的数量和长度越小越好。钳式绝缘杆一般适合于 60kV 以下，特别是 10kV 电压间接作业使用。缠绕杆可完成缠绕绑线或拆除绑线的工作。

2. 通用小工具

绝缘操作杆上安装的通用小工具种类很多，常用的工具有取（安）销子、扶正绝缘子、金具安装及旋紧螺母工具等。

### （二）均压服

均压服通常由棉、丝等天然纤维与导电的金属绳丝拼捻织成，全套均压服包括上衣、裤子、手套、袜子和帽子。当直接法作业时，穿着均压服的操作人员进入强电场直接接触到带电导线时，由于均压服屏蔽和分流作用使操作者感到舒适，在某些意外情况下，均压服能起到保护操作者安全，减小烧伤的作用。

1. 均压服应具备的条件

（1）载流量大。均压服载流容量的大小，是保证带电作业人员安全的关键，容许载流量规定多大才适宜，目前尚无统一的数值，但要求越大越好。

（2）屏蔽效果好。当作用于皮肤的电力线超过一定值时，即人体表面的电荷密度及电场强度超过某数值时，随着电力线密度的增加，带电作业人员就会有"风吹""嗡嗡响声"及发麻的感觉，有时汗毛会竖起。但带电作业人员穿上全均压服（帽、衣、裤、袜子）后，电流密度和电场强度便大大减低，降低到作业人员不再感到不舒服的程度。

屏蔽性能的好坏以穿透率表示，它表示电力线穿透材料的数量的相对性，穿透率越小，表示该材料对电场的屏蔽效果越好。一般要求穿透率不大于 1.5%。

（3）防火性能良好。在等电位作业转移位置或脱离电位的瞬间，因为电位发生变化，不可避免要碰到火花电流；这样，就要求均压服有良好的防火性能。也就是说，遇到上述情况时，要求均压服没有明火且烧不起来，使燃烧点限制到最小限度，而不致引起火焰蔓延，造成人体烧伤。

2. 均压服使用中的问题

（1）关于整套均压服的电阻问题。操作人员穿上均压服就相当于人体电阻与均压服电阻并联的情况，流过的电流将按两电阻的大小，成反比例分配。因此，均压服电阻必须比人体电阻小得多，才能把人体刚一接触带电导线的瞬间的冲击电流（充电电流），或因不慎造成单相接地的故障电流的大部分流经均压服。若均压服的电阻为 $10\Omega$，人体总的电阻为 $1500\Omega$，则流经人体的稳态电流只等于流经均压服电流的 1/150。

表 15-5 所示，是用三股蚕丝和一股 0.04mm 直径的铜丝拼捻织成的均压服，在不同的电压下，流经人体的稳态电流和流经均压服的冲击电流的试验数据。由于人体一般能够感觉的最小稳态工频电流为 $500\mu A$，而穿上均压服后流经人体的稳态电流仅 $90\mu A$，因此是安全的。

表 15-5　　　　　　　　　　　不同电压下均压服的分流试验数据

| 高压线上电压（kV） | 60 | 140 | 200 | 320 |
|---|---|---|---|---|
| 流经人体的稳态电流（$\mu A$） | 19 | 35 | 56 | 90 |
| 流经均压服的冲击电流（mA） | 56 | 70 | 75.8 | 68 |

均压服在使用过一段时间后，不管怎样保管，都不可避免地要折断一些铜丝以致增大电阻，这对保证人身安全是很不利的。因此在使用均压服的过程中，要经常检查其电阻的变化情况，以决定能否继续使用。

（2）关于防止均压服铜丝氧化问题。均压服在使用过程中，由于操作人员汗水的盐分对铜线外表的氧化腐蚀作用较大，故在每次使用汗湿后，可将均压服浸入 50～60℃ 的温水（按均压服 1kg，温水 50～100kg 的比例）中，10～15min 后取出晾干，可达到清洗干净的目的。但在清洗过程中，不能揉搓，只能将衣服在水中摆动，以免折断铜丝。

（三）绝缘绳和绝缘软梯

绝缘绳是由蚕丝或尼龙绳制成，广泛应用于带电作业中，除用于上述绝缘绳滑轮组外，还作为运载材料、工具用的循环传递绳。

在用直接作业法处理 60kV 及以上电压等级导线损伤或线夹、连接器缺陷时，操作人员常用绝缘梯进入等电位。软梯通常由蚕丝绳和环氧玻璃丝管制成。

在使用软梯时，对软梯所挂的导线，避雷线的截面应不小于下列数值（mm²）：

铜芯铝绞线　　　　　　　　120

铜绞线　　　　　　　　　　70

钢绞线　　　　　　　　　　50

（四）安全防护用具

1. 绝缘遮蔽罩

绝缘遮蔽罩由绝缘材料制成，用于遮蔽带电导体或不带电导体部件的保护罩。在带电作业用具中，遮蔽罩不起主绝缘作用，它只适用于在带电作业人员发生意外短暂碰撞时，即擦过接触时，起绝缘遮蔽或隔离的保护作用。

绝缘遮蔽与绝缘隔离是 10kV 配电带电作业的一项重要安全防护措施。10kV 及以下配电设备的带电作业，一直是带电作业中的一个薄弱环节。由于配电电力设备的空气间隙小，作业的安全距离小，使配电带电作业的开展受到了一定限制。特别是对于直接向用户供电的 10kV 电力设备，对供电可靠性的要求更高，迫切要求改进配电带电作业的方法和工具，以提高配电带电作业的安全可靠性。

事实证明，采用完善的绝缘遮蔽措施，使用合格的安全防护工具，可以防止人身事故的发生，在配电带电作业上起到了重要的安全防护作用。因此，在比较复杂的多类配电设备上，正确使用各类合格的绝缘遮蔽罩是十分重要的。

在配电设备上带电作业时，由于安全距离小，在人体与带电体之间，安装一层绝缘遮蔽罩或挡板，来弥补空气间隙的不足，这种做法通常称为绝缘隔离措施。因为遮蔽罩或挡板与空气组合而成了组合绝缘，延伸了气体放电路径，因此可提高放电电压值。这种措施虽可以提高放电电压，但提高的幅度是有限的，采用这种防护工具应注意：①它只限于 10kV 及以下电力设备的带电作业；②它不起主绝缘作用，但允许偶尔短时"擦过接触"，主要还是限制人体活动范围；③遮蔽罩应与人体安全保护用具并用。

绝缘遮蔽罩本身有它自己的保护区，它是指在模拟使用状态下，施加一定的试验电压时，既不产生闪络，也不发生击穿的那部分外表面。而对于带电导体接触的遮蔽罩边缘地带，是有可能发生沿面闪络的边沿区，仍然不可接触，"擦过接触"也不允许。因此，遮蔽罩的保护区应有明晰的标志。

2. 绝缘袖套

绝缘袖套由绝缘材料制成，是保护人员接触带电体时免遭电击的袖套。

（1）分类。绝缘袖套按电气性能分为 0、1、2、3 四级，如表 15 - 6 所示。

表 15 - 6　　　　　　　　　　　额 定 电 压

| 级别 | 交流（有效值 V） | 级别 | 交流（有效值 V） |
| --- | --- | --- | --- |
| 0 | 380 | 2 | 10 000 |
| 1 | 3000 | 3 | 20 000 |

（2）厚度。袖套应具有足够的弹性且平坦，表面橡胶最大厚度（不包括肩边、袖边或其他加固的边），应符合表 15 - 7 和表 15 - 8 的规定。

3. 绝缘手套

带电作业用绝缘手套是指在高压电器设备上进行带电作业时起电气绝缘作业的手套，该手套区别于一般劳动保护用的安全防护手套，要求具有良好的电气性能，较高的机械性能，并具有良好的服用性能，手套用合成橡胶或天然橡胶制成，其形状为分指式。

（1）规格。根据不同的电压等级，手套分为 1、2 两种型号，1 型适用于在 6kV 及以下电器设备上工作；2 型适用于 10kV 及以下电器设备上工作，其尺寸如表 15 - 9 所示。

表 15 - 7　　　　　　　　　　　　绝缘袖套的尺寸

| 样式 | 型号 | 表识 | 尺寸（mm） | | | |
|---|---|---|---|---|---|---|
| | | | $A$ | $B$ | $C$ | $D$ |
| 曲肘式 | 小号 | S | 630 | 370 | 290 | 145 |
| | 中号 | M | 670 | 410 | 310 | 145 |
| | 大号 | LG | 710 | 420 | 330 | 175 |
| | 加大号 | XLG | 750 | 460 | 330 | 180 |
| | 允许误差 | | 15 | 15 | 15 | 5 |

表 15 - 8　　　　　　　　　　　　绝缘袖套橡胶厚度

| 级别 | 厚度（mm） | 级别 | 厚度（mm） |
|---|---|---|---|
| 0 | 1.00 | 2 | 2.50 |
| 1 | 1.50 | 3 | 2.90 |

表 15 - 9　　　　　　　　　　　　绝缘手套尺寸规格

| 型号 | 总长度 $L$（mm） | 拇指基准线到中指尖长度 $L_1$（mm） | 手掌宽度 $L_2$（mm） | 手指厚度（cm） | 手掌厚度（cm） |
|---|---|---|---|---|---|
| 1 | 360±10.0 | 115±5.0 | 110±5.0 | 1.5±0.3 | 1.4±0.3 |
| 2 | 410±10.0 | 115±5.0 | 110±5.0 | 2.3±0.3 | 2.2±0.3 |

（2）技术要求

1）电气特征。手套必须具有良好的电气绝缘特性，达到表 15 - 10 规定的耐压水平。

表 15 - 10　　　　　　　　　　　　电气绝缘性能要求

| 型号 | 标称电压（kV） | 交流试验 | | | | | | 直流试验 | |
|---|---|---|---|---|---|---|---|---|---|
| | | 验证试验电压（kV） | 最低耐受电压（kV） | 泄漏电流（μA） | | | | 验证试验电压（kV） | 最低耐受电压（kV） |
| | | | | 手套长度（mm） | | | | | |
| | | | | 360 | 410 | 460 | | | |
| 1 | 6 | 10 | 20 | 14 | 16 | 18 | | 20 | 40 |
| 2 | 10 | 20 | 30 | 14 | 16 | 18 | | 30 | 60 |

2）机械性能。①拉伸强度及扯断伸长率。平均拉伸强度应不低于 14MPa。平均拉断伸长率应不低于 600%；②拉伸永久变形。拉伸永久变形不应超过 15%；③抗穿刺力。绝缘手套的抗机械刺穿力应不小于 18N/min。

3）耐老化性能。经过热老化试验的手套，拉伸强度和扯断伸长率所测值应为未进行热老化试验手套所测值的 80% 以上。拉伸永久变形不应超过 15%。

4）耐燃性能。经过燃烧试验后的试品，在火焰退出后，观察试品上燃烧试验火焰的蔓延情况。经过 55s，如果燃烧火焰蔓延至试品末端 55mm 基准线外，则试验合格。

5）耐低温性能。手套经过耐低温试验后，在受力情况下经目测应无破损、断裂和裂缝出现。并应在不经过吸潮预处理的情况下，通过绝缘试验。

4. 绝缘服

作业人员身穿整套绝缘服在配电线路上作业时，一般采用两种方法。第一种方法是身穿全套绝缘服通过绝缘手套直接接触带电体，第二种方法是通过绝缘工具进行间接作业，绝缘工具作为主绝缘，绝缘服和绝缘手套作为人身安全的后备保护用具。

（1）绝缘服的工频耐压试验如表 15-11 所示。

表 15-11　　　　　　　　　　绝缘服的工频耐压试验结果

| 试品名称 | 额定电压（kV） | 试验部位 | 工频耐受电压（kV） | | 耐压时间（min） | 试验结果 |
|---|---|---|---|---|---|---|
| | | | 技术要求值 | 试验值 | | |
| 绝缘衣 | 10 | 前胸 | 20 | 22.6 | 3 | 无闪络、无击穿、无发热 |
| | | 后背 | 20 | 22.6 | 3 | 无闪络、无击穿、无发热 |
| | | 左袖 | 20 | 22.6 | 3 | 无闪络、无击穿、无发热 |
| | | 右袖 | 20 | 22.6 | 3 | 无闪络、无击穿、无发热 |
| 绝缘裤 | 10 | 左脚上 | 20 | 22.6 | 3 | 无闪络、无击穿、无发热 |
| | | 左脚下 | 20 | 22.6 | 3 | 无闪络、无击穿、无发热 |
| | | 右脚上 | 20 | 22.6 | 3 | 无闪络、无击穿、无发热 |
| | | 右脚下 | 20 | 22.6 | 3 | 无闪络、无击穿、无发热 |

（2）工频击穿电压实验如表 15-12 所示。

表 15-12　　　　　　　　　　工 频 击 穿 电 压 实 验

| 试品名称 | 额定电压（kV） | 试验部位 | 工频击穿电压（kV） | | 试验结果 |
|---|---|---|---|---|---|
| | | | 技术要求值 | 试验值 | |
| 绝缘衣 | 10 | 前胸 | ≥38 | 4.1 | 通过 |
| | | 后背 | ≥38 | 3.9 | 通过 |
| | | 左袖 | ≥38 | 4.0 | 通过 |
| | | 右袖 | ≥38 | 4.0 | 通过 |
| 绝缘裤 | 10 | 左腿上 | ≥38 | 3.9 | 通过 |
| | | 左腿下 | ≥38 | 3.9 | 通过 |
| | | 右腿上 | ≥38 | 3.9 | 通过 |
| | | 右腿下 | ≥38 | 4.0 | 通过 |

（3）绝缘服表面的工频耐压试验如表 15-13 所示。

表 15-13　　　　　　　　　　绝缘服表面的工频耐压试验

| 试品名称 | 额定电压（kV） | 电极间距离（m） | 工频耐压 1min（kV）泄漏电流（μA） | | 工频耐压 1min（kV）泄漏电流（μA） | | 试验结果 |
|---|---|---|---|---|---|---|---|
| | | | 试验电压 | 泄漏电流 | 试验电压 | 泄漏电流 | |
| 绝缘衣 | 10 | 0.4 | 22 | 2.0 | 100 | 43 | 无闪络、无发热 |
| 绝缘裤 | 10 | 0.4 | 22 | 2.0 | 100 | 12 | 无闪络、无发热 |

#### 5. 绝缘鞋（靴）

绝缘鞋（靴）是配电线路带电作业时使用的辅助安全用具。绝缘鞋（靴）只能在规定的范围内作辅助安全用具使用，为确保使用安全，预防性检验周期不应超过 6 个月。穿用绝缘鞋（靴）应避免接触锐器，防止机械损伤，同时还应避免接触高温、油、酸、碱和腐蚀性物质。其电气性能要求和物理机械性能要求如表 15 - 14、表 15 - 15 所示。

表 15 - 14　　　　　　　　　　电 气 性 能 要 求

| 序号 | 项　目 | 出厂检查 | 预防性检查 |
|---|---|---|---|
| 1 | 工频电压（kV） | 20 | 15 |
| 2 | 泄漏电流不大于（μA） | 10 | 7.5 |
| 3 | 试验时间（min） | 2.0 | 1.0 |
| 4 | 检查周期 | | 半年 1 次 |

表 15 - 15　　　　　　　　　　绝缘靴物理机械性能要求

| 序号 | 测试部位 | 项　目 | 指　标 |
|---|---|---|---|
| 1 | 靴面 | 扯断强度（MPa） | ≥13.72 |
| | 靴底 | | ≥11.76 |
| 2 | 靴面 | 扯断伸长率（%） | ≥450 |
| | 靴底 | | ≥360 |
| 3 | 靴面 | 硬度（邵氏 A） | 55～65 |
| | 靴底 | | 55～70 |
| 4 | 靴底 | 磨耗（cm³/1.61km） | ≤1.9 |
| 5 | 围条与靴面 | 粘附强度（N/cm） | ≥6.36 |

#### （五）绝缘斗臂车

1. 绝缘斗臂车的动作原理图

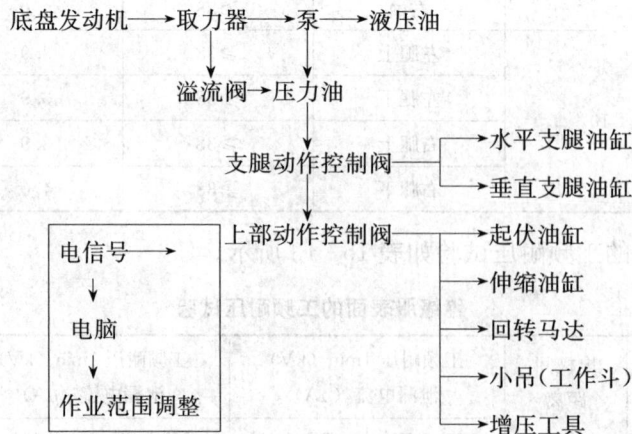

底盘发动机 → 取力器 → 泵 → 液压油 → 溢流阀 → 压力油 → 支腿动作控制阀 →（水平支腿油缸、垂直支腿油缸）；上部动作控制阀 →（起伏油缸、伸缩油缸、回转马达、小吊（工作斗）、增压工具）

电信号 → 电脑 → 作业范围调整

2. 绝缘斗臂车的类型

（1）根据绝缘斗臂车工作臂的形式，可分为折叠臂式、直伸臂式、多关节臂式、垂直升降式和混合式。

(2) 绝缘斗臂车按高度，一般可分为 6、8、10、12、16、20、25、30、35、40、50、60、70m 等。

(3) 绝缘斗臂车根据作业线路电压等级，可分为 10、35、46、63（66）、110、220、330、345、500、765kV 等。

绝缘斗臂车通常指能在大于 10kV 的线路上进行带电高空作业，其工作斗、工作臂、控制油路和线路、斗臂结合部都能满足一定的绝缘性能指标，并带有接地线。只采用工作斗绝缘的高空作业车一般不列入绝缘斗臂车范围。在使用绝缘斗臂车之前，必须对作业车的作业范围作一个概念性的了解。

正确地使用和操作液压绝缘斗臂车，不仅保证了作业车的使用安全，也保证了操作人员的人身安全。其操作程序是：①发动机启动、取力器（PTO）及支腿的操作；②安装接地棒；③上部操作（工作斗操作）；④下部操作（转台处的操作）。

3. 作业前的检查

作业前检查时，作业车应处于保管放置的状态，即水平支腿全缩、垂直支腿伸至最大行程。检查内容如下：

(1) 擦掉活塞杆上涂的防锈油。

(2) 环绕车辆进行目测检查，看有无漏油、标牌及车体损坏的情况。标牌损坏及污损会影响到正确的使用，要先清除污损，换上新的标牌。

(3) 检查工作斗有无破损、变形，检查工作斗（工作斗内衬）、副吊臂、临时横杆等有无破损、污垢及积水。

(4) 启动发动机，产生油压，操作垂直支腿伸出，用于检查在保管中有无油缸漏油。在取力器切换后，检查传动轴等方面有无出现异响。如果垂直支腿伸出后出现自然回落的现象，须进行检修。

(5) 检查液压油的油量。

(6) 在下面状态下进行检查：车辆水平设置；水平支腿全收回；工作斗摆动在中间收回状态；工作斗电源关闭；油门低速；慢操作；工作斗零负荷；性能开关切换至小臂。

(7) 检查并确认安全装置正确动作。

(8) 检查操作杆和开关，检查各部分动作是否正常，有无异常声响。

(9) 检查工作斗的平衡，重复几次上臂及下臂的操作，检查工作斗是否保持在水平状态。

(10) 检查安全带挂钩的绳索有无磨损。

(11) 在工作斗内操纵各操作杆，检查各部分动作是否正常，有无异常声响。

(12) 收回各液压装置至原始位置，关闭取力器及总电源，检查各部件有无漏油现象。

## 第五节　带电作业工具的保管和试验

### 一、带电作业工具的保管

带电作业使用的绝缘工具和仪表设备，是专用工具，应设专人管理，列册登记，并应保持完好待用状态。禁止在停电线路及设备上使用，或当作一般工具使用。

带电作业的绝缘工具、仪表及绝缘材料应有专门工具室存放。工具室必须通风良好，经常保持清洁、干燥。在空气比较潮湿的时候，可采用红外线照射干燥。在运输工具时，应将工具装入特制的防水帆布工具袋，并放置在专门制造的工具箱中，以防止工具表面擦伤损坏，箱子外面应涂防水漆或包防水帆布。但在工具室存放工具及在工作场所使用工具时，则不能把工具放在工具袋中，应将工具整齐地放在平铺于干燥地方的防水帆布上，并用清洁的帆布把工具可靠地遮盖起来。使用工具时必须戴手套，防止工具受潮及受污。若绝缘工具在现场偶尔被泥土粘污时，可用清洁干燥的毛巾抹净或用无水酒精清洗，对严重粘污或受潮的绝缘工具，经过处理后须进行试验方可再用。

对均压服的保管，应整件平放，不得折叠，以防止铜丝折断。平时应经常检查，定期测定，如发现电阻值显著增加时，应停止使用，并查明原因，设法修好。

绝缘表面受潮较重时，其放电电压与绝缘电阻将相应降低。而未受潮的绝缘工具，即使在相对湿度高达 94%～100% 的空气中，其 2cm 长的绝缘电阻一般也能保持在 1000MΩ 以上。

为了鉴定绝缘工具的电气强度，除了定期进行试验外，也可用 2cm 长的绝缘电阻值来鉴定其受潮程度，从而判定该绝缘工具是否能继续使用。

严重受潮的绝缘杆，将因木层膨胀及层间开裂等导致截面变形。以往经验表明，若将直径为 20～35mm 的圆形绝缘杆浸水 90 余小时，发现其直径约增加 1%～8%，虽经干燥，也因产生裂纹而不能使用。因此维护中应特别注意防止绝缘杆严重受潮。如果受潮，应尽快地在 30～38℃ 的通风箱中予以干燥。此时应特别注意其干燥速度，以免干燥过快而使木质开裂。

**二、带电作业工具的试验**

带电作业人员的安全，主要依靠所用工具的电气强度与机械强度来保证。为了使带电作业工具经常保持良好的电气性能和机械性能，除了出厂的验收试验外，还必须定期进行预防性试验，以便及时掌握其绝缘水平和机械强度，做到心中有数，确保作业人员的安全。

对带电作业工具进行试验，电气试验每六个月进行一次；机械试验：绝缘工具每年 1 次，金属工具每 2 年 1 次。试验记录应由专人保管。

现将带电作业工具的预防性试验和试验方法与标准分述如下：

（一）机械性能试验

1. 静负荷试验

静负荷试验时，将带电作业工具组装成工作状态，加上 2.5 倍的使用荷载，持续时间为 5min，如果在这个时间内各部构件均未发生永久变形和破坏、裂纹等情况时，则认为试验合格。

2. 动负荷试验

动负荷试验时，将带电作业工具组装成工作状态，加上 1.5 倍的使用荷载，然后按工作情况进行操作。连续动作 3 次，如果操作轻便灵活，连接部分未发生卡住现象，则认为试验合格。

（二）电气性能试验

对于用绝缘材料制成的工具（如吊线杆、拉线杆和操作杆），除经机械性能试验合格后，还应对各绝缘部分进行下列电气性能的试验：

1. 工频耐压试验

（1）试验方法：

1) 绝缘杆：经现场模拟试验表明，将一根直径为 20mm、高 2.5m 以上的金属杆水平悬挂以代替带电导线，再将绝缘杆接触此模拟导线，进行试验，这样效果较好。同时在出厂试验和预防性试验时，在设备条件许可的情况下，最好采用整体试验（即整根一端加电压一端接地），如预防性试验受设备条件所限时，可分段试验，但分段数目不可超过 4 段；

2) 绝缘梯和绝缘绳：绝缘梯或绝缘绳的电气试验可用锡箔纸包在试品的表面，再用裸铜线缠绕，作为电极，按表 15-3 的有效长度进行试验；

3) 绝缘服：对绝缘服的试验，可在绝缘服的里边及外边各套上一套均压服作为电极然后试验；

4) 绝缘手套及绝缘鞋：对绝缘手套及绝缘鞋的试验，一般用自来水作电极进行试验。

此外，模拟淋雨时的状态进行试验，可按如下的条件。即在淋雨试验时，试品的安放位置与其工作状态一致。在试品上降下均匀的滴状雨，每分钟降雨量为 3mm，同时雨滴的作用区域应超过试品外形尺寸范围。

淋雨方向与地平面垂线成 45°。对绝缘杆和绝缘绳来说，将这些工具与地平面夹角成 45°放置，这样淋雨方向与绝缘操作杆所在平面适成 90°；对吊线杆及绝缘梯来说，因为这些工具使用时是垂直地平面放置的，这时淋雨方向适与工具成 45°夹角；对绝缘平梯来说，使用时是水平放置的，淋雨方向也适与工具成 45°夹角。

试品在淋雨 10min 后才能湿透，因此，试品必须淋雨 10min 后才能加压。

(2) 试验电压。带电作业绝缘工具试验电压标准如下：

| 电压等级 | 试验电压标准 |
|---|---|
| 10kV 及其以下 | 不小于 44kV |
| 20~60kV | 4 倍相电压 |
| 110~154kV | 4 倍相电压 |
| 220kV | 3 倍相电压 |
| 330kV | 2.75 倍相电压 |
| 500kV | 2.5 倍相电压 |

工频耐压试验持续时间为 5min。

在全部试验过程中，被试工具能耐受所加电压，而当试验电压撤除后以手抚摸，若无局部或全部过热现象，无放电烧伤、击穿等，则认为电气试验合格。

绝缘杆进行分段试验时，每段所加的电压应与全长所加的电压按长度成比例计算，并增加 20%。

小型水冲洗操作杆的绝缘试验，要求每三个月进行一次工作状态的耐压试验。耐压标准：中性点直接接地系统为 3 倍相电压；非直接接地系统为 3 倍线电压，耐压 5min，不闪络、不发热为合格。

2. 机电联合试验

绝缘工具在使用中经受电气和机械的共同作用，因而要同时施加 1.5 倍的工作荷载和 2 倍额定相电压，以试验其机电性能，试验持续时间为 5min。在试验过程中，如绝缘设备的表面没有开裂和放电声音，且当电压撤除后，立即用手摸，没有发热的感觉及裂纹等现象时，则认为机电联合试验合格。

## 第六节　带电作业操作举例

### 一、带电水冲洗绝缘子

带电水冲洗绝缘子的清扫方法和其他清扫方法相比较，具有设备简单、效果良好、工作效率高、改善了工人的工作条件等优点。所以凡是有用水冲洗条件的线路都应采取带电水冲洗的清扫方法。

带电水冲洗绝缘子前，必须检查绝缘子表面的污垢情况，如果是陈年积垢或附着力很强的污垢，则很难冲洗干净，而且可能在冲洗过程中发生闪络。这时就应该采用其他方法，以免发生事故和浪费时间。

在用水冲洗绝缘子时，在冲洗前应做水的电阻率的测定。水的电阻率的测定及计算方法为：取一根内径为 2～3cm，长度适当的玻璃管，并装满被试的水，管两端用带有铜片电极的橡皮塞塞住，然后将电极接在摇表上进行测试，将测得的电阻值代入下式

$$\rho = \frac{RS}{L} \tag{15-1}$$

式中　$\rho$——水电阻率，$\Omega \cdot cm$；

　　　$R$——水的电阻值，$\Omega$；

　　　$S$——试管的有效面积，$cm^2$；

　　　$L$——试管的长度，$cm$。

水的电阻率，一般要求不低于 $1500\Omega \cdot cm$。冲洗 110kV 及其以上电压等级的绝缘子时，水的电阻率应不小于 $3000\Omega \cdot cm$。

一般来说，城市的自来水、清洁的河水或井水通常都能满足带电水冲洗绝缘子的要求，可以使用。

为了确保工作人员的安全，在不同电压等级的线路上冲洗绝缘子时，其冲洗距离（喷嘴与带电体安全距离）可参考表 15-16 执行。

表 15-16　　　　　　　　　　　　　安全冲洗距离　　　　　　　　　　　　　　（m）

| 电压等级（kV） | 大型水冲洗 | 小型水冲洗 | 电压等级（kV） | 大型水冲洗 | 小型水冲洗 |
|---|---|---|---|---|---|
| 10 及以下 | — | 0.4 | 110 | 3 | 0.7 |
| 20～44 | — | 0.5 | 154 | 3 | 0.8 |
| 60 | 2 | 0.6 | 220 | 4 | 1.0 |

注　若冲洗用的水电阻率为 $1000～1500\Omega \cdot cm$ 时，表中距离应增加 0.2m。

从水枪中喷出来的水柱要紧聚，不应散成水花状，对针式绝缘子、悬式绝缘子串应自下而上地逐个冲洗，对耐张绝缘子串则应从导线侧第一片开始逐个冲洗，以防止污秽闪络事故。

为了防止泄漏电流对人身危害。水管的金属喷嘴，应使用截面不小于 $25mm^2$ 的软铜线可靠的接地。冲洗时应集中一相进行，避免使水柱同时接触两相。水柱的轴线与被冲洗绝缘子串的中心轴线所成夹角最好是 90°左右，不要小于 60°。

不合格的针式绝缘子不能采用带电水冲洗。悬式绝缘子串中的不合格绝缘子片数，在220kV 线路超过 4 片及在 330kV 线路超过 3 片时，也不准采用带电水冲洗。在冲洗过程中，

绝缘子会发生火花放电现象，这种情况对安全并无妨害。现将对水冲洗设备的要求叙述如下。

（1）大型水冲洗设备。喷嘴内径应为 8～12cm，水压应为 5～10kg/cm²；喷嘴和水泵应设有可靠接地线。

（2）小型水冲洗设备。采用小型水冲洗时，各级电压操作杆的有效绝缘长度为：

| | |
|---|---|
| 60kV 及以下 | 1.5m |
| 110kV | 2.0m |
| 154～220kV | 2.5m |
| 330kV | 3.5m |

当采用不接地式操作杆时，进入水枪的水管接头与护环间绝缘部分还应满足下列要求。

1）湿弧放电电压：非接地系统的操作杆应大于 3 倍线电压；直接接地系统的操作杆应大于 3 倍相电压，持续时间 5min。

2）泄漏电流不大于 1mA。

对不能满足上述要求的操作杆，护环前必须接地。此外，关于小型水冲洗设备的喷嘴，其内径应不大于 2.5mm；水压应为 3～5kg/cm²，如果水压不足时，不得将枪口对向导线。不接地式操作杆的引水管，在接头下 1.5m 范围内严禁触及人体。

**二、220kV 直线杆单片绝缘子的更换**

更换 220kV 直线杆绝缘子的方法有：间接作业和等电位作业法两种。

1. 间接作业法

间接作业法，是利用绝缘吊线杆装置上的托瓶器（图 15-4），托住不良绝缘子的下面一片绝缘子，然后通过把手和丝杆用绝缘吊线杆将导线收起，使托瓶器至横担这一段的绝缘子串处于松动状态，用取瓶器取下不良绝缘子，换上良好绝缘子。现将具体做法和有关安全注意事项分别介绍如下。

（1）人员分工。杆上电工 2 人（下称 1 号及 2 号电工）；杆下电工 2 人，监护人 1 人。

（2）操作步骤简述：

1）杆下电工根据更换不良绝缘子的位置，相应装好绝缘吊线杆上的托瓶器，并做好其他准备工作。

2）1 号电工登杆，在杆下电工配合下组装绝缘吊线杆装置（包括底座、丝杆、绝缘吊线杆及托瓶器）。

3）2 号电工登杆用拔销器拔掉不良绝缘子的弹簧销子。

4）1 号电工挂好导线保护绳。

5）2 号电工用操作杆把托瓶器的托装好，使它可靠地托住不良绝缘子的下面一片绝缘子。

6）1 号电工操作丝杆，把导线及托瓶器至横担段的绝缘子串收起。

7）2 号电工用取瓶器把不良绝缘子从绝缘子串中脱离出来，并把完好的绝缘子装入绝缘子串。

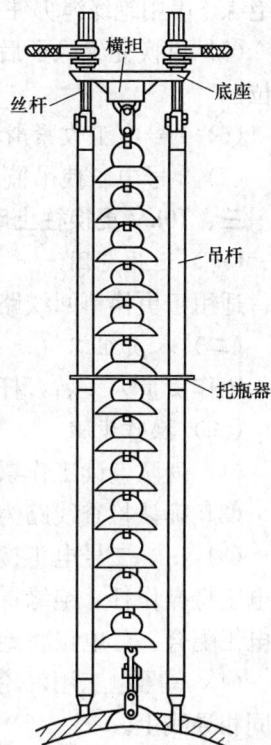

图 15-4 带电间接更换不良绝缘子示意图

8）1 号电工操作丝杆，将绝缘子串及导线恢复正常状态。

9）2 号电工用递销器把新装绝缘子的弹簧销子装好。

10）1 号电工把绝缘吊线杆装置及保护绳拆除，工作完毕。

（3）安全注意事项：

1）按有关带电作业规程的规定，操作人员与带电部分必须保持 1.8m 以上的安全距离；绝缘工具要保证 2.1m 的有效绝缘长度。

2）不良绝缘子取出前必须检查导线保护绳和绝缘吊线杆装置是否可靠。

3）所用带电作业绝缘工具的电气强度及机械强度均应经试验合格。

2. 等电位作业法

用等电位作业法更换 220kV 直接杆单片绝缘子，可使用绝缘吊篮和滑车。工作人员共 6 人，其中，杆上电工 4 人（1～4 号）；杆下电工 1 人；监护人 1 人。现将利用等电位作业法更换绝缘子的操作步骤简述如下。

（1）杆上 1～4 号电工携带传递工具的无极绳和滑车等分别登杆。

（2）1～2 号电工负责挂好滑车和导线保护绳，3～4 号电工负责挂吊篮，其中等电位 4 号电工还应做好等电位的准备工作。

（3）4 号电工进入吊篮，在监护人的监护下，3 号电工慢慢松开吊篮的尾绳，4 号电工便进入强电场。

（4）1 号电工收紧滑车，把导线稍稍向上提升一些，4 号电工取下不良绝缘子的销钉后可将绝缘子串用绝缘绳绑住，由 2 号电工将其向上吊起并绑在横担上，进行更换不良绝缘子。

（5）更换完绝缘子后，2 号电工逐步松开绝缘子串上的绝缘绳，用钩把绝缘子串送回原位。

（6）1 号电工收紧滑车，使导线与绝缘子串相接，4 号电工进行插销装订。

（7）3 号电工拽吊篮尾绳使 4 号电工退出强电场。

### 三、10kV 更换柱上跌落式熔断器（间接作业法）

（一）适用范围

适用于更换单回线路柱上跌落式熔断器工作。

（二）人员组织

工作负责人 1 名，杆上电工 2 名，地面电工 1 名，计 4 名。

（三）操作步骤

（1）列队宣读工作票，明确分工、布置安全措施。

（2）确认检查线路为空载线路。

（3）一、二号电工携带绝缘传递绳登杆至横担下方，系好安全带，挂好绝缘传递绳。地面电工将操作杆、绝缘罩等工具分别传至杆上。一号电工用操作杆将跌落式熔断器断开。二号电工配合一号电工将绝缘罩安装在相邻引线及横担上。

（4）一号电工用棘轮扳手将跌落式开关顶部螺帽拧下，二号电工用绝缘夹钳将引线固定在同相导线上。

（5）一号电工在二号电工的监护下，拆除旧跌落式熔断器，装上新跌落式熔断器。

（6）按 4～5 条相反步骤恢复跌落式熔断器，拆除工具，传至地面，杆上电工下杆，工作结束。

（四）安全注意事项

（1）人身对带电体应保持 0.4m 的安全距离，绝缘操作杆的有效长度为 0.7m。

（2）工作前必须检查低压线是否有电，根据现场情况采取必要的安全措施。

（3）拆下的引线（带电引线）必须固定牢靠，并采取绝缘隔离措施。

（4）绝缘罩的开口面，应背向操作人员。

（5）一号电工拆除旧跌落式熔断器前，应检查人身对带电体是否有足够的安全距离，如果满足不了要求，应采取可靠的安全措施。

**四、10kV 带电更换柱上跌落式熔断器（直接作业法）**

（一）人员组织

工作负责人 1 名，斗内电工 2 名，地面电工 1 名，共计 4 名。

（二）操作步骤

（1）列队宣读工作票，明确分工、布置安全措施。

（2）检查并确认线路为空载线路。

（3）一、二号电工携带绝缘传递绳乘绝缘斗至适当位置。

（4）地面电工用绝缘传递绳将操作杆、相间隔板、绝缘毯、导线罩、锁杆、绝缘扳手等工具分别传至绝缘斗上。

（5）一号电工用操作杆拉开三相跌落式熔断器。

（6）检查低压线对斗臂车非绝缘部分的距离，不能满足要求时，必须采取相应隔离保护措施。

（7）一号电工在二号电工的监护下，用遮蔽用具对邻相带电体及接地部位进行绝缘遮蔽。并对临近的主干线或分支线用导线罩进行绝缘遮蔽。

（8）一号电工在二号电工的监护下用绝缘扳手将熔断器上引线固定螺帽拧下，在二号电工的协助下将引线向上弯起，并顺高压线方向固定在导线上，做好防止引线松脱及摆动措施。

（9）一号电工在二号电工的监护下，拆除旧熔断器换上新熔断器，并进行调试，使熔断器处于断开位置。

（10）一号电工在二号电工的监护下，按以上相反顺序恢复跌落式熔断器。拆除遮蔽用具并传至地面，工作结束。

（三）安全注意事项

（1）开关上引线拆下后，应固定牢靠，防止引线松脱及摆动。

（2）如故障熔断器折断，应首先采取固定措施，防止其摆动造成接地或相间短路。

# 习　　题

1. 带电作业有哪些优点？
2. 试述带电作业的间接作业法的原理。
3. 试述带电等电位作业的原理。
4. 试述带电自由作业的原理。
5. 对带电自由作业有何要求？

6. 在间接带电作业中，人体与带电体间的安全距离是多少？是根据什么考虑确定的？
7. 绝缘操作杆和绝缘工具、绳索的有效长度是怎样规定的？
8. 带电作业时，除有足够的安全距离外，还有其他什么安全要求？
9. 绝缘操作工具主要有哪些？由何材料制成的？
10. 带电作业主要的金属工具有哪些？
11. 等电位作业所用的均压服应具备哪些条件？
12. 均压服的电阻标准值是多少，如何防止均压服铜丝氧化？
13. 带电作业的安全防护用具有哪些？
14. 绝缘斗臂车作业前应检查哪些？
15. 带电作业工具如何保管？
16. 带电作业工具怎样试验，其加压标准如何？
17. 带电水冲洗绝缘子时有何要求？
18. 怎样带电进行 220kV 直线杆单片绝缘子的更换？
19. 如何更换 10kV 柱上跌落式熔断器（间接作业法）？
20. 如何更换 10kV 柱上跌落式熔断器（直接作业法）？

# 附　　录

## 一、导线和变压器的参数

导线和变压器参数见附表1～附表17。

**附表1**　　　　　线路电压损失等于 10% 时的负荷距　　　　　（MW·km）

| cosφ 导线型号 | 1.0 | 0.95 | 0.90 | 0.85 | 0.80 | 0.75 | 0.70 |
|---|---|---|---|---|---|---|---|
| $U_e=35kV$ | | | | | | | |
| LGJ-35 | — | — | 115.9 | 109.3 | 104.1 | 99.5 | 94.9 |
| LGJ-50 | — | — | 143 | 134 | 126.5 | 120 | 113.2 |
| LGJ-70 | — | — | 185.7 | 171 | 159.0 | 148.7 | 139 |
| LGJ-95 | — | — | 234 | 212 | 194.5 | 179 | 166 |
| LGJ-120 | — | — | 265 | 238 | 216 | 198 | 182.3 |
| LGJ-150 | — | — | 308 | 271.5 | 244.5 | 222 | 202 |
| LGJ-160 | — | — | 346 | 301.5 | 260 | 242.5 | 219.5 |
| $U_e=60kV$ | | | | | | | |
| LGJ-35 | — | — | 337 | 318.5 | 303 | 288.5 | |
| LGJ-50 | — | — | 416 | 389.5 | 366 | 345 | |
| LGJ-70 | — | — | 538 | 496 | 459.5 | 430 | |
| LGJ-95 | — | — | 674 | 604 | 559 | 515 | |
| LGJ-120 | — | — | 766 | 684 | 622 | 566 | |
| LGJ-150 | — | — | 883 | 777 | 700 | 633 | |
| LGJ-160 | — | — | 992 | 793 | 766 | 689 | |
| $U_e=110kV$ | | | | | | | |
| LGJ-70 | — | 2000 | 1797 | 1650 | 1530 | 1425 | |
| LGJ-95 | — | 2570 | 2250 | 2025 | 1855 | 1705 | |
| LGJ-120 | — | 2960 | 2545 | 2268 | 2058 | 1880 | |
| LGJ-150 | — | 3480 | 2935 | 2580 | 2320 | 2095 | |
| LGJ-185 | — | 3960 | 3285 | 2860 | 2540 | 2275 | |
| LGJ-240 | — | — | 3705 | 3180 | 2800 | 2495 | |
| $U_e=154kV$ | | | | | | | |
| LGJ-95 | 7185 | 5015 | 4360 | 3950 | 3600 | | |
| LGJ-120 | 8780 | 5770 | 4910 | 4430 | 3960 | | |
| LGJ-150 | — | 6780 | 5670 | 5050 | 4450 | | |
| LGJ-185 | — | 7750 | 6350 | 5560 | 4900 | | |
| LGJ-240 | — | — | 7100 | 6180 | 5320 | | |
| LGJ-300 | — | — | 7830 | 6470 | 5750 | | |
| $U_e=220kV$ | | | | | | | |
| LGJ-240 | — | 18 200 | 14 680 | 12 500 | 11 000 | | |
| LGJ-300 | — | — | 15 930 | 13 500 | 11 730 | | |
| LGJ-400 | — | — | 17 600 | 14 570 | 12 500 | | |

附表 2

## 各种常用架空导线的规格

导　线　型　号

| 标称截面 (mm²) | TJ型 股数 | TJ型 计算外径(mm) | TJ型 单位质量(kg/km) | LJ,HLJ,HL2J型 股数 | LJ,HLJ,HL2J型 计算外径(mm) | LJ,HLJ,HL2J型 单位质量(kg/km) | LGJ,HLJ,HL2GJ型 股数 铝 | LGJ,HLJ,HL2GJ型 股数 铜 | LGJ,HLJ,HL2GJ型 计算外径(mm) | LGJ,HLJ,HL2GJ型 单位质量(kg/km) | LGJQ型 股数 铝 | LGJQ型 股数 铜 | LGJQ型 计算外径(mm) | LGJQ型 单位质量(kg/km) | LGJJ型 股数 铝 | LGJJ型 股数 铜 | LGJJ型 计算外径(mm) | LGJJ型 单位质量(kg/km) |
|---|---|---|---|---|---|---|---|---|---|---|---|---|---|---|---|---|---|---|
| 10 | 7 | 4.00 | | 7 | 4.00 | 29 | 5 | 1 | 4.4 | 36 | | | | | | | | |
| 16 | 7 | 5.04 | 140 | 7 | 5.1 | 44 | 6 | 1 | 5.4 | 62 | | | | | | | | |
| 25 | 7 | 6.33 | 221 | 7 | 6.4 | 68 | 6 | 1 | 6.6 | 92 | | | | | | | | |
| 35 | 7 | 7.47 | 323 | 7 | 7.5 | 95 | 6 | 1 | 8.4 | 106 | | | | | | | | |
| 50 | 7 | 8.91 | 439 | 7 | 9.0 | 136 | 6 | 1(7) | 9.6 | 150 | | | | | | | | |
| 70 | 19 | 10.7 | 618 | 7 | 10.7 | 191 | 6 | 1(7) | 11.4 | 275 | | | | | | | | |
| 95 | 19 | 12.45 | 857 | 7 | 12.4 | 257 | 28 | 7 | 13.7 | 404 | | | | | | | | |
| 120 | 19 | 14.00 | 1053 | 19 | 14.0 | 322 | 28 | 7 | 15.2 | 492 | | | | | | | | |
| 150 | 19 | 15.75 | 1333 | 19 | 15.8 | 407 | 28 | 7 | 17.0 | 617 | 24 | 7 | 16.6 | 550 | 30 | 7 | 15.5 | 530 |
| 185 | 37 | 17.48 | 1627 | 19 | 17.5 | 503 | 28 | 7 | 19.0 | 771 | 24 | 7 | 18.4 | 680 | 30 | 7 | 17.5 | 678 |
| 240 | 37 | 19.88 | 2120 | 19 | 20.0 | 656 | 28 | 7 | 21.6 | 927 | 24 | 7 | 21.6 | 937 | 30 | 7 | 19.6 | 850 |
| 300 | 37 | 22.19 | 2608 | 37 | 22.4 | 817 | 28 | 7 | 24.2 | 1257 | 54 | 7 | 23.5 | 1008 | 30 | 7 | 22.4 | 1111 |
| 400 | 37 | 25.62 | 3521 | 37 | 25.8 | 1087 | 28 | 19 | 28.0 | 1460 | 54 | 7 | 27.2 | 1501 | 30 | 19 | 25.2 | 1390 |
| 500 | 37 | | | 37 | 29.1 | 1376 | | | | | 54 | 19 | 30.2 | 1836 | 30 | 19 | 29.0 | 1840 |
| 600 | 61 | | | 61 | 32.0 | 1658 | | | | | 54 | 19 | 33.1 | 2206 | | | | |
| 700 | | | | | | | | | | | 54 | 19 | 37.1 | 2756 | | | | |

注　1. 型号说明：TJ—铜绞线；LGJ—钢芯铝绞线；LJ—裸铝绞线；HL2GJ—钢芯非热处理型铝镁硅合金绞线；HLJ—热处理型铝镁硅合金绞线；LGJQ—轻型钢芯铝绞线；HL2J—非热处理型铝镁硅合金绞线；LGJJ—加强型钢芯铝绞线。

2. 对LGJ,LGJQ及LGJJ型钢芯铝绞线的额定载面，系指导电部分（不包括钢芯截面）。

**附表 3　　　LJ、TJ 型架空线路导线的电阻及正序电抗**（环境温度 20℃）　　　（Ω/km）

| 导线型号 | LJ型导线电阻 | 几何均距（m） | | | | | | | | | | TJ型导线电阻 | 导线型号 |
|---|---|---|---|---|---|---|---|---|---|---|---|---|---|
| | | 0.6 | 0.8 | 1.0 | 1.25 | 1.5 | 2.0 | 2.5 | 3.0 | 3.5 | 4.0 | | |
| LJ-16 | 1.98 | 0.358 | 0.377 | 0.391 | 0.405 | 0.416 | 0.435 | 0.449 | 0.46 | — | — | 1.2 | TJ-16 |
| LJ-25 | 1.28 | 0.345 | 0.363 | 0.377 | 0.391 | 0.402 | 0.421 | 0.435 | 0.446 | — | — | 0.74 | TJ-25 |
| LJ-35 | 0.92 | 0.336 | 0.352 | 0.366 | 0.380 | 0.391 | 0.410 | 0.424 | 0.435 | 0.445 | 0.453 | 0.54 | TJ-35 |
| LJ-50 | 0.64 | 0.325 | 0.341 | 0.355 | 0.365 | 0.380 | 0.398 | 0.413 | 0.423 | 0.433 | 0.441 | 0.39 | TJ-50 |
| LJ-70 | 0.46 | 0.315 | 0.331 | 0.345 | 0.359 | 0.370 | 0.388 | 0.399 | 0.410 | 0.420 | 0.428 | 0.27 | TJ-70 |
| LJ-95 | 0.34 | 0.303 | 0.319 | 0.334 | 0.347 | 0.358 | 0.377 | 0.390 | 0.401 | 0.411 | 0.419 | 0.20 | TJ-95 |
| LJ-120 | 0.27 | 0.297 | 0.313 | 0.327 | 0.341 | 0.352 | 0.368 | 0.382 | 0.393 | 0.403 | 0.411 | 0.158 | TJ-120 |
| LJ-150 | 0.21 | 0.287 | 0.312 | 0.319 | 0.333 | 0.344 | 0.363 | 0.377 | 0.388 | 0.398 | 0.406 | 0.123 | TJ-150 |

**附表 4　　　LGJ 型架空线路导线的电阻及正序电抗**（环境温度 20℃）　　　（Ω/km）

| 导线型号 | 电阻 | 几何均距（m） | | | | | | | | | | | | | | |
|---|---|---|---|---|---|---|---|---|---|---|---|---|---|---|---|---|
| | | 1.0 | 1.5 | 2.0 | 2.5 | 3.0 | 3.5 | 4.0 | 4.5 | 5.0 | 5.5 | 6.0 | 6.5 | 7.0 | 7.5 | 8.0 |
| LGJ-35 | 0.85 | 0.366 | 0.385 | 0.403 | 0.417 | 0.429 | 0.438 | 0.446 | | | | | | | | |
| LGJ-50 | 0.65 | 0.353 | 0.374 | 0.392 | 0.406 | 0.418 | 0.427 | 0.435 | | | | | | | | |
| LGJ-70 | 0.45 | 0.343 | 0.364 | 0.382 | 0.396 | 0.408 | 0.417 | 0.425 | 0.433 | 0.440 | 0.446 | | | | | |
| LGJ-95 | 0.33 | 0.334 | 0.353 | 0.371 | 0.385 | 0.397 | 0.406 | 0.414 | 0.422 | 0.429 | 0.435 | 0.44 | 0.445 | | | |
| LGJ-120 | 0.27 | 0.326 | 0.347 | 0.365 | 0.379 | 0.391 | 0.400 | 0.408 | 0.416 | 0.428 | 0.429 | 0.433 | 0.438 | | | |
| LGJ-150 | 0.21 | 0.319 | 0.340 | 0.358 | 0.372 | 0.384 | 0.398 | 0.401 | 0.409 | 0.416 | 0.422 | 0.426 | 0.432 | | | |
| LGJ-185 | 0.17 | | | | 0.365 | 0.377 | 0.386 | 0.394 | 0.402 | 0.409 | 0.415 | 0.419 | 0.425 | | | |
| LGJ-240 | 0.132 | | | | 0.357 | 0.369 | 0.378 | 0.386 | 0.394 | 0.401 | 0.407 | 0.412 | 0.416 | 0.421 | 0.425 | 0.429 |
| LGJ-300 | 0.107 | | | | | | | | | | 0.399 | 0.405 | 0.410 | 0.414 | 0.418 | 0.422 |
| LGJ-400 | 0.08 | | | | | | | | | | 0.391 | 0.397 | 0.402 | 0.406 | 0.410 | 0.414 |

**附表 5　　　LGJQ 与 LGJJ 型架空线路导线的电阻及正序电抗**（环境温度 20℃）　　　（Ω/km）

| 导线型号 | 电阻 | 几何均距（m） | | | | | | |
|---|---|---|---|---|---|---|---|---|
| | | 5.0 | 5.5 | 6.0 | 6.5 | 7.0 | 7.5 | 8.0 |
| LGJQ-300 | 0.108 | | 0.401 | 0.406 | 0.411 | 0.416 | 0.420 | 0.424 |
| LGJQ-400 | 0.08 | | 0.391 | 0.397 | 0.402 | 0.406 | 0.410 | 0.414 |
| LGJQ-500 | 0.065 | | 0.384 | 0.390 | 0.395 | 0.400 | 0.404 | 0.408 |
| LGJJ-185 | 0.17 | 0.406 | 0.412 | 0.471 | 0.422 | 0.426 | 0.433 | 0.437 |
| LGJJ-240 | 0.131 | 0.397 | 0.403 | 0.409 | 0.414 | 0.419 | 0.424 | 0.428 |
| LGJJ-300 | 0.106 | 0.390 | 0.396 | 0.402 | 0.407 | 0.411 | 0.417 | 0.421 |
| LGJJ-400 | 0.079 | 0.381 | 0.387 | 0.393 | 0.398 | 0.402 | 0.408 | 0.412 |

**附表6　　　　LGJ、LGJJ及LGJQ型架空线路导线的电纳（环境温度20℃）　　（×10⁻⁶S/km）**

| 导线型号 | 截面(mm²) | 几何均距(m) | | | | | | | | | | | | | | |
|---|---|---|---|---|---|---|---|---|---|---|---|---|---|---|---|---|
| | | 1.5 | 2.0 | 2.5 | 3.0 | 3.5 | 4.0 | 4.5 | 5.0 | 5.5 | 6.0 | 6.5 | 7.0 | 7.5 | 8.0 | 8.5 |
| LGJ | 35 | 2.97 | 2.83 | 2.73 | 2.65 | 2.59 | 2.54 | — | — | — | — | — | — | — | — | — |
| | 50 | 3.05 | 2.91 | 2.81 | 2.72 | 2.66 | 2.61 | — | — | — | — | — | — | — | — | — |
| | 70 | 3.12 | 2.99 | 2.88 | 2.79 | 2.73 | 2.68 | 2.62 | 2.58 | 2.54 | — | — | — | — | — | — |
| | 95 | 3.25 | 3.08 | 2.96 | 2.87 | 2.81 | 2.75 | 2.69 | 2.65 | 2.61 | — | — | — | — | — | — |
| | 120 | 3.31 | 3.13 | 3.02 | 2.92 | 2.85 | 2.79 | 2.74 | 2.69 | 2.65 | — | — | — | — | — | — |
| | 150 | 3.38 | 3.20 | 3.07 | 2.97 | 2.90 | 2.85 | 2.79 | 2.74 | 2.71 | — | — | — | — | — | — |
| | 185 | — | — | 3.13 | 3.03 | 2.96 | 2.90 | 2.84 | 2.79 | 2.74 | — | — | — | — | — | — |
| | 240 | — | — | 3.21 | 3.10 | 3.02 | 2.96 | 2.89 | 2.85 | 2.80 | 2.76 | — | — | — | — | — |
| | 300 | | | | | | | | | 2.86 | 2.81 | 2.78 | 2.75 | 2.72 | | |
| | 400 | | | | | | | | | 2.92 | 2.88 | 2.83 | 2.81 | 2.78 | | |
| LGJJ LGJQ | 120 | — | — | — | — | — | 2.8 | 2.75 | 2.70 | 2.66 | 2.63 | 2.60 | 2.57 | 2.54 | 2.51 | 2.49 |
| | 150 | — | — | — | — | — | 2.85 | 2.81 | 2.76 | 2.72 | 2.68 | 2.65 | 2.62 | 2.59 | 2.57 | 2.54 |
| | 185 | — | — | — | — | — | 2.91 | 2.86 | 2.80 | 2.76 | 2.73 | 2.70 | 2.66 | 2.63 | 2.00 | 2.53 |
| | 240 | — | — | — | — | — | 2.98 | 2.92 | 2.87 | 2.82 | 2.79 | 2.75 | 2.72 | 2.68 | 2.66 | 2.64 |
| | 300 | — | — | — | — | — | 3.04 | 2.97 | 2.91 | 2.87 | 2.84 | 2.80 | 2.76 | 2.73 | 2.70 | 2.63 |
| | 400 | — | — | — | — | — | 3.11 | 3.05 | 3.00 | 2.95 | 2.91 | 2.87 | 2.83 | 2.80 | 2.77 | 2.75 |
| | 500 | — | — | — | — | — | 3.14 | 3.08 | 3.03 | 2.96 | 2.92 | 2.88 | 2.84 | 2.81 | 2.79 | 2.76 |
| | 600 | — | — | — | — | — | 3.16 | 3.11 | 3.04 | 3.02 | 2.96 | 2.91 | 2.88 | 2.85 | 2.82 | 2.79 |

**附表7　　　　220~750kV架空线路导线的电阻及正序电抗（环境温度20℃）　　　（Ω/km）**

| 导线型号 | 220kV | | | | 330kV | | 500kV | | 750kV | |
|---|---|---|---|---|---|---|---|---|---|---|
| | 单导线 | | 双分裂 | | 双分裂 | | 三分裂 | | 四分裂 | |
| | 电阻 | 电抗 | 电阻 | 电抗 | 电阻 | 电抗 | 电阻 | 电抗 | 电阻 | 电抗 |
| LGJ-185 | 0.17 | 0.44 | 0.085 | 0.315 | | | | | | |
| LGJ-240 | 0.132 | 0.432 | 0.066 | 0.310 | | | | | | |
| LGJQ-300 | 0.107 | 0.427 | 0.054 | 0.308 | 0.054 | 0.321 | 0.036 | 0.302 | | |
| LGJQ-400 | 0.08 | 0.417 | 0.04 | 0.303 | 0.04 | 0.316 | 0.0266 | 0.299 | 0.02 | 0.289 |
| LGJQ-500 | 0.065 | 0.411 | 0.0325 | 0.300 | 0.0325 | 0.313 | 0.0216 | 0.297 | 0.0163 | 0.287 |
| LGJQ-600 | 0.055 | 0.405 | 0.0275 | 0.297 | 0.0275 | 0.310 | 0.0183 | 0.295 | 0.0138 | 0.286 |
| LGJQ-700 | 0.044 | 0.398 | 0.022 | 0.294 | 0.022 | 0.307 | 0.0146 | 0.292 | 0.011 | 0.284 |

注　计算条件如下：

| 电压（kV） | 110 | 220 | 330 | 500 | 750 |
|---|---|---|---|---|---|
| 线间距离（m） | 4 | 6.5 | 8 | 11 | 14 |
| 线分裂距离（cm） | | 40 | 40 | 40 | 40 |
| 导线排列方式 | | 水平二分裂 | 水平二分裂 | 正三角三分裂 | 正四角四分裂 |

**附表 8　　　　　　　　220kV 双绕组无载调压电力变压器技术数据**

| 额定容量<br>(kV·A) | 电压组合及分接范围 | | 连接组<br>标号 | 空载损耗<br>(kW) | 负载损耗<br>(kW) | 空载电流<br>(%) | 短路<br>阻抗<br>(%) |
|---|---|---|---|---|---|---|---|
| | 高压<br>(kV) | 低压<br>(kV) | | | | | |
| 31 500 | | 6.3 | | 37 | 150 | 0.77 | |
| 40 000 | | 6.6 | | 44 | 175 | 0.77 | |
| 50 000 | 220±2×2.5% | 10.5 | YNd11 | 52 | 210 | 0.70 | 12~14 |
| 63 000 | 242±2×2.5% | 11 | | 62 | 245 | 0.70 | |
| 90 000 | | 10.5 | | 82 | 320 | 0.63 | |
| 120 000 | | 13.8<br>11 | | 100 | 385 | 0.63 | |

注　对 S9、S10 系列变压器表中所列组 I 数据空载损耗分别下降 10%、15%，负载损耗分别下降 15%、15%。

**附表 9　　　　　　　　220kV 双绕组有载调压电力变压器技术数据**

| 额定容量<br>(kV·A) | 电压组合及分接范围 | | 连接组<br>标号 | 空载损耗<br>(kW) | 负载损耗<br>(kW) | 空载电流<br>(%) | 短路<br>阻抗<br>(%) |
|---|---|---|---|---|---|---|---|
| | 高压<br>(kV) | 低压<br>(kV) | | | | | |
| 31 500 | | 6.3 | | 41 | 150 | 0.77 | |
| 40 000 | | 6.6 | | 49 | 175 | 0.70 | |
| 50 000 | | 10.5 | | 57 | 210 | 0.63 | |
| 63 000 | | 11 | | 68 | 245 | 0.63 | |
| | 220±8×1.25% | 35<br>38.5 | YNd11 | | | | 12~14 |
| 90 000 | | 10.5 | | 88 | 320 | 0.56 | |
| 120 000 | | 11 | | 107 | 385 | 0.56 | |
| 150 000 | | 35 | | 124 | 450 | 0.49 | |
| 180 000 | | 38.5 | | 144 | 520 | 0.49 | |

注　对 S9、S10 系列变压器表中所列组 I 数据空载损耗分别下降 10%、15%，负载损耗分别下降 15%、15%。

**附表 10　　　　　　　　110kV 双绕组无载调压电力变压器技术数据**

| 额定容量<br>(kV·A) | 电压组合及分接范围 | | | 连接组<br>标号 | 空载损耗<br>(kW) | | 负载损耗<br>(kW) | 空载电流<br>(%) | | 短路<br>阻抗<br>(%) |
|---|---|---|---|---|---|---|---|---|---|---|
| | 高压<br>(kV) | 高压分<br>接范围<br>(%) | 低压<br>(kV) | | 组 I | 组 II | | 组 I | 组 II | |
| 6300 | | | | | 10.0 | 11.6 | 41 | 0.90 | 1.10 | |
| 8000 | | | | | 12.0 | 14.0 | 50 | 0.85 | 1.10 | |
| 10 000 | | | | | 14.0 | 16.5 | 59 | 0.80 | 1.00 | |
| 12 500 | | | | | 16.5 | 19.5 | 70 | 0.75 | 1.00 | |
| 16 000 | | | 6.3 | | 20.0 | 23.5 | 86 | 0.70 | 0.90 | |
| 20 000 | | | 6.6 | | 23.7 | 27.5 | 104 | 0.65 | 0.90 | |
| 25 000 | | | 10.5 | | 28.0 | 32.5 | 123 | 0.60 | 0.80 | 10.5 |
| 31 500 | | | 11 | | 33.3 | 38.5 | 148 | 0.55 | 0.80 | |
| 40 000 | | | | | 39.8 | 46.0 | 174 | 0.50 | 0.70 | |
| 50 000 | | | | | 47.0 | 55.0 | 216 | 0.45 | 0.70 | |
| 63 000 | | | | | 55.8 | 65.0 | 260 | 0.40 | 0.60 | |
| 90 000 | | | | | 72.8 | 85.0 | 340 | 0.35 | 0.60 | |
| 120 000 | | | | | 90.2 | 106.0 | 422 | 0.35 | 0.50 | |

续表

| 额定容量<br>(kV·A) | 电压组合及分接范围 | | | 连接组<br>标号 | 空载损耗<br>(kW) | | 负载损耗<br>(kW) | 空载电流<br>(%) | | 短路<br>阻抗<br>(%) |
|---|---|---|---|---|---|---|---|---|---|---|
| | 高压<br>(kV) | 高压分<br>接范围<br>(%) | 低压<br>(kV) | | 组Ⅰ | 组Ⅱ | | 组Ⅰ | 组Ⅱ | |
| 6300 | 110 | ±2× | | | 10.8 | 12.5 | 44 | 1.05 | 1.50 | |
| 8000 | 121 | 2.5 | | | 13.0 | 15.0 | 53 | 1.05 | 1.50 | |
| 10 000 | | | | | 15.2 | 17.5 | 62 | 0.98 | 1.40 | |
| 12 500 | | | | | 17.7 | 20.5 | 74 | 0.98 | 1.40 | |
| 16 000 | | | | | 21.3 | 24.5 | 91 | 0.91 | 1.30 | |
| 20 000 | | | 35<br>38.5 | YNd11 | 25.2 | 29.0 | 110 | 0.91 | 1.30 | 10.5 |
| 25 000 | | | | | 29.6 | 34.2 | 129 | 0.84 | 1.20 | |
| 31 500 | | | | | 35.0 | 40.5 | 156 | 0.84 | 1.20 | |
| 40 000 | | | | | 41.6 | 48.3 | 183 | 0.77 | 1.10 | |
| 50 000 | | | | | 48.8 | 57.8 | 227 | 0.77 | 1.10 | |
| 63 000 | | | | | 57.8 | 68.3 | 273 | 0.70 | 1.00 | |

**注** 1. 最大电流分接为−5%分接位置。

　　2. 组Ⅱ数据为过渡标准值。

　　3. 对 S9、S10 系列变压器表中所列组Ⅰ数据空载损耗分别下降 5%、15%，负载损耗分别下降 10%、15%。

**附表 11　　　　　　　　110kV 双绕组有载调压电力变压器技术数据**

| 额定容量<br>(kV·A) | 电压组合及分接范围 | | | 连接组<br>标号 | 空载损耗<br>(kW) | | 负载损耗<br>(kW) | 空载电流<br>(%) | | 短路<br>阻抗<br>(%) |
|---|---|---|---|---|---|---|---|---|---|---|
| | 高压<br>(kV) | 高压分<br>接范围<br>(%) | 低压<br>(kV) | | 组Ⅰ | 组Ⅱ | | 组Ⅰ | 组Ⅱ | |
| 6300 | | | | | 10.9 | 12.5 | 41 | 0.98 | 1.40 | |
| 8000 | | | | | 13.0 | 15.0 | 50 | 0.98 | 1.40 | |
| 10000 | | | | | 15.7 | 17.8 | 59 | 0.91 | 1.30 | |
| 12 500 | | | | | 18.2 | 21.0 | 70 | 0.91 | 1.30 | |
| 16 000 | | | | | 22.0 | 25.3 | 86 | 0.84 | 1.20 | |
| 20 000 | | | 6.3 | | 26.0 | 30.0 | 104 | 0.84 | 1.20 | |
| 25 000 | 110 | ±8×<br>1.25 | 6.6<br>10.5 | YNd11 | 30.3 | 35.5 | 123 | 0.77 | 1.10 | 10.5 |
| 31 500 | | | 11 | | 36.6 | 42.2 | 148 | 0.77 | 1.10 | |
| 40 000 | | | | | 43.9 | 50.5 | 174 | 0.70 | 1.00 | |
| 50 000 | | | | | 51.9 | 59.7 | 216 | 0.70 | 1.00 | |
| 63 000 | | | | | 61.8 | 71.0 | 260 | 0.63 | 0.90 | |

**注** 1. 最大电流分接为−5%分接位置。

　　2. 组Ⅱ数据为过渡标准值。

　　3. 对 S9、S10 系列变压器表中所列组Ⅰ数据空载损耗分别下降 5%、15%，负载损耗分别下降 10%、15%。

**附表 12　　　　　　　　66kV 双绕组无载调压电力变压器技术数据**

| 额定容量<br>(kV·A) | 电压组合及分接范围 | | | 连接组<br>标号 | 空载损耗<br>(kW) | | 负载损耗<br>(kW) | 空载电流<br>(%) | | 短路<br>阻抗<br>(%) |
|---|---|---|---|---|---|---|---|---|---|---|
| | 高压<br>(kV) | 高压分<br>接范围<br>(%) | 低压<br>(kV) | | 组Ⅰ | 组Ⅱ | | 组Ⅰ | 组Ⅱ | |
| 630 | | | | | 1.7 | 2.0 | 8.4 | 1.40 | 2.0 | |
| 800 | | | | | 2.0 | — | 10.0 | 1.35 | — | 8 |
| 1000 | | | 6.3 | | 2.4 | 2.8 | 11.5 | 1.30 | 1.9 | |

续表

| 额定容量<br>(kV·A) | 电压组合及分接范围 | | | 连接组<br>标号 | 空载损耗<br>(kW) | | 负载损耗<br>(kW) | 空载电流<br>(%) | | 短路<br>阻抗<br>(%) |
|---|---|---|---|---|---|---|---|---|---|---|
| | 高压<br>(kV) | 高压分<br>接范围<br>(%) | 低压<br>(kV) | | 组Ⅰ | 组Ⅱ | | 组Ⅰ | 组Ⅱ | |
| 1250 | 63 | | 6.6 | | 2.8 | — | 14.0 | 1.30 | — | |
| 1600 | 66 | ±5 | 10.5 | Yd11 | 3.4 | 3.9 | 16.5 | 1.25 | 1.8 | |
| 2000 | 69 | | 11 | | 4.0 | 4.6 | 19.5 | 1.20 | 1.7 | 8 |
| 2500 | | | | | 4.7 | 5.4 | 23.0 | 1.10 | 1.6 | |
| 3150 | | | | | 5.6 | 6.4 | 27.0 | 1.05 | 1.5 | |
| 4000 | | | | | 6.6 | 7.6 | 32.0 | 1.00 | 1.4 | |
| 5000 | | | | | 7.8 | 9.0 | 36.0 | 0.90 | 1.3 | |
| 6300 | | | | | 10.0 | 11.6 | 40.0 | 0.85 | 1.2 | |
| 8000 | | | | | 12.0 | 14.0 | 47.5 | 0.75 | 1.1 | |
| 10 000 | | | 6.3 | | 14.2 | 16.5 | 56.0 | 0.75 | 1.1 | |
| 12 500 | 63 | | 6.6 | | 16.7 | 19.5 | 66.5 | 0.70 | 1.0 | |
| 16 000 | 66 | ±2× | 10.5 | | 20.1 | 23.5 | 81.7 | 0.70 | 1.0 | |
| 20 000 | 69 | 2.5 | 11 | YNd11 | 23.8 | 27.5 | 99.0 | 0.65 | 0.9 | 9 |
| 25 000 | | | | | 28.1 | 32.5 | 117.0 | 0.65 | 0.9 | |
| 31 500 | | | | | 33.1 | 38.5 | 141.0 | 0.55 | 0.8 | |
| 40 000 | | | | | 40.0 | 46.0 | 165.0 | 0.55 | 0.8 | |
| 50 000 | | | | | 47.2 | 55.0 | 205.0 | 0.50 | 0.7 | |
| 63 000 | | | | | 56.0 | 65.0 | 247.0 | 0.50 | 0.7 | |

**注** 1. 容量3150及以上，−5%分接位置为最大电流分接。

2. 组Ⅱ数据为过渡标准值。

3. 对S9、S10系列变压器表中所列组Ⅰ数据空载损耗分别下降5%、15%，负载损耗分别下降10%、15%。

附表13　　　　　　　　　66kV双绕组有载调压电力变压器技术数据

| 额定容量<br>(kV·A) | 电压组合及分接范围 | | | 连接组<br>标号 | 空载损耗<br>(kV) | | 负载损耗<br>(kV) | 空载电流<br>(%) | | 短路<br>阻抗<br>(%) |
|---|---|---|---|---|---|---|---|---|---|---|
| | 高压<br>(kV) | 高压分<br>接范围<br>(%) | 低压<br>(kV) | | 组Ⅰ | 组Ⅱ | | 组Ⅰ | 组Ⅱ | |
| 6300 | | | | | 11.0 | 12.5 | 40.0 | 0.90 | 1.30 | |
| 8000 | | | | | 13.1 | 15.0 | 47.5 | 0.90 | 1.20 | |
| 10 000 | | | | | 15.4 | 17.8 | 56.0 | 0.75 | 1.10 | |
| 12 500 | | | | | 18.1 | 21.0 | 66.5 | 0.70 | 1.00 | |
| 16 000 | 63 | | 6.3 | | 21.7 | 25.3 | 81.7 | 0.70 | 1.00 | |
| 20 000 | 66 | ±8× | 6.6 | Ynd11 | 25.6 | 30.0 | 99.0 | 0.60 | 0.90 | |
| 25 000 | 69 | 1.25 | 10.5 | | 30.1 | 35.5 | 117.0 | 0.60 | 0.90 | 9 |
| 31 500 | | | 11 | | 35.7 | 42.2 | 141.0 | 0.55 | 0.80 | |
| 40 000 | | | | | 42.5 | 50.5 | 165.5 | 0.55 | 0.80 | |
| 50 000 | | | | | 50.1 | 59.7 | 205.0 | 0.50 | 0.70 | |
| 63 000 | | | | | 59.2 | 71.0 | 247.0 | 0.50 | 0.70 | |

**注** 1. 除用户另有要求外，10%分接位置为最大电流分接。

2. 组Ⅱ数据为过渡标准值。

3. 对S9、S10系列变压器表中所列组Ⅰ数据空载损耗分别下降5%、15%，负载损耗分别下降10%、15%。

**附表 14**　　　　　　　　　**35kV 双绕组有载调压电力变压器技术数据**

| 额定容量<br>（kV·A） | 电压组合及分接范围 | | | 连接组<br>标号 | 空载损耗<br>（kW） | | 负载损耗<br>（kW） | 空载电流<br>（%） | | 短路<br>阻抗<br>（%） |
|---|---|---|---|---|---|---|---|---|---|---|
| | 高压<br>（kV） | 高压分接<br>范围（%） | 低压<br>（kV） | | 组Ⅰ | 组Ⅱ | | 组Ⅰ | 组Ⅱ | |
| 2000 | 35 | ±3×2.5 | | Yd11 | 3.21 | 3.60 | 22.50 | 1.00 | 1.40 | 6.5 |
| 2500 | | | | | 3.82 | 4.25 | 24.15 | 1.00 | 1.40 | |
| 3150 | 35<br>38.5 | +3×2.5 | 3.15<br>63<br>10.5 | Yd11 | 4.55 | 5.05 | 28.9 | 0.90 | 1.30 | 7.0 |
| 4000 | | | | | 5.50 | 6.05 | 34.10 | 0.90 | 1.30 | |
| 5000 | | | | | 6.50 | 7.25 | 40.00 | 0.85 | 1.20 | |
| 6300 | | | | | 7.80 | 8.80 | 43.00 | 0.85 | 1.20 | |
| 8000 | 35<br>38.5 | +3×2.5 | 6.3<br>6.6<br>10.5 | YNd11 | 11.00 | 12.30 | 47.50 | 0.75 | 1.10 | 7.5 |
| 10 000 | | | | | 13.00 | 14.50 | 56.20 | 0.75 | 1.10 | |
| 12 500 | | | | | 15.00 | 17.10 | 66.50 | 0.70 | 1.00 | 8.0 |

**注**　1. 最大电流分接位置为−7.5%分接位置。

　　2. 组Ⅱ数据为过渡标准值。

　　3. 对 S9、S10 系列变压器表中所列组Ⅰ数据空载损耗分别下降 10%、20%，负载损耗分别下降 10%、15%。

**附表 15**　　　　　　　　　**35kV 双绕组无载调压电力变压器技术数据**

| 额定容量<br>（kV·A） | 电压组合及分接范围 | | | 连接组<br>标号 | 空载损耗<br>（kW） | | 负载损耗<br>（kW） | 空载电流<br>（%） | | 短路<br>阻抗<br>（%） |
|---|---|---|---|---|---|---|---|---|---|---|
| | 高压<br>（kV） | 高压分<br>接范围<br>（%） | 低压<br>（kV） | | 组Ⅰ | 组Ⅱ | | 组Ⅰ | 组Ⅱ | |
| 800 | 35 | ±5 | 3.15<br>6.3<br>10.5 | Yd11 | 1.39 | 1.54 | 11.00 | 1.05 | 1.50 | 6.5 |
| 1000 | | | | | 1.65 | 1.80 | 13.50 | 1.00 | 1.40 | |
| 1250 | | | | | 1.96 | 2.20 | 16.30 | 0.90 | 1.30 | |
| 1600 | | | | | 2.37 | 2.65 | 19.50 | 0.85 | 1.20 | |
| 2000 | | | | | 2.90 | 3.40 | 21.50 | 0.75 | 1.10 | |
| 2500 | | | | | 3.50 | 4.00 | 23.00 | 0.75 | 1.10 | |
| 3150 | 35<br>38.5 | ±5 | 3.15<br>6.3<br>10.5 | | 4.30 | 4.75 | 27.00 | 0.70 | 1.00 | 7.0 |
| 4000 | | | | | 5.15 | 5.65 | 32.00 | 0.70 | 1.00 | 7.0 |
| 5000 | | | | | 6.10 | 6.75 | 36.70 | 0.60 | 0.90 | 7.0 |
| 6300 | | | | | 7.30 | 8.20 | 41.00 | 0.60 | 0.90 | 7.5 |
| 8000 | 35<br>38.5 | ±2×2.5% | 6.3<br>6.6<br>10.5<br>11 | Ynd11 | 10.00 | 11.50 | 45.00 | 0.55 | 0.80 | 7.5 |
| 10 000 | | | | | 11.00 | 13.60 | 53.00 | 0.55 | 0.80 | 7.5 |
| 12 500 | | | | | 14.00 | 16.00 | 63.00 | 0.50 | 0.70 | 8.0 |
| 16 000 | | | | | 17.00 | 19.00 | 77.00 | 0.50 | 0.70 | 8.0 |
| 20 000 | | | | | 20.10 | 22.50 | 93.00 | 0.50 | 0.70 | 8.0 |
| 25 000 | | | | | 23.90 | 26.60 | 110.00 | 0.40 | 0.60 | 8.0 |
| 31 500 | | | | | 28.50 | 31.60 | 132.00 | 0.40 | 0.60 | 8.0 |

**注**　1. 6300kV·A 及以下变压器的高压分接范围可供±2×2.5%。

　　2. 容量 3150kV·A 及以上变压器的−5%分接位置为最大电流分接位置。

　　3. 组Ⅱ数据为过渡标准值。

　　4. 对 S9、S10 系列变压器表中所列组Ⅰ数据空载损耗分别下降 10%、20%，负载损耗分别下降 10%、15%。

**附表 16　　裸铜、铝及钢芯铝线的载流量**（环境温度＋25℃，最高允许温度＋70℃）

| 铜 绞 线 | | | 铝 绞 线 | | | 钢 芯 铝 绞 线 | |
|---|---|---|---|---|---|---|---|
| 导线牌号 (mm²) | 载流量（A） | | 导线牌号 (mm²) | 载流量（A） | | 导线牌号 (mm²) | 屋外载流量 (A) |
| | 屋外 | 屋内 | | 屋外 | 屋内 | | |
| TJ-4 | 50 | 25 | LJ-10 | 75 | 55 | LGJ-35 | 170 |
| TJ-6 | 70 | 35 | LJ-16 | 105 | 80 | LGJ-50 | 220 |
| TJ-10 | 95 | 60 | LJ-25 | 135 | 110 | LGJ-70 | 275 |
| TJ-16 | 130 | 100 | LJ-35 | 170 | 135 | LGJ-95 | 335 |
| TJ-25 | 180 | 140 | LJ-50 | 215 | 170 | LGJ-120 | 380 |
| TJ-35 | 220 | 175 | LJ-70 | 265 | 215 | LGJ-150 | 445 |
| TJ-50 | 270 | 220 | LJ-95 | 325 | 260 | LGJ-185 | 515 |
| TJ-60 | 315 | 250 | LJ-120 | 375 | 310 | LGJ-240 | 610 |
| TJ-70 | 340 | 280 | LJ-150 | 440 | 370 | LGJ-300 | 700 |
| TJ-95 | 415 | 340 | LJ-185 | 500 | 425 | LGJ-400 | 800 |
| TJ-120 | 485 | 405 | LJ-240 | 610 | — | LGJQ-300 | 690 |
| TJ-150 | 570 | 480 | LJ-300 | 680 | — | LGJQ-400 | 825 |
| TJ-185 | 645 | 550 | LJ-400 | 830 | — | LGJQ-500 | 945 |
| TJ-240 | 770 | 650 | LJ-500 | 980 | — | LGJQ-600 | 1050 |
| TJ-300 | 890 | — | LJ-625 | 1140 | — | LGJJ-300 | 705 |
| TJ-400 | 1085 | | | | | LGJJ-400 | 850 |

注　1. 本表数值均系按最高温度为70℃计算的。对铜线，当最高温度采用80℃时，则表中数值应乘以系数1.1；对于铝线和钢芯铝线，当温度采用90℃时，则表中数值应乘以系数1.2。

　　2. 当实际环境温度不是25℃时，附表16中的载流量应乘以附表17中的温度校正系数 $K_\theta$。

**附表 17　　温度校正系数 $K_\theta$ 值**

| 实际环境温度（℃） | −5 | 0 | 5 | 10 | 15 | 20 | 25 | 30 | 35 | 40 | 45 | 50 |
|---|---|---|---|---|---|---|---|---|---|---|---|---|
| $K_\theta$ | 1.29 | 1.24 | 1.20 | 1.15 | 1.11 | 1.05 | 1.00 | 0.94 | 0.88 | 0.81 | 0.74 | 0.67 |

## 二、消弧线圈

（1）型号含义：

$$X\ D\ J - \square/\square$$

额定电压(kV)
额定容量(kV·A)
油浸
消弧
单相

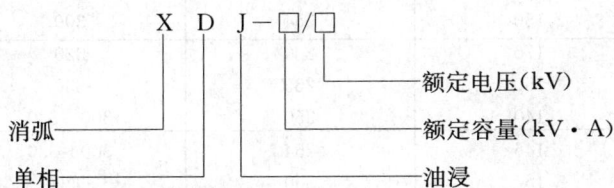

（2）线路额定电压加一个百分数（对 35kV 以下的加 5％，对 60kV 及其以上的加 10％），再除以 $\sqrt{3}$ 为消弧线圈的额定运行端电压。

（3）分接头位置。额定电压在 35（44）kV 及其以下的消弧线圈具有 5 个分接头位置；60kV 的具有 9 个分接头位置，可以分别获得 5 个或 9 个不同数值的电流。各分接头的电流值依等比级数递增，电流的调整必须在断开消弧线圈时借分接开关操作，在各分接头位置的容许负载时间见附表18。

（4）XDJ 型消弧线圈数据见附表19。

**附表 18**　　　　　　　　　　　　消弧线圈各分接头容许负载时间

| 分接头位置<br>额定电压 | I | II | III | IV | V | VI | VII | VIII | IX |
|---|---|---|---|---|---|---|---|---|---|
| | 容许负载时间（h） | | | | | | | | |
| 35（44）kV 以下<br>（有 5 个分接头位置） | 连续 | 连续 | 8 | 4 | 2 | | | | |
| 60kV<br>（有 9 个分接头位置） | 连续 | 连续 | 连续 | 8 | 6 | 5 | 4 | | 2 |

**附表 19**　　　　　　　　　　　　XDJ 型 消 弧 线 圈 数 据

| 额定容量<br>（kV·A） | 额定电压<br>（kV） | 额定电流<br>（A） | 额定容量<br>（kV·A） | 额定电压<br>（kV） | 额定电流<br>（A） |
|---|---|---|---|---|---|
| 175 | 6 | 25～50 | 550 | 35 | 12.5～25 |
| 350 | 6 | 50～100 | 1100 | 35 | 25～50 |
| 700 | 6 | 100～200 | 2200 | 35 | 50～100 |
| 1400 | 6 | 200～400 | 700 | 44 | 12.5～25 |
| 300 | 10 | 25～50 | 1400 | 44 | 25～50 |
| 600 | 10 | 50～100 | 950 | 60 | 12.5～25 |
| 1200 | 10 | 100～200 | 1900 | 60 | 25～30 |
| 275 | 35 | 6.2～12.5 | 3800 | 60 | 50～100 |

## 三、悬式绝缘子

悬式绝缘子的尺寸见附表 20。

**附表 20**　　　　　　　　　　　　悬 式 绝 缘 子 的 尺 寸

| 型　式 | 高　度<br>$H$<br>（mm） | 盘　径<br>$D$<br>（mm） | 泄漏距离<br>$\lambda$<br>（mm） | 备　注 |
|---|---|---|---|---|
| X1-2 | 110 | 120 | 185 | |
| X1-2G | 135 | 180 | 185 | |
| X-3 | 140（145） | 200 | 225 | |
| X-3G | 140 | 200 | 225 | |
| X-4.5 | 146（152） | 254 | 290 | |
| X-4.5G | 150 | 254 | 300 | |
| X-7 | 170 | 280 | 320 | |
| | 150 | 265 | 330 | |
| | 140 | 250 | 300～330 | |
| LX-7 | 146 | 254 | 300～330 | |
| X-11 | 150 | 300 | 330 | |
| XP-4 | 120（130） | 190 | 195 | |
| XP-4G | 140（135） | 190 | 195 | |
| XP-7 | 145 | 250 | 300 | |
| XP-10 | 155（150） | 250（254） | 290 | |
| XP-12 | 146 | 254 | 310 | |
| XP-16 | 155（150） | 255 | 290 | |
| XDP-4G | 135 | 110 | 间隙（mm）<br>10～20 | ⎫<br>⎬ 绝缘避雷线用 |
| XDP-7G | 190 | 110 | 10～20 | ⎭ |